U0153825

交通大學出版社

C語言

入門與進階教學

跨平台程式設計及最新 C11 語法介紹

C 語言的所有語法與資料型態

入門與進階的跨平台實例演練

計算機概論與各種 C 語言版本之間的差異

在各種平台上以 C 語言開發程式的注意事項

鄭昌杰————著

前言

　　C 語言已有近四十年的歷史，它不僅未被淘汰，且目前仍是全世界最受歡迎且最廣為使用的程式語言之一。因為在所有的高階語言中，以 C 語言所設計的程式在執行上仍是最有效率的。與新一代的程式語言相比，如 Java 與 Python，雖然以 C 語言來開發程式並不輕鬆也不容易除錯，但我們可從中學習計算機架構與作業系統的運作，更深入地理解某些資料結構與演算法。這也是許多大專院校的基礎程式設計課程仍然以 C 語言為主的原因之一，希望讓學生們不單只是學習如何寫程式，也能瞭解如何在電腦上以正確的觀念寫出正確又穩固的程式。筆者曾在許多公私立大專院校講授程式語言多年，發現學生們在學習 C 語言的過程中缺乏足夠且較深入的學習資源。市面上雖然有許多內容豐富且精彩的 C 語言學習參考書籍，但大多偏向適用於程式設計的初學者或是電腦入門學習者。大部分的書籍也只介紹特定的 C 語言編譯器在特定的作業系統上，對各種 C 語言版本 (C89、C99 與 C11) 之間的差別並未多作介紹，造成許多學生在學習的中後階段，都因為資源的缺乏而不易體會 C 語言內部的特性，也只懂得在單一平台上以特定的 C 編譯器開發程式，所寫出來的程式不夠攜帶性，甚至會寫出觀念錯誤的程式碼。然而，目前已不再是某些作業系統獨佔市場的時代，學習程式語言必須要有跨越平台的思維，才能符合市場的需求。有鑑於此，筆者將多年的教學經驗以及跨平台大型軟體開發的實務經驗，並統整學生所提出的疑問，採納許多在學界與業界的專家所提供的程式開發心得，以兩年的時間完成這本書，希望能讓有志學習 C 語言或加強程式設計能力的朋友們能夠有一本入門容易、深度足夠且廣度地探討跨平台程式開發的 C 語言學習參考書籍。

　　本書的安排儘量由淺至深，如果是剛接觸程式設計的入門讀者朋友，歡迎您加入這個 C 語言的學習園地，建議從第一章開始閱讀，由計算機概論、C 語言的歷史、基本語法到進階的程式設計。每個章節主題都可以引導您建立正確的程式開發觀念，而且不會避重就輕，能夠深入地瞭解語法上的細節與注意事項，幫助您成為一位專業的程式開發者。若您是對 C 語言已有基本概念的讀者，可以選擇有興趣的章節來閱讀，相信本書可以讓您對 C 語言有另一番的見解。您可能會從本書中發現許多程式開發上的問題與細節是如此的重要，但卻是之前所忽略的，甚至是未預料到的。若您曾學習過 C++但未接觸過 C 語言，建議您暫時忘掉 C++來學習 C 語言，因為有很多地方這兩個程式語言是不相容的，並不建議您把 C++的觀念與設計風格帶入到 C 語言之中。

本書所出現的專有名詞皆儘量以台灣常用的習慣用語來稱之，而且會列出它們的英文詞彙，方便讀者在網路上搜尋這些專有名詞的相關資料。所引用的參考文獻皆列在書後的參考資料，書中的內文會以[文獻編號]的方式來引用；文中若有註解則以 19 形式來表示，註解內容則列在當頁下方。本書在各章節後面皆有條列式的總結，讓讀者可以在短時間內回顧各章節主題的重點概要。在各章節最後處也都附上相關的練習題，各種難易程度的問題皆有，讓讀者們有足夠的練習機會。畢竟，學習程式設計不能只是看書，越多的實際練習才是最有效的學習方式。至於本書所有的範例程式，您可以前往下列網址下載：

goo.gl/QCxvUg

關於作者

　　鄭昌杰，國立交通大學資訊科學與工程所碩士與博士，在學界與業界具有約 20 年的大型軟體開發經驗，包含企業財務系統、金融交易系統、嵌入式系統、精密儀器控制、影像處理、計算機圖學、電腦視覺、平行運算與機器學習。目前在台灣的大專院校內講授資訊技術相關課程。

目 錄

表目錄

圖目錄

第 1 章

計算機基礎知識

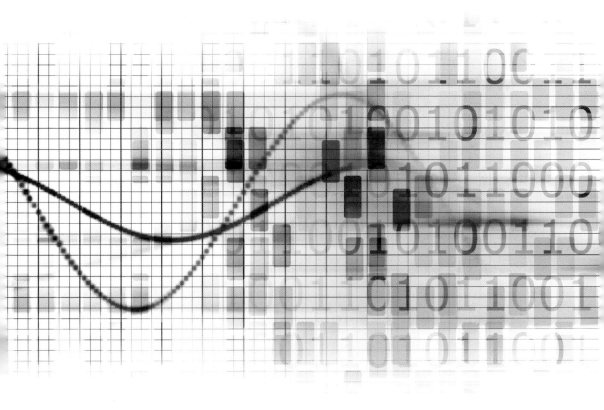

　　計算機(computer)，也就是俗稱的電腦，在現代人的生活中已是一個不可缺乏的必需品了。當您在清晨起床眼睛睜開後，直到深夜就寢前，電腦可說無時無刻都出現在您眼前。所有的雜事都得依賴電腦來處理，甚至也要請電腦帶來豐富精彩的娛樂休閒。但是，在大部分的情況，我們都是在電腦上使用別人所設計好的程式。有時候，那些程式可能會無法滿足自己的需求，或許就會有個想自行設計程式的念頭了。在我們進入編寫屬於自己的程式之前，有些關於計算機的基本概念必須要先知道。如果對一個程式從開發到執行的過程能有足夠的瞭解，包括如何在電腦上**編寫程式碼**(coding)、**編譯程式碼**(compiling)、**連結機器碼**(linking)到電腦如何**執行**程式(execution)，相信一定能減少您在編寫程式的過程所發生失誤與疑惑，也能夠幫助您開發出穩固又好維護的程式。

1.1　電腦程式

　　所謂**電腦程式**(computer program)就是一連串想要讓電腦幫我們做事或進行運算的**命令**(instructions)。這些命令可能為了讓電腦幫我們完成某個目的。例如，希望電腦計算 1 加 2 等於多少？雖然一般人可用肉眼立即判斷出答案，但是我們必須一步一步仔細地告訴電腦該麼做。首先，得先把這兩個數字輸入電腦，然後再告訴電腦要進行對這兩個數字的相加運算，最後再告訴電腦完成加法後的運算結果要放到哪裡去。另一個簡單的例子是希望電腦幫我們比較兩個數字哪個比較大。同樣地，先將兩數字輸入電腦，然後再請電腦判斷第一個數字是否有大於第二個數字？如果判斷結果為**真**(true)，代表第一個數字就是答案，反之，判斷結果為**假**(false)，那麼答案就是第二個數字。這些事情或許對人類來說是極為容易的，甚至直覺上就可以回答出來。但是，電腦是台被動的機器，基本上並不會主動地去完成一件事。所有的運算動作都得很清楚地且很明確地告訴電腦，電腦才會遵照您的命令，正確無誤地執行。電腦就像個忠心耿耿的士兵，您沒指示的動作，電腦不會主動去執行。您所交付的命令，電腦也會使命必達。總而言之，就執行面來說，電腦有兩大特點：執行速度快且不會疲勞。一個電腦程式加上固定的輸入資料，讓電腦重複地執行數千萬次，仍然會以同樣的速度執行出同樣的結果。因此可以利用這兩大特點，將龐大且具有重複性的計算工作以程式的形式交由電腦來完成。這就是電腦程式的用途。

　　一個電腦程式從設計到誕生，然後讓電腦執行來產生結果，再根據結果是否正確，回頭去修改電腦程式。這樣的反覆過程，稱為電腦程式的**生命週期** (life cycle)，如圖 1-1 所示。圖中白色的方塊代表著程式在生命週期中各階段所表現的形式，灰色的方塊代表著程式在生命週期中各階段經過某些方法、軟體或硬體來轉換或管理。這張圖十分重要，身為一位專業的程式設計師，電腦程式的生命週期必須要能謹記在心！

　　為什麼要設計電腦程式？可能是要處理一些繁瑣的事情，也可能是老師出的回家作業 (很心不甘情不願地寫程式)。不論是什麼目的，您所寫的電腦程式大多是要解決某個問題。**問題與需求分析**是第一件重要的工作，一定要徹底瞭解問題，仔細地分析這問題需要得到甚麼樣的解答。這一步若不加以重視，就會因為誤解題意而寫出一個錯誤的程式，使得程式需重新設計，因而浪費許多開發成本。為了解決問題，我們在腦海中就會有一個可行的解決方案或步驟，可能會以一些文字寫在紙上或畫成一張圖來呈現。這種為了解決問題所想出的可行方法，我們稱為**演算法** (algorithm)。演算法是為了解決特定問題所設計的一套明確且可行的程序步驟，沒有規定以特定的形式來表現[1]。但為了接下來要將演算法能容易地轉換為電腦程式，通常會用一種像程式的文字敘述，也就是**虛擬程式碼** (pseudo-code)，來描述我們的解決方法。

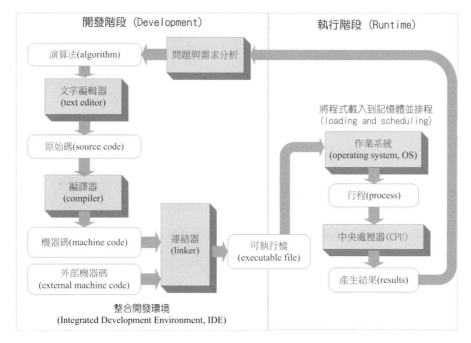

圖 1-1 電腦程式的生命週期

　　有了演算法之後，接下來就是要想辦法讓電腦幫我們實現這個解決問題的方法步驟。但一般的電腦只能認識幾個固定的控制碼，基本上是不能直接認識我們所寫的文章、所畫的符號以及所講的話語。由於一般所使用的電腦都是**數位電腦**（digital computer），電腦所認識的控制碼都是以 0 與 1 這兩種數字所組合而成**二進位碼**（binary code），這些代表著控制電腦的二進位碼稱為**機器碼**（machine code）。因此，我們所想的演算法需要轉換成二進位控制碼，才能令電腦執行。但是，人類的溝通表達方式何其複雜！豈能被輕易且正確無誤地轉換。於是電腦科學家們想出了一個方法並設計了一套語言，這語言必須以人類所熟知的語言為基礎，且只含有少量的單字，並搭配簡單的文法；重點是，我們用這樣的語言所寫出來的文章能夠很容易地被翻譯成 0 與 1 的二進位碼。如此一來，人類便能利用這語言將欲給予電腦執行的命令，寫成一份人類及電腦皆可識別的文章。這種語言就是所謂的**程式語言**(programming language)，而本書所要介紹的 C 語言就是一種程式語言。

程式語言分為**高階程式語言**(high-level programming language)以及**低階程式語言**(low-level programming language)。所謂高階程式語言就是接近人類的語言，程式語言越能夠像人們一般的溝通方式，這種語言就是越高階。C 語言算是一種高階語言，因為它所使用的單字與語法都是以英文為基礎，只是沒那麼複雜。低階程式語言並不是很低級差勁的意思，而是其語法非常接近機器控制碼。低階語言並沒有甚麼特別的語法，純粹就是一連串的**指令**(instruction)集合。而且不同的機器架構會有不同的低階語言，不像 C 語言的程式碼可以在不同的機器下編譯。最具代表性的低階語言就是**組合語言**(assembly language)。舉個例子來介紹一下組合語言，一個很簡單的算式 1+2+3，可以把此算式轉成像這樣的組合語言程式碼：

```
mov R1, 1
mov R2, 2
mov R3, 3
add R1, R2
add R1, R3
```

這一串指令就是為了算出 1+2+3，前三行指令是把 1，2，3 這三個數字分別寫到 R1，R2，R3 這三個暫存器(在第 1.2 節將會介紹)裡。第四行指令是把 R1 與 R2 的內容相加並將結果寫到 R1，此時 R1 就會存放 3 這個數字。第五行指令是把 R1 與 R3 的內容相加並將結果寫到 R1，此時 R1 就會存放最後結果 6 這個數字。每一行都能夠很容易地轉成機器碼，mov 及 add 各有專用的二進位碼，各暫存器也有自己的二進位數字編號。因此，組合語言的程式碼可以很容易地直接轉換成二進位的機器碼。

21

每家廠商所設計的硬體系列會提供不同的**指令集**(instruction set)，包含了許多控制該硬體的指令。有些指令集含有非常豐富的指令，功能眾多，這種指令集稱為**複雜指令集**(**CISC**，Complex Instruction Set Computing)，如早期 Intel 的 x86 系列(80386 之前)。而有些指令集只含幾個為數不多且必要的指令，這種指令集稱為**精簡指令集**(**RISC**，Reduced Instruction Set Computing)，如 PowerPC、MIPS 與近期 Intel 的 x86 系列(核心指令為 RICS)。一般來說，RISC 的執行效率優於 CISC，因為 RISC 在硬體設計較為簡單，除了省電也較為不佔空間，可將多出的空間用來放置更多的記憶裝置以增加效能。

不論高階或低階語言，根據某種程式語言所寫出的程式碼，稱為**原始碼**(source code)。而寫原始碼就像在寫一篇文章，所以需要一套方便好用的**文字編輯器**(text editor)來幫助我們寫程式。利用文字編輯器所寫出來的原始碼通常會以文字檔案的形式來儲存，這種檔案稱為**原始碼檔案**(source code file)。可是電腦本質上只看得懂 0 與 1 所組成的機器碼，需要一套翻譯軟體將原始碼翻譯成機器碼，才能讓電腦執行。這套翻譯軟體稱為**編譯器**(compiler)。編譯器是根據所要翻譯的程式語言以及機器碼來設計，所以不同的程式語言有不同的編譯器，而同樣的原始碼檔案，若在不同環境的電腦進行編譯，也必須使用不同的編譯器。如一份 C 語言的程式碼若要在兩個完全不相容的電腦硬體環境下執行，就必須在每個環境下透過專屬的編譯器重新編譯後才能執行。另外，雖然 C 語言有很多種，例如，**微軟**(Microsoft)的作業系統有專屬的 Visual C++，UNIX 相關的作業系統有 gcc。但是 C 語言有高度的標準規格，只要我們寫出來的程式碼符合 C 語言的標準規格，且不使用特定機器及作業系統才能運作的功能，那麼這份程式碼不論用各種 C 編譯器都應當能夠順利編譯[1]。

請想像您若想要寫一本書，可能會把各章節分別獨立寫成一個文字檔案，最後再將這些各章節的文字檔合併列印成一本書。同樣地，一個程式的產生，您可能會

---

[1]. 但不保證執行結果會相同，我們將在後續章節會看到一些有趣的例子。

需要將程式碼寫成數個原始碼檔案，尤其是想完成一個龐大的程式。接著，編譯器會將各原始碼檔案翻譯成機器碼檔案。而且，可能會引用別人寫好的程式，像 printf 及 scanf 這種基本的輸出及輸入程序，還有類似求絕對值 abs 及求平方根 sqrt 這些數學函式。這些提供某種服務的程式都會包裝成一個**函式庫** (library)。函式庫也有自己的機器碼檔案，這些機器碼有可能早就編譯好的，並不是隨著編譯程式碼時所產生，這種事先已編譯好的機器碼稱為**外部機器碼**。但我們需要的是一個可執行的檔案，而不是數個機器碼檔案。**連結器** (linker) 就是可完成這件合併工作的軟體，其主要功能是將數個有關係的機器碼檔案合併製作出一個可執行檔。

連結器的基本原理如下：每個機器碼檔案必由一組程式碼所編譯得來，這組程式碼稱為一個**編譯單元** (translation unit 或 compilation unit)，而在每個編譯單元內，若存在會佔有記憶空間的物件 (如：變數與函式)，且這些物件會於別的使用範圍[2]或編譯單元所**參考** (reference，也就是使用該物件)，則編譯器會為這些物件個別產生一個以文字或數字來代表的**連結符號** (symbol)，並建立一個**連結** (linkage) 寫在所屬的機器碼內，用來告訴連結器此連結符號要去哪裡尋找所對應的記憶空間。連結又有分**內部連結** (internal linkage) 與**外部連結** (external linkage)。當連結器遇到參考至內部連結的情況時，則只會在**同一個編譯單元的機器碼**尋找該連結符號的記憶空間是否存在；當連結器遇到參考至外部連結時，則會從**所有編譯單元的機器碼**尋找連結符號的記憶空間是否存在。以外部連結來舉例說明，在原始碼檔案 A 會使用到原始碼檔案 B 的某個可公開使用的變數 x_3，那麼編譯器會為 x 建立一個連結符號_x，在 A 檔案內的使用 x 的動作則會被轉換成一個_x 的參考點，並在 A 的機器碼內建立一個外部連結用來指示_x 的實體位址在別的機器碼內。然後，連結器在 B 的機器碼也發現有個記憶空間的連結符號叫_x 可作為外部連結，於是_x 的參考可透過外部連結建立關係。連結器的運作

---

[2]. 若此物件是宣告在某個限定的使用範圍。

[3]. 這種變數通常是全域變數 (global variable，請看第 5.3.4 節)

非常重要！尤其在多原始碼檔案的大型軟體開發過程中。我們將在第 5.3.7 節會進一步探討連結的問題。

　　恭禧您，到此為止，我們已經完成開發程式的步驟了。再複習一下，開發一個程式，首先要對欲解決的問題或欲滿足的需求進行分析，進而想出演算法來解決問題。接下來要實現這個演算法，可利用文字編輯器將程式寫出，然後編譯器將程式原始碼轉換為二進位機器碼，最後連結器將有關聯的二進位機器碼合併成為一個可執行檔。在開發階段會需要三個軟體：文字編輯器、編譯器以及連結器。許多軟體廠商會將這三大軟體整合成一套專門提供給程式開發人員所使用的軟體，這就是**整合開發環境**(Integrated Development Environment, IDE)。第二章會介紹許多 C 語言的整合開發環境，並客觀地分析各整合開發環境之優缺點，提供您一些選擇開發工具的參考。但是本書並不特定使用任何一個整合開發環境。

　　把程式「做」出來之後，接下來，就是要把程式拿出來執行了。程式在**執行階段**(runtime)有許多步驟。首先，在大部分的電腦系統中，一個程式要讓電腦執行需要先透過**作業系統**(Operating System, OS)來管理。作業系統會根據程式的執行優先權、電腦的忙碌狀況，以及所需資源的可用狀況來決定這程式是否可安排在電腦的執行**工作佇列**(job queue)。而程式在執行過程，作業系統也會隨時監督程式是否有危害電腦系統的行為，比如直接使用了有限制存取的記憶空間、使用了過多的系統資源，或者進行了整數除以零的非法運算。如果發生了這些不安全的**異常狀況**(exception)，作業系統將強制中斷執行中的程式，並把程式從記憶空間卸載剔除。您若是使用過微軟的 Windows，常常會在程式執行到一半跳出一個小視窗，上面寫著「本程式即將停止運作，請線上查詢是否有解決方案......」 之類的訊息。那就是作業系統查覺到程式正在嘗試做出一些危害系統的行為，於是強迫停止這程式的繼續執行。當我們在進行程式開發時，作業系統的運作一定要有基本的概念，因為那不僅可以幫助您所開發的程式在執行上會較有效率，也可以幫助您解決程式異常的執行問題。有關作業系統我們會在第 1.4 節做更進一步的介紹。

程式究竟是由電腦的哪一個硬體裝置來執行，此工作在大部分的電腦中是交由**中央處理器**(Central Processing Unit, CPU)。由於程式被編譯成一連串的機器碼指令後，這些指令會逐一依序地輸入給中央處理器。然後，對每一個機器碼指令進行**解碼**(decode)，中央處理器就會知道應該啟動哪個運算電路來運算出結果，最後再將結果存到指定的記憶空間。如此反覆進行下一個機器碼，直到所有程式執行完畢或終止。這一連串的硬體動作，在第 1.2 節會有較深入的介紹。

程式執行完畢後，您可能會得到非預期的結果。別太氣餒，這是十分正常的事情，很少情況下一次就能把程式寫得相當完美。這時，您可以根據程式執行的結果進行檢討，並分析產生不滿意的結果之原因，然後回頭修改演算法，再重複走一遍上述開發程式及執行程式的動作，這就是程式的生命週期。不管開發大大小小的程式，這些階段都是程式開發的必經之路。

1.2　計算機硬體架構

所謂**硬體**(hardware)泛指一個具有特殊功能的有形物體，若要改變其原有功能，則需變更其物理構造。也就是說，硬體的功能是不能被輕易更改的。硬體在完成後，其功能就固定不變。相反地，**軟體**(software)就是一種可以容易地被更改之非有形的資訊、命令集合或設計概念。我們所寫的程式基本上就是一種軟體，因為我們可以根據需求隨時地修改程式而不去改變硬體裝置。另外一種很特殊的硬體，它具有儲存軟體的功能，但是它卻不能輕易地被更改，甚至不可以被更改。這樣的硬體我們稱為**韌體**(firmware)，其主要功能是儲存固定且常用的程式。以下先來看看電腦的硬體架構。

早期發明電腦的用途，主要是為了快速且反覆地進行大量的計算。因此，電腦這個名詞以英文來說就是 computer，意思就是計算機。自從英國數學家**艾倫‧圖靈**(Alan Turing, 1912-1954)於西元 1936 年提出計算機的概念——**圖靈機**(Turing machine)，並於二次大戰期間(西元 1939 至 1945 年)以圖靈機概念設計一部解碼機器破解了德軍的密碼系統 Enigma。然後有美國籍猶太數學家**約翰‧范‧紐曼**(John von Neumann, 1903-1957) 提出的**范紐曼機器**(von Neumann architecture)，他認為一部計算機除了具有計算單元也需要有記憶單元可儲存程式與資料，這也是現今電腦硬體的架構原型。但當時計算機的結構都是機械式的。隨著科技的進步，科學家與工程師開始以電子電路來製作計算機。第一台以電子電路所設計的通用型電腦是在西元 1946 年由美軍與賓州大學(University of Pennsylvania)合作開發的 **ENIAC** (Electronic Numerical Integrator And Computer，電子數值積分計算機)，到近代的個人電腦、筆記型電腦、以及智慧型行動電話。不論電腦的規模大小，其設計概念都是遵守著圖靈機理念，硬體架構則以范紐曼機器為基礎。

現今的電腦都有這五大單元：**算術邏輯運算單元**(Arithmetic and Logic Unit, ALU)、**控制單元**(control unit)、**記憶單元**(memory unit)、**輸入單元**(input unit)、以及**輸出單元**(output unit)。這五大單元之間的關係，可用圖 1-2 來表示。

近代的計算機都已經將控制單元以及算術邏輯運算單元合併成一塊**積體電路**(Integrated Circuit, IC)，稱為**中央處理器**(Central Processing Unit, CPU)。接下來會介紹控制單元以及算術邏輯運算單元是執行程式的主要運作單元。換句話說，執行程式的工作就是由 CPU 來完成的，所以 CPU 才被稱為電腦的心臟。

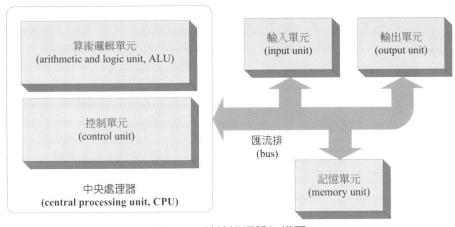

圖 1-2 計算機硬體架構圖

　　輸入單元(input unit)主要功能就是將外部資料輸入給電腦進行儲存或運算，一般的個人電腦的輸入裝置都有鍵盤(keyboard)以及滑鼠(mouse)，有些電腦為了達成某種特殊目的會有麥克風、攝影機、溫度感應器…….接收自然界信號的輸入裝置。而傳遞方向跟輸入裝置相反的硬體設備就是**輸出單元**(output unit)，它的主要功能就是將電腦所儲存或產生的資料傳遞到外部，如：螢幕(monitor)、印表機(printer)、喇叭(speaker) …….。我們常把輸入單元與輸出單元統稱為**I/O 裝置**(Input/Output device)。有些 I/O 裝置會同時具有輸入及輸出的功能，比如網路卡就是可以接收外部資料，也能將內部資料送出給另一台電腦。大部分的 I/O 裝置都是以插頭的方式連接電腦上的 **I/O 連接埠**(I/O port)。但是，由於 I/O 裝置的功能以及速度上的需求，電腦的連接埠規格非常多種，從早期的**序列傳輸介面 RS-232** 以及**並列傳輸介面**(Line Print Terminal, LPT)，但現今的 **IEEE 1394**、**Thunderbolt** 以及**萬用序列排線**(Universal Serial Bus, USB)。目前比較受廣泛使用的是 USB 介面，現今大部分的 I/O 裝置都是以 USB 連接標準來設計，甚至外部儲存裝置也是以 USB 來連接。

　　電腦除了能幫我們進行複雜的計算工作，另外一個重要的功能就是可以儲存資料。因此，電腦會需要一個或數個**記憶單元**來完成長期或短暫的儲存資料功能。應該這麼說，任何一台計算機一定要有記憶單元。因為計算機要先將程式儲存在某個記憶裝置裡，然後再將程式中的所有指令依序執行，程式所需要的資料，則須先放在記憶單元裡，待程式執行時再取出並進行運算；而程式所產生的結果，也必須先放在記憶單元裡，以便後續再加以利用。常見的記憶單元有很多種類，若以存取速度來排列，由快至慢依序為：**暫存器**(register)、**靜態隨機存取記憶體**(Static Random Access Memory, SRAM)、**動態隨機存取記憶體**(Dynamic Random Access Memory, DRAM)、**快閃記憶體**(flash memory)、**硬碟**(hard disk drive)、**光碟**(optical disc)。其中暫存器是一塊很小的記憶單元，內建於 CPU 中，主要功能是可以記錄目前正在執行的電腦指令、所需的運算元以及運算的結果。靜態記憶體以及動態記憶體則是一種可記錄較大資料的積體電路裝置，所謂靜態就是資料在儲存的過程中，不需要進行充電。反之，動態記憶體則需要在固定時間內進行充電，否則資料會消失。由於充電的動作，動態記憶體的存取時間會比靜態記憶體來得久，但製作成本是遠比靜態記憶體來得小。不論是暫存器、靜態或是動態記憶體，這些記憶單元會隨著電源關閉而資料消失，我們稱之為**揮發性記憶體**(volatile memory)。目前一般個人電腦的主記憶空間大多是由動態記憶體所構成。現今的 CPU 還會加上容量不大的靜態記憶體，來做為**快取記憶體**(cache)用。所謂快取記憶體就是記錄常用或將來可能會用的資料，而且這些資料是從存取速度比較慢的記憶裝置取出，所以 CPU 裝了快取記憶體，可以有效地平衡 CPU 的高速運算以及主記憶體耗時的存取時間。至於快閃記憶體、硬碟及光碟這類的外部儲存裝置，雖然它們的記憶容量比較大，而且皆為**非揮發性記憶體**(non-volatile memory)，也就是它們的所儲存的資料不會隨著電源關閉而揮發消失。但它們的存取時間卻是遠大於主記憶體。所以，這些外部儲存裝置也會加裝快取記憶體，用來平衡與主記憶體的存取速度。

就程式的執行面來說，最主要的工作就是由**算術邏輯運算單元**(ALU)來完成。

ALU 是負責進行基本算術以及邏輯運算的裝置。基本的算術不外乎就是加、減、乘、除。有些特殊的計算機會把更複雜的數學運算電路放在算術邏輯運算單元，比如微分、積分或向量運算 (vector computing)。但不論是簡單或複雜的數字運算硬體單元，基本上都是由邏輯運算單元來構成，有關邏輯運算的部分，在第 4.7 節有更詳細的介紹。

　　控制單元的功能是，在執行一個電腦指令時根據所設計的執行步驟去啟動適當的硬體單元以進行運算。當有指令要執行時，控制單元會先啟動記憶單元來**讀取指令** (fetch)，然後再**分析指令**所需的動作 (decode)，接著啟動算術邏輯運算元來進行**運算** (execution)。運算過程可能又會從記憶單元讀取資料或者將運算結果寫到記憶單元去，所以這時控制單元又會再啟動記憶單元。完成執行一個指令後，再以同樣的方式執行下一個指令，這就是**指令週期** (instruction cycle)。這時，您或許會想問，在指令周期中，控制單元如何知道某個硬體單元已完成動作，而去啟動下一個硬體單元運作呢？我們可以透過一些控制信號線，來告知對方工作是否完成，這樣的方式稱為**非同步控制** (asynchronous control)。另外一種控制方法叫**同步控制** (synchronous control)：電腦會有一個**時脈產生器** (clock generator) 以固定的頻率產生出一連串方波形式的**時脈信號** (clocks)，如圖 1-3 所示。現今的電腦可以提供非常高頻率的時脈信號，從數百萬赫茲 (MHz) 到數十億赫茲 (GHz)。時脈信號有四種狀態，**低位** (low)、**高位** (high)、**從低位轉變成高位** (rising) 以及**從高位轉變為低位** (falling)。當任何一種狀態的出現，到下一次同樣狀態出現之前的時間，稱之為一個**時脈週期**。所有的硬體裝置欲完成某件工作都一定會在固定的時脈週期完成，比如：算術邏輯運算單元需要三個時脈週期才可完成一個加法，寫入資料到記憶單元需要五個時脈週期。那麼控制單元啟動了算術邏輯運算單元後，就會等待三個時脈週期後啟動記憶單元；將運算結果寫入記憶單元後，再等待五個時脈週期後，即可完成此指令的計算工作。

圖 1-3 時脈信號

　　但控制單元若是一步一步地完成指令週期每一階段實在是很沒效率的方式，因為啟動某個硬體單元工作時，其它硬體單元卻是處於閒置狀態。因此，我們希望當執行一連串指令時，務必讓每個硬體單元皆處於忙碌狀態，儘快地完成所有指令的執行，才算是有效率地利用所有硬體單元。**管線技術**(pipelining)便是一種有效率的指令執行方式。如圖 1-4 所示，假設指令週期只有四個階段，分別為提取指令(fetch)、指令解碼(decode)、進行算術邏輯運算(ALU)，然後將運算結果寫入記憶單元(MEM)，而且完成每個階段只需花費一個時脈週期。現在有一段由四個指令所組成的程式要執行。在第一個時脈週期，指令 1 被提取進來。到了第二個時脈週期，提取指令的硬體單元已完成了提取指令 1 的工作，即可進行指令 1 的解碼。此時，提取單元可以同時進行提取指令 2 的工時。到了第三個時脈週期，指令 1 進入 ALU 運算階段，指令 2 可進入解碼階段，指令 3 可以被提取進來。到了第四個時脈週期，指令 1 進入將結果寫入記憶單元的階段，指令 2 進入 ALU 運算階段，指令 3 進入解碼階段，指令 4 可以被提取進來。如此一來，到了第七個時脈週期，整個程式即可執行完畢。比較一下，假若控制單元沒有管線技術的話，整個程式是需要 28 個時脈週期才能完成。可見管線技術所帶來的加速效益十分龐大，目前市面上所有的 CPU 都已內含了管線技術。事實上，管線技術是一種將指令週期平行處理化的技術，也就是同時間會有多個硬體裝置一起運作來完成一件工作。說到**平行處理**(parallel processing)，就會聯想**多核心 CPU** (multi-core CPU)。簡單來說，多核心 CPU 就是將多組 ALU 及控制單元包裝成一個處理器。如此一來，就可將一段程式劃分為數等份，在分配給各核心去進行運算，達成程式的平行處理。

目前，提升 CPU 的工作時脈頻率已達到了瓶頸階段，再往上提升只會增加耗電量以及產品良率變低的負面現象。因此，增加程式執行的平行能力將是未來的趨勢。在此建議讀者，若您學會了基礎的程式開發能力後，可以繼續學習如何利用平行處理的硬體環境來開發更有效率的程式。

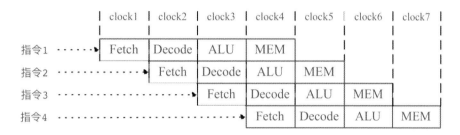

圖 1-4 控制單元的管線技術

計算機的五大單元彼此之間都有一些訊號線路連接，用來互相傳遞資料以及控制信號。由於這些訊號線並不是只有一條電線，而是一組電線。從外觀視之，就像一排整齊的電線。而且，這條排線是一條公共的線路，五大單元彼此之間欲傳遞資料及訊號都要透過這條排線，而這條共有的排線即為**匯流排**(bus)。這條公用排線，還可再細分為**控制排線**(control bus)、**資料排線**(data bus)以及**位址排線**(address bus)。控制排線的功用主要是傳遞控制信號以及裝置的目前狀態資訊，控制單元就是利用控制排線來進行指揮其它單元如何運作。資料排線的功能很簡單，就是用來傳遞資料。但是，任何單元在傳遞資料之前一定要做一件非常重要的工作，就是必須告知資料的位址在哪裡？資料要哪個單元讀出？或者要寫到哪個單元？知道那個單元後，我們也明確地告知資料是落在該單元裡面的第幾個儲存空間裡。這些位址的資訊，可以透過位址排線來傳遞，待對方準備好傳遞資料，接者才可以把資料送出。

以上只是針對計算機硬體做一個很初步的介紹。由於本書的主要方向是程式設

計，對硬體部分無法做更詳細的說明。讀者若想得到更進一步的資訊，可以參考介
紹計算機硬體架構的相關書籍[2]。

1.3 記憶空間與電腦計量單位

前一節介紹到電腦可利用記憶單元達成儲存資料的功能，那麼記憶單元是如何
儲存資料的？由於我們希望資料能夠長期儲存，且儲存的方式能夠儘量單純化，使
得資料寫入以及讀取能夠容易又快速。在電子化的世界中，有電與沒電是最單純的
信號了，我們可以透過一個開關、一顆燈泡或者一枚快速充放電的小型電池來達成。
因此，若一份資料被許多有電與沒電之信號來組成，就可以製造數量夠多的電氣裝
置來記錄這份資料了。舉例來說，一般的電腦都會有**主記憶空間**(main memory)
這個儲存裝置，它也是一種積體電路，裡面的構造是一群數量龐大的可快速充放電
的電晶體，也就是像一群小電池。其它記憶裝置的儲存概念大致上也是如此，皆是
利用數量龐大的可表達兩種狀態之儲存單元，來構成數位資料儲存裝置。

接著，必須給予計量單位來統計資料的儲存數量。電腦的計量單位如表 1-1
所示。其中，最小的計量單位是**位元**(bit)，一個位元只能表達兩種狀態，可用數
字 0 與 1 來表示。由於八個位元在電腦是很常用的存取單位，稱之為**位元組**(byte)。
本書會常用到這個單位，之後章節皆以英文(byte)來描述資料的大小，若資料大
於 1 個 byte 則以複數形式來數，如 1024 bytes。為什麼一個 byte 是八個位元
而不是十個位元？沒有什麼特別原因，純粹是沿用早期電腦硬體的設計習慣。byte
是很重要的單位，接著更大的計量單位都是以 byte 為基底，並以 1024(也就是 2^{10})
倍增下去。byte 還有一件很重要的觀念，在一般的電腦中，它是主記憶空間的存
取單位。而且，在主記憶空間中每一個 byte 的資料都有屬於自己且獨一無二且連
續的代號，如表 1-2 所示，這些代號稱為**記憶空間位址**(memory address)。

表 1-1 電腦的計量單位

單位	名稱	值
bit	位元	0 與 1 兩種狀態
byte	位元組	8 bit = 2^8 種狀態
KB	Kilo-byte	2^{10} bytes = 1024 bytes
MB	Mega-byte	2^{10} KB = 2^{20} bytes
GB	Giga-byte	2^{10} MB = 2^{30} bytes
TB	Tera-byte	2^{10} GB = 2^{40} bytes
PB	Peta-byte	2^{10} TB = 2^{50} bytes
EB	Exa-byte	2^{10} PB = 2^{60} bytes
ZB	Zetta-byte	2^{10} EB = 2^{70} bytes
YB	Yotta-byte	2^{10} ZB = 2^{80} bytes

表 1-2 記憶空間的位址與資料

位址	1200000	1200001	1200002	1200003	...
資料	98	170	250	18	...

　　在大部分的電腦中,從記憶空間存取資料須先指定該記憶空間的位址。若沒有指定記憶空間位址,電腦系統就無法得知資料要存放到哪裡,要從哪裡取出?這個觀念十分重要!我們將在第 6 章會運用到,請讀者一定要先牢記在心。

　　上節有提到位址排線的作用,這組排線就是為了遵守記憶空間的存取規則,先提供位址方能使用資料。位址排線由多少條電線所組成可決定記憶空間的最大容量,若是在 32 位元的電腦,那麼資料排線以及記憶空間位址排線會各含有 32 條電線,也就是可以表示 2^{32} 種位址。若是在 64 位元的電腦,資料排線以及記憶空間位址排線則各別含有 64 條電線,可以表示 2^{64} 種位址。由於在主記憶空間中每一個 byte 皆有自己的位址,因此在 32 位元的電腦中,最多只能安裝 2^{32} = 4GB 的記憶空間;在 64 位元的電腦中,則最多能安裝 2^{64} = 16 EB 的記憶空間。

在設計 C 的程式的時候，有許多地方是需要直接存取記憶空間，這部分會在第 6 章詳細介紹。

1.4   整數的數字系統與儲存格式

數字系統就是如何記錄數字的方法。我們日常生活中所使用的方法是以十種阿拉伯數字(0 到 9)，也就是根據**十進位**(decimal)方式來記錄所有的數字。以十進位方式所記錄的數字，任一**位數**(digit)都不會超過 9，如 1234。但要如何唸出 1234 這個數字？很簡單，一千兩百三十四。我們可以用數學的方式來解說這樣的唸法：

$$1234 = 1\times10^3 + 2\times10^2 + 3\times10^1 + 4\times10^0$$

您發現了嗎？個位數會乘上十的零次方，十位數會乘上十的一次方，百位數會乘上十的二次方，千位數會乘上十的三次。我們可以歸納出一個定則，若要將一個數字以十進位方式來閱讀，那麼第 k 位數需乘上十的 k 次方，然後再全部加總。

十進位系統是現代人類所使用的數字系統，但卻不適用於電腦。在數位電腦中，最小的儲存資料單元是位元，也就是只有兩種狀態：有電跟沒電、開與關或黑與白。我們可用 0 與 1 這兩個數字來表示這兩種狀態。因此，若有一段資料記錄在電腦中，勢必會成為一串 0 與 1 組合的數字，像 1011001101。您發現了嗎？每個位數都不超過 1。是的，這就是一個**二進位**(binary)數字系統的數字。若是將平時習慣用的十進位數字轉換成二進位表示法，成為一連串 0 與 1 的組合，而且又將這組二進位數字還原成本來的十進位數字，那麼就可以用電腦來儲存數字資料了。

這一小節我們先專注在整數的部份。假設欲轉換的十進位數字為 x，轉換後的二進位數字有 n 位數：$d_{n-1}d_{n-2}...d_1d_0$，則任一位數 d_i 的算法為：

$$d_i = x_i \bmod 2,$$

其中 i 為 0 到 n-1，mod 代表取餘數的運算， $x_i = \lfloor x_{i-1}/2 \rfloor$ (除以 2 並只取整數部分)且 $x_0 = x$。舉例來說，將一個十進位數字 14 轉成二進位表示法的過程為：

$d_0 = 14 \bmod 2 = 0,$

$d_1 = \lfloor 14/2 \rfloor \bmod 2 = 7 \bmod 2 = 1,$

$d_2 = \lfloor 7/2 \rfloor \bmod 2 = 3 \bmod 2 = 1,$

$d_3 = \lfloor 3/2 \rfloor \bmod 2 = 1 \bmod 2 = 1$

由於 d_4 之後都會是 0，所以就不再繼續算下去。如此，14 的二進位表示法就是 1110。

接下來，該如何把二進位系統的數字轉換為十進位表示法呢？很簡單，每位數乘上該位數的基底權重再加總起來就可以了。也就是 $d_0 2^0 + d_1 2^1 + d_2 2^2 + d_3 2^3 \ldots$。上面的例子 1110 的十進位表示法就是 $1 \times 2^3 + 1 \times 2^2 + 1 \times 2^1 + 0 \times 2^0 = 8 + 4 + 2 + 0 = 14$。

二進位的數字也可以進行加法，只要把握一個原則，當每一對位數的加總結果若為 2 時，就必須進位。舉例來說明，給兩個二進位數字 1111 與 110，其十進位表示法分別為 15 與 6。它們的二進位加法過程如下：

```
         1              11            1
1111          1111          1111          1111
+  110        +  110        +  110        +  110
  1             01            101          10101
```

與一般的加法方式相同，從最低位數開始加，灰色標示的部分就是每回合進行加法的位數，粗底字代表進位。第一對的位數加法是 1+0=1，未超過 2，所以不會進位；第二對的位數加法是 1+1=2，超過 2，進位 1，當下的位數加總結果為 0；第三對的位數加法要考慮到上一對的進位，1+1+1=3，超過 2，進位 1，當下的位數加總結果為 1；第四對的位數加法也要考慮到上一對的進位，1+1+0=2，超過 2，所進位的 1 即成為結果的第五位數。完成後的結果為 10101，其十進位表示為 21。沒錯，就是 15+6。

　　這就是整數的十進位與二進位之間的轉換。您會發現同一個數字以二進位來表示的話，位數的個數會比十進位表示還來得多。如果一個數字以十進位來表示為 12345，那麼以二進位來表示就會是 11000000111001，這在閱讀起來是會讓人感覺有些困擾。當我們在閱讀這麼長的二進位碼時，通常會再把它轉成八進位碼或十六進位碼來減少位數。因為 2 的 3 次方為 8，2 的 4 次方為 16，也就是說，三個二進位碼可以轉換一個八進位的位數，四個二進位碼可以轉換一個十六進位的位數。反之，一個八進位的位數可以轉換成三個二進位碼，一個十六進位的位數可轉換成四個二進位碼。我們來試試看把剛才那一長串的二進位碼轉換成八進位碼。首先，把二進位碼由右至左，每三位數分成一組並以逗號隔開，最左邊那組若不滿三位數則補零：

011,000,000,111,001

　　然後請根據表 1-3 將每組三位數的二進碼進行轉換，即可得八進位碼：30071。

　　我們來驗證這組八進位碼，每個位數乘上八的基底權重再加總，即可得原來的十進位碼：

$$3 \times 8^4 + 0 \times 8^3 + 0 \times 8^2 + 7 \times 8^1 + 1 \times 8^0 = 12288 + 56 + 1 = 12345$$

　　也可以將二進位碼轉成十六進位碼。先把二進位碼由右至左，每四個位數分成一組並以逗號隔開，最左邊那組若不滿四個位數則補零：

0011,0000,0011,1001

　　根據表 1-4 來進行轉換，即可得十六進位碼：3039。

再來驗證這組十六進位碼，將每個位數乘上十六的基底權重再加總，即可得原來的十進位碼：

$$3 \times 16^3 + 0 \times 16^2 + 3 \times 16^1 + 9 \times 16^0 = 12288 + 48 + 9 = 12345$$

由於十六進位的位數最多是 15，10 到 15 可分別以英文字母 A 到 F 來代表。所以若二進位碼為 1101,0101,1010，則十六進位碼為 D5A，其十進位數字為 3418。一般情況，我們會以十六進位來閱讀二進位碼，因為兩者之間轉換容易，且十六進位表示法可大幅縮減位數的數量。

表 1-3 二進位與八進位之轉換表

二進位	八進位
000	0
001	1
010	2
011	3
100	4
101	5
110	6
111	7

電腦都是以固定大小的位元數目記錄所有整數，若數字沒有很大且未超過上限，則會將未填寫到的較大位元值設定為 0。若數字過大超過上限，則會丟棄掉無法儲存的部份，此現象稱為**溢位**(overflow)。假設最大位元數是 8 bit，若存入 21 的二進位碼 1,0101，那麼所存入的八個位元內容會是 **000**1,0101，最大的三個位元會填 0。若存入 261 的二進位碼 **1**,0000,0101 就會發生溢位了，最大的 1 會被丟棄掉，所以只能存入 0000,0101(變成 5 了)。

目前為止，我們已經學會了如何把「正整數」轉換為二進位碼。但有一個問題，負整數該怎麼轉換成二進位碼？最簡單的方法是以最大的位元來記錄為正負號，0 為正數，1 為負數。這個位元稱為**有號位元**(sign bit)。一樣以 8 位元的儲存空間來舉例來說明，-21 這個數字以二進位表示搭配有號位元就會是 **1**001,0101，也就是在 21 的二進位碼 0001,0101 之最左端位元設定為 1。這方法雖然簡單，但會有兩個問題。首先，會有±0 情況發生：0000,0000 是正零，但 1000,0000 則是負零。第個二問題是最嚴重的，此法不能直接進行加法。將 21 與-21 的二進位碼相加會是：0001,0101 + 1001,0101 = 1010,1010。並不會得到零的結果，而是得到-42 的二進位碼。

表 1-4 二進位與十六進位之轉換表

二進位	十六進位
0000	0
0001	1
0010	2
0011	3
0100	4
0101	5
0110	6
0111	7
1000	8
1001	9
1010	A
1011	B
1100	C
1101	D
1110	E
1111	F

　　只用有號位元來記錄負整數雖然簡單，但並不實用。因此有了第二種方法：**1的補數**。所謂 1 的補數意思是找一組二進位碼與原來的二進位碼相加後的每個位元都會是 1。找 1 的補數很簡單，把每個位元做 0 與 1 的反轉即可，也就是 0 變 1，1 變 0。如 21 的二進位碼 0001,0101 其 1 的補數就會是 1110,1010，即-21 的二進位碼。這方法也有負零的問題，因為 0000,0000 也找得到 1 的補數，那就是 1111,1111。但是卻沒有加法的問題，將 21 與-21 的二進位碼相加會是：0001,0101 + 1110,1010 = 1111,1111，可得到負零；將 15 與-21 的二進位碼相加會是：0000,1111 + 1110,1010 = 1111,1001，這是 0000,0110 的 1 補數，這結果是正確的，-6。

　　1 的補數雖然解決了加法問題，可是因為負零的存在而佔去了一個可表示的數字空間。我們來看看第三個方法：**2 的補數**。所謂 2 的補數意思是找一組二進位碼與原來的二進位碼相加後的每個位元都會是 2，也就是每個位元都會發生進位的情況。如 21 的二進位碼 0001,0101 其 2 的補數就會是 1110,1011，即-21 的二進位碼。因為 0001,0101 + 1110,1011 會使得每個位元都發生進位而得到 1,0000,0000，但又已假設最大儲存空間為 8 位元，所以最左的 1 會因溢位而丟棄，結果就會是 0000,0000。因此，一個正整數所對應的負數互相為 2 的補數，相加之後由於儲存空間的限制而造成溢位，使得結果為零，也就是不會有負零的情況。那麼加法問題呢？同樣的例子，將 15 與-21 的二進位碼相加會是：0000,1111 + 1110,1011 = 1111,1010，它的 2 補數是 0000,0110，一樣得到正確的結果，-6。但是有個問題，要怎麼有效率地找出任一個二進位碼的 2 補數呢？以數學上來說，可以用 0 來去減該二進位碼即可得到。如-21 的例子，可用 0000,0000 - 0001,0101 經過借位可得 1110,1011。但這並不是個很有效率的方法。有個較有效率的方法：從最低位元依序往最高位元檢查，找到第一個內容為 1 的位元後，不包含此位元，接下來的位元皆做 0/1 的反轉即可求得。如-6 這個數字，先求得 6 的二進位碼 0000,0110，找出由最低位元開始遇到的第一個非零的位元，接下來的位元進行 0/1 反轉(以底線標示之):1111,1010。

　　上述的三種表示負數方法皆有一個共同點,那就是最大的位元是 1 時,就代表數字為負數;若最大的位元是 0,就以正整數來看待此數字。目前幾乎所有的電腦都以 2 補數來存放負整數,因為這是個很有效率又充分利用空間的儲存方式。若以 n 個位元之 2 補數來儲存負整數,那麼所能表示的數字範圍會是 -2^{n-1} 到 $2^{n-1}-1$。如以 8 位元為例,能表示的數字範圍即是 -2^{8-1} 到 $2^{8-1}-1$ 也就是 -128 到 127,包含 0 在內共有 256 種數字。

　　由於市面上的電腦皆以 byte 為最小儲存單位,所以當一個數值轉成二進位碼之後,下一步就要將它切割成數個 byte。以 123456 為例,它的十六進位碼是 1E240,那麼就會被切割成三個 byte 分別記錄著 01、E2 與 40。現在有個問題,這三個 byte 順序誰先誰後?也就是誰的記憶空間位址比較小?有以下這兩種儲存順序。

1. 若最高的(最左邊的)byte 其記憶空間位址是最小的,稱為 **big-endian**,如圖 1-5 所示;

2. 若最低的(最右邊的)byte 其記憶空間位址是最小的,稱為 **little-endian**,如圖 1-6 所示。

位址	1200000	1200001	1200002	...
資料	01	E2	40	...

圖 1-5 Big-endian 的儲存順序

位址	1200000	1200001	1200002	...
資料	40	E2	01	...

圖 1-6 Little-endian 的儲存順序

以目前市面上常見的電腦來分類：Zilog 的 Z80、Intel 的 x86 系列與 MCS-51 系列為 little-endian；Motorola 的 6800 與 PowerPC 970 為 big-endian；ARM、新的 PowerPC 與 MIPS 支援兩種儲存順序，稱為 Bi-endian。

哪一種儲存順序比較好呢？這是個具有爭議的問題。如同 endian 這名詞來源一樣：在**強納森‧史威福特**(Jonathan Swift) 的小說**格列佛遊記**(Gulliver's Travels) 中，小人國有兩派人馬，大端派 (big-endian) 與小端派 (little-endian)，它們為了剝開水煮蛋該從較大的一端還是從較小的一端而爭論不休。只是，目前個人電腦的 CPU 大多採用 Intel 的 x86 系列，包括可安裝微軟的 Windows 與 Apple 的 Mac OS X 之 CPU。因此，little-endian 的儲存順序較為常見。

1.5　浮點數與 IEEE 754

實數(real number) 是一種可含有**小數**(fractional part) 的數字系統，除了無窮大 (∞) 與無窮小 (-∞)[4]，任何單一數字可用來表達自然世界中某件任何事物皆是屬於實數。當然，整數也是實數的一部分。實數可分**有理數**(rational number) 以及**無理數**(irrational number)。有理數的數字必須可以用**分數**(fractional number) 來表示，也就是任一個有理數可用兩個整數相除求得且分母不為零。因此，有理數可以用有限的小數或者循環小數來表示，像 1.5 可用 3/2 來表示，以及循環小數 0.333... 可用 1/3 來表示。若不屬於有理數的數字即稱為無理數，無理數的數字會含有無窮且不循環的小數部分，像 $\sqrt{2}$ = 1.414213562373095... 就是個無理數。

我們總是希望能夠運用電腦來進行所有實數的運算。但這是難以實現的，因為電腦的儲存空間以及計算能力皆為有限，像無理數這種擁有無限的小數部分就無法

---

[4] 無窮大與無窮小不屬於任何數字系統，它們只是一種概念，並不代表任何實際數值。

完全表達。電腦只能夠以有限的空間與些許的誤差情況下,來儲存與運算一個實數。因此,嚴格來說,在電腦的世界中並沒有實數這種數字系統。儲存在電腦裡的這些帶有小數的數字,我們統稱為**浮點數**(float-point number)。

若要將人類所使用的十進位浮點數儲存於電腦中,第一步,先轉成二進位表示法。一個浮點數一定有兩部分:整數與小數。關於整數部分的二進位轉換法請參考第 1.4 節,本節不再贅述。小數部分必須以連續乘以二的方式,在每次乘法後截取個位數部分,直到小數部分為零、或發生循環或超過可表示的二進位位數。舉例來說,將 7.3125 這個數字轉為二進位表示法,先將整數 7 轉成二進制數字為 111,小數部分 0.3125 的轉換過程如下:

0.3125 × 2 = **0**.625,截取其個位數 0 即為二進位小數部分的最大位數;

0.625 × 2 = **1**.25,截取其個位數 1 即為二進位小數部分的第二位數;

0.25 × 2 = **0**.5,截取其個位數 0 即為二進位小數部分的第三位數;

0.5 × 2 = **1**.0,截取其個位數 1 即為二進位小數部分的第四位數;

0 × 2 = 0,結束。

最後結果就是 111.0101 即 7.3125 的二進位表示法。我們可以將 111.0101 轉為十進位來驗證:整數部分每個位數給予編號,由右至左且從零開始,第 n 個位數乘上 2^n;小數部分每個位數也給予編號,但是由左至右且從 1 開始,第 m 個位數乘上 2^{-m}。然後全部加總起來,如下步驟:

$$1 \times 2^2 + 1 \times 2^1 + 1 \times 2^0 + 0 \times 2^{-1} + 1 \times 2^{-2} + 0 \times 2^{-3} + 1 \times 2^{-4}$$
$$= 4 + 2 + 1 + 0.25 + 0.0625$$
$$= 7.3125$$

另外,有些數字在二進位會是循環小數,如 0.2 這個數字:

0.2 × 2 = **0**.4,

```
0.4 × 2 = 0.8,
0.8 × 2 = 1.6,
0.6 × 2 = 1.2,
0.2 × 2 = 0.4, ...
```

　　其二進位表示法就會是 0.0011001100011...無限循環下去了。但電腦的儲存空間是有限的，無法直接記錄這種數字，勢必只能儲存部分的數字。另外，當小數部分過長，也是無法完整的儲存。

　　接下來，讓我們看看一般的計算機是用什麼方式以有限的空間來有效地儲存浮點數。在 1980 年以前，各家電腦對浮點數的儲存方式都有各自的方法，並無一個標準的規範。直到 1980 年，中央處理器設計大廠**英特爾**(Intel) 為了自家的浮點數處理器 8087 而發明了一套浮點數的儲存方式，被當時的業界與學界所接受與推崇。之後在 1985 年，**國際電機電子工程師學會**(Institute of Electrical and Electronics Engineers, **IEEE**)將這套方法標準化，其標準代號為 IEEE 754-1985，簡稱 **IEEE 754**。IEEE 754 主要是規範如何以二進位格式來儲存浮點數。之後另有一標準，也就是 IEEE 854，將 IEEE 754 通用在十進位格式，如此即可包含各種進制的數字系統。目前幾乎所有可進行浮點數運算的處理器都使用 IEEE 754 及 IEEE 854 來儲存浮點數。

　　IEEE 754 的浮點數儲存格式有兩種：32 位元的**單精度格式**(single precision，圖 1-7) 以及 64 位元的**雙精度格式**(double precision，圖 1-8)。這兩種格式皆含有三大部分，由最大位元至最低位元分別為：

s，正負號位元(sign bit)

e，指數部分(exponent)

f，小數部分(fraction 或 mantissa)。

在單精度格式中，正負號位元 s 佔 1 位元，指數部分 e 佔 8 位元，小數部分 f

佔 23 位元;在雙精度格式中,s 佔 1 位元,e 佔 11 位元,f 佔 52 位元。

±s　　指數部分 e　　小數部分 f

| 1 | 10000001 | 11010100000000000000000 |

31　　　　　　　23　　　　　　　　　　　　　　　0

圖 1-7　IEEE 754 的 32 位元格式

±　　指數部分 e　　小數部分 f

s

| 0 | 01111111101 | 0110000000000000000000000000000000000000000000000000 |

63　　　　　52　　　　　　　　　　　　　　　　　　　　　　　　　　　　0

圖 1-8　IEEE 754 的 64 位元格式

1.　根據 s、e 及 f 的內容,所表示的浮點數有下列六種情況:

2.　當 e = 0 且 f = 0,所表示的浮點數為零。

3.　當 e 的每個位元都是 1 且 f 不為 0,不代表任何浮點數 (Not a Number, **NaN**)。

4.　當 s = 0,e 的每個位元都是 1 且 f 為 0,所代表的數字為無窮大 (∞)。

5.　當 s = 1,e 的每個位元都是 1 且 f 為 0,所代表的數字為無窮小 (-∞)。

6.　當 e > 0 且 e 的每個位元不全都是 1 時,所代表的數字為**正規化數字** (normalized number),須以式 1-1 來轉換:

　　單精度:$-1s \times 2e\text{-}127 \times 1.f$

　　雙精度:$-1s \times 2e\text{-}1023 \times 1.f$　　　　(式 1-1)

7.　當 e = 0 時且 f 不為 0,所代表的數字為**非正規化數字** (denormalized number),須以式 1-2 來轉換。

　　單精度:$-1s \times 2\text{-}126 \times 0.f$

　　雙精度:$-1s \times 2\text{-}1022 \times 0.f$　　　　(式 1-2)

我們先來看看正規化數字的情況 (第 5 項情況)，以單精度 32 位元為例，若 s = 1，e = 1000,0001 且 f = 110,1010,0000,0000,0000,0000。根據式 1-1 先算出

e - 127 = 129 - 127 = 2

然後 $2^{e-127} = 2^2$，代表 f 要向左進兩位。因此 $2^2 \times 1.f$ 會得到 111.0101,0000,0000,0000,0000。轉成十進位表示法並乘上 -1^1，即可得到原來的浮點數-7.3125。

我們再看雙精度的例子，若 s = 0，e = 011,1111,1101 且 f = 0110...0。根據式 1-1，

e - 1023 = 1021 - 1023 = -2

因此 1.f 要向右退兩位，即 0.010110...0。轉成十進位表示法並乘上 -1^0，即可得到原來的浮點數 0.34375。

我們再來看看如何將浮點數轉換為 IEEE 754 的格式。方法如下：先判斷正負號，正數 s 為 0，反之為 1。接著不包含正負號，將浮點數轉成二進位碼並進行**正規化 (normalization)**，也就是以進位或退位方式，將二進位碼的整數部分只有 1。進退位的次數可用 2 的多少次方來呈現，這個幾次方的數字加上 127 或 1023 即是 e，正規化後的二進位碼取其小數部分即為 f。以單精度來儲存 14.1875 為例。因為是正數，所以 s = 0；接著將數字轉為二進位碼：1110.0011，正規化之後會是 1.1100011×2^3。因此，e = 3 + 127 = 130，二進位碼為 1000,0010。f 則正規化之後的小數部分：110001100...0。

若小數部份的二進位碼過長，使得 f 無法完全儲存就會發生**捨位 (truncation)** 以及**進位 (rounding)** 的情況。來看看 0.3 這個數字如何轉成 IEEE 754 的單精度格式：0.3 的二進位碼會是 0.01001**1001**...如此循環下去，正規化後會是 $2^{-2} \times 1.00110011001$**...**。因此，s 為 0 且 e 為 125 (二進位碼為 0111,1101)。

但是 f 最多只能儲存 23 位元，勢必儲存不下這個循環的二進位碼，就會發生捨位以及進位情況：

00110011001100110011001**10011**...

捨位部分

00110011001100110011**0 10**10011...

被捨去的最大位元為 1 需進位

正規化後的小數部分從左至右數來的第 24 位之後皆會被捨去 (灰色背景部分)，但在捨去之前須檢查被捨去的最大位元是否為 1，若為 1 必須進位，反之無條件捨去。本例中，被捨去的最大位元為 1，因此需要進位 (粗體部分)。因此，儲存於 f 的二進位碼會是 00110011001100110011010。包含 s、e 與 f 以 16 進位來表示就會是 3E99999A，所代表的浮點數會是 0.30000011920928955078125。

再看 0.7 這個數字如何轉成 IEEE 754 的單精度格式：0.7 的二進位碼會是 0.1011**0011**...如此循環下去，正規化後會是 $2^{-1} \times 1.011\mathbf{0011}...$。因此，s 為 0 且 e 為 126 (二進位碼為 0111,1110)，但是 f 會發生捨位以及進位情況：

01100110011001100110011**0011**...

捨位部分，但捨去的最大位元為 0，不需進位

本例中，被捨去的最大位元為 0，因此不需進位。儲存於 f 的二進位碼就會是 01100110011001100110011。包含 s、e 與 f 以 16 進位來表示就會是 3F333333，所代表的浮點數會是 0.699999988079071044921875。

以上都是正規化數字的情況。那麼第 6 項的非正規化數字情況會發生在什麼時候呢？如果數字太接近於零時，造成正規化後的數字退位太多，使得 e 會小於 1，就會發生無法以正規化的形式來儲存資料，我們稱這種數字過小使得資料無法儲存的現象叫**下溢** (underflow)。比如，有個數字要以單精度來儲存，但經過正規化後會得到 $1.00...0 \times 2^{-128}$，造成 e = -128 + 127 = -1。在 IEEE 754 的格

式中有保留一塊空間用來儲存這些下溢的數字，也就是式 1-2 所表示的非正規化數字。剛才的例子，在非正規化的形式就會是 $0.0100...0 \times 2^{-126}$。所得到的結果就會是 e = 0 且 f = 0100...0。一般在浮點數的實際運算中，如算一個矩陣的行列式，是不太容易算出一個標準的零(第 1 項情況)，而是接近於零的數字。可是我們又希望這種數字是零。所以當數字落在非正規化的數字區間，我們就可視為零。因此，非正規化的數字是用來判斷是否為零的一段保留區間，也就是這種數字我們最好不要拿來當分母，不然可是會除出一個非常大的數字，甚至會有無窮大或無窮小的情況(第 3、4 項情況)。

另外，IEEE 754 的數字分布是不一致性的，也就任兩個相鄰的數字之間隔不會是固定的常數。越大的相鄰數字之間隔會越大，反之會越小。例如，單精度的最大值是 $(2-2^{-23}) \times 2^{127}$，也就是 s = 0、e = 1111,111 且 f = 11...1。這數字很大，大約是 3.4×10^{38}。次大的數字會是 $(2-2^{-22}) \times 2^{127}$，也就是 s = 0、e = 1111,111 且 f = 11...10。兩數字相差約 2.0×10^{31}。

單精度的正規數字最小正數是 2^{-126}，也就是 s = 0、e = 1 且 f = 0。這數字大約是 1.18×10^{-38}。次小的正數會是 $(1+2^{-23}) \times 2^{-126}$，也就是 s = 0、e = 1 且 f = 00...01。兩數字相差即為 2^{-149}，這可是遠小於 2.0×10^{31}。由此可發現，浮點數並不像整數是以固定的間隔來分布。請讀者要注意這個現象，儘可能地不要把浮點數用來計算整數部分很大的數字，因為過大的間隔亦會造成過大的誤差。

最後，雙精度雖然有 64 位元可以儲存較精密的浮點數，但如要再進行更精密的運算時就稍嫌不夠了。因此，英特爾又提出一個更精密的儲存方式，稱為**擴大精確度格式**(extended precision format)。這種格式擁有 80 位元的長度，除了與 IEEE 754 格式類似，有一個正負號位元 s、15 位元的指數部分 e 以及 63 位元的小數部分 f，它還在指數部分與小數部分之間多了一個整數位元 i，如圖 1-9 所示。

它的儲存規則與 IEEE 754 大致相同，一樣有六種情況：

1. 當 e = 0，i = 0 且 f = 0，所表示的浮點數為零。

2. 當 e 的每個位元都是 1，i = 1 且 f 不為 0，不代表任何浮點數 (**NaN**)。若 i = 0 時，較新的處理器 (80387 之後的浮點運算器) 會視為無效格式，即未定義的情況。

3. 當 s = 0，e 的每個位元都是 1，i = 1 且 f 為 0，所代表的數字為真無窮大 (∞)。

4. 若 i = 0 時，稱為假無窮大 (pseudo-infinity)，較新的處理器會視為無效格式。

5. 當 s = 1，e 的每個位元都是 1，i = 1 且 f 為 0，所代表的數字為真無窮小 (-∞)。若 i = 0 時，稱為假無窮小 (-∞)，較新的處理器會視為無效格式。

6. 當 i = 1，e > 0 且 e 的每個位元不全都是 1 時，所代表的數字為**正規化數字**，須以式 1-3 來轉換。若 i = 0 時，較新的處理器會視為無效格式。

   $$-1s \times 2e\text{-}16383 \times 1.f \qquad (式\ 1\text{-}3)$$

7. 當 i = 1 且 e = 0 時，所代表的數字為**非正規化數字**，須以式 1-4 來轉換。若 i = 0，e = 0 且 f 不為 0 時，較新的處理器會視為無效格式。

   $$1s \times 2\text{-}16382 \times 0.f \qquad (式\ 1\text{-}4)$$

我們可以從這六項情況中發現，當數字不為零時，較新的處理器只接收整數位元為 1 的情況。若整數位元為零，則一律視為無效格式。

圖 1-9　80 位元的擴大精確浮點數格式

1.6　作業系統

　　儘管我們花費心思設計了一台非常高效能的計算機硬體，但若沒有一套便利的操作介面讓使用者去操作它，那麼這台計算機就會像是一堆昂貴的破銅爛鐵。**作業系統**(Operating System, OS)就是一套讓使用者與冰冷的機器之間搭起一座溝通橋樑的軟體。一般的使用者想操作一台電腦，都是先透過作業系統的協助，才可進行執行程式或存取資料等動作。市面上的作業系統非常多，大家耳熟能詳不外乎有：適合用於大型伺服器的 **UNIX**、微軟(Microsoft)的視窗作業系統 **Windows**、蘋果(Apple)的 **Mac OS X**，以及類似 UNIX 但可安裝於個人電腦的 **Linux**。近幾年由於智慧型行動電話的流行，行動裝置用的作業系統也是處於激烈的競爭狀態。目前有兩大主流：蘋果的 **iOS**，以及 Google 的 **Android**。本書不會評論也不會介紹這些作業系統的操作方法，這一小節主要是來看看作業系統的最基本功能是什麼？以及作業系統在我們編寫程式的過程中有何關係？

　　不論規模大小的作業系統，它的最基本功能有這四種：**操作命令管理**(operation management)、**執行中的程式管理**(processes management)、**系統資源管理**(resource management) 以及 **系統安全管理**(security management)。

　　甚麼是**操作命令**(operation)？就是一種可以讓電腦硬體發揮應有功能的程序，比如：**重置**(reset)、**關機**(shutdown)、**檔案及目錄的操作**等。作業系統需要為這些操作命令提供一個使用者容易下命令的方式。一般來說，都會以文字的命令方式。比如在微軟的作業系統，關機的命令就是 shutdown，查詢目錄內容就是 dir。以文字來下達操作命令有很多好處，這樣我們就可以在自己所設計的程式碼裡直接地下達操作命令，來達成系統的特殊功能。除了用在某些特殊目的之電腦外，作業系統主要服務的對象，基本上就是我們人類。現今的作業系統皆以**圖形使用者操作介面**(Graphical User Interface, GUI)來作為使用者下達操作命令的管道。使用者只要透過滑鼠或觸控式螢幕即可點選代表某個操作命令的**圖示**

(icon)，該操作命令即可啟動執行，十分方便。但基本上，作業系統所提供的操作命令仍然是文字形式，圖形使用者操作介面只是一個包裝好的漂亮外殼，所點選的圖示會去連結對應的操作命令。

當使用者下達了執行某個應用程式的命令後，該應用程式就會被作業系統載入到主記憶空間，接下來作業系統就得管理這個應用程式了。大部分個人電腦所使用的作業系統都是**多工處理**(multitasking)，也就是會有一個以上欲執行的程式被載入到記憶空間 讓 CPU 來輪流執行。有些電腦，像電視遊樂器(video game console)，會使用**單工處理**(single-tasking) 的作業系統，也就是 CPU 會專心地執行一個程式，執行完畢後才會執行下一個程式。在多工處理的情況下，作業系統會在記憶空間建立一個**執行佇列**(run queue)用來儲存每個程式的狀態及安排每個程式的執行優先順序。其中，執行優先順序是根據程式的優先權、等候時間、所需資源的狀態……許多因素來決定。然後作業系統會將執行佇列中排在第一位的程式讓 CPU 執行。若這個程式沒辦法在一段時間內執行完畢，或者該程式正在等候某個**中斷服務 (**interruption)，作業系統則會暫停這個程式，並賦予較低的優先權，使得這個程式會排在執行佇列較後面的位置。之後，作業系統再將執行佇列中排在第一位的程式讓 CPU 執行。所謂中斷服務就是程式若要求硬體進行某項功能，比如，存取磁碟中的資料以及傳送或接收 I/O 裝置的資料，這些硬體中斷服務都會讓程式暫停執行，且 CPU 會處於閒置狀態。可想而知，若我們不利用多工處理的作業系統讓 CPU 去執行別的程式，則整個系統產出效能(throughput)將會非常的差。

既然程式會透過中斷服務來使用硬體資源，作業系統也必須對這些重要資源進行管理。尤其是在多工處理的情況下，勢必會有很多程式同時去使用一個硬體資源。但是，有些硬體資源是不可共享的，如印表機一次只能服務一個對象，不可將兩個程式所產出的資料交錯地印在同一張紙上。如果硬體資源的使用額度有限，而且欲使用這個硬體資源的程式數量超過使用額度，再加上這些程式彼此互相依賴，也就是任兩程式之間有等待關係，一定要等另一方執行完成才能繼續進行，那麼就會發生系統**死結**(deadlock)。作業系統有責任將發生系統死結的機率降到最低,也有義務解決發生系統死結後的問題。除了死結問題外,作業系統也要時時監控系統資源的使用狀況,像 CPU 的忙碌情形以及記憶空間的可用容量。當發生異常狀況時,作業系統要能適當地處置,儘量讓整個系統可以繼續運作下去。

可是,有些程式是惡意地侵占系統資源,試圖讓電腦**當機**(crash)或者竊取系統與使用者的重要資料。面對這些程式的惡意行為,作業系統除了要能夠阻擋,也要能夠預防。因此,系統的安全性是作業系統的重要工作之一,也是評量一套作業系統的重要指標。然而,我們自己寫的程式,可能因為一時的疏忽,而做出侵占系統的惡意行為。比如,記憶空間的非法使用,去存取不該使用的空間,這是在寫 C 語言的程式時極為常見的問題。當作業系統查覺到這情況,會立即中斷程式,或許會伴隨著一個警告訊息。這時必須先猜測是否程式發生了危害系統的行為,去檢查所寫的程式碼是否有問題,而不是一味地怪罪電腦硬體失常或作業系統設計不良。

近年來,作業系統的市場越來越開放,並非由單一作業系統所壟斷。身為程式開發者亦不能再像以往只鎖定一個作業系統平台來開發應用程式。如果不引入特定作業系統才能使用的外部函式,我們可利用 C 語言來寫出跨平台的程式碼,也就是程式碼到任何的作業系統下都可以完成編譯。因為 C 語言的語法是經過一個不分平台的標準規範所制定(我們將在第二章會介紹 C 語言的歷史背景),因此,本書的大部分範例程式並不會特別要求須在哪個作業系統下編譯及執行。最後,由於作業系統的構造十分繁瑣複雜,本書只能簡單扼要地介紹作業系統與程式開發之間的關係。您若對作業系統想更進一步的認識,或者有意開發作業系統,可以參考介紹作業系統的設計理論相關書籍[3]。

1.7　計算複雜度

一個問題可能會有許多解決方案,那麼您能評估哪個方案是最好的嗎?您能夠簡單扼要地描述它有多好嗎?這是一個很重要的課題!所以在這一小節裡,我們要來學習一下如何評估演算法的效能。

請各位讀者先思考下列這三個問題。第一個問題，假設您是一位老師，在學期開始的第一堂課，您想對全班進行點名，需要多少時間才能完成？很簡單的問題，既然是點名，就代表每位同學都要詢問過一次，所以決定點名時間的主要因素就是學生的人數以及每位同學平均詢問時間。假設班上有 n 位同學，您的平均點名時間是 t 秒，那麼就會需要 $t \times n$ 秒才能完成全班點名。

第二個問題，假設您有一本約 n 頁的書，您想翻到某一頁來閱讀，請問最多會翻幾次書頁？又最少會翻幾次書頁？在最幸運的情況下，我們只要一打開書本就是想要閱讀的頁面。但最多要翻幾次，就得要仔細想一下了。從第一頁慢慢地一頁一頁翻，翻到目標頁面為止，若要找的頁數很接近 n，這樣就可能需要約 n 次的翻頁，實在很沒效率。換另外一個方法，如果先翻到約半本書的頁面，再看看欲閱讀的頁面是在前半部分還是後半部分。然後再從那半部分，也翻開該部分約一半之頁面，重複進行同樣的動作，如此就可以越來越逼近目標頁面。由於每次搜尋都是先排除不可能的半部分，再從可能的半部分去切一半來繼續搜尋，直到只剩下目標頁面。讓我們用數學的方式來描述這方法，已知全部頁數為 n 頁，想要算的是 n 需要乘 1/2 多少次才會約等於 1？也就是 $n/2^k=1$，求 k 等於多少？移項一下，會得到 $2^k=n$。然後等號兩邊取 $\log_2$，如此，即可求得 k 等於 $\log_2 n$。意思就是最多只需要約 $\log_2 n$ 次即可完成搜尋目標頁面，這可是比前者搜尋方法 n 次翻頁來得有效率多了！您可以假設 n 為 1024 頁，則 $\log_2 1024 = 10$，代表您最多只要翻十次即可搜尋到目標頁面。

最後一個問題，假設您一天只能買一張彩券，請問要經過多少天或買多少張彩券才能中最高頭獎？任何人遇到這個問題，大概只能求神問卜了，一般人根本無法準確地預測這個答案。但是，您卻可以百分之百的保證，您至少要買一張彩券，才有機會中大獎。

以上三個問題都是針對某個行為來評估需要多少時間才能完成。所評估的時間量稱為**時間複雜度**(time complexity) 或**計算複雜度** (computational complexity)。通常會用三種符號來表示計算複雜度：Θ，O，Ω。

Θ 符號，讀音為 big theta。假設 $f(n)$ 是一個以 n 為變數的數學方程式，比如 n^2 或 $\log_2 n$。那麼 $\Theta(f(n))$ 的意思就是，一個演算法所需的計算複雜度**必定**為 $c_1 f(n) + c_2$，其中 c_1 及 c_2 為兩個任意常數。我們回頭看看第一個問題，老師對每位同學的平均點名時間為 t，但是 t 並不會隨著學生的數量而改變，在點名的過程中 t 也是不會改變。因此，我們可以將 t 視為常數。在描述計算複雜度時，並不會仔細的去描述常數部分，而是去描述最影響時間的重要因素，也就是學生的數量 n。為整班 n 個學生進行點名，不管用甚麼方式來點名，每個人一定都會被點過一次。因此，計算複雜度一定是 n 的倍數。所以，可以用 Θ 符號來描述點名的計算複雜度，那就是 $\Theta(n)$。換句話說，點名的計算複雜度必定等於 $c_1 n + c_2$，其中 c_1 及 c_2 為兩個任意常數。

O 符號，讀音為 big O。假設 $f(n)$ 是一個以 n 為變數的數學方程式，那麼 $O(f(n))$ 的意思就是，一個演算法所需的計算複雜度**不會超過** $c_1 f(n) + c_2$，也就是**小於或等於** $c_1 f(n) + c_2$，其中 c_1 及 c_2 為兩個任意常數。我們常用 O 符號來描述一個演算法的計算複雜度之上限為何。在第二個問題中提出兩個翻到目標頁面的演算法，一個是從頭慢慢翻的方法，最多會需要 n 次翻頁的時間。另一個較有效率的方法，是以二分法的方式，最多會需要 $\log_2 n$ 次翻頁的時間。但是，這兩種方法都有可能在第一次翻頁就找到目標頁面，如果運氣夠好的話。因此，您不可以說找尋目標頁面**必定**需花費多少次翻頁的時間，而是要說**最多**需花費多少次翻頁時間。所以，我們要用 O 符號來描述這問題的計算複雜度，第一個方法就是 $O(n)$，意思是**不會超過** $c_1 n + c_2$ 次翻頁時間；第二個方法就是 $O(\log_2 n)$，意思是**不會超過** $c_1 \log_2 n + c_2$ 次翻頁時間。

Ω 符號，讀音為 big omega。假設 $f(n)$ 是一個以 n 為變數的數學方程式，那麼 $\Omega(f(n))$ 的意思就是，一個演算法所需的計算複雜度**不會低於** $c_1 f(n) + c_2$，也就是**大於或等於** $c_1 f(n) + c_2$，其中 c_1 及 c_2 為兩個任意常數。我們常用 Ω 符號來描述一個演算法的計算複雜度之下限為何。第三個問題的計算複雜度就是一個 Ω 的情況，因為我們尚無法得知需要買多少張彩券才能中頭獎。換句話說，我們尚未找出解決這問題的時間上限。但是，我們可以保證解決這問題的時間下限是多少，那就是 1。您至少要買一張彩券才有機會中頭獎，都不去買是無法中獎的。所以，此問題的計算複雜度為 $\Omega(1)$，代表至少要買 $c_1 \cdot 1 + c_2$ 張彩券才會中獎，其中 c_1 及 c_2 為兩個任意常數。

以上舉了三個例子並分別用不同的符號來描述其計算複雜度，這些例子都是針對單一行為來分析計算複雜度。本書之後的章節會介紹一些較為複雜的演算法，像排序法以及搜尋法。屆時會學到更具有技巧的方式來評估演算法的計算複雜度。關於計算複雜度還有更多現象可以探討，讀者有興趣可以參考相關書籍 [4][5]。但是，計算複雜度是一門頗為艱深的數學科目，讀者可能要先具備有中等數學的能力，以能夠較容易地閱讀這方面的書籍。

總結

1. 電腦程式從設計、開發、執行到產生結果，這段期間所經歷的階段，身為程式設計者必須要能夠有基本的概念。

2. 當我們遇到了一個問題，必須先分析問題並想出可行的演算法。一個問題可能有不同的演算法來解決，可以用計算複雜度來分析各演算法的效能，並選擇一個最有效率之演算法。之後再以某種程式語言配合程式開發工具來寫出程式碼。程式碼經過編譯器的編譯而成為機器碼，許多機器碼再透過連結器才會合成為可執行檔。

3. 當我們要執行程式時，作業系統會將可執行檔載入至主記憶空間，若在多工環境下，會予以排程。作業系統並且會時時監控程式的運作過程，防止程式是否有危壞系統資源的情況。

4. 程式最終是要給電腦硬體來執行，本章也介紹了計算機基本的五大單元，算術邏輯運算單元、控制單元、記憶單元、輸入單元以及輸出單元。其中 CPU 包含了計算機五大單元的算術邏輯運算單元以及控制單元。程式中每個指令，會分解成數個動作，每個動作會有對應的硬體單元來負責完成。為了讓 CPU 更有效率的運作，控制單元會以管線處理來分工執行數個指令。

5. 記憶空間的概念在 C 程式設計中是非常重要的，記憶空間最基本的存取單位是 byte，而每個 byte 都有一個獨一無二的位址來對應。要讀寫記憶空間中的任何一個 byte，都必須先告知它的記憶空間位址。

6. 請務必熟悉常用的數字表示法，包括二補數表示法語 IEEE 754 的浮點數表示法。在 C 語言程式設計中，這些表示法非常重要。若您能熟悉所有基本資料型態的中值，進行數值運算時才不會產生不可接受的誤差與不可預期的結果。

7. 若某個演算法所花費時可以用函數 $f(n)$ 來描述，其中 n 為資料量。那麼 Θ 符號是用來描述該演算法一定會在 $c_1 f(n) + c_2$ 時間內完成，其中 c_1 及 c_2 為兩個任意常數；O 符號是用來描述該演算法所花費的時間不會超過 $c_1 f(n) + c_2$；Ω 符號是用來描述該演算法至少需花費 $c_1 f(n) + c_2$ 的時間。

練習題

1. 請問電腦程式的生命週期會經過哪些階段？並簡述各階段的目的。

2. 電腦五大基本單元有哪些？請找一台個人電腦，並說出所有可拆卸的硬體元件是屬於五大基本單元的哪一單元。

3. 何謂中央處理器的管線處理？

4. 現有一台計算機，它執行每一個指令需要有三個階段：提取指令(fetch)、執行(execution)、以及產生結果(output)，每一階段需耗費一個時脈。請問利用這台計算機來執行一段含有 10 個指令的程式，總共需要多少時脈才能執行完畢？

5. 現有一台計算機，它的位址排線及資料排線各由八條信號線所組成。請問這台計算機可以最多可以裝的主記憶空間容量為何？

6. 請將下列十進位數字轉換為二進位數字、八進位數字以及十六進位數字：
    (1) 65
    (2) 188
    (3) 255
    (4) 683

7. 請將下列十進位數字以 2 補數方式轉換為二進位數字：
    (1) −128
    (2) −127
    (3) −1
    (4) −2

8. 請將下列十進位數字以 IEEE 754 的 32 位元單精度以及 64 位元雙精度方式轉換為二進位數字：
    (1) 1234567.2
    (2) −1234567.15

9. 何謂多工處理的作業系統？何謂單工處理的作業系統？甚麼樣的情況下我們會需要多工處理以及單工處理？

10. 什麼是中斷服務？請舉例說明。

11. 一個程式從啟動、執行、到執行完畢，作業系統會對這程式進行哪些管理動作？

12. 假設您想從熱鬧的台北東區裡找出 n 個同名同姓的人。請問完成這件事情需要多少的計算複雜度？

13. 假設您為一個班級的導師，班上共有 n 位同學。今天您想從您的班級裡任意地找出兩個同學，且這兩位同學的身高是一樣。請問這需要多少的計算複雜度？

14. 假設您為一個班級的導師，班上共有 n 位同學。今天您想計算所有同學的平均身高，請問這需要多少的計算複雜度？

第 2 章

認識 C 語言

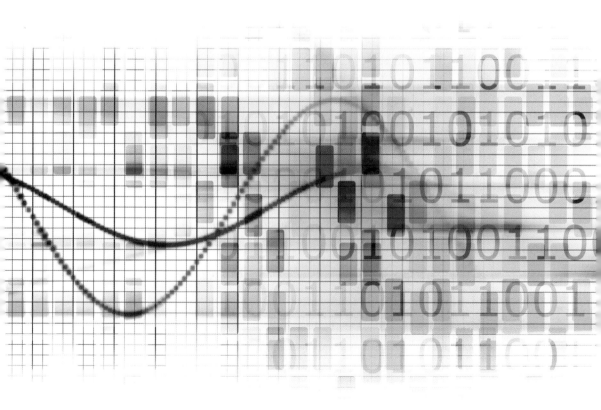

C 語言誕生至今已經四十多年的歷史，算是個古老的程式語言，可是它卻仍然是開發高效能軟體的首選程式語言。原因就在於 C 是較接近計算機底層的高階程式語言，例如在記憶空間管理上，C 語言可透過**指標**(pointer)來直接地使用記憶空間。C 語言雖然不像其它高階語言有許多便利且豐富的指令及語法，很多事情都需要從無生有。相較於提供了很多方便好用的功能之程式語言，好處是可減輕開發者的負擔，但卻會造成學習者無法得知電腦內部的運作，很有可能成為一位對電腦半生不熟的程式開發員。在學習 C 語言的過程中，我們會順帶學習必要的電腦基礎知識，才可讓我們寫出有效率的程式碼，也可以解釋一些奇妙的錯誤現象。因此，許多大專院校所開設的基礎程式設計課程，大都會選用 C 語言作為入門程式語言。本章目的是先讓讀者對 C 語言有初步的認識，包含它的歷史背景與開發環境，也會介紹 C 語言的基本架構，包含函式的概念、變數宣告以及標準輸出輸入函式的使用。

2.1　C 語言的歷史

貝爾實驗室(Bell labs)是位在美國的一座民間研究單位，由美國電話電報公司(American Telephone & Telegraph, AT&A) 在 1925 年所創立，主要的研究方向是與電信相關的技術。**丹尼斯·里奇**(Dennis Ritchie, 1941-2011) 在 1967 年進入了貝爾實驗室的電腦科學研究中心，並且在 1969 至 1973 年之間發明了 C 語言。當時丹尼斯·里奇發明 C 語言之目的是為了寫出 UNIX 這個作業系統。然而，至今 C 語言與 UNIX 可說是影響人類科技發展極為重要的發明。推算一下，C 語言誕生至今已有四十多年的歷史，在這四十年之間，C 語言都沒有修正與改良嗎？1978 年，**布萊恩·柯林漢**(Brian Kernighan, 1942-)與丹尼斯·里奇合著一本相當有名的書：《C 程式語言》(The C Programming Language) [6]。這本書詳細地介紹 C 語言的設計理念與構造，因此，我們尊稱以這本書為基礎所設計的 C 語言編譯器為 **K&R C 語言**。當時許多人都以這本書來設計出自己的 K&R C 編譯器，造成非常多種 C 語言版本於市面上發行。1989 年，**美國國家標準協會**

(American National Standards Institute，ANSI) 對 C 語言制定了標準，稱為 **ANSI C**，又稱為 **C89**。隔年，ANSI C 改由**國際標準化組織**(International Organization for Standardization，ISO) 來管理，但是一般大眾還是稱之為 ANSI C。雖然 C 語言還有更新的標準版本，但是 C89 的規格目前仍在使用，因為它非常適合於硬體控制與作業系統的開發。以 C89 所編譯出來的程式碼是 C 語言家族中最精簡的，所以用 C89 所寫出來的程式會相當有效率。但是，C89 有一些文法上的缺陷，對程式編寫者來說並不是很便利。因此，在 1999 年，C 語言有了一次重大的革新，增加了許多命令與語法，這版本稱為 **C99**。C99 對下相容，程式編寫者仍可以用 C89 的風格來寫程式，C99 的編譯器一樣能夠正確編譯。時間又過了十年，2011 年，C 語言再度改版，稱為 C11。從 C89 到 C11，C 語言這幾次的改版都是為了讓程式更好寫，也就是說大部分的好處都是為了程式編寫員，但是對程式本身的執行效率未必有增加。您可以在這個網站瀏覽 C 語言的規格制定細節：

http://www.open-std.org/jtc1/sc22/wg14/

　　C++是另一種與 C 語言非常類似的程式語言。它幾乎相容所有 C 語言的所有語法，並支援**物件導向程式** (object-oriented programming) 與**樣板設計** (template)，因此有許多大型的軟體已改用 C++ 來開發，尤其是運作在視窗型作業系統上的**圖形化使用者介面**(Graphical User Interface，GUI) 的應用程式。請注意，C 語言並不是 C++ 的一部分[10]，您應該將它們視為不同的程式語言，也更不要以 C++ 的風格來編寫 C 語言的程式碼。同樣地，也請勿以 C 語言的風格來編寫 C++ 的程式碼。

2.2　　C 語言的編譯器與開發環境

　　我們在第 1 章已經介紹了 IDE (整合開發環境)，它可以提供程式開發者一個很方便的工作環境，許多軟體廠商也為 C 語言設計了 IDE。但是在介紹 C 語言的 IDE

之前，我們先來看一下五個重要的 C 編譯器：gcc、Clang、Visual C++、Turbo
C、以及 Intel C++ Compiler。

1. gcc

gcc 全名是 GNU compiler collection，意思在 GNU 系統下所有的編
譯器集合。所謂 **GNU**(GNU's Not Unix)意思是一個類似 Unix 的作業系統，
應該這麼說，它是一個計劃，一個理念，也是一個組織。GNU 的目標就是開發一
套很像 Unix 的作業系統，而且是免費並公開原始碼的作業系統，Linux 就是
一個廣為人知的例子。gcc 就是在這樣的作業系統下所內建的程式開發工具。
gcc 也有提供在微軟的視窗作業系統運作之版本，它叫做 **MinGW** (Minimalist
GNU for Windows)。gcc 裡面不只有 C 語言以及 C++的編譯器，它還包含了
Java，Objective-C，Objective-C++，Fortran，Ada 等常用的程式語言
編譯器。另外，gcc 的 C 及 C++總是最快支援最新的語言標準，因此，在程式
開發的領域，常會以 gcc 來做為檢驗程式碼品質的標準。

2. Clang

這是由 **LLVM**(Low Level Virtual Machine)開發團隊所開發的 C 與
C++編譯器。LLVM 是一種程式編譯的虛擬平台。在第 1 章有提到，程式的原始
碼經過編譯後會產生符合該運作平台的之機器碼。但在 LLVM 平台，所編譯的結
果是一種稱為中介碼(intermediate representation)的二進位碼。當程
式被執行時，LLVM 再根據當下執行環境的狀況，編譯出最適當且效率最好的機
器碼。Clang 就是搭配在 LLVM 平台上的 C 與 C++編譯器。另外，Clang 是個
很新的編譯器(2005 年開始發展)，它支援大部份的 C11 規格。目前 Clang 是
Apple 的 Mac OS X 以及 FreeBSD 系統上所使用的主要 C 編譯器。

3. Visual C++

這是微軟所自行開發的 C 與 C++編譯器，主要用來開發在視窗作業系統上
的應用程式，所以它並不像 gcc 那麼跨平台。也就是說，您所寫的 C 程式碼雖

然可以讓 Visual C++編譯成功且執行正確,但在 gcc 上就未必能夠如您所願。
Visual C++也不像 gcc 那麼開放,雖然有免費版本,但不開放原始碼。然而,
Visual C++所編譯出來的程式碼在微軟的視窗作業系統上執行會比 gcc 較有
效率,畢竟是量身打造的。另外一點,Visual C++只支援 C89 的規格。對於
C99 及 C11,只採用少部分的特色,大部分是不支援的。這或許是有效能上的
考量,而且 C89 的規格已經足夠完成所有事情,所以這並不能算是缺點。

4. Turbo C

     DOS(Disk Operating System)是微軟尚未推出視窗作業系統的前一代
作業系統。Turbo C 則是在 DOS 時代相當流行的 C 編譯器。其實 Turbo C 是
一套完整的 IDE,由 Borland 這家公司所開發。但隨著微軟的視窗作業系統誕
生,Turbo C 就逐漸地減少它的市場佔有率。目前 Turbo C 已經轉型成另一
套產品:C++ Builder,由 Embarcadero 這家公司繼續開發與維護。

5. Intel C++ Compiler

     Intel 是知名的 CPU 以及積體電路設計公司。除了硬體之外,Intel 也發
展了許多軟體,其中包括 C 與 C++的編譯器:Intel C++ Compiler,簡稱
icl 或 icc。目前最新版本為 17.0,可支援 C11 與 C++17 的大部分特色,且
可運作在許多作業系統上,包括 Windows、Linux 與 Mac OS X。icc 在 Intel
的 CPU 上有不錯的效能,在非 Intel 的 CPU 也可以運作,只是效能可能不會
到達最佳。另外,icc 並非免費軟體,它附在 Intel Parallel Studio XE
這套付費的程式開發工具中,基本價格為美金 699 元。

     以上,是目前較常用的五個 C 語言的編譯器。接著再來看看搭配這些編譯器的
IDE 有哪些,本書列舉了六套市面常見的 IDE,雖不在此介紹這些 IDE 的使用方式,
但您可以很容易地在網路上找到它們的操作手冊以及教學資源。

1. Dev-C++

     Dec-C++是 Bloodshed 軟體公司所開發的功能簡單但卻十分受到歡迎的

IDE。原因無它，體積小，操作容易，且可免費下載使用。我們可以透過Dev-C++，很快地就能完成一個小型的 C 與 C++程式。Dev-C++所內建的編譯器是 gcc 3.4.2 版，但可以自行更改新版本的 gcc 編譯器。對於開發小型程式來說，Dev-C++是個不錯的 IDE。可是它的文字編輯器以及程式除錯器(debugger) 存在著一些問題，專案管理的部分也不太便利，所以 Dev-C++並不太適用於開發大型軟體。而且 Dev-C++已經不再繼續維護，最後版本就停留在 2005 年的 4.9.9.2 版。不論如何，Dev-C++是一個十分適合初學者的 IDE。因為它安裝容易，操作簡單，且不提供過多的程式寫作輔助功能，可讓學習者加強語法的練習。

2. Code::Blocks

這是目前被普遍地認為可以取代 Dev-C++的 IDE。它具有 Dev-C++所有優點：體積小、操作及安裝容易且免費下載。Code::Blocks 所使用的編譯器可自由設定，預設是使用 gcc。Code::Blocks 改善了一些 Dev-C++的缺點，它的文字編輯器功能頗為完善，而且提供了關鍵字自動完成功能，省去了一些打字時間。Code::Blocks 不像 Dev-C++只有 Windows 版本，它也提供了在 Mac OS X 以及 Linux 下運作的版本。但是 Code::Blocks 在除錯器的設計上仍然不夠便利，造成開發大型軟體時的困擾。

3. Visual Studio

這是微軟所設計的 IDE。Visual Studio 所使用的 C 編譯器是微軟的 Visual C++，但它不僅提供 C 與 C++的開發環境，還提供了 C#及 Visual Basic 等其它程式語言的開發環境。Visual Studio 的文字編譯器也設計得十分便利，而且它所提供的除錯器相當好用，開發者可利用它的除錯器很快地找出程式的問題發生處。Visual Studio 還有一個特點就是有提供視窗的設計器 (Windows forms designer)，我們可以利用設計器很容易又快速地佈置一個豐富的使用者圖形介面(GUI)，而且也具有設計器與程式碼之間的連結。例如，在視窗上布置一個按鈕，按下它則會進入程式碼畫面，讓我們可以寫下該按鈕當發生點擊事件(click event)後所要進行的程式碼。但是 Visual Studio 的標準版本是要收取昂貴的費用，因為它包含了許多應用程式的開發函式庫，像是視窗應用程式、資料庫應用程式、網頁應用程式、多媒體應用程式……。但若您只需要開發一般的視窗應用程式，那麼可以下載免費的 Visual Studio Community 版本。雖然是免費的精簡版本，但它已包含了文字編輯器、Visual C++編譯器、除錯器以及基本視窗函式庫，這對於一般的應用程式開發已足矣。請注意，Visual Studio Community 的預設安裝元件可能不包含 C 與 C++ 的編譯器，請以自訂安裝方式並勾選 Visual C++以安裝 C 與 C++的編譯器。

4. C++ Builder

這也是一套要收費的 IDE。C++ Builder 的前幾個版本是由 Borland 這家公司所設計，直到 2009 易主給 Embarcadero。C++ Builder 主要是用來開發 Windows 的應用程式，但最新版本已有支援 Mac OS X 的環境 。這套 IDE 也提供有如 Visual Studio 那樣的開發環境，有文字編輯器、以 Turbo C++ 為基礎的編譯器、除錯器以及視窗設計器。C++ Builder 的使用族群比較偏向專業的程式設計人員，比較少見一般的程式設計初學者與學術機構使用這套 IDE。

5. Xcode

如同微軟為了讓程式開發者可以開發出在 Windows 上執行的應用程式，而設計了 Visual Studio 這套 IDE。Apple 當然也自行設計了一套 IDE，讓我們可以開發出在 Mac OS X 及 iOS 上執行的應用程式，那就是 Xcode。Xcode 支援了許多常見的程式語言：C/C++，Java，ObjectiveC/C++ ……。Xcode 在 3.x 版本以前，是以 gcc 4.2 作為 C 及 C++的主要編譯器。但在 4.X 版後已改用 LLVM 開發團隊所發展的 C/C++編譯器，如 Xcode 4.6 版的預設 C/C++ 編譯器即是 LLVM 的 Clang 4.2(支援 C11 與 C++11)。Xcode 近年來被大家所重視，因為我們可以利用 Xcode 來開發 iPhone 上的應用程式(apps)。利用它的設計器，很快地我們就可佈置一個手機應用程式的操作介面，寫下每個操作事件所要進行的程式，讓開發手機應用程式變成是一件輕鬆愉快的工作。Xcode 是免費下載的，但只能在所對應的 Mac OS X 版本下安裝。例如，Xcode 的 4.4.1 版只能安裝在 Mac OS X 10.7.4 之後的版本。

6. QT Creator

QT Creator 是由 Trolltech 這家公司所發明，之後被 Nokia 買下，又於 2011 年被芬蘭的軟體公司 Digia 買下。2014 年，QT Creator 由 Digia 的子公司 The QT company 繼續經營。The QT company 則在 2016 年五月從 Digia 獨立出來。QT Creator 是一套十分吸引人的 IDE，它是免費的，但須遵守 **GNU 較寬鬆公共授權條款**(LPGL)₅。QT Creator 含有文字編輯器、除錯器以及視窗設計器，並且可以外掛各種 C 與 C++編譯器。它支援 Windows、Mac OS X、及 Linux 等多種作業系統。最重要的是，它還有一套相當好用的函式庫—— **QT**。這套函式庫幾乎涵蓋所有開發應用程式會用到的程序：數學、文字處理、多媒體、網路、資料庫、視窗 GUI ......。尤其它的視窗 GUI 函式庫是具有跨平台編譯的特點，舉例來說，假設我們在 Windows 平台上利用 QT 來設計一個視窗應用程式，這個程式碼拿到 Mac OS X 平台上也是可以被編譯成功的。如此一來，我們只要寫出一份程式碼，就可以產出多種平台的版本，這對程式設計者來說可是一大福音！因此，QT 目前正蓬勃發展中，逐漸受到軟體開發界的重視。

介紹了這麼多開發環境後，您可能有個疑問：我該用哪種 C 編譯器並搭配哪種 IDE 比較好？在此建議初學者若是在 Windows 作業系統上，可以用 Dev-C++、Code::Block、Visual Studio Community、或 QT 。若是在 Mac OS X 作

---

⁵. LGPL（GNU Lesser General Public License），任何衍生的軟體(包含商業軟體)可以透過引用或動態連結來使用受到 LGPL 的軟體，若對 LGPL 的軟體有發生任何變動與修改，必須將所有原始碼公開。

業系統上，可以用 Code::Block、Xcode、或 QT。在 Linux 作業系統上，可以用 Code::Block 或 QT。如此建議，主要是以免費、快速安裝及操作容易為主。其餘要收費且會安裝額外開發工具的 IDE，端看您開發程式之主要目的來選用。

不論您選用哪一個 C 語言的開發環境，**請將程式碼存成附屬檔名為 .c 的檔案**。因為，有些開發環境(如 Visual Studio 與 Xcode)可編譯 C++與 C 語言的程式碼，甚至更多其它程式語言的程式碼，會根據程式碼檔案的附屬檔名來決定以哪個語言的編譯器來編譯。如 .cpp 會以 C++編譯器來編譯；.java 的檔案會以 JAVA 的編譯器來編譯。所以，請把程式碼存成附屬檔名為 .c 的檔案，才會讓開發環境以 C 語言的編譯器來編譯。

2.3　　一個簡單的程式架構

我們先來看看一個簡單且標準的 C 程式碼：

程式 2-1

```
int main(int argc, const char * argv[]){
    return 0;
}
```

這個程式碼並不會算出什麼結果，它就只能被 C 編譯器成功地編譯出機器碼，然後很快地就執行完畢。一個 C 語言的程式碼要能夠被編譯且執行成功，它一定要有一個 **main 函式**，也就是用來代表著程式碼的起點。不管程式碼的規模大小，一定都從 main 開始一行一行地執行您所設計的程式碼，而且一份程式碼只會有一個 main 函式(只會有一個起點)。

什麼是**函式** (function)呢？在 C 語言中，函式是用來將一些程式碼包裝起來，並給予一個函式名稱。之後，我們可以在同一份程式碼的某個可使用該函式之處，透過函式名稱來進行**呼叫** (invoke 或 call)，就可執行該函式中所包含的程式碼一次。如此，我們可以透過數個呼叫，就可以重複地執行該函式中所包含的程式碼數次。那麼誰會去呼叫 main 函式呢？一個程式要能夠被電腦來執行，必須要先經過作業系統的允許。當作業系統認為這個程式可以被執行，就會將該程式從儲存裝置中取出，接著載入至主記憶空間並且列入執行排程。所以基本上，main 函式是由作業系統來呼叫的。

設計一個函式，您必須寫這四樣東西，依序為：函式回傳型態、函式名稱、參數以及函式內容。我們從上例的 main 函式來看這四樣東西：

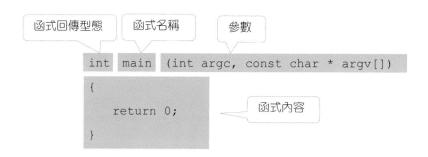

函式是被呼叫端請求來完成某個特定的工作，那麼函式就有可能會回報一份資料給呼叫端，讓呼叫端得知該函式的執行結果為何。因此，在設計函式時，我們必須明確地描述**函式回傳型態**(return type)，也就是描述這個函式會產生出什麼類型的資料。像 main 這個例子，它會回傳給呼叫端一個**有號整數**(integer)的資料，而在 C 語言中，代表有號整數的資料型態就是 **int**。就算這個函式不會回傳任何資料，我們也要以 void 這個關鍵字來描述無任何回傳。決定好回傳型態之後，要為這個函式取一個**函式名稱**。我們在編寫程式會對某些事物定義一個自己喜愛的名稱，如變數名稱、型態名稱以及函式名稱。這種由程式設計者自行取的名字稱為**自訂名稱**(user-defined name)。但是，自訂名稱的命名是有規則的，不可亂取。C 語言的命名規則是這樣：**任一個自訂名稱必須以英文字母、阿拉伯數字與底線符號所拼湊而成，而且第一個字不可為阿拉伯數字**，像這些都是正確的自訂名稱：

```
James
f120323991
T_T
_Good_morning_
_____8051
___
```

下列都是錯誤的自訂名稱：

```
123ABC
^_^
Hello!
```

　　再來，一個函式可能會需要一些輸入資料才能進行運算，這些輸入資料就是**參數**。C 語言的函式參數必須明確地宣告在小括號中，不論這個函式是否有參數，您都必須在函式名稱後寫上一對小括號。關於參數的宣告，我們會在第 5.3.1 節會有詳細的介紹。由於 main 函式可不需要任何參數，因此，我們以 (void) 或 () 來描述之[6]。最後是**函式內容**，也就是函式所要進行的程式碼。函式內容是被一對大括號所包住，即使這個函式沒有包含任何程式碼，您也要寫下這一對大括號。在函式內容裡，每一句程式碼，我們稱為一個**敘述句**(statement)。而每一句敘述句都是以分號(;)作為結尾。本例中，我們只寫了一個 return 0 的敘述，意思是回傳 0 這個整數給呼叫端，然後函式結束工作。這個 0 代表著程式正常結束。先前有提到，main 函式是由作業系統來呼叫的。因此，我們的程式當完成工作時，必須回報作業系統正常結束，就是以 return 0 的方式來回傳給作業系統。因此，這段程式被作業系統呼叫後，很快地就完成工作，並回傳 0 這個數字給作業系統。

---

[6] 在 C 語言中，(void)與()這兩種參數列是不同的，前者是明確地宣告一個不帶參數的函式，後者是宣告一個不確定參數為何的函式。請看第 9.5 節的介紹。

C99 以後的編譯器允許任何回傳型態為 int 的函式可省略 return 0 敘述。我們可以將上例改成這樣：

程式 2-2

```
int main(int argc, const char * argv[]){
}
```

這一樣具有回傳值為 0 的效果。但請注意，在 **C89 的編譯器會產生不確定的執行結果**。因此，一般是不建議省略 return 0 的敘述。在本書的所有範例程式中，所有的 main 函式皆有明確的回傳敘述。

接著，來看看程式中每個單字及符號之間的空格問題。大部分的程式語言是以**空白字元**(whitespace character)將一些具有意義的單字或符號區隔開來。所謂空白字元，意思是可以在文件中產生垂直或水平方向空白區域的字元符號，一般常用的空白字元有三種：**空格字元**(space)、**表格字元**(tab) 以及**換行字元**(newline)。在程式中，任何具有某些意義的單字，包括**字面常數**(literal value)、語言本身所提供的關鍵字以及程式設計師自行定義的名詞，我們稱為**識別字**(identifier)。識別字之間一定**至少要有一個空白字元**隔開，亦可以用兩個上的空白字元隔開。另外，C 語言提供了很多種**運算符號**(operator)，例如：加號+，減號-，乘號*，以及除號/。符號與識別字之間可以沒有空白字元來隔開，亦可用一個以上的空白字元隔開。運算符號之間也可以沒有空白字元來隔開，但要小心運算符號的優先順序。

因此，我們可將 main 函式的左大括號放到參數列之後，不以任何空白字元隔開，以節省一行的空間：

```
int main(int argc, const char * argv[]){
    return 0;
}
```

或是，加上一個換行字元在參數列與左大括號之間：

```
int main(int argc, const char * argv[])
{
    return 0;
}
```

這兩種函式的寫作方式都各有支持者愛好使用，本書不偏好任一種，端看編排需要。若參數列的長度在一行之內，就使用第一個函式編排方式；若參數列的長度在兩行之上，就使用第二個函式編排方式。

大括號在 C 語言代表一個區域的意思，請為大括號內的程式碼縮排一個 tab 或四個空格的距離，如果在大括號內又遇到一個子大括號，也請再多增加一個縮排的距離。這樣不僅讓程式美觀好閱讀，減少除錯的麻煩，也可以降低寫錯程式的機率。有些語言甚至強迫您一定要縮排，如：Python。

標準的 main 函式有兩個參數，其型態分別是有號整數與字串陣列，第一個參數是用來指示第二個參數含有多少個字串，第 9.12 節會再詳細地介紹這兩個參數。在此之前，我們並不會用到這兩個參數，所以用以下形式的 main 函式來介紹接下來的例子。

程式 2-3

```
int main(void){
    return 0;
}
```

2.4　變數的宣告

變數(variable)是一個可存放資料的記憶空間，並且以一個名稱來代表。變數所占的空間大小以及所儲存的資料意義，則是取決於變數的**資料型態**(data type)。所以，在 C 語言中要使用任何一個變數之前，您都要為這個變數進行**宣告**(declaration)，也就是告訴編譯器這個變數是屬於什麼樣的資料型態，以及它叫什麼名字。

一個變數的宣告式如下：

資料型態 變數名稱;

其中，變數名稱必須符合 C 語言的命名規則 (第 66 頁)。例如，宣告一個型態為**有號整數**(integer)且名稱為 x 的變數，其宣告式為：

int x;

我們可以一次宣告兩個以上且同一資料型態的變數，語法為：

資料型態 變數名稱 1, 變數名稱 2, ..., 變數名稱 n;

例如，宣告三個型態為有號整數且名稱分別為 x, y 與 z 的變數，其宣告式為：

int x, y, z;

在第 3 章我們將會看到更多 C 語言所提供資料型態，如：無號整數、字元以及浮點數。本章先以有號整數 int 來介紹 C 語言的基本語法。稍微介紹一下 int 這個資料型態。大部分運作在 32 位元以上之平台的 C 編譯器裡，int 會是佔 4 bytes 的空間，可以表示的十進位數字範圍是 -2^{31} 到 $2^{31}-1$，也就是 $-2,147,483,648$ 到 $2,147,483,647$。請讀者注意一件事，有些 C 編譯器在特定環境下，會將 int 配置為 2 bytes，可以表示的十進位數字範圍是 $2^{15}-1$ 到 -2^{15}，也就是 $32,767$ 到 $-32,768$。因為在 C 的標準裡只有制定 int **至少為** 2 bytes。雖然現今的 C 編譯器在個人電腦上都將 int 視為 4 bytes，但讀者仍不可把 int 視為一固定大小的資料型態，應當把它視為一種依賴機器與編譯器種類才能決定大小的資料型態。

回頭來看怎麼使用變數。既然變數是一塊具有名稱的記憶空間，它一定可以存放資料，這就是變數的最大功能。那麼我們該如何將資料讓變數儲存起來呢？可以透過等號將某個數值放在變數裡，如下面這個範例：

程式 2-4

```
int main(void){
    int x;
    x = 123;
    return 0;
}
```

　　等號的作用是將右邊運算式的結果存放到左邊運算式所產生的記憶空間裡，等號的右邊運算式必須是**右值**(rvalue)運算式，左邊運算式必須為**左值**(lvalue)運算式。左值運算式必須可產生一個可以存放資料的記憶空間；右值運算式則必須能提供一個可讀取的數值。關於左值與右值運算式的詳細說明，請看第 4.1 節。

　　在程式 2-4 中，我們試圖將 123 透過等號存放到 x 裡。該等號的左邊運算式只有一個 x，而 x 又是一個具有記憶空間的變數，這樣的運算式會把 x 的記憶空間取出以供後續的資料存取，因此這是個左值運算式；等號的右邊只有 123 這三個字，但那是一個在程式碼上直接表示某個固定數值或資料的文字，我們稱為**字面常數**(literal value)。然而，字面常數本身並無記憶空間的存在。當一個運算式只含有一個字面常數時，皆屬於右值運算式。

　　將變數記錄某個數值後，可以再利用它去做一些運算，像這樣：

程式 2-5

```
int x;              /* 全域變數 */
int main(void){
    int y, z;       /* 區域變數 */
    x = 123;
    y = x + 1;
    z = x + y;
```

```
        return 0;
    }
```

程式 2-5 宣告了三個變數 x、y 與 z，先把 x 記錄 123，接著加上 1 之後存放至 y，然後 x 與 y 相加的結果存放至 z。所以 x、y 與 z 分別記錄了 123、124 與 247。其中，x 是被宣告在一個沒有任何大括號包住的地方，即為**全域變數** (global variable)；而 y 與 z 是被宣告在一對大括號包住的地方，也就是 main 函式裡，我們稱這種變數為**區域變數**(local variable)。全域變數與區域變數的詳細介紹請看第 5.3.3 節與第 5.3.4 節。

請注意，變數宣告不可以發生重複宣告。在下面這個例子中，x、y 與 z 皆發生了重複宣告的編譯錯誤：

程式 2-6

```
    int x;                  /* 全域變數 */
    int x;                  /* 編譯錯誤！重複宣告 */
    int main(void){
        int y, z;           /* 區域變數 */
        int y, z;           /*編譯錯誤！重複宣告  */
        x = 123;
        y = x + 1;
        z = x + y;
        return 0;
    }
```

2.5   標準輸出函式 printf

將程式中的運算結果透過某個輸出裝置顯示給使用者知道，這是件非常基本的處理程序。我們要如何在 C 語言將變數的內容顯示出來呢？請透過 **stdio.h** 裡的

prtinf 函式。如程式 2-7：

程式 2-7

```
#include <stdio.h>

int main(void){
    int x, y;
    x = 123;
    y = x + 1;
    printf("hello world");
    printf("\"hello\tworld\x22\n");
    printf("%d, %d\n", x, y);
    return 0;
}
```

printf 是 C 標準函式庫中用來將資料輸出到標準輸出裝置[7]的函式，使用 printf 之前要先告知編譯器引入 stdio.h 這個標準輸出入函式庫的宣告檔[8]，請在程式碼的第一行寫下 #include <stdio.h>。關於引入檔案與前置指令請看第 2.8 節的介紹。

呼叫一個函式很簡單，您只要透過函式名稱並將該函式的參數所需要的數值以小括號包起即可。我們稱這些以小括號包起來數值叫做**引數**(argument)[9]。不論函式是否需要引數，呼叫函式時一定要有一對小括號。若呼叫函式可不需要給予任何引數，也要有一對空的小括號。

呼叫 printf 至少要給一個**字串**(string)的引數，是以兩個雙引號包起來的**字元**(character)集合(關於字串處理，請看第 8 章)，其中字元是電腦中最簡單

---

[7] 標準輸出裝置(stdout)，一般情況下會是螢幕。
[8] 在 Visual C++使用標準函式庫會有違反安全性的編譯錯誤，請在#inlude 指令前加上此行：
   #define _CRT_SECURE_NO_WARNINGS
[9] 參數與引數這兩個名詞容易使人混淆。請先記得，當呼叫函式時，在小括號內數值即稱為引數。當我們在進行函式設計時，才會稱函式的輸入資料為參數。

的可表示符號，如英文字母、阿拉伯數字與標點符號。這字串稱為**輸出格式**，printf會根據它所指定的格式將資料輸出。在程式 2-7 中第一次呼叫 printf 時，輸出格式僅是一個單純的字串，執行此呼叫後，您可在輸出裝置看到 hello world 這串文字。我們除了可以輸出英文字母、數字以及標點符號，有些特殊字元必須利用**轉義字元**(escape character) 來指示。常用的轉義字元如表 2-1 所示：

表 2-1 常用的轉義字元

轉義字元	ASCII 16 進位碼	說明
\a	07	發出嗶聲
\b	08	退回一個字元
\f	0C	換頁
\n	0A	換行
\r	0D	回歸
\t	09	水平方向的 tab
\v	0B	垂直方向的 tab
\\	5C	退回一個字元
\'	27	單引號
\"	22	雙引號
\nnn		以 ASCII 來指定字元，nnn 為八進位數字
\xhh		以 ASCII 來指定字元，hh 為十六進位數字

這些轉義字元都是以 '\' 為開頭，後面在接上字元的符號。包含英文字母，任何標準字元都有一個**美國信息交換標準碼** (American Standard Code for Information Interchange, ASCII，附錄 B) 來代表，通常是以 16 進位數字來表示。我們也可以透過 "\xhh" 直接以 ASCII 來輸出特殊字元。在程式 2-7 中，第二次呼叫 printf 則是在輸出格式中加上了幾個轉義字元，輸出結果會是 "hello world"，並在最後換行。

我們可以利用 printf 來輸出變數，但必須要輸出格式加上**格式指定符號** (format specifier)。一個格式指定符號是由%開頭後面接著代表資料格式的符號所組成，它的語法如下：

%[旗標][最小輸出寬度][精確度][資料長度]資料型態

本書在介紹某種指令的語法時，選項或可省略的部分則是以中括號包住。如上語法，**旗標、最小輸出寬度、精確度**與**資料長度**皆是可省略的。但是**資料型態**是必要的，不可省略，因為那是用來指示 printf 要如何轉換欲輸出的資料。標準輸出格式的資料型態如表 2-2 所示。標準輸出格式的**旗標**有四種，如表 2-3 說明。而**最小輸出寬度**是一個整數，用來指定當輸出一個數值時，至少要有多少字元。若輸出的字元數超過最小輸出寬度，則以輸出實際的字元數。若輸出的字元數不足最小輸出寬度，若無任何旗標，則以空格補滿靠左的字元；若旗標為-，則以空格補滿靠右的字元；若旗標為 0，則以零補滿靠左的字元。**精確度**是以一個小數點接一個整數，如.5，用來指示輸出浮點數時，固定以多少位數來輸出小數的部分。請看第 1.5 節的說明。**資料長度**則是用來修飾後面的資料型態，共有表 2-4 所列之九種。

舉例來說，%hhd 就是 signed char、%hu 就是 unsgined short、%li 就是 long int、%llX 就是 long long unsigned int 以十六進位表示法輸出。更複雜一點的例子如%+10.3Lf，+就是顯示正負號的旗標，10 代表輸出字串至少會有 10 個字元，.3 就是小數固定有 3 個位數，f 代表欲輸出的數值是浮點數，L 則修飾 f 為 long double。我們將在之後所介紹的基本資料型態中，逐一說明每個資料型態該如何使用格式指定符號。

在程式 2-7 中，第三次呼叫 printf 則是輸出兩個 int 的變數：x 與 y。我們通常會以%d 將一個 int 的變數以十進位整數方式輸出。請注意，當輸出格式若有一個格式指定符號，那麼 printf 的第二個引數就必須滿足該格式指定符號的要求，提供數值來進行輸出；若輸出格式還有第二個格式指定符號，那麼 printf 就必須要有第三個引數以供輸出。因此，在程式 2-7 中，若要輸出 x 與 y，那麼 printf 的輸出格式就要有兩個%d，並把 x 與 y 依序做為 printf 的第二與第三個引數。如此，輸出結果即為"123, 124"。

表 2-2 標準輸出格式的資料型態

資料型態	說明
d	有號十進位整數
i	有號十進位整數，與 d 相同
u	無號十進位整數
o	無號八進位整數
x	小寫的無號十六進位整數
X	大寫的無號十六進位整數
f	小寫的十進位浮點數
F	大寫的十進位浮點數
e	以小寫的科學記號輸出十進位浮點數
E	以大寫的科學記號輸出十進位浮點數
g	由%f 與%e 之間選擇最短的輸出方式
G	由%F 與%E 之間選擇最短的輸出方式
a	小寫的十六進位浮點數
A	大寫的十六進位浮點數
c	字元
s	字串，一連串的字元並以空字元 ('\0') 為結尾
p	指標
n	取得已輸出的字元數。對應的引數須是整數型態的指標。
%	輸出%這個字元

表 2-3 標準輸出格式的旗標

旗標	說明
-	靠左對齊，預設情況是靠右對齊。
+	輸出正負號，預設情況是當負數時只輸出負號。
空格	若數字為非負數，輸出空格；否則輸出負號。
#	當輸出非零的十六進位與八進位整數時，會先分別輸出 0x 與 0；當輸出浮點數時，不論數字為多少，強迫輸出小數點。
0	若數值輸出有指定最少字串寬度，則以補零取代靠左的空格。

表 2-4 標準輸出格式的資料長度

資料長度	適用的資料型態
不指定	int、unsigned int、float、double、字串與指標
hh	signed char 與 unsigned char
h	short 與 unsigned short
l	long、unsigned long 與 wchar_t
ll	long long 與 unsigned long long
L	long double
z	size_t (請看第 3.2.5 節)
j	intmax_t 與 uintmax_t (請看第 3.1 節)
t	ptrdiff_t (請看第 6.8 節)

　　printf 會回傳一個整數，告訴您該次呼叫總共輸出了多少字元，我們用來三個 int 變數 n1、n2 與 n3 來記錄程式 2-7 那三次 printf 分別輸出了多少字元，如程式 2-8 所示。您會發現 n1、n2 與 n3 分別會是 11、14 與 9。為什麼第三次個 printf 會是 9，而不是 8 呢？因為，最後一個換行字元也算是一個輸出字元。

程式 2-8

```
#include <stdio.h>
int main(void){
    int x, y;
    int n1, n2, n3;
    x = 123;
    y = x + 1;
    n1 = printf("hello world");
    n2 = printf("\"hello\tworld\x22\n");
    n3 = printf("%d, %d\n", x, y);
    printf("%d, %d, %d\n", n1, n2, n3);
    return 0;
}
```

　　另外，printf 可能不會立即地把結果輸出到輸出裝置，而是會先將結果存放在**緩衝區**(buffer)[10]中，並由一個名為 **stdout** 的資料串流[11]來管理。如果我們想立即地在輸出裝置得到 printf 的結果，請呼叫 **fflush** 這個函式，並給予 stdout 這個引數。請看此例：

[10.] 當兩個裝置或程序進行資料傳輸時，會建立一個足夠的記憶空間來暫時存放傳送或接收的資料，以避免因為傳輸兩方忙碌而無法順利接收或送出資料。這個記憶空間稱為緩衝區。

[11.] 標準函式庫有三大資料串流(data stream)：stdin、stdout 與 stderr，分別用來進行標準輸入、標準輸出與錯誤訊息輸出。關於資料串流的說明請看第 11.3 節；stdin、stdout 與 stderr 的說明請看第 11.6 節。

程式 2-9

```
#include <stdio.h>

int main(void){

    printf("hello world\n");    /* 會先將結果存放於 stdout 內 */

    fflush(stdout);/* 將 stdout 內的資料依序輸出到標準輸出裝置 */

    return 0;

}
```

在後續的章節中，會再看到更多標準輸出的注意事項與應用技巧。

2.6　標準輸入函式 scanf

接下來來看如何透過電腦的標準輸入裝置[12]將資料寫入到變數裡。請看下列程式碼：

程式 2-10

```
#include <stdio.h>

int main(void){

    int x;

    scanf("%d", &x);

    printf("%d\n", x);

    return 0;

}
```

scanf 是標準輸出入函式庫中，專門用來進行從標準輸入裝置讀取輸入資料，並根據格式轉換其資料後再寫入到指定的記憶空間。當呼叫 scanf 時，程式會停住，然後等待標準輸入提供資料，收到資料後再進行讀取與轉換。請注意，若是使用者由鍵盤進行輸入，則必須在鍵入所有資料後再按下換行鍵，才會完成一次輸入

[12.] 標準輸入裝置 (stdin)，一般情況下會是鍵盤。

資料，我們稱這個換行為 **end-of-line** 簡稱 **EOL**。這些輸入資料是以字串的形式表示，也就是一連串的字元符號集合，存在輸入緩衝區內。至於 scanf 要如何轉換這些輸入資料以及轉換後的資料要儲存在哪裡，得看您如何設定 scanf 的**輸入格式**。與 printf 類似，scanf 至少要有一個引數，這個引數稱為輸入格式，是用來描述輸入資料會以什麼樣的形式呈現。例如輸入一個有號的十進位整數，只要在雙引號內放置%d 即可。請注意，當格式指定符號是一個合法的資料輸入格式，就必須要告訴 scanf 輸入完成後的資料要放在哪個變數裡。scanf 第二個引數就要告訴存放資料的位址。在介紹**指標**(pointer)與記憶空間管理之前(請看第 6 章)，請先將某個變數名稱前加上&這個符號來做為第二個引數，如程式 2-10 所示。如此，當程式執行到 scanf 時，請以鍵盤敲入一個整數，如 123，scanf 就會將 123 存放至 x 中，下一行的 printf 即會將 x 的內容輸出至螢幕。此程式執行完，應該可以在螢幕上看到兩行相同的數字。

scanf 的格式指定符號也是由%開頭後面接著代表資料格式的符號所組成，但它的語法與 printf 有些不同，如下所示：

%[*] [最大輸入寬度] [資料長度]資料型態

輸入的格式指定符號有四大部分，從右至左，我們先看**資料型態**有哪些，請看表 2-5 說明。**資料長度**則有表 2-6 所列的九種，這部分我們留待下一章介紹 C 語言的基本資料型態時，再仔細地解說。

在說明**最大輸入寬度**與*之前，我們先來看看 scanf 當要進行多數值的輸入時，該注意哪些事。

若您想連續輸入兩個以上的整數，假設有 n 個，則必須在輸入格式中加上 n 個格式指定符號。並從第二個引數開始，也要指定 n 個變數的記憶空間位址。如程式 2-11 所示。

表 2-5 標準輸入格式的資料型態

資料型態	說明
d 或 u	十進位整數,數字本體必須由 0 到 9 的字元構成。可接受正負號置於數字本體的最前頭。
o	八進位整數,數字本體必須由 0 到 7 的字元構成。可接受正負號置於數字本體的最前頭。
x 或 X	十六進位整數,數字本體必須由 0 到 7、A 到 F 與 a 到 f 的字元構成,並可接在 0x 或 0X 之後。可接受正負號置於數字本體的最前頭 (不可在 0x 或 0X 與數字本體之間)。
i	八進位:數字本體除了正負號,第一個字元為 0,其它字元由 0 到 7 構成。 十六進位:數字本體除了正負號,前兩個字元為 0x 或 0X,其它字元由 0 到 7、A 到 F 與 a 到 f 構成 十進位:數字本體除了正負號,第一個字元由 1 到 9,其它字元由 0 到 9 構成
a,A,e,E,f,F,g 與 G	任何浮點數格式,C99 可接受以 0x 或 0X 開頭的十六進位浮點數
c	讀取一個字元
s	讀取一連串的字元,直到任一個空白字元為止。並在儲存目的地加上一個空字元 ('\0') 為結尾。
p	指標 (記憶空間位址),輸入格式由系統決定,但可由輸出格式得知
[字元集合]	只讀取中括號內的字元。在大部分的編譯環境下,可用「-」符號來表示連續的字元集,如 0-9 代表從 0 到 9 之間的所有字元。
[^字元集合]	除了中括號內的字元皆可讀取。
n	取得目前已輸入的字元數
%	輸入格式中包含一個%字元

表 2-6 標準輸出格式的資料長度

資料長度	適用的資料型態
不指定	int、unsigned int、float、字串與指標
hh	signed char 與 unsigned char
h	short 與 unsigned short
l	long、unsigned long、double 與 wchar_t
ll	long long 與 unsigned long long
L	long double
z	size_t (請看第 3.2.5 節)
j	intmax_t 與 uintmax_t (請看第 3.1 節)
t	ptrdiff_t (請看第 6.8 節)

程式 2-11

```c
#include <stdio.h>
int main(void){
    int x, y, z;
    scanf("%d%d\t  \n\n\t\t\n \t\n  %d", &x, &y, &z);
    printf("%d, %d, %d\n", x, y, z);
    return 0;
}
```

　　如此，您可輸入三個整數分別給 x、y 與 z，每輸入一個整數必須以空白字元 (空格、tab 或換行) 隔開，最後一個整數輸入完成後要以換行為結尾。在這個例子中，您會發現有三個問題：第一個問題，輸入第一個整數時，我們可以在前面輸入很多空白字元，竟然也可以正確地完成輸入動作？第二個問題，在輸入格式中，y 與 z 的 %d 之間可以有許多空白字元，但是 x 與 y 的 %d 之間卻沒有任何空白字元，這樣的輸入格式竟然沒有差別？第三個問題，只要輸入一個非數字的字元，如標點符號，

scanf 竟然立即停止，結果顯示一堆亂七八糟的數字？

想了解原因，您得先知道 scanf 有三個重要的法則：

1．scanf 在面對數字型態的轉換時，會吸收前後一連串的空白字元。

2．輸入格式若有一個空白字元，它會吸收之後一連串的空白字元。

3．轉換過程只要遇到無法轉換的字元，立即停止轉換。

回頭看第一個問題，當 scanf 嘗試把輸入字串轉換為數字時，會先排除開頭的空白字元，如果有兩個以上一連串的空白字元也會一併排除直到屬於數字的字元再進行轉換。當轉換所有的數字字元後，接著若遇到空白字元，即完成轉換動作並將轉換後的資料寫入到指定的記憶空間。

第二個問題，由於 scanf 對數字資料的轉換本來就會吸收一連串的空白字元，在輸入格式中的任兩個%d 之間或第一個%d 之前放置一個以上的空白字元是多此一舉的。但是不可在最後一個%d 之後放了一個空白字元，像這樣：

```
scanf("%d\n", &x);
```

或

```
scanf("%d ", &x);
```

它可是會吸收您最後輸入的換行字元，造成 scanf 無法停止。您可以透過 Ctrl + D 鍵來強迫中斷 scanf 的執行。在微軟的作業系統，必須按下 Ctrl + D 再按下換行鍵才能中斷 scanf。

至於第三個問題，因為 scanf 一遇到無法轉換的輸入字元就會立即中斷，不論後面還有多少輸入資料。若在轉換失敗前有轉換成功的資料，就將它們寫入到指定的記憶空間，其它記憶空間都不會變動。又因為 C 語言對區域變數並不會給予初始值，也就是說，任何在某個大括號裡所宣告的變數，若未給予初始值，其內容會是不可預期的。因此，若在執行程式 2-11 時，鍵入這樣的輸入字串："123

`45XYZ6    789"`。您會得到 x 為 123，y 為 45，z 卻是一個不可預期的數字。
其實 scanf 會回傳一個整數，來得知有多少個變數被輸入成功。如程式 2-12：

程式 2-12

```
#include <stdio.h>
int main(void){
    int x, y, z, n;
    n = scanf("%d%d%d", &x, &y, &z);
    printf("%d: %d, %d, %d\n", n, x, y, z);
    return 0;
}
```

　　我們所輸入的每個字元都先會存放在一個緩衝區，並由一個名為 stdin 的資料
串流所管理。待輸入一個換行符號後，scanf 才會根據輸入順序處理這些輸入字元。
只要一遇到不可轉換的字元，scanf 就會停止工作。至於那些尚未處理的輸入字串，
仍會殘存在 stdin 的緩衝區中。如輸入字串為 "123 45XYZ6 789"，那麼 123
與 45 這兩個數字可以被正確地轉換並分別存放至 x 與 y，但是後面的 XYZ6 789
卻仍留在緩衝區裡。請注意，只要 stdin 的緩衝區還有資料尚未處理，下次的 scanf
仍會繼續處理這些殘存的資料。請試著執行下面這個例子，並在第一次輸入時給一
個非整數的字串，如 "xyz"：

程式 2-13

```
#include <stdio.h>
int main(void){
    int x;
    x = 123;
    scanf("%d", &x);        /* 請輸入 xyz */
    printf("%d\n", x); /* 轉換失敗，x 不變，仍為 123 */
    scanf("%d", &x);        /* 繼續處理上次的輸入 */
```

```
    printf("%d\n", x); /* 再一次的轉換失敗，x 仍為 123 */
    return 0;
}
```

　　您會發現，第二次輸入被跳過了，而兩次的輸出結果都是 123，代表 x 從未被改變過，兩次的 scanf 都遇到轉換失敗。或許您會想要以 fflush(stdin) 來清空 stdin，但在 C 語言的規定中，我們只能把 fflush 用在資料輸出的資料串流（如：stdout 與 stderr），fflush 用在 stdin 會引發未定義的行為。最好的方法是以一個迴圈透過 getchar 函式將 stdin 中的每個字元逐一取出，但此方法有些複雜，會用到許多您尚未學習到的語法。請把程式 2-13 改成這樣：

程式 2-14

```
#include <stdio.h>
int main(void){
    int x;
    int c;             /* 請先宣告一個名為 c 的 int 變數 */
    x = 123;
    scanf("%d", &x);          /* 請輸入 xyz */
    printf("%d\n", x); /* 轉換失敗，x 不變，仍為 123 */
    /* 清空 stdin */
    while ((c = getchar()) != '\n' && c != EOF);
    scanf("%d", &x);          /* 請輸入 456 */
    printf("%d\n", x); /* 轉換成功，x 為 456 */
    return 0;
}
```

　　以粗體字標示的程式碼就是用來清空 stdin。C 語言的初學者可能會感到疑惑，while 指令是什麼？兩個陌生的符號，!= 與 && 又是什麼？getchar() 又是什麼呢？這些我們都會在後續的章節介紹。在此之前，您只要記得，先宣告一個名為 c 的 int 變數，並在 scanf 後加上此 while 敘述句即可用來清空 stdin。

回頭繼續看標準輸入格式。**最大輸入寬度**是一個整數,用來指定最多只讀取多少輸入字元。如下面這個例子,當您輸入了 123456789 這一連串的數字字元後,x、y 與 z 分別得到 1234、567 與 89。

程式 2-15

```c
#include <stdio.h>
int main(void){
    int x, y, z;
    scanf("%4d%3d%2d", &x, &y, &z);     /* 請輸入 123456789 */
    printf("%d, %d, %d\n", x, y, z);     /* 1234, 567, 89 */
    return 0;
}
```

至於輸入格式最前頭的選項部分為一個***符號**,用來指示跳過此筆輸入資料,根據所指定的輸入格式讀取輸入字串並排除,所轉換的資料不會儲存於任何記憶空間中。如下面這個例子,當您輸入了 123 456 789 這三個數字後,x 與 y 分別會是 123 與 789,456 會被跳過。

程式 2-16

```c
#include <stdio.h>
int main(void){
    int x, y;
    scanf("%d%*d%d", &x, &y);     /* 請輸入 123 456 789 */
    printf("%d, %d\n", x, y);      /* 123, 789 */
    return 0;
}
```

在認識 C 語言的基本資料型態之前,您可能會對上述這些說明感到困惑。請不用太擔心,在後續的章節學會了許多 C 語言的程式設計基礎後,我們會再以更多實際的例子來介紹基本輸出與輸入。

2.7　stdin、stdout、stderr 與 EOF

其實標準輸出與輸入都不會直接面對輸出入的硬體裝置，而是會先將輸出入資料放置在專屬的緩衝區內，並個別由不同的資料串流來管理。輸入緩衝區是由名為 **stdin** 的資料串流所管理，而輸出緩衝區有兩個，分別由 **stdout** 與 **stderr** 這兩個資料串流所管理。一般正常的輸出都會透過 stdout，但有些訊息，如錯誤與警告，我們希望由另一個裝置來輸出就可透過 stderr。有關 stderr 的輸出方式，會到第 11.6 節再介紹。在此之前都會以 stdout 來進行標準輸出。

這三個資料串流都會有一個常數來告知我們是否存取到資料的盡頭，那就是 **EOF**(End-Of-File)。任何標準輸出入的函式若回傳了一個 EOF 信號，就表示我們已經存取到資料的盡頭，不該再繼續往下存取。這是個很重要的常數，尤其是在標準輸入的場合中，可以檢查 stdin 是否已經到達 EOF，若是，則中斷讀取動作。

2.8　#include 與#define

其實，printf 與 scanf 這兩個函式並不是 C 語言的內建函式，它們是屬於 C 標準函式庫(C standard library，附錄 A)。您可以想像這兩個函式是別人已寫好的函式。您可以不必太在意它們是怎麼寫的，只需知道這些函式的作用、名稱、引數該怎麼給以及回傳值會是什麼。只不過，您必須先宣告它們才能在您的程式中呼叫。C 標準函式庫的所有函式、公用變數以及常數的宣告式都會放在特定的**標頭檔**(header file)，我們只要把那些標頭檔的內容複製到我們的程式碼即可。複製再貼上，雖然是很簡單的文書編輯動作，但如果欲複製的內容多又大，那就非常不方便了。所幸的是，C 語言提供了一些**前置處理**(pre-processing)，我們可以輕鬆地在程式被編譯前進行許多文書處理動作。本節先介紹兩個常用的前置處理指令，#include 與#define，在第 9.3 節會介紹更多前置處理指令與應用。

#include 是可進行複製及貼上檔案內容的前置處理指令，它會根據所指定的

檔案路徑，把該檔案的內容貼上於該指令的位置。檔案路徑，可以是**絕對路徑**(absolute path)或是**相對路徑**(relative path)。所謂絕對路徑就是最完整的路徑，包含從根目錄一直到所經過的數個子目錄。相對路徑就是描述從某個參考路徑是如何到達目標位置。#include 若是以<>來包住相對路徑，則參考路徑會優先採用系統所設定之路徑，請參考各作業系統的設定說明。#include 若是以""來包住相對路徑，則參考路徑就會優先採用您的程式碼檔案的所在目錄。舉例來說明，若我們寫了這行命令：

```
#include <stdio.h>
```

假設系統所設定的參考路徑是 /usr/include，那麼這行命令就會將 /usr/include /stdio.h 這個檔案的內容進行複製並貼上的動作。若我們寫了這樣的命令：

```
#include "stdio.h"
```

假設我們將這行命令寫在一個路徑為 /MyCode/test.c 原始碼檔案裡，那麼這行命令就會去同樣的目錄下搜尋 stdio.h 這個檔案，也就是路徑為 /MyCode/stdio.h 這個檔案。當#include 指令無法從所指定的路徑找到檔案，程式碼就會發生編譯錯誤，並顯示類似這樣的錯誤訊息："No such file or directory."。

總而言之，當您要使用別人所設計的程式碼前，請務必查明清楚必須引入的原始碼檔案為何，並寫下正確的引入指令。

#define 稱為巨集定義指令，它的語法如下：

#define 名詞 取代文字

之後的程式碼中若出現此定義好的名詞，前置處理將會把它取代為所代表的文字。#define 常用來將某個字面常數定義成一個名詞，且這個名詞可清楚地表示該常數的用途。請看下面範例：

程式 2-17

```
#include <stdio.h>
#define ZERO      0
#define ONE       1
int main(void){
    int x, y;
    x = ZERO;
    y = ONE;
    printf("%d, %d\n", x, y);          /* 0, 1 */
    return 0;
}
```

如此，main 中的 x = ZERO 等同 x = 0，y = ONE 等同 y = 1。

在標準函式庫中，有很多以#define 定義好的字面常數，在接下來的章節中我
們會陸續看到。

2.9　區域變數的初始值

變數宣告的位置可分**全域**與**區域**。請看下列的程式碼：

程式 2-18

```
int g;
int main(void){
    int x;
    return 0;
}
```

上例中的 x 就是一個區域變數。反之，若變數是宣告在不屬於任何大括號的地

方，我們稱為**全域變數**，如上例中的 g。區域與全域之分別，在於可使用的範圍。區域變數只能在所屬的大括號之內且在宣告式之後使用，超過範圍則不能使用。全域變數則可以在該變數宣告之後的任何地方使用。

此時，您可能會有個疑問，所宣告的變數一開始的內容會是什麼？也就是變數的**初始值**(initial value)會是多少？請各位讀者要牢記這件事，**除了全域變數與靜態變數會被初始化為零，所有非靜態的區域變數是不會被初始化的**[13]。也就是說，若您不為區域變數做任何初始化的動作，那麼它所擁有的記憶空間會存在著前一個程式所產生的數值，這可是無法預期的數值。以下來做一個小實驗：

程式 2-19

```c
#include <stdio.h>
int g;
int main(void){
    int x;
    printf("%d, %d\n", g, x);
    return 0;
}
```

這段程式執行的結果會看到兩個數字：第一個數字為零，那是全域變數 g 的內容；第二個數字為區域變數 x 的內容，可是您卻會看到一個不知意義的數字，例如像 26813450 這種隨機的亂數。因此，您應該將所有變數在使用前都要經過**初始化**(initialization)，也就是在變數宣告時就賦予數值。

那麼該如做初始化呢？我們可以透過等號 = ，它又稱為**設定運算子**(assignment operator)。在下面的程式中，我們宣告了一個有號整數的變數 x，然後再將 99 這個數字存放到 x 裡。

---

[13]. 根據 C99 的規格，若變數沒有明確的初始化，須考慮兩種情況：(1)若變數的記憶空間是在程式運作過程中被自動配置的，則初始值是不確定內容；(2)若變數的記憶空間是位在靜態儲存空間，也就是程式在執行前就配置好的空間，那麼該變數的每個 byte 都會被初始為零。

```
int x;
x = 99;
```

然而，我們可以將設定值的動作移至宣告式中：

```
int x = 99;
```

這就是變數的初始化了。雖然，上面這兩個將變數設定數值的例子都具有相同的效果，可是意義卻不一樣。前者為宣告一個變數後，也配置好了記憶空間，然後再將數值填入。後者是當變數配置記憶空間的同時，也將數值填入。我們把程式 2-19 所宣告的變數賦予初始值：

程式 2-20

```
#include <stdio.h>
int g = 10;
int main(void){
    int x = 20;
    printf("%d, %d\n", g, x);
    return 0;
}
```

我們可以看到這程式的執行結果會是 10 以及 20 這兩個數字，分別就是變數 g 以及 x 的初始值，尤其是 x，它再也不是無法解讀的數值內容了。

2.10　程式中的註解

所謂**註解**(comment) 就是一段不屬於程式碼的文字，編譯器看到註解會跳過，不會進行任何編譯的動作。因此可以利用註解來說明程式的意義、執行的功能、開發日誌或者把某些程式不讓編譯器來編譯。註解對程式的管理是個很有效且便利的工具，而 C 語言有兩種基本的註解方式：

1. **/* ... */** 區塊註解(block comment)

2. **#if 0 ... #endif** 假指令註解(pseudo-code comment)

　　註解可以是一段連續好幾行的文字,只要放在 /* 與 */ 之間的內容都會是註解。像下面的例子中,粗體字都是註解內容:

程式 2-21

```
/* 這是註解 */
int main(void){   /* 從這裡,
    一直到這裡都是註解*/
    return 0;

    /* 從這裡,
    一直到這裡都是註解*/
}
/*
區塊註解就是,
可以寫好多行文字
但註解內容不可以有區塊註解的終端符號!
*/
```

　　區塊註解有一點要非常特別的注意,就是註解的內容不可以有 */ 這個符號,否則會發生編譯的錯誤。像下面的例子中,粗體字才是註解內容:

程式 2-22

```
int main(void){
    return 0;
    /*
區塊註解就是,
        /* 可以寫好多行文字
```

但註解內容不可以有區塊註解的終端符號

```
*/
```

/ ————— 這個/不會被當成註解終端符號，會變為程式碼的一部份

}

區塊註解並不是一個很聰明的註解工具，當輸入 /* 起始符號後，接下來只要遇到第一個終端符號 */，就立即包住之間的文字成為註解，以外的文字就是程式碼的內容。所以上例中，第一個 /* 與第一個 */ 產生配對，之間的文字即成為了註解，編譯器不會去閱讀註解內容。那麼，第二個 */ 就變成了孤兒，它會成為程式的一部分，編譯器會去編譯它。但 C 語言並沒有 */ 這種運算符號，它究竟是乘法還是除法？還是又乘又除？都不是！編譯器於是發出看不懂此符號的抱怨訊息。

若想做出數層的註解，請用第二種方式，**假指令註解**。把 /* 改成 #if 0，再把 */ 改成#endif。但是 #if 0 以及 #endif 後面不可接任何文字。如下例，粗體字都是註解內容：

程式 2-23

```c
#include <stdio.h>
int main(void){
    #if 0
    printf("ABC\n");
        #if 0
        printf("XYZ\n");
        printf("uvw\n");
        #endif
    #endif
    return 0;
}
```

這程式可以正確執行，但不會顯示任何東西，因為 main 裡所有的程式碼都是註解。如果想解除註解，只要把 #if 0 改為 #if 1，該區塊的內容就會被視為程式，像這樣：

程式 2-24

```
#include <stdio.h>
int main(void){
    #if 1
    printf("ABC\n");
        #if 0
        printf("XYZ\n");
        printf("uvw\n");
        #endif
    #endif
    return 0;
}
```

那麼 printf("ABC\n"); 就不再是註解，但是顯示 XYZ 以及 UVW 的程式碼仍然是註解，所以這程式的執行結果只會看到 ABC 這行字。但如果改成這樣，卻又什麼結果都看不到：

程式 2-25

```
#include <stdio.h>
int main(void){
    #if 0
    printf("ABC\n");
        #if 1
        printf("XYZ\n");
        printf("uvw\n");
        #endif
```

```
    #endif

    return 0;

}
```

因為最外層的註解狀態是 0，所以連帶最內層的 #if 1 ... #endif 都會變成註解。

若註解內容只有一行，不論是區塊註解或是假指令註解，似乎都不太方便。於是，C99 多了一種很方便的**單行註解方式：**。

// **單行註解**(single-line comment)

單行註解的使用方法最簡單，只要輸入兩個斜線符號，之後的文字且在換行之前就都是註解的內容了。像下面的例子中，粗體字都是註解內容：

程式 2-26

```
// 這一行是註解
int main(void){    // 註解

                   // 還是註解

    return 0;

}                  // 又是註解
// 最後再來一行註解
```

最後，這三種註解方式可以合併使用，請看下例：

程式 2-27

```
#include <stdio.h>
int main(void){
    #if 0                  // 這是第一層註解
    printf("ABC\n");
        #if 1              /* 這是第二層註解 */
        printf("XYZ\n");
        printf("uvw\n");
```

```
        #endif
#endif
    return 0;
}
```

　　程式一定要有註解，但也不宜過多，您不需要逐行地註解，可以將程式碼分成幾個段落，並在段落前加上註解即可。利用變數或函式的名稱作為註解也是一個不錯的方式，比如，可以設計一個名為 saveArrayAsFile 的函式，那麼任何呼叫此函式的地方就可以讓人很明瞭地知道該程式碼是用來將陣列資料儲存成檔案，就不需要再額外地加上註解了。

2.11　引用防衛

　　我們可以連續#include 兩個重複的標頭檔，假設有個標頭檔，名為 ABC.h，如下所示：

程式 2-28

ABC.h

```
int x;
```

　　我們另外建立一個原始碼檔來寫下 main 函式，名為 main.c，如下所示：

程式 2-29

main.c

```
#include "ABC.h"
#include "ABC.h"          /* 編譯錯誤！重複宣告！*/
int main(void){
    return 0;
}
```

　　雖然我們可以重複引入同一個標頭檔，但一不小心就會造成重複宣告的問題。如程式 2-29，#include "ABC.h" 皆會被取代為 int x;，如此，main.c 一開始就有兩行 int x;，這會造成 x 被重複地宣告了兩次。

　　搭配#define 來解決這個問題，ABC 可改成這樣：

程式 2-30

ABC.h

```
#ifndef ABC_H        /* 若未曾定義過 ABC_H */
#define ABC_H        /* 定義 ABC_H */
int x;
#endif               /* 呼應#ifndef */
```

　　這種作法稱為**引用防衛**(include guard)。其中，**#ifndef** 是 if not define 的意思，當編譯器在編譯一份編譯單元時，若#ifndef 後面所接的名詞在此編譯單元未曾以**#define** 定義過，那麼從#ifndef 到所對應的**#endif** 之間的程式碼將會被編譯，否則編譯器跳過不編譯。如此，main.c 引入修改後的 ABC.h 展開如程式 2-31。這樣就不會造成重複宣告的問題。因此，一般在設計標頭檔時都會加上引用防衛的技巧。

程式 2-31

main.c

```
#ifndef ABC_H          /* 未曾定義過 ABC_H */

#define ABC_H          /* 定義 ABC_H */

int x;                 /* 編譯器會編譯此行 */

#endif                 /* 呼應#ifndef */


#ifndef ABC_H          /* ABC_H 已定義過 */

#define ABC_H      /* 此行以下到#endif，編譯器皆不理會 */

int x;

#endif                 /* 呼應#ifndef */


int main(void){

    return 0;

}
```

2.12 在視窗環境下測試

您可能會在視窗環境下編寫程式，如微軟的 Windows 系列。在開發過程中，也可能是透過 IDE 來編譯並執行您的程式。有些 IDE 會另外開啟一個視窗來執行您的程式，可是一旦執行完畢，您還來不及看到程式的執行結果，該視窗就會立即關閉！這實在有些令人困擾。若在微軟的 Windows 下，可以在 main 結束之前呼叫系統提供的暫停命令來解決此問題，如下範例：

程式 2-32

```
#include <stdlib.h>     /* 呼叫 system 函式需引入的標頭檔 */
int main(void){
    /*
```

```
其它程式碼
*/
system("pause");    /* 執行到此會暫停，需按下任一按鍵才會繼續 */
return 0;
}
```

此方法需要引用 stdlib.h，此標頭檔宣告了許多與系統有關的標準函式庫。system 則是可讓您執行系統可接受的命令，pause 則是微軟的作業系統所提供的暫停執行程式命令，讓使用者必須按下任一按鍵後，程式才會繼續執行。請注意，此方法僅適用於微軟的作業系統下，其它作業系統並不適用。

另一種方法較適用於各系統平台，就是利用標準輸入函式自行設計一個 pause。如下所示：

程式 2-33

```
#include <stdio.h>
int main(void){
    /*
    其它程式碼，但要確保 stdin 內不會有殘留輸入
    */
    printf("Press any key to continue...");/* 提示訊息 */
    getchar();                             /* 在此暫停 */
    return 0;
}
```

此法可適用於任何平台，但您必須保證暫停前 stdin 不會有任何殘留資料，您可以使用程式 2-14 的方法來清空 stdin。

上述這兩種方法都只是讓您可以在視窗環境下方便開發程式。請注意，若無特別需求，在程式完工後，請把這些與暫停相關的程式碼移除。因為這些程式碼只是幫助您進行測試，客戶端並不需要這些功能。

總結

1. 請把程式碼存成附屬檔名為 `.c` 的檔案,讓您的開發環境以 C 語言的編譯器來編譯。

2. 任何 C 語言的程式碼必須要有一個且唯一的 main 函式,做為程式的主要入口。

3. 任何變數在使用前一定要被宣告過。

4. 變數根據宣告的位置,可大致分為全域與區域。全域變數經過宣告後,可在程式的任何地方使用,其預設初始值保證為零;區域變數只能於宣告的所在區域內使用,非靜態的區域變數若未經過初始化其初始值為未確定。因此任何區域變數應給予適當的初始值。

5. 參數是設計函式時,對輸入資料的稱呼;引數則是呼叫函式時給予參數的實際數值。

6. `printf` 為標準輸出函式,`scanf` 為標準輸入函式。不同的資料型態必須透過正確的輸出入格式才正確地進行資料輸出入動作。

7. 使用外部的函式庫必須以 #include 引用該函式庫的標頭檔。

8. C 語言的註解有三種:`/*` 搭配 `*/`的區塊註解、`#if 0` 搭配 `#endif` 的假指令註解以及 C99 的 `//` 單行註解。

9. 所有標頭檔(附屬檔名為 `.h`)應加上引用防衛,以防止重複引用而造成重複宣告。

   `system("pause")` 只有在微軟的作業系統下才能使用。

練習題

1. 請列出三種不同的 C 語言編譯器,並說明它們可運作於哪些平台,以及支援的 C 標準是什麼?

2. 請說明 main 函式的用途是什麼?它為什麼需要回傳一個 int 數值?

3. 什麼是變數?為什麼變數在使用前需要被宣告?

4. 何謂全域變數與區域變數？它們的作用範圍以及初始值有什麼不一樣的地方？

5. 請利用 scanf 輸入三個整數 a、b 與 c，並利用 printf 將它們輸出成下列結果：

    [a]: 'b', "c"

   例如，若 a、b 與 c 分別輸入為 1、2 與 3，輸出結果會是[1]: '2', "3"

6. 請問 C 語言有那些註解方式，請舉例說明它們的優缺點。

7. 請適當地取消下列程式中的每個註解，使得執行結果為輸出 Hello world!。

```c
#include <stdio.h>
int main(){
    // printf("Hello\n");
    #if 0
    printf("Hell ");
    #if 0
    printf(" ");
    #endif
    printf("o ");
    /* printf("world!"); */
    #endif
    return 0;
}
```

第 3 章

資料型態

　　資料處理是程式設計的基本工作之一。在電腦的世界中，所有資料都可以用整數、浮點數或字元來表示。因此，任何程式語言本身都要能提供足夠的資料型態來讓我們建立變數或記憶空間以表示或儲存這些資料。資料型態在 C 語言程式設計中，是非常重要的一件事，因為在使用任何變數之前都必須明確地宣告它的資料型態為何。因此，您必須知道 C 語言有哪些資料型態可用，每個資料型態的特型為何，以及使用上有沒有什麼規則與注意事項？

3.1　基本資料型態

　　　　　　　C 語言提供了 13 種資料型態可用，如
表 3-1 所示。表中所列的前十項資料型態皆屬於整數，後三項為浮點數。讀者可
　　表 3-1 在大致上地了解各資料型態的名稱、儲存空間的最小容量、所適用的編譯器以及簡單的說明。大部分的資料型態可用在所有的 C 編譯器，但是 long long 與 unsigned long long 必須是支援 C99 的編譯器才可使用。

　　請特別注意**最小容量**，C 語言的標準規範只有規定各資料型態的最小容量以及應該能提供什麼樣的數值意義，並沒有規定各資料型態的實際容量，也沒有規定各資料型態要怎麼儲存資料。實際容量與儲存方式必須由硬體環境、作業系統以及編譯器來決定。舉例來說，常有許多人誤以為 int 的變數「一定」是佔 4 bytes 的記憶空間，實際上並不然。因為 C 語言只規定 int 的變數必須能夠表示有號整數且「至少」佔記憶空間 2 bytes。但是，目前所常用的個人電腦以及作業系統，都會為 int 配置 4 bytes 空間，才會造成許多人誤以為 int 就一定是 4 bytes。再看另一個例子，char 的變數「至少」佔記憶空間 1 byte，並能表示該運作環境中對於數值處理的最基本單位，只不過在大部分我們所使用的電腦以及作業系統，char 的變數都只佔記憶空間 1 byte 的空間。至於 float 及 double 則是用來記錄含有小數點以後數字的浮點數資料，它們的最小容量又更奇怪了，規格中明訂的不是多少個 byte，而是多少個有效數字。所謂有效數字的意思是：以阿拉伯數字

表示法來說，先排除左端零的部分；若數字是無小數點的整數，則排除右端零的部份；之後所剩下的數字即為有效數字。像 0.012 就有 1 及 2 兩個有效數字，5.670 就有 5、6、7 及 0 四個有效數字，23400 就只有 2、3 及 4 這三個有效數字。至於要用多少記憶空間來儲存至多有 6 個或 10 個有效數字的浮點數呢？這也是要端看程式的執行環境才能決定，一般常見的是以 IEEE 754 格式來儲存，這部份會在第 3.3 節有詳細的介紹。因此在學習任何程式語言時，不只是 C 語言，一定要先有這個觀念：任何資料型態所佔的記憶空間不會是一個常數，而是隨著執行環境而變異的變數。那為什麼程式語言不將各資料形態的容量規定成固定的大小呢？隨著時代在演進，電腦的處理速度與儲存容量是會越來越強大。因此在制定任何軟體規格，千萬不可侷限在只應付當下的環境就好，否則就會出現類似千禧年[14]的危機(Y2K)，造成日後得付出難以估計的成本來解決規格上的盲點。

當我們在程式中需要知道某個資料型態在記憶空間所佔的大小，請用 **sizeof** 這個運算子。它的用法很簡單，有下列兩種：

1. **sizeof(資料型態名稱)**
2. **sizeof(變數名稱)**

我們來看一個使用 sizeof 的例子：

程式 3-1

```
#include <stdio.h>
int main(void){
    int x;
    double y;
    printf("%lu\n", sizeof(int));      /* 取得 int 的容量 */
    printf("%lu\n", sizeof(x));
```

[14.] 早期許多電腦硬體及軟體在設計時只使用兩個十進位位數來儲存年份，造成在西元兩千年的來臨時無法表示第三位數，也就是年份會變為 00 年。這會讓程式誤判為 1900 年。

```
                    /* 取得 x 所佔的記憶空間大小，結果同上行 */
        printf("%lu\n", sizeof(double));
                        /* 取得 double 的容量 */
        printf("%lu\n", sizeof(y));
                        /* 取得 y 所佔的記憶空間大小，結果同上行 */
        return 0;
    }
```

sizeof 會回傳一個整數[15]，代表所量測的目標在記憶空間佔了多少個記憶空間單位大小(通常是 byte)。所有資料型態以及變數的實際記憶空間消耗量都可以用 sizeof 來得知。讀者可以試著利用 sizeof 來量測每種資料型態的實際記憶空間消耗量會是多少。

下一節我們先來看看整數的部分。

表 3-1 基本資料型態

型態名稱	最小容量	適用	簡介
signed char	1 byte	C89	character，最小容量的有號整數
unsigned char	1 byte	C89	最小容量的無號整數
short int	2 bytes	C89	有號短整數，可簡寫為 short
unsigned short int	2 bytes	C89	無號短整數，可簡寫為 unsigned short
int	2 bytes	C89	Integer，有號整數
unsigned int	2 bytes	C89	無號整數，可簡寫為 unsigned
long int	4 bytes	C89	有號長整數，可簡寫為 long
unsigned long int	4 bytes	C89	無號長整數，可簡寫為 unsigned long
long long int	8 bytes	**C99**	有號雙倍長整數，可簡寫為 long long
unsigned long long int	8 bytes	**C99**	無號雙倍長整數，可簡寫為 unsigned long long
float	6 個有效數字	C89	單精度浮點數，其最容量一般為 4 bytes
double	10 個有效數字	C89	雙精度浮點數，其最小容量一般為 8 bytes
long double	10 個有效數字	C89	雙精度或擴大精確浮點數，其最小容量一般為 8 bytes 以上

3.2　整數型態

整數(integer)就是一種不考慮小數點後的數字,它包含了正整數及負整數。整數
整數在電腦運算中是很重要的一種型態,幾乎所有大大小小的計算工作都會使用到
整數。電腦對整數的儲存方式可分為兩種:**有號整數**(signed integer)以及**無
號整數**(unsigned integer)。有號整數就是可以表示正整數與負整數的儲存方
式,無號整數就是只能表示正整數的儲存方式。C89 提供了八種整數型態:signed
char、unsigned char、short int、unsigned short int、int、unsigned
int、long int 與 unsigned long int。C99 則多了兩種更大的整數型態 long
long int 與 unsigned long long int。它們所佔有的記憶空間如

表 3-1 所列,而彼此之間的大小關係為:

```
1 byte   ≤ signed char = unsigned char
         ≤ short int = unsigned short int
         ≤ int = unsigned int
         ≤ long int = unsigned long int
         ≤ long long int = unsigned long long int
```

其中 short int 可簡寫為 short,long int 可簡寫為 long,long long
int 可簡寫為 long long。另外,因為電腦的儲存空間有限,所以整數能夠表示
的範圍也是有限的,每個整數型態皆有各自的最大值以及最小值,我們在第 3.2.3
節會看到。

所有的整數型態中,int 是最常用的整數型態,也是最方便使用的資料型態。
在宣告 int 的變數時,若前面不加 signed 或 unsigned(有號或無號的修飾詞),
那麼就代表有號的整數型態;若前面加上 unsigned 修飾詞,那麼就代表無號的
整數型態。其它的整數型態也是以同樣規則來宣告為無號整數型態。如:

```
int i = -128;                    /* 有號整數，可表示負整數 */
unsigned int ui = 255;           /* 無號整數，只能表示正整數 */
short h  = -128;
unsigned short uh = 255;
long l  = -128;
unsigned long ul = 255;
long long ll  = -128;
unsigned long long ull = 255;
char c  = -128;          /* 不一定為有號整數，需依賴運作平台 */
unsigned char uc = 255;          /* 無號整數，只能表示正整數 */
```

其中，`unsigned int` 可簡寫為 `unsigned`，如下所示：

```
unsigned y = 255;                /* 只能表示正整數 */
```

其實，若要將程式寫得夠嚴謹，`int` 應給予 `signed` 來修飾為有號整數，只不過已經鮮少有人這麼寫了：

```
signed int x;                    /* 有號整數，等同 int x; */
```

但是，`char` 這種資料型態若不加上任何修飾詞不一定代表有號整數，在第 3.2.7 節會解釋其原因。請先記得，若要將 `char` 的變數作為有號整數來進行運算，請務必在宣告變數式的前面加上 `signed` 形容詞：

```
signed char sc;                  /* 有號的 char 整數 */
```

我們可以對整數型態的變數直接給予一個十進位、八進位或十六進位的整數字面常數。若不做任何修飾，直接寫下的整數就會視為十進位整數，如：

程式 3-2

```
#include <stdio.h>
int main(void){
    int x = -27, y = 101, z = 0;
    printf("%d, %d, %d\n", x, y, z);
    return 0;
}
```

-27，101 及 0 這三個數字都會以十進位表示法來判讀，以十進位來顯示結果也會是-27, 101, 0。但若在數字前面套上零，那麼數字就會被視為八進位表示法，如下例：

程式 3-3

```
#include <stdio.h>
int main(void){
    int x = -027, y = 0101, z = 00;
    printf("%d, %d, %d\n", x, y, z);
    return 0;
}
```

您會發現執行結果跟上例不同，而是-23, 65, 0。因為-027 是一個八進位數字，其十進位表示法為-23；0101 也是個八進位數字，它的十進位數字是 65。00 則是零的八進位表示法。請注意，八進位數字的每個位數是不會有 8 以上的數字，若這樣寫會有編譯上的錯誤：

```
int x = 089;  /* 錯誤！八進位數字不可含有 8 以上的位數。 */
```

若在數字前面套 0x，那麼數字就會被視為十六進位表示法，如下例：

程式 3-4

```
#include <stdio.h>
```

```
int main(void){
    int x = -0x27, y = 0x101, z = 0x0;
    printf("%d, %d, %d\n", x, y, z);
    return 0;
}
```

執行結果就會是-39, 257, 0。十六進位的每位數可能會以 A-F 的英文字母來表示，在程式也可這樣表示，且大小寫皆可：

程式 3-5

```
#include <stdio.h>
int main(void){
    int x = 0x30CD, y = 0xabCD, z = 0x00FF;
    printf("%d, %d, %d\n", x, y, z);
    return 0;
}
```

執行結果就會是 12493, 43981, 255。請注意第三個數字 0x00FF，在十六進位表示中，在數字與 0x 之間是可以寫上 0，且不會被視為八進位數字。在本書接下來的內容，都將以 0x 格式來表示十六進位數字。

以上的例子中，這些字面常數不論為何種進制，都是 int 專用的字面常數。也就是說，上例所寫的數字，編譯器都會將它們當做 int 型態來看待。請注意，任何資料型態都有專用的字面常數，都有不同的表示語法。int 專用的字面常數之語法最簡單，就單純寫一個整數即可。但是 unsigned int 的字面常數就比較特殊一點，必須在數字後面加上 **u** 或 **U** 的**後綴字**(suffix)，如下例中的常數都是 unsigned int 的字面常數表示法：

```
unsigned x = 456u, y = 027u, z = 0xABCDu;
unsigned u = 123U, v = 0316U, w = 0x21aU;
```

由於 signed char 以及 short 這兩種的整數型態之佔有記憶空間都比 int 小，所以它們的字面常數表示法與 int 相同，並沒有專用的後綴字。同樣地，unsigned char 以及 unsigned short 的字面常數表示法也與 unsigned int 相同，都是加上 u 或 U 的後綴字。long 的後綴字為 l 或 L；unsinged long 的後綴字為 u 跟 l 這兩個字，大小寫皆可且沒有順序之分，但一般建議是用 ul 或 UL，如下例：

```
long x = 2147483647L, y = 0x7FFFFFFFl;
unsigned long u = 4294967295ul, v = 0xFFFFFFFFUL;
```

請您試著在這個例子把 unsigned long 的後綴字 ul 都去掉，並且在 32 位元的平台上進行編譯(讓 long 的空間為 4 bytes)。如此，編譯器將會抱怨這些常數已經溢位了。因為，不加上後綴字 ul 就會被視為 int 的字面常數。然而，若 int 的儲存空間是 4 bytes 的話，它最大能表示的數字也就只有 2147483647。

接著來看 long long，它是 C99 才列入標準的資料型態，其後綴字為 ll 或 LL；unsigned long long 的後綴字為 ull 或 ULL，請注意順序，有些編譯器不接受 LLU 或 llu 這種表示法(如 Visual C++)，如下例：

```
long long x = 9223372036854775807LL;
long long y = 0x7FFFFFFFFFFFFFFFll;
unsigned long long u = 18446744073709551615ull;
unsigned long long v = 0xFFFFFFFFFFFFFFFFULL;
```

介紹了各整數型態的常數表示法後，您或許會問，如果一個變數寫入了一個與它不同型態的常數，那麼會發生什麼事？這是會啟動內部的**隱性轉型**(implicit type conversion)機制。來看一個常見的例子，把一個帶有小數點的數字寫進去一個 int 的變數內，像這樣：

程式 3-6

```
#include <stdio.h>
int main(void){
    int x = -1.2345;
    unsigned y = 9.7865;
    printf("%d, %d\n", x, y);        /* -1, 9 */
    return 0;
}
```

隱性轉型會把小數點後的數字無條件捨去。因此，x 及 y 會得到-1 及 9 的結果。

請注意，整數與整數進行運算必定會得到整數，即使會算出浮點數的結果，也一樣會被隱性轉型機制將小數點後的數字無條件捨去：

程式 3-7

```
#include <stdio.h>
int main(void){
    int x = 10 / 3;                    /* x = 3           */
    int y = x / 2;                     /* y = 3 / 2 = 1 */
    int z = y / x;                     /* z = 1 / 3 = 0 */
    printf("%d, %d, %d\n", x, y, z);   /* 3, 1, 0         */
    return 0;
}
```

x 並不會是 3.333...而是取其整數 3；y 也不會是 1.5，而是取其整數 1；z 則是取 1/3 的整數部分 0。再看一個例子：

程式 3-8

```
#include <stdio.h>
int main(void){
    int x = 2;
    int y = 1.75 * x;
```

```
        printf("%d\n", y);       /* 3 */
        return 0;
    }
```

結果會是 3，而不是先把 1.75 轉成整數為 1 再乘上 x 得 2。但請小心，千萬不要把任何整數除以零，這會引發不可預期的錯誤：

程式 3-9

```
#include <stdio.h>
int main(void){
    int x = 1;
    int y = x / 2; /* y = 1 / 2 = 0            */
    int z = x / y; /* z = 1 / 0 ... 錯誤!      */
    return 0;
}
```

C 語言並未規範整數除以零會發生什麼事，有可能會得到零，甚至會造成程式中斷而無法繼續執行，端看作業系統如何處置。類似這種**未定義的行為**（undefined behavior）還有很多，在往後的章節我們會陸續看到。請讀者不要寫出未定義的行為之程式碼，要解決這種程式所造成的錯誤是頗為困難的。您有可能在十分鐘內寫好這段程式，卻要花上十小時以上才能找出發生錯誤的程式碼！

第 3.4 節會再更仔細地探討隱性轉型機制。請先知道，隱性轉型機制發生的時機點有可能在編譯時期或在執行時期，不管如何都是需要一點時間成本來進行。程式若能夠儘量地減少型態轉換的動作，這對程式的開發或執行效能上都會有所提升。因此，我們在程式中寫了一個字面常數時，應該以適當的後綴字來標明這是什麼型態專用的常數，以減少隱性轉型次數。

3.2.1 整數的標準輸出

目前為止，我們只學會利用 %d 來輸出一個整數，但那只能用在 int 以下的整數型態，大於 int 的數字是無法透過%d 來正確輸出，您必須指定輸出的資料長度。
long 的資料長度是 l、long long 是 ll、short 是 h、char 則是 hh。各基本
整數型態在 printf 與 scanf 的各種輸出入格式如表 3-2 所示。其中，整數格式
%i 在 printf 與%d 效果一樣，但在 scanf 則是由所輸入的數字來決定，若數字由
0x 開頭，則以十六進位轉換之；若是以 0 開頭，則以八進位轉換之；其它數字則
以十進位來轉換。

表 3-2 基本整數型態的輸出入格式

整數型態	十進位	八進位	十六進位	整數
signed char	%hhd	%hho	%hhx 或%hhX	%hhi
unsigned char	%hhu	%hho	%hhx 或%hhX	%hhi
short	%hd	%ho	%hx 或%hX	%hi
unsigned short	%hu	%ho	%hx 或%hX	%hi
int	%d	%o	%x 或%X	%i
unsigned int	%u	%o	%x 或%X	%i
long	%ld	%lo	%lx 或%lX	%li
unsigned long	%lu	%lo	%lx 或%lX	%li
long long	%lld	%llo	%llx 或%llX	%lli
unsigned long long	%llu	%llo	%llx 或%llX	%lli

　　若給錯資料長度會發生什麼事呢？如果輸出的整數容量小於或等於 int 的，都
可透過%d、%i 或%u 來輸出。其它情況的整數輸出都必須指定正確的輸出資料長度
與型態格式，否則會有不可預期的結果，如下例：

程式 3-10

```
#include <stdio.h>
```

```c
int main(void){
    int x = 123;
    printf("%lld\n", x);    /* 未定義行為，輸出結果不可預期 */
    return 0;
}
```

整數與之後所介紹的浮點數，皆可指定它們的輸入最少字元數，如果輸出的字元數不足最少字元數，預設情況是數字靠右，左邊部分以空格補齊。如下例：

程式 3-11

```c
#include <stdio.h>
int main(void){
    int x = 123;
    printf("%2d\n", x);
                /* 123，超過最少輸出字元數 (2 個)，照實輸出 */
    printf("%6d\n", x);
                /*    123，不足 6 個字，左邊補三個空格 */
    return 0;
}
```

我們可以在輸出格式中，最小字元數前加上 0，讓零來補齊不足的字元數；在 % 之後加上減號，可指定為靠左對齊，後面若指示為以零補齊將會被忽略。請看下面範例：

程式 3-12

```c
#include <stdio.h>
int main(void){
    int x = 123;
    printf("%-6d, %6d\n", x, x);      /* 123   ,    123 */
    printf("%-06d, %06d\n", x, x);    /* 123   , 000123 */
    printf("%-6X, %06X\n", x, x);     /* 7B    , 00007B */
```

```
    printf("%-6o, %06o\n", x, x);          /* 173   , 000173 */
    return 0;
}
```

上例中的%-06d 中的以零補齊會被忽略，等同%-6d，而有些編譯器會發出警告訊息。

最後，數字輸出可以強迫加上正負號，只要在%後加上+即可。但請注意，僅適用於有號數字的資料型態。如下所示：

程式 3-13

```
#include <stdio.h>
int main(void){
    int x = 123, y = -456;
    printf("%+d, %+d\n", x, y); /* +123, -456 */
    printf("%+X, %+X\n", x, y); /* 7B, FFFFFE38 */
    return 0;
}
```

以十六進位或八進位的輸出皆為無號數值，輸出格式加上+並無作用。

3.2.2 整數的標準輸入

各種型態的整數在進行標準輸入除了指定好正確的資料型態，也要注意資料長度(表 3-2)，而且要求比標準輸入還嚴格。不同資料必須以專屬的資料長度，否則會有不可預期的錯誤，輕者取得錯誤資料，嚴重者程式被強迫中斷。請看下面這個例子：

程式 3-14

```
#include <stdio.h>
int main(void){
    int x = 0;
```

```
        short y = 0;
        signed char z = 0;
        scanf("%d%d%d", &x, &y, &z);        /* 不可預期的輸入結果 */
        printf("%d, %d, %d\n", x, y, z);
        return 0;
    }
```

y 與 z 的輸入格式指定了錯誤的資料長度，而造成未定義行為，輸入結果是不可預期的。請改為：

```
    scanf("%d%hd%hhd", &x, &y, &z);
```

3.2.3　整數的相關常數

再一次地提醒，所有資料型態的儲存空間是取決於運作環境。因此，每個整數型態所能儲存的整數範圍，也是要看它們在您的運作平台上會佔有多少的記憶空間。當進行整數計算的時候必須要避免溢位的現象，也就是計算過程不可超過整數所能表示的範圍。因此，我們需要知道現在所使用的整數型態其最大值以及最小值是多少？而且我們又希望所寫出來的程式碼是具**可攜性**(portable code)，也就是程式碼不管在任何的平台上都能順利地被編譯，且執行的結果都能正確無誤。那麼該如何知道在目前的執行環境下，各整數型態所能夠表示的範圍是多少到多少？整數型態的最大值與最小值都可以從 C 標準函示庫的 limits.h 中取得。請看下面這個例子：

程式 3-15

```
    #include <stdio.h>
    #include <limits>
    int main(void){
        printf("signed char min.: %hhd\n", SCHAR_MIN);
```

```
    printf("signed char max.: %hhd\n", SCHAR_MAX);
    printf("unsigned char max.: %hhu\n", UCHAR_MAX);
    printf("short min.: %hd\n", SHRT_MIN);
    printf("short max.: %hd\n", SHRT_MAX);
    printf("unsigned short max.: %hu\n", USHRT_MAX);
    printf("int min.: %d\n", INT_MIN);
    printf("int max.: %d\n", INT_MAX);
    printf("unsigned max.: %u\n", UINT_MAX);
    printf("long min.: %ld\n", LONG_MIN);
    printf("long max.: %ld\n", LONG_MAX);
    printf("unsigned long max.: %lu\n", ULONG_MAX);
    /* C99 */
    printf("long long min.: %lld\n", LLONG_MIN);
    printf("long long max.: %lld\n", LLONG_MAX);
    printf("unsigned long long max.: %llu\n", ULLONG_MAX);
    return 0;
}
```

程式 3-15 是把所有整數型態的最大值與最小值列出，其中無號整數的最小值
必為零，所以不需要特別為它們宣告最小值。

任何資料型態都需要小心極限值這件事，您得預防它發生**溢位現象**
(overflow)。請看下面以 int 為例的程式：

程式 3-16

```
#include <stdio.h>
#include <limits>
int main(void){
    int x = INT_MAX, y = INT_MIN;
    x = x + 1;/* 未定義的行為，通常會變成 int 的最大值 */
```

```
    y = y - 1;/* 未定義的行為，通常會變成 int 的最小值 */
    printf("%d, %d\n", x, y);
    return 0;
}
```

請小心這種錯誤，因為這是**未定義的行為**。當一個有號整數已經是最大正數，卻還繼續為它往上加；或者已經是最小負數，卻還繼續為它往下減。這兩件事都會發生溢位現象。在上例中，假設 x 所儲存的 int 最大值是 2147483647，其十六進位碼為 0x07FFFFFF，若再加上 1 就會是 0x80000000，這不就是 -2147483648 的 2 補數表示法？若 y 所儲存的 int 最小值是-2147483648，其十六進位碼為 0x80000000，若再減去 1 就會是 0x07FFFFFF，這不就是 2147483647 的十六進位碼？在一般的電腦都會得到這種結果，但不保證所有電腦都能執行出這樣的結果。想想看，若這台電腦不是用 2 補數來儲存負整數，勢必會跑出不一樣的結果。

然而屬於 unsigned 的無號整數型態，它們的溢位現象會有固定的結果，即把溢位的位元忽略掉。以 unsigned int 為例：

程式 3-17

```
#include <stdio.h>
#include <limits>
int main(void){
    unsigned x = UINT_MAX, y = 0u;
    x = x + 1;/* 0 */
    y = y - 1;/* 會等於 unsigne int 的最大值 */
    printf("%u, %u\n", x, y);
    return 0;
}
```

假設 unsigned int 為 4 bytes，x 會是 4294967295，其十六進位碼為

0xFFFFFFFF，若再加上 1 就會是 0x**1**00000000。但是最大的 1 是會超過可儲存的空間而被忽視。因此，會得到零的結果。y 的內容必定為零，接著將 y 減去 1，就會因為借位而得到 0xFFFFFFFF 的結果，即 unsigned int 的最大值。

我們也不可寫出一個讓某個資料型態無法表示的常數。來看一個例子，假設 int 為 4 bytes 的儲存空間：

```
int x = -2147483648;
```

大部分的編譯器都會警告您這行程式可能有溢位的問題。咦？這不是很奇怪嗎？4 bytes 的 int 所能儲存的最小數字不就是 -2147483648，為何不可這樣寫？是沒錯，但編譯器可不是這樣去看您的程式，這行程式在編譯器的觀點會是：

```
int x = -(2147483648);
```

這下您瞭解嗎？編譯器會先看到 2147483648 這個正整數。在前面有提到，一個整數常數若不加任何後綴字都會視為 int 的常數，但 4 bytes 的 int 所能表示的最大正整數卻只可到 2147483647。很明顯地，這程式犯了溢位錯誤。那該怎麼修正這錯誤呢？可以這樣寫：

```
int x = -2147483647 - 1;
```

或者

```
int x = -INT_MAX - 1;
```

同樣的問題在 unsigned int 也是存在，一樣假設 unsigned int 為 4 bytes 的儲存空間，這樣寫也會有溢位的警告訊息：

```
unsigned x = 2147483648;
```

您得加上無號整數專用的後綴字 u 或 U：

```
unsigned x = 2147483648u;
```

其它的整數型態，也都必須小心這些會造成溢位的問題。

3.2.4　intmax_t、uintmax_t 與限定容量的整數型態

您可能會誤以為 long long 與 unsigned long long 是 C 語言中容量最大的整數型態，但事實並非如此，C 語言並未規定這件事，只有規定這兩個型態的容量分別大於 long 與 unsigned long。但是，標準函式庫在 **stdint.h** 有另外定義兩個資料型態：**intmax_t** 與 **uintmax_t**，分別用來表示該編譯環境的最大有號整數與無號整數。不過，在許多情況下，它們會等同 long long 與 unsigned long long。

intmax_t 的最大值與最小值分別為 **INTMAX_MAX** 與 **INTMAX_MIN**，uintmax_t 的最大值為 **UINTMAX_MAX**。在標準輸出入格式中也有專屬的長度符號 j。您可以分別用 %jd 與 %ju 將 intmax_t 與 uintmax_t 的數值用在標準輸出入的函式，請看下面的範例：

程式 3-18

```
#include <stdio.h>
#include <stdint.h>    /* 務必引入此標頭檔 */
int main(void){

    intmax_t x = INTMAX_MAX, y = INTMAX_MIN;
    uintmax_t z = UINTMAX_MAX;
    printf("%jd, %jd, %ju\n", x, y, z);
    scanf("%jd%jd%ju", &x, &y, &z);
    printf("%jd, %jd, %ju\n", x, y, z);
    return 0;

}
```

　　從 C99 開始的標準函式庫,也提供了許多限定容量的整數型態,定義在 **stdint.h** 中,如表 3-3 所示。其中,least 與 fast 的差別在於,前者為容量在編譯環境是最小的且滿足其限定的容量;後者為其存取速度在編譯環境中是最快的且滿足其限定的容量,但其容量不一定是最小的,有可能存在一個容量更小的整數型態也滿足該限定的容量。令 N 為容量的位元數,這些型態的最大值與最小值分別如表 3-4 所示。

表 3-3 限定容量的整數型態

有號整數	無號整數	容量大小
int8_t	uint8_t	8 位元 = 1 byte
int16_t	uint16_t	16 位元 = 2 bytes
int32_t	uint32_t	32 位元 = 4 bytes
int64_t	uint64_t	64 位元 = 8 bytes
int_least8_t	uint_least8_t	容量至少分別為 8、16、32 與 64 位
int_least16_t	uint_least16_t	元。且保證是該編譯環境中最小的整
int_least32_t	uint_least32_t	數容量。
int_least64_t	uint_least64_t	
int_fast8_t	uint_fast8_t	容量至少分別為 8、16、32 與 64 位
int_fast16_t	uint_fast16_t	元。不保證是該編譯環境中最小的整
int_fast32_t	uint_fast32_t	數容量,但卻是存取速度最快的。
int_fast64_t	uint_fast64_t	
int_ptr_t	uintptr_t	足以存放記憶空間位址。

表 3-4 限定容量的極限值

型態	最大值	最小值
int*N*_t	INT*N*_MAX	INT*N*_MIN
uint*N*_t	UINT*N*_MAX	0
int_least*N*_t	INT_LEAST*N*_MAX	INT_LEAST*N*_MIN
uint_least*N*_t	UINT_LEAST*N*__MAX	0
int_fast*N*_t	INT_FAST*N*_MAX	INT_FAST*N*_MIN
uint_fast*N*_t	UINT_FAST*N*__MAX	0
intptr_t	INTPTR_MAX	INTPTR_MIN
uintptr_t	UINTPTR_MAX	0

3.2.5　size_t

　　size_t 是一種由標準函式庫另外定義的**無號整數型態**，它被定義在 **stddef.h** 或 **stdio.h** 中，並不是內建的資料型態。size_t 主要是用來記錄記憶空間的大小。其實，sizeof 所得到的結果就是一種 size_t：

程式 3-19

```
#include <stdio.h>
#include <stddef.h>
int main(void){
    int x = 0;
    size_t n = sizeof(x);
    printf("%zu\n", n);        /* C99 可以用 zu 來輸出 size_t */
    printf("%lu\n", n);        /* C89 可以用 lu 來輸出 size_t */
    return 0;
}
```

　　我們知道，在不同的編譯環境下，程式所能運用的最大記憶空間也會不同，有些環境最多只能使用 1GB 的記憶空間，有些環境卻能使用到 4GB 的記憶空間，甚至更多。要用什麼樣的變數才能足夠記錄記憶空間的大小，也就必須跟著不同環境來決定。如果以 32 位元的 unsigned int 來記錄記憶空間大小，那麼此程式在只能使用 4GB 記憶空間以下的環境則不會出什麼太大的問題，但如果把此程式轉移到可使用 8GB 記憶空間的環境，那麼就會發生無法使用 4GB 以上空間的窘境。因此，記錄記憶空間大小這種很依賴編譯環境的事情，我們必須透過函式庫來幫我們決定。至於要如何以 printf 來正確地輸出 size_t，在 C99 您可以用 %zu；在 C89 您可以用 %lu。

我們將在討論記憶空間管理的章節(第 7 章)會大量地使用 size_t，請先記得有這種專門記錄記憶空間大小的型態。

3.2.6　bool

bool 是 C99 另外定義的整數資料型態，而非內建的基本資料型態，它定義在 stdbool.h。bool 是用來記錄**布林值**(boolean)，也就是只會記錄兩種狀態：**true** 或者 **false**，是或非。任何需要表達二元狀態(binary state)的情況，都可以使用 bool 的變數來記錄。一般情況下，**true 就是非零的數值**，**false 就是零**。如下例：

程式 3-20

```
#include <stdio.h>
#include <stdbool.h>        /* 請注意，C99 才有此標頭檔 */
int main(void){
    bool x = true;
    printf("%d\n", x); /* 顯示非零的數值 */
    x = false;
    printf("%d\n", x); /* 0 */
    return 0;
```

```
    }
```

既然 bool 是屬於整數，那麼我們也可以把一個整數寫入到 bool 的變數裡。
把上例改成這樣：

程式 3-21

```
#include <stdio.h>

#include <stdbool.h>          /* 請注意，C99 才有此標頭檔 */

int main(void){

    bool x = -123;

    printf("%d\n", x); /* 數值會與上例相同，未必是-123 */

    x = false;

    printf("%d\n", x); /* 0 */

    return 0;

}
```

所顯示的結果會與上例相同。因為 -123 是個非零的數值，它會被轉換為
true。

C 語言並未規定 bool 的最小容量，也是由各編譯器來決定。現今大部分編譯
器皆是讓 bool 用一個 byte 來記錄布林值。不過仍有些編譯器是以 4 個 byte 來
記錄布林值，這是考慮到記憶空間的**資料對齊性**(data alignment)[16]。

3.2.7　char

char是個特別的整數型態，它的全名是character，也就是字元符號的意思。
但是請勿將 char 侷限在只能當做表示字元之用途。它另一個重要的含意是**容量最
小的整數資料型態**，也是代表當下執行環境中的**最小字元單位空間**以及**最小記憶空
間存取單位**。在大部分的情況下，char 會是佔一個 byte 的有號整數，所能記錄
的整數範圍是-128 到 127。但有些作業系統或編譯器會將 char 視為無號整數，

---

[16]　請參考第 10.3.13 節。

範圍是 0 到 255。因此，當我們要把一個 char 的變數用來進行整數運算時，最好在宣告此變數時前面加上 signed 或 unsigned 之修飾詞，以確保是有號整數或是無號整數。如：

```
signed   char x = -128;          /* 可表示負整數的 char */

unsigned char y = 255;          /* 只能表示正整數的 char */
```

但如果要將 char 用來表示**字元**，就可不用加上修飾詞。因為根據 ASCII 規定，一般常用的字元只會以介於 0 到 127 之間的整數來表示。如：從 48 到 57 為阿拉伯數字的 '0' 到 '9'，從 65 到 90 為大寫的英文字母 'A' 到 'Z'，從 97 到 122 為小寫的英文字母 'a' 到 'z'。至於其它字元符號請參考附錄 B。

我們可以透過 %c 將 char 以字元形式來輸出。請看這個例子：

程式 3-22

```
#include <stdio.h>
int main(void){
    char x = 48, y = 65, z = x + y;
    printf("%c%c%c\n", x, y, z);     /* 以%c 來輸出字元，0Aq */
    return 0;
}
```

這兩行程式的執行結果會是 0Aq，因為 x = 48 代表 ASCII 中的 '0' 這個字元，y = 65 代表 'A' 這個字元，而 z = 48 + 65 = 113 代表 'q' 這個字元。

字元有專屬的字面常數表示法，是以兩個單引號來包住一個字元。如下例：

程式 3-23

```
#include <stdio.h>
int main(void){
    char x = '0', y = 'A', z = x + y;
    printf("%c%c%c\n", x, y, z);          /* 0Aq */
```

```
        return 0;
    }
```

結果也是與前一例子相同：0Aq。請注意，若單引號內包含的是一串字，而不是一個字元，那麼 char 變數是只會記錄字串中的最後一個字元：

程式 3-24

```
#include <stdio.h>
int main(void){
    char x = '123', y = 'ABC';
    printf("%c%c\n", x, y);              /* 3C */
    return 0;
}
```

在此例的執行結果中，您會看到 x 與 y 分別儲存了 3 及 C 這兩個字元。

請勿把字串指定給 char 變數，這會造成型態不符的編譯錯誤：

```
char x = "Hello";      /* 編譯錯誤！型態不符！ */
```

因為字串代表著字元的陣列，大多以指標來記錄。關於指標與字串請參閱第 6 章與第 8 章。

char 可以透過 %d 將字元的內碼以十進位整數來輸出，也可以透過 %X 或 %x 分別以大小寫的十六進位整數來輸出。八進位整數的輸出格式為 %o。請看這個例子：

程式 3-25

```
#include <stdio.h>
int main(void){
    char x = '2', y = 'L', z = x + y;
    printf("%c%c%c\n", x, y, z);        /* 2L~ */
    printf("%d, %d, %d\n", x, y, z);    /* 50, 76, 126 */
    printf("%X, %X, %X\n", x, y, z);    /* 32, 4C, 7E */
```

```
    printf("%x, %x, %x\n", x, y, z);    /* 32, 4c, 7e */
    printf("%o, %o, %o\n", x, y, z);    /* 62, 114, 176 */
    return 0;
}
```

請注意，在 printf 處理 char 的數值時，%d 會將它提升為 int，而 %X、%x 與 %o 會將它提升為 unsigned int。所以，當 signed char 為負數時，您會得到很奇怪的結果：

程式 3-26

```
#include <stdio.h>
int main(void){
    signed char x = -1;
    printf("%d, %X, %x, %o\n", x, x, x, x);
        /* -1, FFFFFFFF, ffffffff, 37777777777 */
    return 0;
}
```

關於整數的提升，請看第 4.6.1 節說明。

我們可以透過 scanf 搭配輸入格式 %c 來輸入一個字元，像這樣：

程式 3-27

```
#include <stdio.h>
int main(void){
    char x = 0;
    scanf("%c", &x);
    printf("%c\n", x);
    return 0;
}
```

請注意，您必須輸入一個字元再接著一個換行鍵，才能完成輸入字元動作。

除了 scanf 外，也可以透過 **getchar** 這個函式來讀取一個字元。getchar 也是屬於 stdio.h 裡的函式，它不需要任何引數即可從 stdin 提出最先輸入的字元並以 int 的型態回傳。程式 3-27 可以改成這樣：

程式 3-28

```c
#include <stdio.h>
int main(void){
    char x = 0;
    x = getchar();
    printf("%c\n", x);
    return 0;
}
```

當我們在輸入一個字元時，因為後面還有接著一個換行的字元，所有總共有兩個字元在 stdin 中。若要在之後輸入另一個字元，您必須把換行字元提取出來，像這樣：

程式 3-29

```c
#include <stdio.h>
int main(void){
    char x = 0, enter = 0;
    x = getchar();
    enter = getchar();
    printf("%c, %hhd\n", x, enter);/* 輸入的字元, 10 */
    x = getchar();
    enter = getchar();
    printf("%c, %hhd\n", x, enter);/* 第二次輸入的字元, 10 */
    return 0;
}
```

這個例子中有兩次輸入，每次輸入完成後會以兩個 getchar 來讀取使用者輸入的字元與換行字元。由於換行字元的內碼為 10，所以每次的輸出結果皆是輸入的字元與 10。如果不把換行字元從 stdin 提取出來，您將無法進行第二次的字元輸入。

getchar 有個相反動作的函式，**putchar**，也是屬於 stdio.h 裡的函式，它需要一個 int 的引數，並將引數內所存放的字元放置到 stdout 內。就好像利用 putchar 輸出一個字元。請看下面這個例子：

程式 3-30

```c
#include <stdio.h>
int main(void){
    char x = 'A', y = 'B', z = 'C';
    putchar(x);
    putchar(y);
    putchar(z);
    putchar('\n');                /* ABC */
    printf("%c%c%c\n", x, y, z);    /* ABC */
    return 0;
}
```

此例中，四次 putchar 分別輸出了'A'、'B'、'C'與換行四個字元到 stdout，如同以 printf 搭配%c 來輸出。但 putchar 會比 printf 更有效率，若只輸出單一字元，請儘量利用 putchar；getchar 也是比 scanf 有效率，若只輸入單一字元，請多利用 getchar。

3.2.8　wchar_t

若以一個 byte 的資料空間來表示全世界所有的文字肯定是不夠的，比如，以

Big5 編碼[17]的中文字就必須要兩個 byte 才能儲存，若是只以一個 char 的變數是無法記錄 Big5 的中文字：

```
char x = '中';          /* 編譯錯誤！ */
```

因此，我們可能需要一個擁有足夠空間的資料型態，來表示非英語的文字。wchar_t 就是這樣的一個資料型態，C 語言保證 wchar_t 擁有足夠空間存放該運作平台中最大長度的字元。但 wchar_t 並非是 C 語言的內建型態，它定義在 wchar.h 這個標頭檔。請看下面這個例子：

程式 3-31

```
#include <stdio.h>
#include <wchar.h>
int main(void){
    wchar_t wc = L'中';/* wchar_t 的字元常數必須加上 L 前綴字 */
    printf("size of wcahr: %d\n", sizeof(wchar_t));
    printf("wcahr max: %d\n", WCHAR_MAX);
    printf("wcahr min: %d\n", WCHAR_MIN);
    printf("%c\n", wc);     /* 輸出了一個不是'中'的符號 */
    scanf("%c", &wc);       /* 也不能透過 scanf 來輸入 wchar_t */
    return 0;
}
```

wchar_t 的大小與數字範圍是未定義的，端看編譯環境來決定，您可以透過 sizeof、WCHAR_MAX 與 WCHAR_MIN 來檢視。wchar_t 的字面常數跟 char 不太一樣，必須在單引號前加上 L[18]。但不幸的是，我們無法以 printf 與 scanf 來正確地輸出入 wchar_t 的字元。因為這兩個函式不考慮各國文字的編碼，而且 %c 也

---

[17] Big5 為台灣財團法人資訊工業策進會與台灣的五大電腦廠商在 1983 年聯合制定的中文編碼方式，目前是 Windows 作業系統繁體中文版的編碼方式。

[18] 有些 IDE 的編輯器不予許程式碼含有非英文的文字，請先設定好編輯器的編碼語系。

只能處理一個 char 的字元。

專門處理 wchar_t 的標準輸出入函式分別為 wprintf 與 wscanf。但是，在使用它們之前，您必須先設定文字編碼的方式。請先引入 locale.h，然後呼叫 setlocale 這個函式。本書只介紹繁體中文的編碼，請看下面這個例子：

程式 3-32

```
#include <stdio.h>
#include <wchar.h>
#include <locale.h>
int main(void){
    wchar_t wc = L'中';
    setlocale(LC_ALL, "zh_TW.UTF-8");    /* UNIX 系統 */
    /*
        Windows 系統請用：
        setlocale(LC_ALL, "cht");
    */
    wprintf(L"%lc\n", wc);/* 在格式字串前加上 L，%c 改成%lc  */
    scanf(L"%lc", &wc);
    wprintf(L"%lc\n", wc);
    return 0;
}
```

setlocale 的第一個參數是告訴系統此區域設定會影響哪些與文字編碼有關的功能，一般情況下，我們會讓這個區域設定去影響所有功能，請給予 LC_ALL；第二個參數是一個字串，代表編碼的區域名稱。這參數必須依賴作業系統，在 Windows 為"cht"，在 UNIX 為"zh_TW.UTF-8"。其它作業系統或其它語系，請讀者自行查明您的作業系統提供了哪些可用區域名稱。Windows 的區域名稱可以在 MSDN 的 Language Strings 找到；在 UNIX 的環境下，可用 locale -a 命令來列出所有可用的區域名稱。

　　wprintf 與 wscanf 的用法同 printf 與 scanf，只是在處理 wchar_t 時，您必須在格式字串加上 L，%c 改成 %lc 即可。

　　我們可以利用前置處理來判斷編譯器的運作環境為何，即可設計出一個可在不同環境下編譯的程式碼。舉例來說，若您的程式碼想在這兩種編譯環境編譯：在 Windows 以 Visual C++ 編譯與在 UNIX 以 gcc 編譯，那麼程式 3-32 可以修改成這樣：

程式 3-33

```c
#include <stdio.h>
#include <wchar.h>
#include <locale.h>
int main(void){
    wchar_t wc = L'中';
    #ifdef _WIN32                      /* Visual C++定義的名詞 */
        setlocale(LC_ALL, "cht");
    else
        setlocale(LC_ALL, "zh_TW.UTF-8");/* 對 UNIX 的 gcc */
    #endif
    wprintf(L"%lc\n", wc);/* 在格式字串前加上 L，%c 改成%lc  */
    scanf(L"%lc", &wc);
    wprintf(L"%lc\n", wc);
    return 0;
}
```

　　如此一來就可以不用為了微軟與非微軟的作業系統寫出兩份不同的程式碼。但是本例只考慮兩種情況，如果您的程式需考量更多的作業系統，如：Mac OS X、iOS 或 Android。請先查詢這些作業系統在各編譯器的前置處理之定義名詞，再以前置處理的#ifdef命令來判斷。在此僅列出常見的作業系統，如表 3-5 所示。

表 3-5 常見的作業系統之前置處理名詞

作業系統	前置處理名詞
Windows(32 位元)	_WIN32
Windows(64 位元)	_WIN64
Linux	linux
Unix	unix
Mac OS X	__APPLE__ (請注意前後皆為兩個底線)

3.2.9　char16_t 與 char32_t

char16_t 與 **char32_t** 這兩種字元的型態是 C11 特有的，定義在 uchar.h 裡，目的分別是為了存放 UTF-16 以及 UTF-32 的字元。一般情況下，char16_t 會等同兩個 byte 的無號整數；char32_t 的會等同四個 byte 的無號整數。用法與 wchar_t 相同，只是支援的編譯器並不多。

3.3　浮點數

在第 1.5 節我們已經學習到目前電腦常用的浮點數儲存格式，也就是 IEEE 754 的 32 位元單精度、64 位元雙精度格式以及 80 位元擴大精確浮點數格式。在 C 語言中，也有三種浮點數格式的資料型態分別為 **float**、**double** 與 **long double**。

```
float f = 1.234f;
double d = 3.45678;
long double ld = 5.1234567L;
```

一般的情況，float 就是 IEEE 753 的 32 位元單精度格式，double 就是 IEEE 754 的 64 位元雙精度格式。但在此必須再強調一點，這只是大部份的運作平台都這樣看待 float 與 double，C 語言並無規定這件事。而 long double 在不同的編譯器以及不同的運作平台都對它有不同的解釋，有些編譯器會將它視為與 double 相同(如 Visual C++)，有些編譯器會將它視為 80 位元的擴大精確格式(如 gcc)。您可以用 sizeof 來進行一下實驗，看看您的編譯器以及運作平台是如何配置這些浮點數形態的容量：

程式 3-34

```
#include <stdio.h>
int main(void){
    printf("%lu\n", sizeof(float));
    printf("%lu\n", sizeof(double));
    printf("%lu\n", sizeof(long double));
    return 0;
}
```

若 float 為單精度格式，則大小為 4 bytes；若 double 為雙精度，則為 8 bytes；若 long double 被視為 double，則大小會與 double 相同；若 long double 被視為擴大精確格式，則會是 10 bytes 以上。但通常為了資料的對齊性(請參考第 10.3.13 節)，有些編譯器會給予 long double 多一點的空間，像 gcc 以及 Clang，在 32 位元的平台上容量會是 12 bytes(湊足 4 的倍數)，在 64 位元的平台上容量會是 16 bytes(湊足 8 的倍數)。雖然給予這麼多的容量，但卻只用到其中的 10 bytes 而已。

我們來看看浮點數的字面常數該如何表示。首先，所有浮點數的字面常數必須有小數點，而 float 的字面常數要加上後綴字 **f** 或 **F**。若整數部分為 0 可省略不寫，若小數部分為 0 也可省略。請看下面的例子：

```
float f1 = 12.345f;

float f2 = 0.345F;

float f3 = .345f;            /* 等同 0.345f */

float f4 = -12.0f;

float f5 = -12.f;            /* 等同 -12.0f */

float f6 = -12f;             /* 編譯錯誤！無法辨識的表示法！ */

float f7 = 0.0F;

float f8 = .0F;              /* 等同 0.0F */

float f9 = 0.F;              /* 等同 0.0F */

float f10 = .f;              /* 編譯錯誤！無法辨識的表示法！ */
```

除了 f6 以及 f10，其它都是正確的 float 常數表示法。我們可以發現一個很簡單的規則，一定要有小數點，且小數點左右兩方不可都沒有數字。

另外，我們也可以用**科學記號**(scientific notation)來表示 float 常數：

```
float f11 = 1.25e3f;    /* 1.2×10³ = 1250.0f */
float f12 = 1.25e-3f;   /* 1.2×10⁻³ = 0.00125f */
float f13 = 1.25E3f;    /* 等同 1.25e3f */
float f14 = 1.25E-3f;   /* 等同 1.25e-3f */
```

其中，e 或 E 代表以 10 為底，並非數學裡的自然對數。e 或 E 之後必須接一個整數(不可有小數點)，代表 10 的多少次方。

double 的常數除了不用加上後綴字，其它規則與 float 一樣：

```
double d1 = 12.345;

double d2 = 0.345;

double d3 = .345;            /* 等同 0.345 */
```

```
double d4 = -12.0;

double d5 = -12.;          /* 等同 -12.0 */

double d6 = -12;        /* OK，但這是把 int 常數轉換為 double */

double d7 = 0.0;

double d8 = .0;            /* 等同 0.0 */

double d9 = 0.;            /* 等同 0.0 */

double d10 = .;              /* 編譯錯誤！無法辨識的表示法！*/

double d11 = 1.25e3;       /* 1.2×10³ = 1250.0 */

double d12 = 1.25e-3;      /* 1.2×10⁻³ = 0.00125 */

double d13 = 1.25E3;       /* 等同 1.25e3 */

double d14 = 1.25E-3;      /* 等同 1.25e-3 */
```

其中 d6 是可以接受的格式，但這會引發內部轉換機制將 int 的常數轉換為
double 的數字。

long double 常數的後綴字為 l 或 L，其它規則也是與 float 一樣：

```
long double ld1 = 12.345L;

long double ld2 = 0.345L;

long double ld3 = .345L;     /* 等同 0.345L */

long double ld4 = -12.0L;

long double ld5 = -12.L;     /* 等同 -12.0L */

long double ld6 = -12L;  /* OK，long 轉換為 long double */

long double ld7 = 0.0L;

long double ld8 = .0L;       /* 等同 0.0L */

long double ld9 = 0.L;       /* 等同 0.0L */

long double ld10 = .;       /* 編譯錯誤！無法辨識的表示法！ */
```

```
long double ld11 = 1.25e3L;  /* 1.2×10³ = 1250.0L */

long double ld12 = 1.25e-3L; /* 1.2×10⁻³ = 0.00125L */

long double ld13 = 1.25E3L;  /* 等同 1.25e3L */

long double ld14 = 1.25E-3L; /* 等同 1.25e-3L */
```

其中-12L 也是可以接受的格式，這也會引發內部轉換機制將 long 的常數轉換為 long double 的數字。

3.3.1　浮點數的標準輸出

關於浮點數的標準輸出，根據表 2-2 與表 2-3， float 與 double 都是以相同的格式來輸出，只有 long double 必須加上 L(不是小寫 l)。%f 格式會將數字直接地輸出；%a 或%A 則是分別以小大寫的十六進位格式輸出；%e 或%E 則是分別以小大寫的科學記號輸出；至於 g 或 G，會自動地從%f 與%e (或%E)兩者中選擇最短的輸出結果，並只顯示有效位數部分。請看下面這個例子：

程式 3-35

```
#include <stdio.h>
int main(void){
    double d = 1.0;
    printf("%f\n", d);      /* 1.000000 */
    printf("%e\n", d);      /* 1.000000e+00 */
    printf("%g\n", d);      /* 1 */
    d = 100000.0;
    printf("%f\n", d);      /* 100000.000000 */
    printf("%e\n", d);      /* 1.000000e+06 */
    printf("%g\n", d);      /* 1e+06 */
    return 0;
}
```

程式 3-35 是假設在預設情況下，不論是多少的數字，小數部分一定會輸出六個位數。如此，當 d 為 1.0，%g 會挑選 %f 格式並只輸出有效位數部分，所以結果會是 1；而當 d 為 100000.0 時，%g 則會挑選 %e 格式並只輸出有效位數部分，所以結果會是 1e+06。

我們可以透過精確度來控制小數點後的數字要輸出到多少位數。請注意，若小數部分的位數超過精確度，在一般的情況會進行四捨五入 (第 3.3.3 節會有詳細說明)。請看下面範例：

程式 3-36

```c
#include <stdio.h>
int main(void){
    double d = 12.3456789;
    printf("%.1f\n", d);        /* 12.3 */
    printf("%.3e\n", d);        /* 1.235e+01 */
    printf("%.5g\n", d);        /* 12.346 */
    printf("%.2A\n", d);        /* 0X1.8BP+3 */
    return 0;
}
```

註解部分為輸出結果，其中灰色底的部分為精確度的影響範圍。請注意，精確度對 %g 或 %G 來說，是指定最多輸出有效位數，並非小數部分最多位數。

最大輸出長度、靠右對齊與強迫輸出正負號也可用在浮點數的輸出。請看這個例子：

程式 3-37

```c
#include <stdio.h>
int main(void){
    float f = 12.3456789f;
    printf("%-8.3f, %8.3f\n", f, f);
```

```
                              /* 12.346  ,  12.346*/
    printf("%-08.3f, %08.3f\n", f, f);
                              /* 12.346  , 0012.346*/
    return 0;
}
```

註解部分為輸出結果，灰色底為不足最小輸出長度所補齊的部分。請注意，最少輸出長度包含了小數點本身，因此只會有兩個空格或零補齊。

請勿以浮點數的格式來輸出整數，或以整數的格式來輸出浮點數。像這樣：

程式 3-38

```
#include <stdio.h>
int main(void){
    float f = 0.123f;
    int i = 999;
    printf("%f\n", i); /* 未定義行為，輸出結果不可預期 */
    printf("%i\n", f); /* 未定義行為，輸出結果不可預期 */
    return 0;
}
```

這是未定義的行為，在不同平台執行可能會有不同的結果。

3.3.2 浮點數的標準輸入

浮點數的標準輸入，首先要注意的，就是各浮點數型態的輸入格式要指定正確的資料長度：

1. float 不用指定資料長度，如：%f、%e、%g、%a；
2. double 需要 l，如：%lf、%le、%lg、%la；
3. long double 需要 L，如：%Lf、%Le、%Lg、%La。

如不指定正確的資料長度，將會發生不可預期的錯誤，輕者得到錯誤資料，嚴

141

重者程式被強迫中斷。下面為正確的浮點數輸入範例：

程式 3-39

```
#include <stdio.h>
int main(void){
    float f = 0.0f;
    double d = 0.0;
    long double ld = 0.0L;
    scanf ("%f%lG%La\n", &f, &d, &ld);
    printf("%f, %f, %Lf\n", f, d, ld);
    return 0;
}
```

另外，不論是%a、%A、%e、%E、%f、%F、%g 或%G，都可用來輸入浮點數，若以十六進位輸入時，必須是以 0x 或 0X 開頭；若以八進位輸入時，必須是以 0 開頭。

3.3.3　浮點數的相關常數

與浮點數相關的常數，包括最大值與最小值，都定義在 float.h 中(並非在 limits.h 內)。其中，FLT、DBL 與 LDBL 開頭的常數分別與 float、double 與 long double 有關。表 3-6 列出所有浮點數的極限值，其中，FLT_MIN 並非是最小的負數，而是可表示的最小正規化正數(請看第 1.5 節)；而 FLT_TRUE_MIN 是 C11 新增的常數，與 FLT_MIN 不同處在於它是可表示的最小正數，不限於是否為正規化數字。FLT_EPSILON 等各型態的誤差值常用來判斷運算結果是否為零，因為在浮點數的運算過程中，不是那麼容易地能算出一個完全等於零的浮點數。在後續的章節中，我們將會運用到 FLT_EPSILON 於許多的浮點數運算場合。

表 3-6 浮點數的極限值

常數	適用版本	說明
FLT_MAX DBL_MAX LDBL_MAX	C89	最大值
FLT_MIN DBL_MIN LDBL_MIN	C89	正規化的最小正數
FLT_EPSILON DBL_EPSILON LDBL_EPSILON	C89	誤差值 = 比 1.0 大的最小數字 - 1.0
FLT_TRUE_MIN DBL_TRUE_MIN LDBL_TRUE_MIN	C11	可表示的最小正數(不一定等於正規化的最小正數)

　　關於浮點數的內部儲存格式設定，可以透過表 3-7 所列的常數得知。請對照 IEEE 754 的浮點數格式才能知其意義(第 1.5 節)。關於浮點數的轉換機制，可以透過表 3-8 所列的常數得知。在表 3-8 中，後面是_DIG 的常數們可讓我們知道輸入一個十進位的浮點數時，其位數在多少以內才不會造成誤差。而在有限的精確度之情況下，當輸出一個浮點數時，我們要小心捨棄的部分是否需要進位的問題。C 語言的進位機制可透過 FLT_ROUNDS 查詢，共有四種進位機制：無條件捨去與四捨五入這兩種是我們熟悉的進位機制，但趨向正無窮大與負無窮大或許您就不知其義了。若捨棄的數字第一位數不為零，那麼以趨向正無窮大進位後的數字會是比原來數字更接近於正無窮大。如此，若原本數字是正數，為以無條件進入方式，若原本數字是負數，則是以無條件捨去方式。以趨向負無窮大進位後的數字會是比原來數字更接近於負無窮大。如此，若原本數字是正數，為以無條件捨去方式，若原

本數字是負數，則是以無條件進入方式。在非微軟的作業系統下的 C99 編譯器，進位機制可以透過 fesetround 這個函式來修改[19]，但要先引入 fenv.h 這個標頭檔。fesetround 只需要一個引數，即為表 3-8 中 FLT_ROUNDS 那四種狀況 (除了-1 不確定情況外) 所對應的 FE_ 開頭之設定值。

請看程式 3-40，此例以圓周率 3.14159265... 來進行實驗。根據三角函數的定義，當弧度[20]為圓周率時，則 cos 的值剛好為-1。所以我們可利用 cos 的反函數來取得-1 的弧度，即可取得正確的圓周率。C語言的標準數學函式庫，math.h，提供了許多計算三角函數的函式，cos 的反函數稱為 acos，其引數為一個介於正負 1 的 cos 數值，回傳值即為對應的弧度。

因為 FLT_ROUND 是 一個整數常數，必須以 %d 或其它整數輸出格式才能透過 printf 正確地輸出。在一般運作於個人電腦的作業系統上，FLT_ROUND 通常是 1 (四捨五入)。因此，若把精確度設置為 .6 (小數點部分固定輸出六個位數)，正負圓周率的輸出結果分別會是 3.141593 與-3.141593。精確度若設置為 .3 (小數點部分固定輸出三個位數)，正負圓周率的輸出結果分別會是 3.142 與-3.142。透過 fesetround 改成 FE_TOWARDZERO，則輸出會是 3.141 與-3.141；改成 FE_UPWARD，則輸出會是 3.142 與-3.141，比原來數字更接近於正無窮大；改成 FE_DOWNWARD，則輸出會是 3.141 與-3.142，比原來數字更接近於負無窮大。

---

[19]. 在微軟的作業系統，請用 _controlfp 或 _controlfp_s 這兩個函式。

[20]. 弧度是以 $+\pi$ 到 $-\pi$ 來代表角度+180 度到-180 度。

表 3-7 浮點數內部儲存格式的相關設定常數

常數	適用版本	說明
FLT_RADIX	C89	所有浮點數表示法的基底值,為一個整數,通常為 2。
FLT_MANT_DIG DBL_MANT_DIG LDBL_MANT_DIG	C89	小數部分(mantissa)的位元數。
FLT_MAX_EXP DBL_MAX_EXP LDBL_MAX_EXP	C89	為一個整數,以 FLT_RADIX 為基底,指數部分的最大值。
FLT_MIN_EXP DBL_MIN_EXP LDBL_MIN_EXP	C89	為一個整數,以 FLT_RADIX 為基底,指數部分的最小值。
FLT_MAX_10_EXP DBL_MAX_10_EXP LDBL_MAX_10_EXP	C89	為一個整數,以 10 為基底,指數部分的最大值。
FLT_MIN_10_EXP DBL_MIN_10_EXP LDBL_MIN_10_EXP	C89	為一個整數,以 10 為基底,指數部分的最小值。
FLT_HAS_SUBNORM	C11	是否支援非正規化表示法。 -1 為不確定;0 為不支援;1 為支援。

表 3-8 浮點數轉換機制的設定常數

常數	適用版本	說明
FLT_ROUNDS	C89	進位機制 -1：不確定 0：無條件捨去 (FE_TOWARDZERO) 1：四捨五入 (FE_TONEAREST) 2：趨向正無窮大 (FE_UPWARD) 3：趨向負無窮大 (FE_DOWNWARD)
FTL_DIG DBL_DIG LDBL_DIG	C89	最大可表示且無誤差的十進位位數。
DECIMAL_DIG	C99	可轉換為 long double 的十進位數字之位數，也可無誤差地再轉回十進位數字。
FLT_DECIMAL_DIG DBL_DECIMAL_DIG LDBL_DECIMAL_DIG	C11	可轉換為各浮點數型態的十進位數字之位數，也可無誤差地再轉回十進位數字。 其中，LDBL_DECIMAL_DIG 與 DECIMAL_DIG 相同。

程式 3-40

```
#include <stdio.h>
#include <float.h>
#include <fenv.h>
#include <math.h> /* 為了使用 acos 所引入的標準數學函式庫 */
int main(void){
    double PI = acos(-1.0);    /* 取得圓周率 3.14159265... */
    printf("%d\n", FLT_ROUNDS);/* 假設預設為四捨五入 */
    printf("%.6f, %.6f\n", PI, -PI);
                          /* 3.141593, -3.141593 */
```

```c
fesetround(FE_TONEAREST);
printf("%d\n", FLT_ROUNDS);      /* 1 */
printf("%.3f, %.3f\n", PI, -PI);    /* 3.142, -3.142 */
fesetround(FE_TOWARDZERO);
printf("%d\n", FLT_ROUNDS);      /* 0 */
printf("%.3f, %.3f\n", PI, -PI);    /* 3.141, -3.141 */
fesetround(FE_UPWARD);
printf("%d\n", FLT_ROUNDS);      /* 2 */
printf("%.3f, %.3f\n", PI, -PI);    /* 3.142, -3.141 */
fesetround(FE_DOWNWARD);
printf("%d\n", FLT_ROUNDS);      /* 3 */
printf("%.3f, %.3f\n", PI, -PI);    /* 3.141, -3.142 */
return 0;
}
```

最後，還有一個常數並不在表 3-7 與表 3-8 中列出，是 **FLT_EVAL_METHOD**。其實，在標準數學函式庫 math.h 中另外定義了兩個浮點數型態：**float_t** 與 **double_t**。我們可以透過 FLT_EVAL_METHOD 的設定得知這兩個型態是哪種浮點數型態，若為 0，則 float_t 為 float，double_t 為 double；若為 1，則皆為 double；若為 2，則皆為 long double。

3.4　型態轉型

所謂**型態轉型**(type conversion 或 type casting)的意思是：將某種資料型態的資料內容改成以另一種資料型態來進行存取及運算。舉例來說，若有一個 short 的變數存放著 -1 這個十進位的數字，那麼它的記憶空間就存放著 1111,1111,1111,1111 這組二進位碼(假設 short 的大小為 2 bytes 且以二的補數來存放有號整數)。若改成以 unsigned short 來讀取這組二進位碼，那麼就會得到 65535 這個十進位的數字。

　　事實上，基本資料型態的轉型可不需指定任何轉型動作，也就是先前所介紹的
隱性轉型(implicit type conversion)：

程式 3-41

```c
#include <stdio.h>
int main(void){
    short x = -1;
    unsigned short y = x;        /* 隱性轉型 */
    printf("%hu\n", y);          /* 65535 */
    return 0;
}
```

　　相較與隱形轉型，若轉型動作是以某種明確的指令來進行，則稱為**顯性轉型**
(explicit type conversion，請看第 3.4.4 節)。利用隱性轉型直接進行資
料轉換雖然是個方便的寫法，但並不太建議，尤其是在進行型態差異較大的轉換：
大容量的型態轉成小容量的型態、有號整數與無號整數的轉換以及**整數與浮點數的
轉換**。大部份的編譯器會對這些情況的隱性轉換發出警告訊息，提醒您會有數值上
的誤差或者不一致之可能性發生。

3.4.1　小容量與大容量的轉換

　　當小的有號整數型態轉成大的有號整數型態、小的無號整數型態轉成大的無號
整數型態以及小的浮點數型態轉成大的浮點數型態時,是不會有資料不一致的情況,
如：signed char 轉換成 int、unsigned short 轉換成 unsgined long、
int 轉換成 long long 以及 float 轉換成 double，這些都是安全的型態轉換。
可是，當轉換方向反過來時，資料不一致就有可能發生了。請看此例：

程式 3-42

```c
#include <stdio.h>
```

```c
int main(void){
    unsigned int x = 65536;/* 若 unsigned int 為 4 bytes */
    unsigned short y = x;  /* 若 unsigned short 為 2 bytes */
    printf("%hu\n", y);    /* 0 */
    return 0;
}
```

假設 unsigned int 為 4 bytes，那麼 x 一定可以存得下 65536 這個數字。但是，若 unsigned short 為 2 bytes，那麼 y 最多只能儲存到 65535，將 x 轉換成 y 就會因超出範圍而無法完整儲存原本資料。若轉換目標是無號整數，則會把無法儲存的位元忽視 (請看第 3.4.2 節)。因此，y 的內容會是零，跟原來的 x 發生資料不一致現象。再看這個例子：

程式 3-43

```c
#include <stdio.h>
int main(void){
    int x = 32768;      /* 若 int 為 4 bytes */
    short y = x;             /* 若 short 為 2 bytes */
    printf("%hd\n", y);      /* 在大部份平台會是 -32768 */
    return 0;
}
```

假設 int 為 4 bytes，那麼 x 一定可以存得下 32768 這個數字。但是，若 short 為 2 bytes 且以 2 的補數法來表示負數，那麼 y 的最大值只能表示到 32767，將 x 轉換成 y 也會發生無法儲存原本資料。若轉換目標是有號整數，結果是由執行環境來決定，但在大部份的平台上 y 會是 -32768 的結果 (請看第 3.4.2 節)。不論如何，都會與原來的 x 發生資料不一致現象。再看下面這個浮點數的例子：

程式 3-44

```c
#include <stdio.h>
```

149

```
int main(void){
    double x = 0.0123456789;
    float y = x;
    printf("%.10f\n", x);      /* 0.0123456789 */
    printf("%.10f\n", y);      /* 0.0123456791 */
    return 0;
}
```

假設 float 與 double 分別以 IEEE 754 的單精度與雙精度表示法來儲存浮點數。那麼一個浮點數若需要超過 32 位元的資料量才能表示的話,在 double 可以被儲存,但在 float 就未必了。上例中,x 可以儲存 0.0123456789 這麼小的數字,且可以完整地顯示出來。但轉至 float 中,就只能表示約 0.0123456791 這個數字了。也是會發生與原始資料不一致現象。

關於有號整數的轉換有一件事必須要注意,在大部份的電腦運作上,當小容量型態的負數轉成轉成較大容量的型態時,會進行**有號位元的延展**(sign bit extension),也就是將最大的位元之內容,複製並延伸到轉換後空間的最大位元。比如:

程式 3-45

```
#include <stdio.h>
int main(void){
    signed char x = -2;     /* x 的二進位碼是 11111110 */
    short y = x;
                /* y 的二進位碼是 1111111111111110 */
    printf("%hd\n", y);          /* -2 */
    return 0;
}
```

若有號數皆以 2 的補數法來表示且 char 與 short 的容量分別為 1 byte 與 2

bytes，那麼 x 的二進位碼會是 1111,1110。將 x 轉換至 y 會發生有號位元的延伸，y 的二進位碼就會是 **1111,1111,**1111,1110。多出來那 8 的較大位元值 (粗體標示部分) 都會與 x 的最大位元值相同。請注意，**當數值為有號整數的型態才會發生有號位元的延展**，無號整數是不會發生的。但是 C 語言並未規定一定會發生有號位元的延展，雖然在大部分的電腦上運作都會發生，尤其是在 intel 的架構。但不代表所有電腦都有此現象。

3.4.2　有號整數與無號整數的轉換

　　假設我們運作的平台是以 2 的補數法來表示負整數，且支援有號位元的延展。那麼，若將一個負整數給無號整數型態的變數來儲存，這會發生什麼事呢？整數之間的轉換並沒有什麼複雜的機制，除了有可能發生有號位元的延展之外，原本所儲存的二進位碼是不會被改變的，純粹以有號數或無號數來看待這份二進位碼。我們來看這幾個情況：

程式 3-46

```c
#include <stdio.h>
int main(void){
    unsigned short x = -1; /* int 轉成 unsigned short */
    unsigned int y = -1;        /* int 轉成 unsigned int */
    unsigned long long z = -1;
                            /* int 轉成 unsigned long long */
    printf("%hu\n", x);        /* unsigned short 的最大值 */
    printf("%u\n", y);         /* unsigned int 的最大值 */
    printf("%llu\n", z);
                            /* unsigned long long 的最大值 */
    return 0;
}
```

我們發現將-1 轉換成各種 unsigned 的整數型態後，皆變成了各型態的最大值。原因很簡單，-1 以 2 補數來表示會是每個位元值為 1，所以-1 轉成 unsigned short 以及 unsigned int 後，每個位元值仍然為 1，也就代表它們的最大值狀態。但-1 是一個沒有加上任何後綴字的常數，即代表一個 int 的字面常數，那麼將 int 轉成更大的 unsigned long long 型態後，怎麼也會是最大值狀態？還記得有號位元的延展嗎？-1 的最大位元值是會被延伸至 unsigned long long 的最大位元，因此，-1 轉換後的數值就是 unnsigned long long 的最大值了。再看一個情況：

程式 3-47

```
#include <stdio.h>
int main(void){
    int x = -65536;
    unsigned short y = x;
    printf("%hu\n", y);              /* 0 */
    return 0;
}
```

假設 unsigned short 為 2 bytes，我們發現-65536 以 unsigned short 來儲存竟然會是零！原因也很簡單，若以二進位碼來看-65536 這個數字，您會發現最小的 16 個位元皆為零，其它位元皆為 1。但 unsigned short 又只能儲存最低的 16 個位元，其它位元皆會被捨去。因此，轉換後的數字就是零了。

如果將無號數轉換成有號數呢？請看這個例子：

程式 3-48

```
#include <stdio.h>
#include <limits.h>
int main(void){
    unsigned int x = UINT_MAX; /* x為 unsinged int 的最大值 */
```

```
    int a = x;
    short b = x;
    long long c = x;
    printf("%d\n", a);              /* -1 */
    printf("%hd\n", b);             /* -1 */
    printf("%lld\n", c);            /* 為 unsigned int 的最大值 */
    return 0;
}
```

x 存放著 unsigned int 的最大值，其二進位碼會全部都是 1。那麼將這種數值寫入到較小容量的 short 變數 a 或者同樣大小的 int 變數 b 中，a 與 b 的二進位碼也會全部都是 1，在 2 的補數表示法中是會被視為-1。但寫入到較大容量的 long long 變數 c 中，則只會將原本 x 的二進位碼複製到 c 中較低的位元部分，較高的位元則會以 0 來填滿。因為無號整數是不會發生有號位元的延展(第 3.4 節)。因此 c 所呈現的數字會與 x 一致。

3.4.3　整數與浮點數的轉換

假設我們運作的平台將 float 與 double 分別以 IEEE 754 單精度與雙精度格式來儲存。因為儲存格式不同，浮點數與整數之間的轉換可能會有資料不一致的情況。當一個浮點數轉換為整數型態時，會先將小數點部分無條件捨去，再取出整數部分的二進位碼。來看一個浮點數轉成整數的例子：

程式 3-49

```
    #include <stdio.h>
    int main(void){
        float x = 456.5f;
        int y = x;
        printf("%d\n", y);          /* 456 */
        return 0;
```

}

456.5 這個數字在轉成 int 之前會先將.5 的部分捨去，並將整數部分 456 的二進位碼寫入 y 內。由於小數點部分會被捨去，有些編譯器看到浮點數轉換整數的程式碼會給予警告的訊息，提醒您可能會有資料誤差的情況。

如果浮點數過大，使得整數型態無法儲存，就會發生溢位情況。假設 unsigned short 所佔的記憶空間是 2 bytes，下面的例子則會發生溢位情況：

程式 3-50

```
#include <stdio.h>
int main(void){
    float x = 65537.5f;
    unsigned short y = x;        /* 發生溢位！*/
    printf("%hu\n", y);          /* 1 */
    return 0;
}
```

x 在轉換為 unsigned short 之前，會先取其整數部分 65537 之二進位碼，也就是 1,0000,0000,0000,0001。可是 unsigned short 只能記錄 16 個位元，因此 x 只能儲存 65537 較低的 16 位元，因此 y 的內容會是 1。

我們來看看一個 float 轉成 short 的情況：

程式 3-51

```
#include <stdio.h>
int main(void){
    float x = -65537.5f;
    short y = x;                 /* 發生溢位！*/
    printf("%hu\n", y);          /* -1 */
    return 0;
}
```

　　x 在轉換為 short 之前，會先取其整數部分-65537，其二進位碼會是11...10,1111,1111,1111,1111。但 short 只能記錄 16 個位元，因此 x 只能儲存-65537 較低的 16 位元 1111,1111,1111,1111。由於負數是以 2 補數法來表示，因此 x 的內容會是-1。有鑑於此，請勿把一個很大的浮點數轉換成整數。像這樣：

程式 3-52

```
#include <stdio.h>
#include <float.h>
int main(void){
    float x = FLT_MAX;
    long long y = x;              /* 發生溢位！*/
    unsigned long long z = x;     /* 發生溢位！*/
    printf("%f\n", x);            /* 3.40282e+38 */
    printf("%ll\n", y);           /* 不可預期的結果 */
    printf("%llu\n", z);          /* 不可預期的結果 */
    return 0;
}
```

　　float 的最大值為 3.40282e+38，這是個十分龐大的數字。若 long long 與 unsigned long long 所佔空間為 8 bytes，它們的最大值也不過分別約為 9e+18 與 18e+18。因此，將 x 的內容寫到 y 與 z 勢必會發生溢位，其結果是無法預期的，由各家編譯器以及運作平台來決定。

　　另一方面，將整數轉為浮點數雖然不會有溢位的問題，但卻需要注意浮點數的解析度問題。請看此例：

程式 3-53

```
#include <stdio.h>
#include <limits.h>
```

```
int main(void){
    int x = INT_MAX;
    float y = x;
    double z = x;
    printf("%d\n", x);        /* 2147483647 */
    printf("%f\n", y);        /* 2147483648 */
    printf("%f\n", z);        /* 2147483647 */
    x = INT_MAX - 1;
    y = x;
    z = x;
    printf("%d\n", x);        /* 2147483646 */
    printf("%f\n", y);        /* 2147483648 */
    printf("%f\n", z);        /* 2147483646 */
    return 0;
}
```

　　您會發現，以 float 來儲存一個大整數會有數值誤差的情況，這是因為浮點數解析度問題，而且數值越大情況越明顯。上例中，假設 int 為 4 bytes，其最大值為2147483647，但是float卻無法正確地表示這個數字，而顯示2147483648。而 double 的解析度較高，這數字對 double 來說不算太大，所以可以正確地表示出來。接著，將 x - 1，也就是 2147483646，float 仍然無法正確地表示這個數字，結果也是2147483648。double 就沒有這個問題。可是當數字大一點的時候，double 也會有數值誤差的情況：

程式 3-54

```
#include <stdio.h>
#include <limits.h>
int main(void){
    long long x = LLONG_MAX;
```

```
    float y = x;
    double z = x;
    printf("%d\n", x);        /* 9223372036854775807 */
    printf("%f\n", y);        /* 9223372036854775808 */
    printf("%f\n", z);        /* 9223372036854775808 */
    x = LLONG_MAX - 1;
    y = x;
    z = x;
    printf("%d\n", x);        /* 9223372036854775806 */
    printf("%f\n", y);        /* 9223372036854775808 */
    printf("%f\n", z);        /* 9223372036854775808 */
    return 0;
}
```

若 long long 的 容 量 大 小 是 8bytes ， 其 最 大 值 會 是 9223372036854775807。double 面對這麼大的數字也會產生因解析度造成的誤差。請記得一件事，儘量不要讓浮點數儲存過大的整數，一般的情況下，float 在儲存超過±2^{24} 的整數會有解析度誤差情況；double 在儲存超過±2^{53} 的整數會有解析度誤差情況。

3.4.4　強制轉型

我們可以利用轉型運算子強迫某數值轉型成另一型態的數值，此動作稱為**強制轉型**或**顯性轉型**(explicit type conversion)，語法為：

產生型態 A 的左值運算式 = (型態 A) 產生型態 B 的右值運算式

請看這個例子：

程式 3-55

```
#include <stdio.h>
```

```c
int main(void){
    float flt = (float)1.234;
                    /* 將 double 的字面常數轉型為 float */
    int i = (int)flt;
                    /* 將 float 轉型為 int */
    unsigned int ui = (unsigned int)i;
                    /* 將 int 轉型為 unsgined int */
    short sh = (short)i;
                    /* 將 int 轉型為 short */
    double dbl = 0.0;
    dbl = (double)flt - (double)i;
                    /* 將 float 與 int 轉型為 double */
    printf("%f\n", flt);            /* 1.234 */
    printf("%d\n", i);              /* 1 */
    printf("%u\n", ui);             /* 1 */
    printf("%hd\n", sh);            /* 1 */
    printf("%f\n", dbl);            /* 0.234 */
    return 0;
}
```

　　在小括號內填上轉型型態即可進行強制轉型，的確是很方便使用，但有時並不安全。使用轉型運算子代表您能接受轉型所發生的資料誤差並承擔所衍生的風險，因此編譯器不會再發出轉型的警告訊息，也不會為您檢查轉型是否安全。這對於從小容量的基本資料型態轉為較大容量的基本資料型態是沒有太大問題，但對於複雜的資料結構的轉型，可能會讓您的程式因為非法存取記憶空間而造成無法執行。我們會在指標與記憶空間管理(第 6 章)還有結構體(第 10.3 節)討論這個問題。

總結

1. C 語言提供了 13 種資料型態可用，包含整數與浮點數。每個型態各有不同的特性，包含用途、可表示的數字範圍、最小所佔空間等。

2. 請正確地使用各資料型態的字面常數表示，避免發生資料誤差或溢位。

3. 各資料型態有不同的極限值，請小心在運算過程是否會發生溢位。

4. 各資料型態只規定最小所佔空間，實際所佔空間則得端看編譯環境。

5. 各資料型態有專屬的標準輸出與標準輸入格式，請正確地使用。

6. char 是一般的字元型態，若用於整數運算時，請加上 signed 或 unsigned。

7. wchar_t 是寬字元型態，可用來表示中文。

8. 請小心浮點數的誤差問題，請避免判斷一個浮點數是否恰好等於某數值。

9. 請注意不同型態之間的轉換，是否會發生溢位或是轉換後的數值不一致。

練習題

1. C 語言有哪些基本資料型態是 C99 以後才新增的？

2. 請根據最小所佔空間，由小至大，列出所有屬於整數的基本型態。

3. 為什麼 C 語言只規定整數型態的最小所佔空間，而不規定固定的所佔空間？

4. 請列出有哪些整數型態需要另外引入標頭檔？各要引入哪個標頭檔？並說明這些資料型態的用途為何？

5. 請舉例說明各基本資料型態的字面常數表示法。如：float 字面常數為 1.234f。

6. 請問回答下列各標準輸出格式的意義以及適用的資料型態：

   (1) %i

   (2) %lx

   (3) %hu

    (4) %hhx

    (5) %llo

    (6) %3.2f

    (7) %.10e

    (8) %010.4LG

7. 請問各浮點數型態的標準輸入格式為何？

8. 請問整數型態與浮點數型態的極限值的標頭檔各是什麼？

9. 下列哪些變數的初始化會發生隱性轉型：

    (1) int x = 123;

    (2) int x = 123 + 456;

    (3) unsigned int x = 0xFF;

    (4) unsigned int x = 0xFF;

    (5) short x = 'X';

    (6) float x = 1.234;

    (7) double x = 1.234;

    (8) long double x = 1.234;

第 4 章
運算式

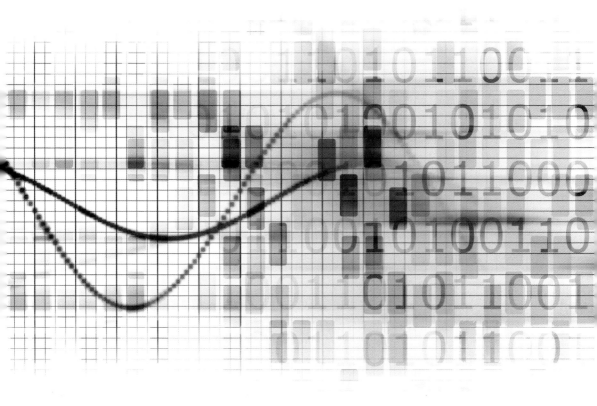

　　　一個**運算式** (expression) 是由數個**運算元** (operand) 適當地搭配一些**運算子** (operator) 所構成的一句程式碼，且可計算出一個數值。所謂運算元就是能夠提供數值來進行運算的資料來源，包含了常數、變數或是某個運算式的運算結果。運算子則代表了某種運算規則，例如加法+或減法-。C 語言提供了 44 種運算子，如表 4-1、表 4-2 及表 4-3 所列。在這些表中，各運算子是根據其**優先權** (precedence) 由高至低列出，優先權的數字越小者代表運算優先順序越高。當有許多相同優先權的運算子寫在一個運算式中，如 x * y / z，則會根據**結合性** (associativity) 來決定哪個運算子要先執行。表中第三個欄位是標示該運算子適用於哪個版本的 C 語言。運算子所需要的運算元個數則列於「運算元」這個欄位，需要一個運算元的運算了稱為**一元運算子** (unary operator)，例如：-123，負號就是一個一元運算子，123 就是負號的運算元。需要兩個運算元的運算子稱為**二元運算子** (binary operator)。除了[]，大部份的二元運算子的兩個運算元各放在運算子的左右兩旁。需要三個運算元的運算子稱為**三元運算子** (ternary operator)，C 語言中只有?:是三元運算子，這在第 4.5 節會介紹。

表 4-1 優先權 1 到 3 的運算子

優先權	結合性	適用	運算子	運算元	簡介
1	左至右	C89	++	1	後置遞增
			--	1	後置遞減
			( )	--	函式呼叫
			[ ]	2	陣列元素索引
			.	2	以名稱參考選擇成員
			->	2	以指標指定成員
2	右至左	C89	++	1	前置遞增
			--	1	前置遞減
			+	1	正號
			−	1	負號
			!	1	邏輯反向，true ⇔ false
			~	1	各位元的 NOT 運算，0 ⇔ 1
			(資料型態)	1	將運算元轉型為括號內所指定的資料型態
			*	1	間接存取運算元所指向的記憶空間
			&	1	取得運算元的記憶空間位址
3	右至左	C89	sizeof	1	取得運算元所佔的記憶空間大小，單位為 byte
		C11	alignof	1	取得欲對齊的記憶空間大小，單位為 byte

表 4-2 優先權 4 到 14 的運算子

優先權	結合性	適用	運算子	運算元	簡介
4	左至右	C89	*	2	乘法
			/	2	除法
			%	2	取餘數
5	左至右	C89	+	2	加法
			-	2	減法
6	左至右	C89	<<	2	位元左移
			>>	2	位元右移
7	左至右	C89	<	2	小於的比較判斷
			<=	2	小於或等於的比較判斷
			>	2	大於的比較判斷
			>=	2	大於或等於的比較判斷
8	左至右	C89	==	2	等於的比較判斷
			!=	2	不等於的比較判斷
9	左至右	C89	&	2	各位元的 AND 運算
10	左至右	C89	^	2	各位元的 XOR 運算
11	左至右	C89	|	2	各位元的 OR 運算
12	左至右	C89	&&	2	邏輯上的"而且"關係
13	左至右	C89	||	2	邏輯上的"或者"關係
14	右至左	C89	?:	3	三運算元的條件運算子

表 4-3 優先權 15 到 16 的運算子

優先權	結合性	適用	運算子	運算元	簡介
15	右至左	C89	=	2	設定運算子
			+=	2	加法設定運算子
			-=	2	減法設定運算子
			*=	2	乘法設定運算子
			/=	2	除法設定運算子
			%=	2	取餘數設定運算子
			<<=	2	位元左移設定運算子
			>>=	2	位元右移設定運算子
			&=	2	AND 位元運算與設定運算子
			^=	2	XOR 位元運算與設定運算子
			| =	2	OR 位元運算與設定運算子
16	左至右	C89	,	2	逗號 ,

　　運算元在運算過程有可能會引發隱性型態轉換,目的是讓某個運算元轉型成適當的型態以便運算。隱性轉換在運算式的計算過程中非常重要,若我們不注意,則計算結果有可能會是一個讓人十分意外的數值。隱性轉換發生的時機主要有五個:

1. 設定運算子的左運算元與右運算元的型態不一致。
2. 運算式中含有不同型態的運算元進行運算。
3. 運算式的運算元發生整數提升。
4. 條件運算式的布林值轉換。
5. 呼叫函式時的參數傳遞以及數值回傳(請看第 5.3.1 節)。

　　除了第五點與函式有關的部分請看第 5.3.1 節,本章將會介紹第一至第四點的隱性轉換時機。

4.1　運算式的種類：左值與右值

大部分的運算式都會產生一個結果[21]，若運算式可計算出結果，不論會算出什麼型態的結果，都可分成這兩大類：**左值**(lvalue)與**右值**(rvalue)。若運算結果是具有記憶空間，包含唯讀記憶空間，則稱此運算式為左值；其它的運算式則稱為右值，也就是它們的運算結果不會佔有主記憶空間，只是一個暫存的數值。最常見的左值運算式就是只包含單一變數，它的運算結果即是變數本身，如下面這個例子：

程式 4-1

```
int main(void){
    int x = 1, y = 2;
    x;                  /* 左值運算式，運算結果為 x 本身 */
    y;                  /* 左值運算式，運算結果為 y 本身 */
    return 0;
}
```

最常見的右值運算式就是只包含一個字面常數，其運算結果即為字面常數本身，而它不具有記憶空間。如下面這個例子：

程式 4-2

```
int main(void){
    123;                /* 右值運算式，運算結果為 123 */
    1.234;              /* 右值運算式，運算結果為 1.234*/
    'A';                /* 右值運算式，運算結果為'A'*/
    return 0;
}
```

表 4-4 列出哪些運算子會構成左值運算式，在後續章節會介紹：

[21.] 呼叫無回傳值的函式就是一種沒有計算出結果的運算式。

表 4-4 構成左值運算式的運算子

運算子	簡介
[]	陣列元素索引 (第 7.1.6 節)
.	以名稱選擇成員 (第 10.3.1 節)
->	以指標指定成員 (第 10.3.1 節)
*	間接存取運算元所指向的記憶空間 (第 6.1 節)

請務必確認一個運算式是屬於左值還是右值，尤其當您想把它的運算結果作為另一個運算式的運算元時。因為有些運算子的運算元必須由左值運算式產生，但您卻給了一個右值運算式，那就會得到編譯錯誤。我們將會在接下來的運算子介紹中看到這樣的例子。

4.2　設定運算子

設定運算子(assignment operator)，也就是等號 = ，它是一種二元**運算子**，需要兩個運算元才能進行運算，這兩個運算元稱為左運算元與右運算元，分別放在等號的左右兩旁，且**左運算元必須由左值運算式產生**。設定運算子會將右運算元的內容寫到左運算元的記憶空間裡，最後再將左運算元的內容作此設定運算子的運算結果。請注意，設定運算子的運算結果為左運算元修改後的內容，**而且是右值[22]**。我們來看一個例子：

程式 4-3

```
int main(void){
    int x = 0, y = 100;
```

[22] 這點與 C++不同，C++的設定運算子在預設情況下會構成左值運算式。

```
    x = y + 1;              /* x 為左值，y + 1 為右值 */
    return 0;
}
```

此例會將 y + 1 的計算結果寫入到 x 裡，最後再將 x 作為此設定運算式的結果。

我們再來看稍複雜的情況：

程式 4-4

```
int main(void){
    int x = 0, y = 0, z = 100;
    x = y = z + 1;     /* 等同 x = (y = (z + 1)) */
    return 0;
}
```

當有數個設定運算子在同一運算式時，它們的執行順序是由右至左，所以最右邊的設定運算子會先進行運算，也就是 y = z + 1 會先做，它會將 z + 1 的結果寫到 y 裡，再將 y 的內容給下一個設定運算子作為右運算元。最後再寫到 x 裡。

請注意，非左值運算式不可作為設定運算子的左運算元。請看下面這個例子：

程式 4-5

```
int main(void){
    int x = 0, y = 0, z = 100;
    x + y = z + 1;
                    /* x + y 的結果是暫時性的，不具實體記憶空間 */
    (x = y) = z;        /* x = y 是右值，不可用來 = z */
    return 0;
}
```

在程式 4-5 中，直接將 x + y 的結果作為設定運算子的左運算元是不正確的，因為只要是一般的數學邏輯二元運算子，而且運算元皆屬於基本資料型態，那麼將會形成一個右值運算式;而 x = y 也是右值運算式,不能成為設定運算子的左運算元,否則也會發生編譯錯誤。

請注意,字面常數是右值運算式,不可為設定運算子做左運算元。請看這個例子:

程式 4-6

```
int main(void){
    int x = 0, y = 100;
    x = 567 + y;              /* OK,x 為 667
    123 = x;                  /* 編譯錯誤!字面常數不是左值 */
    return 0;
}
```

還有一點需注意,**宣告式並不是運算式**,**既不是左值也不是右值**,因此您不可寫出這樣的程式:

程式 4-7

```
int main(void){
    int x, y;
    x = int a = 0;
                  /* 編譯錯誤,宣告式非運算式,不是右值也不是左值 */
    y = (int b = 0);     /* 同上錯誤,即使加上括號 */
    return 0;
}
```

當左運算元與右運算元的型態不一致時,設定運算子會引發隱性型態轉換,如下面這幾種情況:

程式 4-8

```
int main(void){
    char x = 65;              /* int 轉 char */
```

```
unsigned int y = x;     /* char 轉 unsigned int */

int z = y;              /* unsigned int 轉 int */

z = x;                  /* char 轉 int */

float f = 123.45;       /* double 轉 float */

double d = f;           /* float 轉 double */

y = f;                  /* float 轉 unsigned int */

d = z ;                 /* int 轉 double */

return 0;
}
```

　　總而言之，設定運算子主要是用來將某個運算式的結果儲存在等號左邊所代表的記憶空間中。所以，我們可以發現設定運算子執行完畢後必定會改變某個記憶空間的內容。在一般的算術運算子並無這種功能，像加法及減法，它們在運算過程中是不會改任何一個運算元的內容。若是一個運算式可以影響其它變數內容或其它資料狀態的現象，我們稱這種現象為**副作用** (side effect)。除了設定運算子，一些運算子也會有副作用，如：++、--以及函式的呼叫。請您先記得有副作用這件事，我們將在第 4.11 節探討這個問題。您會發現當設計一個運算式時，若不去考慮副作用，可是會帶來一場災難的。

4.3　算術運算子

　　算數運算子(arithmetic operators)是最常用的運算子，包含了**加法 +** 、**減法 －** 、**乘法 *** 、**除法 /** 以及**取餘數 %** 。算數運算子都屬於二元運算子，且這兩個運算元各放在運算子的左右兩旁，並將它們計算出一個右值的運算結果。以 x + 1 這個運算式為例，x 與 1 是運算元，+為運算子，那麼此運算式所計算出的結果為變數 x 之內容與常數 1 相加的數值，如下所示：

程式 4-9

```
#include <stdio.h>
int main(void){
    int x = 2;
    printf("%d\n", x + 1);      /* 2 */
    return 0;
}
```

如果一個運算式包含了兩個以上的運算子，那麼就必須注意運算子的優先順序。舉例來說，像 x + 3 * y / 2 - 1 這個運算式就包含了四種運算符號，其運算順序等同這個加上小括號的運算式：((x + (3 * y) / 2)) - 1)。

只要某個運算式加上小括號，那麼它的優先權就是最高。且小括號可以加上好幾層，執行順序就會是由內往外。如上例，3 * y 會先計算，接著除以 2 再與 x 相加，最後再減 1。

%在運算式中代表對整數進行取餘數的運算[23]。請注意，它的兩個運算元必須是整數，否則會有編譯的錯誤，像這樣：

程式 4-10

```
#include <stdio.h>
int main(void){
    int x = 10, y = 2, z = 3;
    printf("%d\n", x % y); /* 0 */
    printf("%d\n", x % z); /* 1 */
    printf("%d\n", z % x); /* 3 */
    printf("%d\n", x % 2.5);
```
                /* 編譯錯誤，%的運算元必須為整數 */
```
    printf("%d\n", 1.234 % x);
```
                /* 編譯錯誤，%的運算元必須為整數 */

---

[23]. %在運算式是取餘數運算子，請勿與標準輸入出格式的%符號混淆。

```
        return 0;
    }
```

整數的除法比較特殊，如果除法的兩運算元 a 及 b 皆為整數，則除法的結果亦為整數且滿足這個公式：**(a / b) * b + (a % b) = a**。簡單來說，整數的除法只考慮整數部分，小數的部分皆以無條件捨去。如程式 4-11 中第三次 printf 所輸出的運算式之結果：

程式 4-11

```
    #include <stdio.h>
    int main(void){
        int x = 7, y = 2;
        printf("%d\n", x / y);                      /* 3 */
        printf("%d\n", x % y);                      /* 1 */
        printf("%d\n", (x / y) * y + (x % y));        /* 7 */
        return 0;
    }
```

在 C89 的標準中，並沒有定義當兩運算元的正負號不同時，進行除法與取餘數會有什麼結果，只有保證滿足上述的公式。若將程式 4-11 的 x 與 y 分別改為-7 與 2，如程式 4-12，您會發現在不同的編譯器下編譯，會有不同的執行結果：

程式 4-12

```
    #include <stdio.h>
    int main(void){
        int x = -7, y = 2;
        printf("%d\n", x / y);      /* -3 或者 -4 */
        printf("%d\n", x % y);      /* -1 或者 1 */
        return 0;
    }
```

在數學上，餘數應該不為負，所以理論上-7 / 2 應為-4 才會使得餘數為一個正數 1。但在一般的電腦，除法的商數都會選擇最接近零的情況，所以會執行出-7 / 2 等於-3 且餘數為-1。然而，**在 C99 的標準中已明定除法的商數會選擇最接近零的情況**，而不是與數學理論相同。所以上例的程式經過 C99 的編譯器編譯後，所得到執行結果會是-7 / 2 等於-3 且餘數為-1。

除法與取餘數這兩個運算子還要注意一個問題，就是除數(右運算元)不可為零。C語言的標準中並未規定任何數字除以零會有什麼現象，但在大部份的運作平台中，若左右運算元皆為整數的情況下，都會得到程式被強制中斷的結果。請讀者要特別注意避免下列情況的發生：

程式 4-13

```
#include <stdio.h>
int main(void){
    int x = 10, y = 0;
    printf("%d\n", x / y); /* y為零，不可預期的結果 */
    printf("%d\n", x % y); /* y為零，不可預期的結果 */
    return 0;
}
```

4.4 關係運算子

關係運算子(relational operators)也是很常用的運算子，我們可以利用關係運算子來判斷一件事的對或錯。關係運算子有這些：**大於 > 、小於 < 、大於且等於 >= 、小於且等於 <= 、等於 == 、不等於 != 、而且 && 、或者 || 以及邏輯反向 !** 。除了邏輯反向是一元運算子(只需一個右運算元)，其它的關係運算子皆是二元運算子。請小心一件事， >= 、 <= 、 == 、 != 、 && 與 || 這六種邏輯運算子都是由兩個字元組成，兩個字元之間不可有任何空白字元隔開。還

有一點要注意,關係運算子的運算結果是一個**布林值**(boolean),只有兩種結果,**真**(true)與**假**(false),**真就是非零的數字,假就是零** 。請看下面這個範例:

程式 4-14

```
#include <stdio.h>

int main(void){
    int x = -2;
    printf("%d\n", x < 0);      /* 真,輸出一個非零的數字 */
    printf("%d\n", x >= 1);     /* 假,輸出一個零 */
    printf("%d\n", x == x);     /* 真 */
    printf("%d\n", x != x);     /* 假 */
    printf("%d\n", !x);         /* 假,經過邏輯反向後為假 */
    return 0;
}
```

這例子示範了五個關係運算子,前四個由上而下依序分別判斷 x 是否小於零、x 是否大於等於 1、x 是否等於 x 以及 x 是否不等於 x?至於 x 的邏輯反向,由於 x 的內容為-2,並非是零,以布林值視之為真。因此,!x 的結果為假。

關係運算子最常被誤用的情況是直接用來表示數學上常用的不等式,舉例來說,若判斷一個整數 x 是否介於 0 到 10 之間(不含 10),在數學上可以這麼寫:0 ≦ x < 10;但在 C 語言中,千萬不可寫成 0 <= x < 10,由於運算式中同時有兩個二元的關係運算子存在,那麼根據結和性(參考表 4-2)會是由左而右的運算順序,成為 (0 <= x) < 10。如此,不管 x 會是多少的數字,(0 <= x) 的運算結果不是真就是假。又假設您的編譯器會以數字 1 代表真,那麼不管 x 會是多少,(0 <= x) 的運算結果都會小於 10。因此,0 <= x < 10 這個運算式的結果就會恆等於真。這並不是我們想要的運算結果,得用其它的關係運算子來完成這個不等式。使用 && 這個運算子就是個很好的解決方法,像這樣:

```
0 <= x && x < 10
```

由於 `&&` 的優先順序會在 `<=` 以及 `<` 之後，因此，`0 <= x` 與 `x < 10` 分別運算完成後，它們的運算結果就會是 `&&` 的左右兩運算元。**`&&` 的運算規則為左右兩運算元必須皆為真，結果才會是真，否則為假**。在此例中，x 必須大於等於 0 且小於 10 才會成立，這才是我們要的關係運算式。

再看另一個例子，若要判斷一個整數 x 是否不在 0 到 10 之間，可以用 `||` 來寫出這個關係運算式：

```
0 > x || x >= 10
```

`||` 的運算規則為，只要左右兩邊的運算元任一個為真結果即為真，否則為假。所以當 x 小於等於 0 或者大於 10 即成立。

另外，二元關係運算子具有**互補現象**(complementary effect)，也就是每個二元關係運算子皆有一個邏輯意義相反的二元關係運算子：**`<` 與 `>=` 互補、`>` 與 `<=` 互補、`&&` 與 `||` 互補**。一個關係運算式之運算結果會等同它的互補式加上！，也就是所有二元關係運算子改成個別的互補運算子後再套上邏輯反向運算。像 x < y 等同 !(x >= y)、x > y 等同 !(x <= y)、x && y 等同 !(x || y)。如上例，判斷一個整數 x 是否介於 0 到 10 之間，其運算式為 0 <= x && x < 10，那麼它的互補式再套上邏輯反向就會是 !(0 > x || x >= 10)。您發現了嗎？剛才所舉的兩個例子具有互補關係，若判斷一個數字不在 0 到 10 之間，那相反過來就是可以判斷數字是否在 0 到 10 之間。這種邏輯關係類似於反向思考，有時可以讓一件難以理解的關係判斷變成清楚明瞭許多。

`&&` 與 `||` 這兩個運算子還有一個重要的特性，若可從左運算元決定結果，那麼右運算元將被忽略。為什麼會有這個特性呢？主要是為了排除不必要的運算。請看此例：

程式 4-15

```
#include <stdio.h>
```

```
int main(void){
    int x = 0, y = 1, z = 0;
    z = x && (y = 0);
    z = y || (x = 4);
    printf("x = %d, y = %d\n", x, y);    /* x = 0, y = 1 */
    return 0;
}
```

在第一個關係運算式， && 的左運算元是 x，右運算元是 (y = 2) 。但在 x
為 0 的情況下，不管與多少數值進行 && 運算，結果必定為假。所以，右運算元形
同多餘的運算， && 會立即回傳結果且不進行右運算元的計算動作，因此 (y = 2)
並不會去執行，y 的內容仍然保持為 1。在第二個關係運算式， || 的左運算元是
y，右運算元是 (x = 4)。但在 y 為 1 的情況下，不管與多少數值進行 || 運算，
結果必定為真。同樣地，(x = 4)形同多餘的運算， || 也會立即回傳結果且不進
行右運算元的計算動作，x 的內容仍然保持為 0。請讀者嘗試把 x 與 y 的初始值分
別改為 1 與−1，您將發現(y = 2)與)(x = 4)都會被執行，這是因為只靠左運算
元並無法提前得知運算結果，必須仰賴右運算元為何。另外，&& 與 || 的左運算元與
右運算元之間具有**序列點**(sequence point)，也就是左運算元的所有運算動作
包含**副作用**(side effect)都會被完成，才會進行右運算元的運算動作。這部分
請看第 4.11 節的說明。

== 與 != 分別代表等於與不等於，可以用來判斷兩個運算式的結果是否相等
或不相等。舉例來說，我們想判斷一個整數是否為偶數，可以透過 x % 2 == 0 或
者 x % 2 != 1 來達成，其等效的互補式分別為 !(x % 2 != 0) 或者 !(x %
2 == 0) 。若想判斷一個整數是否為 3 與 5 的同餘，可以透過 x % 3 == x % 5
來達成，其等效的互補式為 !(x % 3 != x % 5)。

請注意， == 很容易誤鍵入為 = ， = 為設定運算子(請看第 4.2 節)，它的
左運算元必須是左值運算式，其運算結果必須佔有記憶空間，否則會有編譯上的錯

誤。像 x % 2 = 0 會是個錯誤的運算式，因為 = 的左運算元是 x % 2 ，那是個右值運算式，其運算結果不是佔有記憶空間。再者，= 的運算結果會與右運算元的值相同，如 x = 0 ，這運算式會永遠得到 0 的結果，並非判斷 x 是否為 0。

4.5　條件運算子

?: 稱為**條件運算子**(conditional operator)，它可以根據一個運算式的結果是真還是假來決定兩個數值中何者為條件運算子的運算結果。 ?: 也是 C 語言中唯一的**三元運算子**(ternary operator)，它需要三個運算元，擺放位置如下：

運算元 A ? 運算元 B : 運算元 C

運算規則很簡單，若運算元 A 為真，則運算元 B 為運算結果；反之，運算元 C 為運算結果。要特別注意一點的是，運算元 B 與運算元 C 的資料形態必須相同，或者兩者互相能夠隱性轉換。我們來看一個例子，用條件運算子來判斷一個整數是奇數還是偶數：

程式 4-16

```
#include <stdio.h>
int main(void){
    int x = 0;
    char chr = '\0';
    scanf("%d", &x);                    /* 輸入一個整數 */
    chr = x % 2 == 0 ? 'T' : 'F';
                    /* x若為偶數，c為'T'，否則為'F' */
    printf("%c\n", chr);
    return 0;
}
```

　　第三行中的小括號裡面就是一個條件運算子的應用。套用上述的運算規則，運算元 A 為 x % 2 == 0，運算元 B 與運算元 C 分別為'T'與'F'這兩個字元。x 取 2 的餘數為 0 就將'T'這個字元給 chr;反之,將'F'給 chr。請注意,勿用 x % 2 != 1 來判斷奇偶數,因為當 x 為負的奇數時,取 2 的餘數會是-1。

　　關於條件運算子的運算元 B 與 C 型態不符問題,我們來看一個例子:

程式 4-17

```
#include <stdio.h>
int main(void){
    int x = 0;
    char chr = '\0';
    double d = 0;
    scanf("%d", &x);              /* 輸入一個整數 */
    d = x % 2 == 0 ? "T" : 'F';
                              /* 編譯錯誤, "T"是字串,'F'是字元 */
    chr = x % 2 == 0 ? 'T' : ;    /* 編譯錯誤,沒有運算 C */
    printf("%c\n", chr);
    return 0;
}
```

　　此例中,我們將第一個的條件運算子之結果存放到一個 double 的變數 d 中。其運算元 B 為一個字串,但是運算元 C 卻為一個字元。字元可視為一個整數且能被隱性轉換為 double。但字串就不能被轉換為 double 了!編譯器會發出型態不符的錯誤。第二個條件運算子也發生錯誤,原因是沒有運算元 C。此行程式的用意是希望只處理 x 為偶數時就好,若 x 為奇數就不做任何事。但這麼寫也會造成編譯錯誤,因為規則上要求運算元 B 與 C 兩者必須存在,不可有任一個為空運算式的情況 (也不可兩者皆為空運算式)。此行應改為:

```
chr = x % 2 == 0 ? 'T' : chr ;
```

如此一來，x 若為奇數，chr 則不變。

運算元 B 與運算元 C 只會擇一執行，請看下列程式：

程式 4-18

```
#include <stdio.h>
int main(void){
    int x = 0, y = 0;
    scanf("%d", &x);              /* 輸入一個整數 */
    y = x % 2 == 0 ?
        printf("even\n") : printf("odd\n");
    printf("%d\n", y);            /* 4 或 5，含換行字元 */
    return 0;
}
```

此例會根據 x 是否為奇偶數來輸出對應的訊息，若 x 為偶數則輸出"even"，否則輸出"odd"。您可以發現，決定運算元 A 的 x % 2 == 0 會先執行，接著再看其結果來擇一執行決定運算元 B 或運算元 C 的運算式。因為 printf 回傳值為輸出的字元數，所以 y 的最後內容不是 4 就是 5 (含換行字元)。

若運算式含有兩個以上的條件運算子，需要注意 ? 與 : 的配對法則是採**最近距離**的配對，且結合律為**由右到左**，請看這個例子：

程式 4-19

```
#include <stdio.h>
int main(void){
    int x = 1, y =2, z = 3, n = 0;
    n = x > y ? x > z ? x : z : y > z ? y : z;
    printf("%d\n", n);      /* 3 */
    return 0;
}
```

這個程式可找出 x、y 與 z 何者數值最大。您看得出這些條件運算子的運算順序嗎？把握兩個原則，距離最近的 ? 與 : 會先配對，且結合律是由右到左。我們加上小括號後並以灰底來標示哪些運算式會被執行以及 ? 與 : 的配對過程 (以箭頭來指向哪個 ? 配對哪個 :)，如下所示：

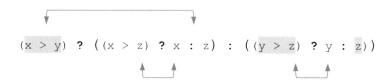

x 為 1 且 y 為 2，因此第一個判斷式 (x > y) 執行後會得到假的結果，選擇 ((y > z) ? y : z) 這條運算式來執行。z 為 3，(y > z) 不成立，n 取得最後結果是 z 的內容，3。

這例子給我們一個啟示，運算式若含有多個的條件運算子時，請適當地加上小括號來區隔，否則，這樣的程式是很容易讓程式設計人員 (包含自己) 誤解它的運算邏輯，增加程式開發的負擔。

條件運算子具有**序列點**，在運算元 A 決定之後，也就是運算元 A 的所有運算動作包含**副作用**都會被完成，才會進行運算元 B 及 C 的運算動作。這部分請看第 4.11 節的說明。

4.6　運算式的隱性型態轉換

在介紹其它的運算子之前，先來探討一下運算式中的**隱性型態轉換**問題。雖然我們已經學會了如何寫出一個算術邏輯運算式，但若是遇到不同型態的運算元、小容量的整數運算以及條件運算式，隱性型態轉換是有可能會帶來意外的運算結果。

4.6.1 運算式的整數提升

所謂**整數提升**(integral promotion)的意思是：在一個運算式中，若某個運算子的運算元為容量較小的整數型態，則在運算前會先將它轉型成容量較大的整數型態。整數提升的轉換準則為：**若能以 int 來代表原來的內容，那麼就將運算元提升為 int；反之，就提升為 unsigned int**。如 signed char 與 short 一定會被提升為 int。至於 unsigned char 與 unsigned short，若 int 能涵蓋它們的數值範圍，就提升為 int，否則提升為 unsigned int。但是，一般情況是都會被提升為 int 的。請看下面這個例子：

```
signed char c1, c2, c3;
c1 = 10;           /* 10 為 int，轉型成 signed char */
c2 = c1;           /* 相同型態直接複製，不發生轉型 */
c3 = c1 + c2;      /* 加法會引起整數提升，c1 及 c2 會先提升為 int */
```

c1 會先設定一個 int 的常數(發生轉型)，c2 直接複製 c1 的內容(不發生轉型)，接著再進行相加。但在加法會引起整數提升，於是 c1 以及 c2 的內容會先提升成 int，才會進行加法。之後，再把加好的結果(也是 int)轉型成 signed char 給 c3。

再看一個 unsigned char 與 unsigned int 被整數提升的例子，假設它們的容量分別為 2 bytes 與 4 bytes，而且都會被提升為 int：

程式 4-20

```
#include <stdio.h>
int main(void){
    unsigned char x = 10;     /* int 轉成 unsigned char */
    unsigned short y = 0xFFFF; /* int 轉成 unsigned short */
    printf("%hhu, %hu\n", x, y);
     /* x 及 y 都先被提升為 int，即使輸出格式是以無號整數來輸出 */
```

```
    printf("%u\n",  x * y);
```
/* **x** 及 **y** 都先被提升為 **int**，結果為 **655350**，也是 **int**，
即使輸出格式是以無號整數來輸出 */
```
    printf("%u\n",  y * y);
```
/* **y** 先提升為 **int**，但是 **y * y** 會有 **int** 的溢位，結果是不可預期的，
即使輸出格式是以無號整數來輸出 */
```
    return 0;
}
```

　　這是一個頗為複雜的例子。任何容量小於 int 的整數型態之數值若傳入 printf 作為引數，都會先被整數提升。請看此例中的第一個 printf，即使輸出格式為%hhu 還是%hu，x 與 y 內容仍然會先被提升為 int。第二個 printf，x 與 y 皆會先被提升為 int 再進行相乘，結果也會是一個 int 的數值，655350。接著，y 在乘上 y 之前，y 的內容也會先被提升為 int，兩個代表 65535 的 int 相乘，但結果就會超出 int 所能表示的最大值，C 語言並未定義有號整數溢位會發生什麼事，結果不可預期。請讀者要特別注意此例，這是很難查出的錯誤！您可以用如下所示的方法在進行運算前先檢查是否會溢位：

程式 4-21

```
#include <stdio.h>
#include <limits.h>
int main(void){
    unsigned short x = 0, y = 0;
    int n = 0;
    scanf("%hu%hu", &x, &y);    /* 輸入兩個 unsigned short */
    y > INT_MAX / x ?        /* 檢查 x * y 是否大於 int 的最大值 */
        printf("overflow!\n"):      /* 若是，輸出 Ovreflow */
        printf("%d\n", n = x * y);  /* 否則，輸出 x * y */
    return 0;
```

```
}
```

　　在 x 與 y 相乘前，先判斷 y 會不會大於 int 的最大值除以 x，如果會，代表 x * y 一定會溢位，則輸出 overflow 訊息；反之，代表不會溢位，就可以進行 x * y。

　　特殊字元的型態在進行運算時也會發生整數提升，在現今大部份的運作平台上，wchar_t 及 char16_t 會被提升為 int，char32_t 會被提升為 unsigned int。

4.6.2　運算式的型態轉換

　　當一個運算式之中有不同的型態的運算元混合進行運算，此時就要考慮到**型態提升**(type promotion)的現象。請把握此原則：

1.　若運算元同為有號整數、無號整數或浮點數，但容量大小不同，則小容量會提升為大容量；
2.　若運算元包含了整數以及浮點數，則整數會提升為浮點數；
3.　若運算元包含了有號整數以及無號整數，則有號整數會提升為無號整數

　　請看下面這段程式碼中，每個運算式的結果會是什麼型態？

程式 4-22

```
#include <stdio.h>
int main(void){
    int i = 1;
    unsigned u = 2;
    float flt = 1.23f;
    double dbl = 3.45;
    i + u;                      /* unsigned int */
    i + flt;                    /* float */
    u + flt;                    /* float */
    i + dbl;                    /* double */
```

```
dbl + u;                        /* double */
flt + dbl;                      /* double */
i + flt  + u;                   /* float */
u + flt + dbl + i;              /* double */
return 0;
}
```

我們來看一個實例：有位來自美國的軟體工程師 James 在台灣六個月共賺了 250 萬台幣，台幣賣出美元的當時匯率是 30.5，那麼 James 在台灣平均一個月賺多少美金呢？這問題似乎不難，我們可以先將台幣所得轉成美金所得再除以六個月，或者先將台幣所得除以六個月在轉換成美金。這兩種算法可寫成下列的程式：

程式 4-23

```
#include <stdio.h>
int main(void){
    int salaryNTD = 250;            /* 以萬為單位 */
    double salaryUSD1 = 0.0, salaryUSD2 = 0.0;
    /* 台幣薪資先除以匯率再除以 6 */
    salaryUSD1 = salaryNTD / 30.5 / 6;
    printf("%f\n", salaryUSD1);     /* 1.366120 萬美金 */
    /* 台幣薪資先除以 6 再除以匯率*/
    salaryUSD2 = salaryNTD / 6 / 30.5;
    printf("%f\n", salaryUSD2);     /* 1.344262 萬美金 */
    return 0;
}
```

代表匯率的30.5是一個double的常數，代表六個月的6是一個int的常數。記錄 250 萬的 salaryNTD 若先除以 30.5，則 salaryNTD 會先轉換成 double 再進行除法，所得到的結果也會是一個 double。接著再除以 6，而 6 也會先轉換成 double 再進行除法。因此，在第一個運算式中，所有運算元皆會是 double，所得到的答案就會是一個正確的浮點數。但第二個運算式的運算結果就不一樣了。
salaryNTD 會先除以 6，但由於 salaryNTD 及 6 都是 int，因此不會發生轉型，
除法的結果也會是一個 int，小數點的部分是會被無條件捨去的，所以 salaryNTD
／ 6 會得到 41。接著，再把 41 除以 30.5，此時 41 會先轉成 double 再進行除
法，最後答案竟是 1.344262 萬美金，這與正確金額少了約 220 元美金。如果把 6
改成 6.0 就可解決誤差問題，請讀者自行測試。總之，整數與浮點數的混合運算很
容易犯這種錯誤，當遇到這種類似情況需特別小心型態轉換帶來的誤差。

如果一個運算式含有一連串不同型態的設定運算子，請注意型態轉換。請看這
個例子：

程式 4-24
```
#include <stdio.h>
int main(void){
    int i = 0;
    float flt = 0.0f;
    double dbl = 0.0;
    flt = i = dbl = 1.234;
    printf("%d, %f, %f\n", i, flt, dbl);/* 1, 1.0, 1.234 */
    return 0;
}
```

此例中有一連串的設定運算子，嘗試著讓 i、flt 與 dbl 存放 1.234 這個數
字。第一次設定運算是發生在 dbl = 1.234，這沒有問題。第二次設定運算發生
在 i = dbl，這會引發 double 轉型成 int，造成 i 只能存放 1.234 的整數部分，
i 為 1；第三次設定運算是在 flt = i， 這會引發 int 轉型成 float。您會發現
flt 因為 i 的關係，收到的數值只有 1 而已，所以 flt 為 1.0f。請小心這種中繼
者為整數型態所造成的浮點數誤差現象。

當一個運算式包含了有號整數與無號整數運算元時，必須要注意負數轉換成無

185

號數後是否會造成運算結果的錯誤。舉例來說：

程式 4-25

```
#include <stdio.h>
int main(void){
    int i = -1;
    unsigned int u = 0;
    i > u ?                           /* 若 i 大於 u */
        printf("%d > %u\n", i, u):  /* 則輸出 i > u， */
        printf("%d <= %u\n", i, u); /* 否則輸出 i <= u */
    return 0;
}
```

在一般的電腦下，是以 2 補數法來表示負數的環境，執行此程式後竟然會得到
-1 > 0 這種有違常理的結果。原因在於 i > u 這個判斷式。由於 i 是個 int 的
有號整數，u 是個 unsigned int 的無號整數，當 i 與 u 欲進行任何運算時，i
會轉型成與 u 同樣的 unsinged int。根據第 3.4.2 節所介紹的有號數轉換無號
數的現象，負數是有可能會變成一個很大的正數，使得運算結果並非所預期的。因
此，上例中的 i 儲存著-1 這個負數，若以 2 補數法來表示-1，其二進位碼會是每
個 bit 皆為 1，以無號整數來看待此二進位碼，就會得到一個非常大的正整數。

再看一個類似的例子，您認為下列運算式會算出什麼結果？

程式 4-26

```
#include <stdio.h>
int main(void){
    unsigned int u = 1;
    float flt = 0.0f;
    flt = -u / 2.0f;
    printf("%f\n", flt);              /* 是 0.5？還是別的數字？ */
```

```
    return 0;
}
```

乍看之下，y 似乎會得到-0.5 的結果，其實不然。首先，無號整數 x 加上負號並不會發生轉型動作，仍然是一個無號整數。若執行環境是以 2 的補數來表示負數，那麼 -1 以無號整數來看會是一個可表示的最大正整數，接著再除以 2.0f 時，才會發生轉型動作，但 x 已是一個最大的正整數。可想而知，y 的結果並不會是-0.5，而是一個十分大的數字。有些編譯器面對這種情況會給予錯誤或警告訊息。

隱性型態轉換在 C 語言的運算式是非常需要注意的事情。若不注意這些隱性轉換，就很容易寫出一個錯誤的程式，更可怕的是這種錯誤有時不會立即出現，非常不易察覺，除錯十分困難。請初學者要有一個重要的觀念，程式並不是寫得出來就好，得到一時的正確結果並不保證得到永久的正確性。有些運算細節您得必須小心驗證，才不會造成日後的災難。

4.7　位元運算子

位元運算子(bitwise operator)，顧名思義就是針對運算元的每個位元進行運算。C 語言提供了六種位元運算子：

~　　NOT 運算。

<<　　位元左移。

>>　　位元右移。

&　　AND 運算。

|　　OR 運算。

^　　XOR 運算。

除了 NOT 運算子為一元運算子(只需右運算元)，其它位元運算子皆為二元運算子(需要左與右運算元)。位元運算子有一個十分重要的嚴格要求，那就是**所有運算**

元必須為正整數。假若運算元不是整數，如浮點數，則會發生編譯錯誤的情況。假若運算元為有號整數，C 語言並未定義會有什麼結果發生，一切仰賴執行環境決定。

位元運算子的執行速度是所有運算子中最快的，若我們可以有效利用這些運算子，將可為程式的執行帶來極大的效率。接下來的三個小節將介紹這些位元運算子。

4.7.1 NOT 運算子

我們先來看 NOT 運算子~，它是個只需要右運算元的一元運算子，它會將右運算元的每個位元反向，也就是每個位元值由 1 變成 0，0 變成 1。我們使用一個正整數的變數來測試 NOT 運算子，假設 unsigned int 的容量為 4 byte：

程式 4-27

```c
#include <stdio.h>
#include <limits.h>
int main(void){
    unsigned int u1 = 0, u2 = 5, u3 = UINT_MAX;
    printf("%u\n", ~u1);        /* 4294967295 */
    printf("%u\n", ~u2);        /* 4294967290 */
    printf("%u\n", ~u3);        /* 0 */
    return 0;
}
```

u1 一開始為 0，代表每個位元也都是 0。下一行，~會將 u1 所有的位元進行反向，因此 u1 的每個位元都會由 0 反向成為 1，~u 就會是 unsigned int 的最大值了。u2 一開始為 5，其二進位碼是 00...0101，經過 NOT 運算後 u2 的二進位碼會是 11...1010，若 unsigned int 為 4 byte，就代表著 4,294,967,290 這個數字。u3 一開始為最大值，也就是每個位元皆為 1。經過~反向後，所有位元變成 0，即代表 0 這個數字。

　　若將一個有號整數進行 NOT 運算，則需由負數的儲存方式來決定其執行結果。
假設以 **2 的補數**來儲存負數(請參考第 1.4 節)，請看下列程式的執行結果：

程式 4-28

```
#include <stdio.h>
#include <limits.h>
int main(void){
    int i1 = 1, i2 = INT_MAX, i3 = INT_MIN;
    printf("%d\n", ~i1);        /* -2 */
    printf("%d\n", ~i2);        /* int 的最小值*/
    printf("%d\n", ~i3);        /* int 的最大值*/
    return 0;
}
```

　　先看 i1 的部分，i1 一開始為 1，二進位碼為 00...0001，NOT 運算後 i1 的
二進位碼會是 11...1110，由於 i1 是有號整數，且以 2 的補數來儲存負數，那麼
只要最大的位元是 1 就會被視為負數，因此，11...1110 經過 2 的補數轉換後就
代表著-2 這個數字。相同道理，i2 及 i3 經過 NOT 運算後，一個最大值的正數會
變成最小值的負數；一個最小值的負數會變成最大值的正數。

　　NOT 運算子請特別注意**整數提升**，若運算元的型態是 signed char、
unsigned char、short 或 unsigned short 這些**儲存容量小於 int 的型態**，
都會被轉型成 int，運算的結果也會是一個 **int**。請看這個例子，假設 unsigned
short 與 int 的容量分別為 2 byte 與 4 byte：

程式 4-29

```
#include <stdio.h>
#include <limits.h>
int main(void){
    unsigned short ush = USHRT_MAX;
```

```
printf("%hu\n", ~ush);       /* 0，只輸出前 2 bytes */
double dbl = ~ush;
printf("%f\n", dbl);         /* -65536 */
dbl = (double)(unsigned short)~(unsigned int)ush;
/*
    上式等同：
    unsigned int u = ush;
    ush = ~u;
    dbl = ush;
*/
printf("%f\n", dbl);         /* 0 */
return 0;
}
```

　　ush 雖然為一個 unsigned short，但是在進行~運算時會先被提升為 int，因此 ush 的二進位碼會變成 00…011…1。經過 ~ 運算後，會得到 11…100… 0，也就是-65536 以 2 補數的表示方式。若%hu 方式來輸出這數字，您會得到如預期的數字 0，這似乎沒有問題。接著，在轉型為 double 後，dbl 的內容卻是轉型成 int 後的完整內容-65536.0，這並不是我們想要的結果啊！為了避免這種狀況發生，您可以先將小容量的正整數轉型成 unsigned int 後再進行位元運算，之後再轉型為原來型態，即可得到正確的結果。

4.7.2　位元移動運算子

　　<< 及 >> 分別代表**位元左移**與**位元右移**運算子，它們都是二元運算子。假設左運算元與右運算元分別為 x 與 y，則 x 必須為整數且 y 必須為正整數。位元移動運算子的使用方法為：

x << y

　　將 x 的二進位碼往左邊移動 y 的位元。在移動過程中，靠右邊的空白位元以零填補；左邊超過最大容量的部分則直接刪除。

x >> y

　　將 x 的二進位碼往右邊移動 y 的位元。在移動過程中，右邊超過最小位元的部分會直接刪除。若 x 為無號整數，則左邊的空白位元以零填補。但是若 x 為有號整數，C 語言並未定義左邊的空白位元會如何處理，一般的情況會是複製移動前的最大位元。

用一個簡單的例子來說明：

程式 4-30

```
#include <stdio.h>
int main(void){
    unsigned short x = 2, y = 0;
                            /* x 的二進位碼是 00 … 0010 */
    y = x << 1;             /* 00 … 0010 ➔ 00 … 0100 */
    printf("%hu\n", y);     /* 4 */
    y = x >> 1;             /* 00 … 0010 ➔ 00 … 0001 */
    printf("%hu\n", y);     /* 1 */
    return 0;
}
```

　　一開始 x 為 2，其二進位碼為 00…0010，然後進行 x << 1，讓 x 的二進位碼往左邊移動一個位元，結果會是 00…0100，也就是 4。接著進行 x >> 1，讓 x 的二進位碼往右邊移動一個位元，結果會是 00…0001，也就是 1。

　　左運算元不建議使用有號整數，尤其是負數。因為 C 語言並未定義有號數的 sign bit(也就是最大位元) 要如何處置。但是一般的電腦會是以複製 sign bit 方式，如下例：

程式 4-31

```
#include <stdio.h>
int main(void){
    short x = -8, y = 0;    /* x 的二進位碼是 11 … 11111000 */
    y = x << 3;             /* 11 … 1000 ➜ 11 … 1000000 */
    printf("%hd\n", y);     /* -64 */
    y = x >> 3;             /* 11 … 1000 ➜ 1111 … 1 */
    printf("%hd\n", y);     /* -1 */
    b = x >> 16;            /* 11 … 1000 ➜ 11 … 1 */
    printf("%hd\n", y);     /* -1 */
    return 0;
}
```

當負數以 2 的補數法來儲存時，x 的二進位碼會是 11…1000。往左移動三個位元，會得到 11…1000000 的結果，也就是 -64。若往右移動三個位元，則會空出的三個最大位元，其內容會複製移動前最大位元的值，也就是 1。因此，右移的結果會是 1111…1，即-1。若往右移動 16 個位元，則空出的 16 個位元皆是原本最大位元的值，因此結果仍然是 -1。請注意，並不是所有的執行環境都會如此處理，建議讀者還是以無號整數作為位元移動運算子的運算元。

還有一點需注意，位元移動運算子會引發運算元的**整數提升**，請看此例：

程式 4-32

```
#include <stdio.h>
int main(void){
    unsigned short x = 1;   /* x 的二進位碼是 00 … 01 */
    double dbl = x << 31;   /* 00 … 01 ➜ 10 … 0 */
    printf("%f\n", dbl);    /* -2147483648.0 */
    return 0;
}
```

x = 1 且往左移動 31 個位元，則第一個位元，唯一是 1 的位元，會被移動到第 32 個位元。若以 4 byte 的 int 與 2 的補數來看，這會是一個最小的負數。直接將此運算結果以 double 來儲存並輸出，您會得到-2147483648.0。

我們可以發現，若左移 n 個位元，則具有乘上 2^n 的效果；若右移 n 個位元，則具有除以 2^n 的效果。因此，我們可以**利用位元移動運算子來進行 2 的乘冪運算**，而且在一般情況下，位元運算的速度會比乘法與除法還快。

另外，C 語言規格並未定義當移動的數量大於運算元的容量會發生什麼事。因此，請勿設定過大的移動數量，比如，int 以下的整數，移動的數量比須低於(含)int 的最大位元數減 1。

最後一點，**千萬不要將右運算元給予負數**，這也是未定義的行為。

4.7.3　AND, OR 與 XOR 運算子

& 、 | 與 ^ 這三個運算子分別為 AND 、 OR 與 XOR 運算子，它們也都是二元運算子，並將左右兩運算元的每個位元，從最低位元開始，每個位元的位置兩兩成對，依照下表進行運算：

表 4-5　&, | 與 ^ 的運算法則

左運算元位元值	右運算元位元值	&	|	^
0	0	0	0	0
0	1	0	1	1
1	0	0	1	1
1	1	1	1	0

從表 4-5 可觀察出在 & 運算中，當兩位元其中之一為零，結果即為 0；兩位元必須皆為 1，結果才會是 1。在 | 運算中，當兩位元皆為 0，結果會是 0；兩位元只要其中之一為 1，結果即為 1。在 ^ 運算中，當兩位元值相同時，結果為 0；

兩位元值不相同時，結果會是 1。

下列程式的執行結果，您能解釋原因嗎？

程式 4-33

```
#include <stdio.h>
int main(void){
    unsigned int x = 269, y = 255, z = 0;
    z = x & y;
    printf("%u\n", z);          /* 13 */
    z = x | y;
    printf("%u\n", z);          /* 511 */
    z = x ^ y;
    printf("%u\n", z);          /* 498 */
    return 0;
}
```

x 與 y 的二進位碼分別為 0 … 0100001101 與 0 … 0011111111。根據表 4-5，進行 & 之後，z 的二進位碼會是 0 … 001101，即十進位的 13。運算過程如下所示，灰底部分為經過 & 運算後結果為 1 的位元：

$$0 … 0100001101$$
$$\&\quad 0 … 0011111111$$
$$\overline{0 … 0000001101} \quad = 13$$

至於 | 的運算過程如下：

$$0 … 0100001101$$
$$|\quad 0 … 0011111111$$
$$\overline{0 … 0111111111} \quad = 511$$

如此，z 的二進位碼會是 0 … 0111111111，即十進位的 511。最後，^ 的運算過程如下：

$$
\begin{array}{r}
0 \ldots 0100001101 \\
\underline{\text{^}\quad 0 \ldots 0011111111} \\
0 \ldots 0111110011 \quad = 498
\end{array}
$$

z 的二進位碼會是 0 … 0111110011，即十進位的 498。

& 運算常用來截取數值中某幾個位元的內容，這種做法稱為**遮罩**(mask)。例如我們只想讀取任何整數最小 8 個位元的內容，那麼只要將此數與 255 做 & 運算即可：

程式 4-34

```c
#include <stdio.h>
int main(void){
    unsigned int x = 0, y = 0;
    scanf("%u", &x);
    y = x & 0xFFu;              /* 與 255 做 & 運算 */
    printf("%u\n", y);         /* y 即為 x 最小 8 個位元的內容*/
    return 0;
}
```

| 運算常用來合併不同位元的數值，再搭配 & 運算來判斷複合狀態。請看這個例子：

程式 4-35

```c
#include <stdio.h>
#define  STATE_A 1      /* 定義 STATE_A 為 1 */
#define  STATE_B 2      /* 定義 STATE_B 為 2 */
#define  STATE_C 4      /* 定義 STATE_C 為 4 */
int main(void){
    unsigned int x = STATE_A | STATE_B | STATE_C;
```

```
    unsigned int y = STATE_A | STATE_C;
    x & STATE_A ? printf("A"): 0;
    x & STATE_B ? printf("B"): 0;
    x & STATE_C ? printf("C"): 0;            /* ABC */
    printf("\n");
    y & STATE_A ? printf("A"): 0;
    y & STATE_B ? printf("B"): 0;
    y & STATE_C ? printf("C"): 0;            /* AC */
    printf("\n");
    return 0;
}
```

關於 #define 的說明請參閱第 9.3 節。x 的初始值為三個常數的 | 結果,其二進位碼會是 00 … 0111。所以透過 & 的運算來檢查最小那三個位元,都會得到成立的結果。因此,A、B 及 C 這三個字都會被顯示出來。請注意,若想透過條件運算子來選擇性地呼叫 printf,也就是在 : 的左右兩個運算式其中有一個不想呼叫 printf,請給予一個整數,比如 0。而 y 的初始值其二進位碼會是 00 … 0101。所以透過 & 的運算來檢查最小那三個位元,只有第一跟第三個位元會得到成立的結果。因此,只有 A 及 C 這兩個字會被顯示出來。

^ 運算則可以用來調換兩個不同的變數,請看這個例子:

程式 4-36

```
#include <stdio.h>
int main(void){
    unsigned int x = 12, y = 34;
    x = x ^ y;
    y = y ^ x;
    x = x ^ y;
    printf("%u, %u\n", x, y);            /* 34, 12 */
```

```
    return 0;
}
```

　　這方法的原理是利用到 XOR 運算擁有交換律及結合律的特性，加上任何數與零進行 XOR 會保持數值不變 (零為 XOR 的單位元素) 以及任何數與自身進行 XOR 會得到零 (數值本身為 XOR 的反元素)。請注意，這方法只能調換不同的變數，您不可以透過此法將 x 與 x 進行對調，因為變數對自己本身做 XOR 運算會得到零。

4.8　複合設定運算子

　　假設 x 與 y 這兩個變數可以進行加法，且 x 可以作為等號的左運算元，則 x = x + y 是個合法的運算式。這個運算式含兩個運算動作，首先，進行 x + y；接著，x 與 (x + y) 的結果進行 = 的運算。我們發現 x 都是這兩個運算動作的左運算元，似乎有可以簡化運算式的感覺。C 語言提供了**複合設定運算子** (compound assignment operators) 來達成此目的，使得 x = x + y 可簡化為 x += y，其中，+= 是加法複合設定運算子。複合設定運算子為二元運算子，它會將右運算元與左運算元先進行搭配的運算動作，如上例為加法，然後直接將運算結果寫入到左運算元 (所以左運算元必須為左值運算式)。如此，只要一次運算動作即可，且 x 成為運算元的動作也只有一次。

　　C 語言所提供的複合設定運算子有這些：

+= , -=, *=, /=, %=, <<=, >>=, &=, |=, ^=

　　它們所搭配的運算動作就是 = 左邊的符號。請注意，搭配的運算符號與等號中間不可以有任何空白字元，否則會造成編譯上的語法錯誤。

　　還有一點要特別注意，**複合設定運算子的運算優先權很低**，跟等號一樣。請看此例：

程式 **4-37**

```
#include <stdio.h>
int main(void){
    int x = 0, y = 1, z = 2;
    x *= y + z;                    /* 此式等同 x = x * (y + z) */
    printf("%d\n", x);         /* 3 */
    return 0;
}
```

雖然乘法的優先權比加法還高，可是現在乘法與等號合併為一個複合設定運算子，所以 y + z 會先執行，再將加法的結果與 x 相乘，最後再把乘法的結果寫入到 x 中。

4.9　遞增與遞減運算子

這一小節要介紹 C 語言最具有特色的兩個一元運算子，++ 與 --。++ 稱為**遞增運算子**(increment operator)，它會將運算元本身加 1；-- 稱為**遞減運算子**(decrement operator)，它會將運算元本身減 1。這兩個運算子都只需要一個運算元，運算子可放在運算元的前面或後面。遞增與遞減運算子可用在所有的基本型態，且效果相同，本節會以 int 來做介紹。一般來說，遞增或遞減運算子與運算元之間不會放上任何空白字元(雖然可以)，以符合大眾的閱讀習慣。請看此例：

程式 **4-38**

```
#include <stdio.h>
int main(void){
    int x = 0, y = 5;
    x++;                           /* 後置遞增 */
    y--;                           /* 後置遞減 */
    printf("%d, %d\n", x, y);      /* 1, 4 */
```

```
++x;                                /* 前置遞增 */
--y;                                /* 前置遞減 */
printf("%d, %d\n", x, y);           /* 2, 3 */
return 0;
}
```

請注意，**運算元必須是左值運算式**，也就是運算元必須擁有記憶空間，且資料內容可以被更改。若運算元是右值運算式則會造成編譯錯誤，如下這兩種錯誤的用法：

```
567++;          /* 編譯錯誤！運算元必須是左值 */
++(x + 567);    /* 編譯錯誤！運算元必須是左值 */
```

若運算子在運算元的後面，稱為**後置遞增或遞減**(postfix increment/decrement)，**運算結果是右值**，為運算元遞增或遞減前的值；若運算子在運算元的前面，稱為**前置遞增或遞減**(prefix increment/decrement)，**運算結果也是右值**[24]，為運算元遞增或遞減後的值。請看程式 4-39 的示範：

程式 4-39

```
#include <stdio.h>
int main(void){
    int x = 0, y = 5;
    int a, b;
    a = x++;                    /* a 是 x 遞增前的值 */
    b = --y;                    /* b 是 y 遞減後的值 */
    printf("%d, %d\n", a, b);   /* 0, 4 */
    printf("%d, %d\n", x, y);   /* 1, 4 */
    return 0;
}
```

---

[24] C++的前置遞增與遞減運算子為左值運算式，它們的回傳值是運算元本身。

在這例子中，x++ 會先將 x 的內容保存起來，然後 x 遞增，最後把保存的數值作為運算結果給 a，因此 a 會是 x 遞增前的數值。而 --y 是先對 y 遞減，然後再把遞減後的 y 作為運算結果。請特別注意這兩個運算結果， x++ 的運算結果是 x 遞增前的； --y 的運算結果是遞減後的數值。不論是前置或後置，都不是左值運算式。因此，請勿寫出這樣的運算式：

程式 4-40

```c
#include <stdio.h>
int main(void){
    int x = 0, y = 5;
    x++ += 100;              /* 編譯錯誤！後置遞增的結果是右值 */
    y-- -= x;                /* 編譯錯誤！後置遞減的結果是右值 */
    ++x += 100;              /* 編譯錯誤！前置遞增的結果是右值 */
    --y -= x;                /* 編譯錯誤！前置遞減的結果是右值 */
    return 0;
}
```

遞增與遞減運算子具有相當高的運算優先權(請參考表 4-1)，請注意下例中的運算優先權：

程式 4-41

```c
#include <stdio.h>
int main(void){
    int x = 0, y = 5;
    int a, b;
    a = x++ + 10;                /* x++ 會先執行並產生 0 的結果 */
    b = --y - x;                 /* --y 會先執行並產生 4 的結果 */
    printf("%d, %d\n", a, b);  /* 10, 3 */
    printf("%d, %d\n", x, y);  /* 1, 4 */
    return 0;
```

```
}
```

x++ 會得到 x 加 1 前的數值，也就是 0，加上 10 之後再寫入到 a，所以 a 會是 10；--y 會得到 y 減 1 後的數值，也就是 4，加上 x 的內容，也就是 1，則 b 為 4 - 1 的結果。

後置遞增或遞減運算子的優先權會大於前置遞增或遞減運算子。請看此例：

程式 4-42

```
#include <stdio.h>
int main(void){
    int x = 0, y = 5;
    int a;
    a = x+++y;                    /* 等同 a = x++ + y */
    printf("%d\n", a);        /* 5 */
    printf("%d, %d\n", x, y);  /* 1, 4 */
    return 0;
}
```

請注意下面這個會造成編譯錯誤的例子：

程式 4-43

```
#include <stdio.h>
int main(void){
    int x = 0, y = 5;
    int a = x+++++y;              /* 編譯錯誤！ */
    return 0;
}
```

x+++++y 等同 ((x++)++) + y ，也就是 x 連續進行了兩次後置遞增。但是 x 在進行第一次遞增後所得到的結果是右值，然而遞增運算子是不可用在右值上的，因此造成編譯上的錯誤。同樣的類型情況，如此例：

程式 4-44

```
#include <stdio.h>

int main(void){

    int x = 0, y = 0;

    y = ++x++;              /* 編譯錯誤！等同++(x++) */

    y = (++x)++;            /* 仍然編譯錯誤！ */

    return 0;

}
```

因此，請儘可能地不要在同一個運算式對同一個運算元進行數次地遞增與遞減，否則很容易被運算子的副作用造成非預期性的結果。4.11 節將會仔細說明。

4.10 逗號運算子

逗號運算子(comma operator)是一個二元運算子，它可用來合併兩個以上的運算式。執行順序為由左至右，並將右運算元以右值形式作為運算結果。請看下面例子的說明：

程式 4-45

```
#include <stdio.h>

int main(void){

    int x = 0, y = 1, z = 0, w = 0;/* 這裡的逗號並不是運算子 */

    z = (x += 1, y += x);

    printf("%d, %d, %d, %d\n", x, y, z, w);

                                /* 1, 2, 2, 0 */

    w = (x = 10, y = x * 2, z = x * y );

    printf("%d, %d, %d, %d\n", x, y, z, w);

                                /* 10, 20, 200, 200*/

    return 0;
```

```
    }
```

請注意，在程式 4-45 中 main 函式裡的第一行宣告了四個變數且分別用三個逗號隔開，但這幾個逗號並不是運算子，因為**它們並不會計算出任何數值**，只是用來做為連續宣告變數的分隔符號。main 函式裡的第二行與第四行的逗號才是運算子。在第二行中，小括號內是一個逗號搭配 += 的運算式，運算順序是先將進行 x += 1 ，x 的內容會是 1；接著再進行 y += x ，y 原本為 1，加上 x 後，y 的內容即為 2；最後把逗號的右運算元，也就是 y += x 的結果，作為逗號的運算結果，z 即為 2。在第四行中，小括號內有兩個逗號運算子，由於逗號的結合性是由左至右，因此會先計算 x = 10 ，然後計算 y = x * 2。如此，y 的內容會是 20；接著再計算 z = x * y ， 而 z 的內容即為 200。這也是整個小括號的運算結果，所以 w 的內容會是 200。

請注意，逗號具有運算式非常重要的一個關係：**前序關係**，請看 4.11 節的說明。

4.11　運算式的副作用與運算順序

這一節要介紹運算式的兩個非常重要之特性，**副作用**(side effect)以及**運算順序** (order of evaluation)[25]。所謂運算式的**副作用**，意思是運算式除了本身所產生的運算結果之外，還會有影響其它變數的內容或者任何可見的變化，如檔案的內容或螢幕上的輸出。目前為止，我們已經看見了許多會造成副作用的運算子，如設定運算子以及複合設定運算子，它們會改變左值的內容；遞增或遞減運算子也具有副作用，它們會將運算元的內容加 1 或減 1；printf 也具有副作用，它會將資料輸出到標準輸出裝置；scanf 也有有副作用，因為它會將所輸入的資料寫入到指定的變數中。在某些情況下，運算式的副作用需要特別注意，請看程式 4-46

---

[25]. 本節參考來源為： http://en.cppreference.com/w/c/language/eval_order

中以粗體字標示的運算式皆會產生不一定的結果：

程式 4-46

```c
#include <stdio.h>
int main(void){
    int x = 0, y = 0, z = 0, w = 0;
    x = ++x + 100;                  /* 未定義的行為 */
    y = 100 + ++y;                  /* 未定義的行為 */
    z = z++;                        /* 未定義的行為 */
    w += ++w;                       /* 未定義的行為 */
    printf("%d, %d, %d, %d\n", x, y, z, w);
    return 0;
}
```

在解釋問題的發生原因前，我們須先知道什麼是運算式的**序列點** (sequence point)，它的定義是這樣：當一個運算式在執行過程進行到某個序列點時，**此點之前所有運算的副作用必須完成，且此點之後的任何運算之副作用都尚未發生**。且任兩個序列點之間 (不一定是在同一敘述句內)，**任何變數的內容最多只能被修改一次**。

序列點發生在下列這八種時機，分別給予 A1 到 A8 的編號：

A1. 運算式中若呼叫一函式，那麼在被呼叫前有序列點，所有引數的運算必須要全部完成，但是各引數的執行順序未定義。

A2. 在 &&、|| 與逗號運算子 (,) 中，左運算式完成之後，右運算式進行之前有序列點。

A3. 在條件運算子 (?:) 中，運算元 A 決定後有序列點，接著計算運算元 B 或運算元 C。

A4. 一個完整的運算式 (非某個運算式的一部份) 之最後處有序列點，也就是分號 (;)。

A5. 一個完整的宣告式(非某個宣告式的一部份)之最後處有序列點,也就是分號(;)。

A6. 標準函式庫的函式在完成後返回至呼叫端之前有序列點。

A7. 每個標準輸出入的格式指定符號所對應的引數在進行轉換後有序列點。

A8. 標準函式庫的比較函式在呼叫前後皆有序列點,以及呼叫與傳遞相關資料之間有序列點。

其中,A1 到 A4 是 C89 的規則,所有 C 語言的編譯器皆適用。但是,A5 到 A8 是 C99 之後的規則,C89 的編譯器未必有這些現象。而 A8 是針對標準函式庫的排序函式 qsort 與搜尋函式 bsearch 而制定,請看第 9.8 節與第 9.9 節。接下來,我們逐一看看這些規定的意義為何?

4.11.1 引數之間的序列點與執行順序

我們用一個很常用的數學函式 pow 來解說 A1 的規定。pow 是標準數學函式庫 math.h 裡用來計算 x 的 y 次方,其中 x 與 y 皆為 double 的數值。因此,pow 需要 x 與 y 這兩個引數,回傳值即為 x 的 y 次方。請看程式 4-47 的使用範例:

程式 4-47

```
#include <stdio.h>
#include <math.h>
int main(void){
    double x = 2.0, y = 0.0;
    y = pow(x, 3.0);
    printf("%f, %f\n", x, y);        /* 2.0, 8.0 */
    y = pow(x, ++x);
    printf("%f, %f\n", x, y);
                            /* x 為 3.0,y 可能為 8.0 或 27.0 */
    return 0;
```

```
    }
```

第一次呼叫 pow 所傳入的兩個引數分別為 x 與 3.0，x 此時為 2.0，所以 y 即會得到 2.0 的三次方，8.0，但第二次呼叫 pow 所給的引數就有問題了。根據 A1 規則，產生引數的運算式會在呼叫前完成，但是執行順序未定義！++x 有可能在第一個引數決定前先執行，也有可能在之後執行，如此就會造成運算結果不同，x 最後會是 3.0，但 y 有可能是 8.0 或是 27.0。因此，我們建議當呼叫函式時，決定引數的運算式不宜有副作用。

4.11.2 &&、||、逗號以及?:的序列點與執行順序

接著來看看 A2 與 A3。在 C 語言所有的運算子中，只有 &&、||、逗號以及 ?: 具有序列點，其它運算符號並沒有。來看一個簡單的例子：

程式 4-48

```
#include <stdio.h>
int main(void){
    int x = 10, y = 0;
    (y = x) && ++x;
    printf("%d, %d\n", x, y);        /* 11, 10 */
    return 0;
}
```

因為 && 具有序列點，必須等待 (y = x) 完成後，++x 才有機會被執行。所以在進行(y = x)時，&& 右邊的運算式並不會被執行，包含任何副作用。而 (y = x) 會得到 10 的結果，因此 && 必須計算 ++x 才能得知最後結果是真還是假，所以此運算式完成後 x 與 y 分別為 11 與 10。但如果把 && 改成一個不具有序列點的運算子，比如除法，結果會是如何呢？像這樣：

程式 4-49

```
#include <stdio.h>
```

```
int main(void){
    int x = 10, y = 0;
    (y = x) / ++x;              /* 未定義的行為 */
    printf("%d, %d\n", x, y);   /* x 為 11，但 y 可能為 10 或 11 */
    return 0;
}
```

這會引發未定義的行為，結果需仰賴編譯器如何處理。該運算式上一行的宣告式結束後，會引發一個序列點，接著下一個序列點會發生在此運算式結束後。然而這兩個序列點之間，++x 會對 x 發生副作用，而且還對 x 進行讀取。那麼副作用究竟會發生在讀取之前？還是讀取之後？這是未定義的。因此，y 的最後內容有可能是 10 或 11。

至於逗號運算子，可說是個很安全的運算子。那些被逗號隔開的運算式，由左至右，每個運算式的副作用完成後才會執行下一個運算式。請看此例：

程式 4-50

```
#include <stdio.h>
int main(void){
    int x = 0, y = 0;
    y = x++, ++x, x *= 10;
          /* 先 x++，然後 ++x，最後 x *= 10，y 為 x++的結果 */
    printf("%d, %d\n", x, y);        /* 20, 0 */
    return 0;
}
```

x++會先執行，且把 x 加 1 後才會執行下一個運算式，++x，最後執行 x *= 10。因此，x 的內容最後會是 20。而 y 會是一開始 x++的結果，即為 0。

關於條件運算子的序列點請看下面這例子：

程式 4-51

```
#include <stdio.h>
int main(void){
    int x = 0, y = 0;
    y = x++ == 0 ? x *= 10 : ++x;
            /* 先 x++，然後 x *= 10，++x 不執行 */
    printf("%d, %d\n", x, y);        /* 10, 10 */
    return 0;
}
```

x++ == 0 會先執行，但會先判斷 x 遞增前的數值是否等於 0，之後再把 x 加 1。此判斷式會成立，選擇 x *= 10 執行，++x 並不會被執行。因此，x 與 y 的最後內容都會是 10。

4.11.3 敘述句的序列點

A4 與 A5 規定若有兩個包含著運算式的敘述句 (以分號為結尾)，那麼位於前面的敘述句一定會執行完所有的計算動作以及副作用，位於後面的敘述句的所有計算動作以及副作用才會被執行。敘述句的部分我們將在下一章介紹。

4.11.4 標準函式庫的序列點

A6、A7 與 A8 是針對標準函式庫而制定，主要是確定標準函式庫在運作過程中所有副作用可以在某些時機點完成。我們可以由 A6 來確定標準函式庫在呼叫完成後，所有副作用也一併完成，不會影響其它運算式。A7 則規定標準輸入函式與標準輸出函式使用 %n 時，在每個格式指示符號進行資料寫入後的副作用都會在下一個格式指示符號的寫入動作前完成。請看這個例子：

程式 4-52

```
#include <stdio.h>
int main(void){
```

```
    int x = 0;
    scanf("%d%d", &x, &x);              /* 請輸入 0 999 */
    printf("%d%n, %d\n", x, &x, x);     /* 999, 999 */
    printf("%d\n", x);                   /* 3 */
    return 0;
}
```

　　scanf 若以兩個格式指示符號針對同一個引數輸入，A7 保證一定會照順序輸入。上例若您輸入了 0 999，那麼整個輸入動作完成後，x 的內容會是 999。接著，以%n 來進行標準輸出會將當下已輸出的字元數存入到對應的記憶空間，所以%n 所對應的引數必須是一個指向 int 變數的指標。這是 printf 唯一會對引數產生副作用的方式，有些編譯器會禁止使用%n(如 Visual C++)。雖然 %n 產生的副作用會在下一個格式指示符號的輸出動作前完成，但是 printf 所有引數的內容皆已經在呼叫前即決定好，因此 %n 下一個%d 所輸出的 x 之內容仍是尚未被 %n 修改的內容，也就是 999。必須在下一次的 printf 才能得到 x 為 3 的輸出結果。

　　另外，當 printf 用到%n 時，您得小心其對應的引數是否有足夠的資料空間來儲存，否則就會發生記憶體違法寫入的問題。

　　至於 A8 的規定，請看第 9.8 節的介紹。

4.11.5　前序關係

　　近年來發現某些情況的運算順序無法以序列點來解釋，如任一運算子的運算元與運算結果的前後關係。所以，C11 新增了**前序關係**(sequenced before)與**後序關係**(sequenced after)來補強。這兩種關係皆是數學上的二元關係(binary relation)，它們滿足了三種特性：

1.　**成對性**(pair-wise)，若兩個運算動作 A 與 B 發生前序關係。不是 A 為 B 的前序就是 B 為 A 的前序。

2. **反對稱性**(antisymetric)，假設任兩個運算動作 A 與 B，若 A 為 B 的前序且 B 為 A 的前序，那麼 A 必為 B，也就是 A 與 B 都是指同一個運算式。換句話說，在實際的情況下是不可能有兩個運算式同時互相為另一方的前序。

3. **遞移性**(transitive)，假設有三個運算動作 A、B 與 C，若 A 為 B 的前序且 B 為 C 的前序，那麼 A 必為 C 的前序。

當兩個運算動作有了前序關係或後序關係會發生什麼呢？假設動作 A 為動作 B 的前序，那麼 A 會在進行 B 之前完成。假設 A 為 B 的後序，那麼 B 會在 A 之前完成。反之，若兩個運算式互相沒有前序關係或後序關係，則會有兩種狀況：

1. **無法決定的順序**(indeterminably-sequenced)，也就是有可能 A 為 B 的前序，或者 A 為 B 的後序。而且，下次再執行時，也有可能與前一次的執行順序相反。

2. **無順序**(unsequenced)。同樣地，順序也是不可預期，而且 A 與 B 有可能同時進行，即使是在單一 CPU 的機器上執行 (任一運算式皆由數個機器指令構成，有可能兩運算式所含的機器指令交錯混雜而失去原本的順序)。

在 C11 中，特別以是否有前後序關係來描述下列這七種場合，依序分別以 B1 至 B6 來編號：

B1. 若運算式 A 與運算式 B 之間有序列點，那麼運算式 A 的運算動作包含副作用會是運算式 B 運算動作包含副作用的前序。

B2. 任何運算子的所有運算元之計算動作 (不包含副作用) 為該運算子計算結果 (不包含副作用) 的前序。

B3. 在設定運算子及複合設定運算子中，左運算元的修改動作為左右運算元的計算動作 (但不包含副作用) 之後序關係。

B4. 後置遞增及遞減運算子的計算結果為副作用的前序。

B5. 若引數由逗號運算子或前後置的遞增與遞減運算子所得,每個引數的運算
動作皆為單一運算。

B6. 運算式中若呼叫兩個以上的函式,這些函式的執行順序是無法決定的順序。
但 CPU 在執行兩個函式時不會互相交錯。

B7. **初始化列表**(initializer lsit)中,由左至右,每個由逗號隔開的初
始化項目其計算動作與副作用,為下一個初始化項目的計算動作與副作用
之前序。

B1 解釋了序列點具有前序關係(A1 到 A8),序列點之前的所有運算動作與副
作用必須先完成,才會進行序列點之後的計算。

B2 是彌補舊規定的不足部分。任何運算子在決定回傳結果之前,運算元的運算
動作必須完成,但不包含副作用。一般的運算式都能符合這規則,如:

程式 4-53

```
int main(void){
    int x = 1, y = 2, z = 3, w = 4;
    x = x * y + z * w;      /* 等同 (x * y) + (z * w) */
    printf("%d\n", x);      /* 14 */
    return 0;
}
```

對加法來說,它的兩個運算元分別由 x * y 以及 z * w 得來,因此這兩個乘
法一定會在進行加法前算好。但若是有兩個運算元的副作用會影響到同一個變數,
B2 就未規定這件事,請看這個例子:

程式 4-54

```
int main(void){
    int x = 0, y = 0;
    y = x++ + x++;       /* 未定義的順序 */
```

```
    y = ++x + ++x;        /* 未定義的順序 */

    return 0;

}
```

B3 規定了設定運算子及複合設定運算子對左運算元的副作用，必須等待決定左右兩個運算元的運算式計算出結果 (但不包含副作用) 後完成才會發生。但若是左運算元會被右運算元的副作用影響，就會是未定義的順序了，像這樣：

程式 4-55

```
#include <stdio.h>

int main(void){

    int x = 0;

    x = x++;               /* 未定義的順序 */

    x += ++x;              /* 未定義的順序 */

    return 0;

}
```

因此，我們建議請勿在一個多運算子的運算式讓同一個變數會發被副作用影響兩次以上，否則一不小心就會發生未定義的執行順序。

至於 B4 的規定則是讓後置遞增或遞減的行為有更明確的定義。由於後置遞增或遞減是具有對運算元產生副作用的運算子，但又必須把運算元發生副作用前的值作為運算結果，所以 B4 規定後置遞增或遞減的運算結果為副作用的前序。

B5 是用來補強 A1，更明確地指出每個引數的運算動作包含副作用都會在下一個引數的計算前與進入函式前完成。至於 B6，請執行程式 4-56，您會得到一個詭異的結果：

程式 4-56

```
int main(void){

    int x = 0;

    x = printf("6789") + printf("12") * printf("345");
```

```
/* 有可能為 678912345，並非 123456789 */
printf("\n%d\n", x);    /* 10 */
return 0;
}
```

您可能會納悶，乘法的優先權不是高於加法嗎？為什麼不是"12"與"345"先被輸出，而是"6789"先被輸出。結果會是"678912345"，而不是"123456789"。因為，當有任兩個以上的函式在沒有前後序關係且沒有序列點隔開運算過程中被呼叫，則呼叫順序是未定義的。雖然 B2 只規定運算元的計算動作會在每個運算子進行運算前，並沒有詳細規定這些運算元的執行順序，尤其這些運算元是經過函式呼叫後所得。因此，若您需要有順序地呼叫多個函式，請已逗號或分號將它們隔開。

B7 是針對陣列以及結構體的初始化動作，明定每個元素或成員的初始值計算之間有序列點。請看第 7.1.4 節的說明。

總結

1. 運算式可分成兩大類：左值(lvalue)與右值(rvalue)。若運算結果是具有記憶空間，包含唯讀記憶空間，則稱此運算式為左值；其它的運算式則稱為右值。

2. 設定運算子的左運算元必須是左值，其運算結果是右值，為左運算元修改後的內容。

3. 算數運算子、關係運算子與位元都屬於二元運算子，且這兩個運算元各放在運算子的左右兩旁，並將它們計算出一個右值的運算結果。

4. 關係運算子的運算結果只會有真或假兩種結果，其數值分別代表非零與零。

5. 位元運算子的所有運算元必須為正整數，且執行速度是所有運算子中最快的。

6. 條件運算子需要三個運算元(A ? B : C)。若 A 為真，則 B 為運算結果且 C 不執行；反之，C 為運算結果且 B 不執行。B 與 C 的資料形態必須相同，或者能夠經由隱性轉換所接受。

7. 整數提升的轉換準則為：若能以 int 來代表原來的內容，那麼就將運算元提升為 int；反之，就提升為 unsigned int。

8. 若運算元同為有號整數、無號整數或浮點數，但容量大小不同，則小容量會提升為大容量；若運算元包含了整數以及浮點數，則整數會提升為浮點數；若運算元包含了有號整數以及無號整數，則有號整數會提升為無號整數。

9. 複合設定運算子有這些：+=, -=, *=, /=, %=, <<=, >>=, &=, |=, ^=。

10. 遞增與遞減運算子的運算元必須是左值且非唯讀的，運算結果是右值。

11. 逗號運算子是一個二元運算子，執行順序為由左至右，並將右運算元作為運算結果。

12. 運算式的副作用是運算式除了本身所產生的運算結果之外，還會有影響其它變數的內容或者任何可見的變化，如檔案的內容或螢幕上的輸出。 設定運算子、複合設定運算子、遞增與遞減運算子皆有副作用。

13. 當一個運算式在執行過程進行到某個序列點時，此點之前所有運算的副作用必須完成，且此點之後的任何運算之副作用都尚未發生。且任兩個序列點之間 (不一定是在同一敘述句內)，任何變數的內容最多只能被修改一次。

14. 呼叫函式時，各引數的執行順序未定義。

15. &&、||、以及?:，其運算元有可能不會被執行。

16. 假設運算式 A 為運算式 B 的前序，那麼 A 會在進行 B 之前完成。假設 A 為 B 的後序，那麼 B 會在 A 之前完成。

練習題

1. 何謂右值？何謂左值？假設 x 及 y 為 int 的變數，請判斷下列運算式為右值或左值。

運算式

(1) 1023

(2) x

(3) x + y

(4) y * 10

(5) y = 10

(6) x = y

2. 下列程式會引發多少次隱性轉型？請說明發生的時機點？

```
int x = 10, y = 50;
float a = 0.123f,  b = 3.45;
x = b;
y = x;
x = a + b;
y = x + y;
```

3. 請設計一個程式，可任意輸入兩個整數 a 與 b，並顯示 a 與 b 經過加法、減法、乘法、除法以及取餘數的結果。

4. 請設計一個程式，可任意輸入四個整數 r、c、x 與 y。r 與 c 分別代表一群排隊整齊的學生之列數 (row) 與行數 (column)。假設學生的編號是由上而下再由左而右，也就是最左上角的學生兵為第一位，那麼她的右手邊就是第二位學生，她的後面就是第 c + 1 位學生......最右下角的學生就是最後一位。請問位在第 x 行與第 y 列的學生是編號第幾號？

5. 請設計一個程式，可任意輸入兩個整數 x 與 n，x 為 0 到 6 之間，n 在 1 到 31 之間。假設 0 到 6 分別代表每週個第幾天 (0 代表星期日、1 代表星期一、.......、6 代表星期六)，且某個月的第一天為該周的第 x 天，請問該月的第 n 天是星期幾？

6. 請設計一個程式，可任意輸一個整數 x，並判斷 x 是否可同時被 3、5 與 7 整除。

7. 請根據下列敘述來寫出一句運算式：判斷一個人的年收入減掉扣除額是否大於零，而且她的年齡必須小於 18 歲或者大於 65 歲。

8. 承上題，請以等效的互補式來表示，並解釋其意義。

9. 請寫一個程式，可讓使用者輸入三次段考成績，並判斷這三次成績是否都在 60 分以上。

10. 承上題，請以等效的互補式來表示，並解釋其意義。

11. 請寫一個程式，可讓使用者輸入三個人的年齡，並判斷是否有任兩人為相同年齡。

12. 承上題，請以等效的互補式來表示，並解釋其意義。

13. 請設計一個程式，可讓使用者輸入三次段考成績，並利用一行條件運算式判斷這三次成績是否都在 60 分以上，若是則顯示"pass"，反之則顯示"fail"。

14. 請設計一個程式，可任意輸入兩個整數 a 與 b，並利用一行條件運算式取得 a 與 b 這兩整數的最大絕對值 (提示：以條件運算子判斷 a 是否為正數或負數，再判斷 b 是否為正數或負數。如此共有四種情況，各別再以條件運算子來比較誰的絕對值最大)。

15. 若有一些變數經由如下宣告：

```c
signed char c = -1;

short s = -32;

unsigned short us = 16;

int i = -2;

unsigned u = 20;

long l = 50;

long long dl = 30;

float f = 0.12f;
```

```
dobule d = 5.678;
```

請問下列運算式在運算過程中發生了哪些型態轉型？以及運算的結果為何種型態

(1) i + i

(2) i + 100

(3) c + 'A'

(4) c + s

(5) s + us

(6) i + u

(7) i + us

(8) l = i * s / c

(9) dl = l - 7ULL

(10) c = c * (s + dl)

(11) i = s * 0.707 + u * 3.14159f;

(12) d = i * i;

(13) i = f * i + 123;

(14) d = f + c * 100;

第 5 章

敘述句

　　一個**敘述句**(statement)是 C 語言的最基本執行單位，任何程式必為一個以上的敘述句所組成，也就是至少要寫一個敘述句程式才可執行。在 C 語言中，敘述句有分為七種：空敘述、宣告敘述、運算敘述、條件敘述、複合敘述、迴圈敘述以及跳躍敘述。這些敘述句各有不同的使用規則與注意事項，請看本章各節的介紹。

5.1　空敘述

　　空敘述(null statement) 就是一個什麼事情都不做的敘述句，但也算是一行程式敘述。只要打上一個分號，敘述句的內容除了空白字元或什麼字都沒有，就是一個空敘述：

程式 5-1

```
int main(void){
        ;                    /* 空敘述 */
          ;              /* 空敘述 */
    ;;;                      /* 三句空敘述 */
    return 0;
}
```

　　編譯器有可能會為空敘述產生一個佔有少許執行時間的 **nop** 指令 (no operation)，但也有可能不會有實際的程式碼產生，甚至會被編譯器給移除掉。但有些情況下，空敘述的存在可以完成另一個敘述句，我們在迴圈敘述 (第 5.9 節) 中即可看到這種空敘述的應用。

5.2　複合敘述

　　所謂**複合敘述**(compound statement)，就是用一對大括號將一個以上的敘述句包起來，像這樣：

```
{
    int x = 0;
    x = x + 1;
}
```

這就是一個含有兩行敘述句的複合敘述。請注意，複合敘述代表一個**區域**
(block)，在這區域內所宣告的變數只能在這區域內使用，在區域外是不能使用的，
像這樣：

```
{
    {
        int x = 0;
        x = x + 1;
    }
    x = 10;                /* 編譯錯誤！x 超出使用範圍 */
}
```

此例的倒數第二行意圖將 x 的內容設定為 10，但 x 是被宣告在第二層的大括
號所包含之區域中，且第一層的區域內並沒有任何關於針對 x 的宣告動作，因而無
法使用，在編譯階段也會出現錯誤訊息。請特別注意程式的**縮排**(indent)，只要
有一個區域被構成，那麼該區域所包含的敘述句必須縮排，程式才可較為美觀易讀。

請注意，C89 的編譯器規定所有宣告敘述必須放在任何複合敘述的最開始，不
可有任何非宣告敘述在任何宣告敘述之前。如下程式在 C89 編譯器會造成編譯錯
誤：

程式 5-2
```
int main(void){
    int x;
```

```
    x = 1;
    int y = 0;
                    /* 編譯錯誤！C89 所有宣告敘述須放在複合敘述的最前面 */
    y = x + 1;
    return 0;
}
```

但下列範例不會有任何編譯錯誤，因為所有的宣告敘述都是位於大括號內的最開始處：

程式 5-3

```
int main(void){
    int x;                      /* OK，宣告敘述在此層最開始處 */
    x = 1;
    {
        int y;                  /* OK，宣告敘述在此層最開始處 */
        double dbl = x  + 1.0;/* 也 OK，即使初始值是個運算式 */
        y = dbl + 1;
    }
    return 0;
}
```

只要把宣告敘述放在每一層的大括號最前面即可，且允許每個變數的初始值是由一個會用到已宣告的變數之運算式所產生。

5.3　宣告敘述

宣告敘述(declaration statement)是用來宣告或者定義一個識別字的敘述句，它包含了**變數宣告、函式宣告與定義**與**自定型態的宣告與定義**。本節將著重在變數的宣告敘述。函式的基本宣告敘述也會稍加介紹，但於第 9 章會再對函式更詳細地介紹；關於自定型態的宣告與定義，請看第 10 章。

5.3.1　函式宣告

　　函式(function)是指對一組程式碼以大括號包裝且賦予一個名稱，並根據情況設計數個**參數**來傳遞此函式所需要的輸入資料(亦可不需任何參數)。若此函式有輸出資料則以**回傳值**方式來傳遞，之後我們可以在同一份程式的某個可使用該函式之處，透過呼叫此函式名稱與指定每個參數所需要的**引數**來執行函式內的程式碼，並接收其回傳值。函式在 C 語言程式設計中扮演非常重要的角色，事實上，以 C 語言所設計出來的程式就是由一個以上的函式所組成，因為任何 C 語言的程式都必須含有 main 函式做為程式的起點。至於如何設計一個新的函式？我們來看一個實際的例子：**絕對值**(absolute value)，是一個在數值運算中常用的動作，它的定義是這樣：輸入若為一個負數值，則輸出為該數值去掉負號的正數值；輸入若為正數值則輸出與輸入相同。接下來，我們就根據這個定義來設計一個專門用於 int 型態的絕對值函式。首先，先決定函式的名稱為 **absi**[26]，再來進行**函式宣告**(function declaration)。如果不先進行宣告，之後的程式碼裡若有呼叫該函式的動作，編譯器會有不認識該函式的錯誤發生，導致編譯失敗。一個帶有參數的函式宣告語法如下：

回傳值型態　　函式名稱(參數型態 1，參數型態 2，...)；

　　回傳值型態代表此函式最後會以 **return** 命令輸出一個什麼樣的資料型態，關於函式的回傳動作在第 9 章會有詳細的介紹；小括號內的參數型態們則代表要輸入什麼樣的資料給此函式。宣告敘述完成後，記得在最後要加上分號。所以我們的絕對值函式宣告如下：

---

[26]　由於標準數學函式庫已提供絕對值的函式，名稱為 abs。所以自行設計的函式不可取名為 abs，否則會與標準函式庫衝突。本書以 absi 來舉例，可與標準函式庫區隔，其中 i 的意思為 int。

```
unsigned int absi(int);
```

即代表一個名叫 absi 的函式，若輸入一個 int 的參數，即可算出一個 unsigned int 的數值。我們先暫時不理會 absi 裡面要做什麼事，稍後再來決定。函式經過宣告後即可以使用，也就是**函式呼叫**(function call 或 function invocation)。函式的呼叫動作的語法為：

函式名稱(引數運算式 1, 引數運算式 2, ...)

呼叫時先要注意小括號內的運算式們，這些運算式的結果稱為**引數** (argument)，引數會傳遞給函式所對應的參數，運算式 1 的結果會給參數 1，運算式 2 的結果就會給參數 2，以此類推。引數與參數的差異，在於引數是呼叫端欲傳入函式的數值，參數是在函式端用來接收引數的容器。

另外，**函式呼叫也是一種運算式**，它會將回傳值做為運算結果。我們可以這樣使用 absi：

程式 5-4

```
#include <stdio.h>
int main(void){
    unsigned int absi(int);          /* 函式宣告 */
    int x = -456;
    unsigned int y, z;
    y = absi(x);                      /* 函式呼叫 */
    z = absi(x * 2);                  /* 函式呼叫 */
    printf("%u, %u\n", y, z);
    return 0;
}
```

任何能寫宣告敘述的地方都可放上函式宣告，且**可重複宣告**，只要保證能在呼叫前進行宣告即可：

程式 5-5

```c
#include <stdio.h>
unsigned int absi(int);          /* 全域範圍內也可進行函式宣告 */
int main(void){
    unsigned int absi(int);      /* 函式宣告 */
    unsigned int absi(int);      /* 函式的宣告敘述可以重複 */
    int x = -456;
    unsigned int y, z;
    y = absi(x);                 /* 函式呼叫 */
    z = absi(x * 2);             /* 函式呼叫 */
    printf("%u, %u\n", y, z);
    return 0;
}
```

此程式可以被順利編譯，但卻在連結過程中發生錯誤：找不到函式 absi 的程式內容。因為我們還沒有描述 absi 該做什麼事，也就是尚未進行**函式定義**(function definition)。在 C 語言中，函式定義必須寫在**全域範圍**(global scope，請看第 5.3.4 節)內，也就是不屬於任何大括號內。而且只要將函式宣告敘述放在呼叫之前，那麼函式定義即可放在全域範圍內的任何地方。

一個帶有參數的函式定義語法如下：

回傳型態　函式名稱(參數型態 1 參數名稱 1,

　　　　　　　　參數型態 2 參數名稱 2,

　　　　　　　　...)

{

　　函式內容

}

函式的定義寫法有點像函式的宣告，主要多了兩個部分：參數的命名與函式內容。參數命名之目的是為了讓函式內容可以使用。請注意，函式定義的回傳型態、函式名稱與參數型態必須與函式宣告一致，否則編譯器會視為兩個不同的函式。但是 C 語言又不允許兩個同名的函式，即使它們的參數型態不同，而造成編譯錯誤。

我們把程式 5-4 加上 absi 的定義：

程式 5-6

```
#include <stdio.h>
int main(void){
    unsigned int absi(int);      /* 函式宣告 */
    int x = -456;                /* 這裡的 x 是 main 裡的區域變數 */
    unsigned int y, z;
    y = absi(x);                 /* 函式呼叫 */
    z = absi(x * 2);             /* 函式呼叫 */
    printf("%u, %u\n", y, z);    /* 456, 912 */
    return 0;
}
/* 以下是 absi 的定義 */
unsigned int absi(int x){  /* 這裡的 x 是函式 absi 的區域變數 */
    return x > 0 ? x : -x; /* 函式內容 */
}
```

這段程式即可被順利編譯與連結，並計算出正確的結果。我們來看一下呼叫 absi 時會做了哪些事？您會先發現程式 5-6 裡宣告了兩個名稱同為 x 的 int 變數，一個在 main 裡，另一個為 absi 的參數。由於這兩個 x 各為不同區域所宣告的區域變數(請看第 5.3.3 節)，所以它們是不同的獨立個體，兩者並不衝突。當進行函式呼叫時，引數的內容會被複製一份給參數，這種行為稱為**傳值呼叫**(call

by value 或 pass by value)₂₇。所以函式一開始，引數與參數各擁有不同的記
憶空間去記錄著相同的內容。接著，函式的內容就以參數來進行計算工作。

return 的功能是將一個運算式的結果作為函式的回傳值並結束函式的計算工
作。語法如下：

return 運算式;

所以當函式完成工作後，可以透過 return 將程式的執行焦點返回到呼叫端，
同時也會把 return 後面的運算式之結果傳給呼叫端。回傳值的傳遞方式與引數一
樣，回傳值的內容會被複製一份給呼叫端，這種行為稱為**以值回傳**(return by
value)₂₈。所以函式一開始，引數與參數各擁有不同的記憶空間去記錄著相同的內
容。如程式 5-6 中，在 absi 定義裡，return 會將 x > 0 ? x : -x 這個運算
式(x 若大於零則結果為 x，反之為-x)的結果回傳出去。然後函式結束，程式的執
行焦點回到呼叫端，最後呼叫端會接收到回傳值進行後續的動作。

附帶說明一點，為何 absi 的回傳型態會是 unsigned int 呢？這是因為當
執行環境是以 2 補數來儲存負數時，最小的負數轉成正數後，仍然會得到最小的負
數的結果。若把 absi 的回傳型態改成 int，如下所示：

程式 5-7

```
#include <stdio.h>
#include <limits.h>
int main(void){
    int absi(int);      /* 函式宣告，請注意回傳型態為 int */
    int x = INT_MIN;    /* x 為 int 的最小值 */
    int y = absi(x);
```

---

27. 在 C 語言中，傳遞參數的方式只有傳值呼叫，這在 K&R 的著作[6]以及官方規定[7]中
都有明確地指出，並無傳址呼叫(call by address)或以名稱呼叫(call by name)。
28. C 語言只有以值回傳，並無所謂的以址回傳(return by address)或以名稱回傳
(return by name)。

```
    printf("%d\n", y); /* 仍然是 int 的最小值  */
    return 0;
}
/* 以下是 absi 的定義 */
int absi(int x){                  /* 這裡的 x 是函式 absi 的區域變數 */
    return x > 0 ? x : -x; /* 函式內容 */
}
```

其實這並沒有發生任何錯誤，純粹只是資料讀取方式的問題。因為在 2 補數儲存格式中，最小的負數轉成正數必定會大於最大正數，且其二進位碼的最大位元必為 1，對有號數的表示法來說，這一定是個負數 (請參考第 1.4 節)。因此，既然絕對值所算出的結果必為正數，以無號數作為絕對值的回傳型態也算合理[29]。

對編譯器來說，函式若在呼叫之前即定義好，就可以不必寫宣告敘述。如下所示：

程式 5-8

```
#include <stdio.h>
/* 以下是 absi 的定義 */
unsigned int absi(int x){
    return x > 0 ? x : -x;
}
/* 以下是 main */
int main(void){
    int x = -456;
    unsigned int y, z;
    y = absi(x);                    /* 函式呼叫 */
    z = absi(x * 2);                /* 函式呼叫 */
    printf("%u, %u\n", y, z);       /* 456, 912 */
```

---

[29] 但在標準函式庫並非如此，因此當整數用在 math.h 的 abs 時，需注意此問題。

```
    return 0;
}
```

這種寫法並不建議，尤其是在大型軟體的開發上。例如：當我們設計出多個內容龐大的函式時，這些函式的定義最好是能集中在某個角落，並將宣告敘述放在程式一開始的地方。如此，整個程式碼才較為美觀可讀，有助於日後的維護。

請注意，C 語言具有**一次性定義規則**(one definition rule)，在一個編譯單元下的任何區域(包含全域空間)內，函式或變數的定義最多只能有一次。函式的宣告可重複，但是函式定義不可重複，否則會有編譯或連結上的錯誤！

我們再來看看如何設計一個具有多參數的函式：請設計一個名為**avgf**的函式，它可以計算兩個 float 數值的平均值。很簡單的題目，我們先寫出它的宣告式：

```
float avgf(float, float);
```

avgf 的定義為：

```
float avgf(float a, float b){
    return (a + b) / 2.0f;
}
```

那麼呼叫方式可以是這樣：

```
float x = avgf(0.5f, 10.0f);
```

當函式有兩個參數以上時，請在小括號裡以逗號隔開。有兩點請注意，第一，這裡的逗號只是分隔符號，並非第 4.10 節所介紹的逗號運算子，所以它並沒有逗號運算子的特性。第二，**引數的運算式所產生的結果與副作用只保證在進行函式計算之前完成，所以這些引數之間的運算順序並沒有定義**。所以當引數的運算式若含有副作用時，就有可能會發生不可預期的結果，請看這個情況：

程式 5-9

```
#include <stdio.h>
float avgf(float, float);          /* avgf 的宣告 */

int main(void){
    float f1 = 1.5f;
    float f2 = avgf(++f1, ++f1);   /* 未定義的引數計算順序 */
    printf("%f, %f\n", f1, f2);
    return 0;
}
/* avgf 的定義 */
float avgf(float a, float b){
    return (a + b) / 2.0f;
}
```

假設這程式的意圖是想計算 2.5f 與 3.5f 的平均值 3.0f。但結果並非如此，有些編譯器(如 clang)所產生的程式會算出 3.0f，但有些編譯器(如 Visual C++)所產生的程式會算出 3.5 的結果。請務必小心這種情況。

有些函式不需要任何參數，這種函式請務必在宣告及定義的小括號內以 **void** 來標示。如下面這個例子：

程式 5-10

```
#include <stdio.h>
#include <limits.h>
#include <float.h>
/* 函式宣告 */
int getMaxInt(void);
double getMaxDouble(void);
/* main */
```

```
int main(void){
    printf("%d, %g\n", getMaxInt(), getMaxDouble());
                    /* 須以空小括號來呼叫，不可省略 */
    return 0;
}
/* 函式定義 */
int getMaxInt(void){return INT_MAX;}
double getMaxDouble(void){return DBL_MAX;}
```

請注意，函式的宣告與定義小括號必須標示 void，尤其是宣告式。但在呼叫的時候，就必須以空的小括號來呼叫。函式的宣告式若有空的小括號，並不是代表此函式不需參數，而是告訴編譯器此函式的參數尚未決定。請看下面這個例子：

程式 5-11

```
#include <stdio.h>
#include <limits.h>
#include <float.h>
/* 函式宣告 */
float avgf();            /* 不指定參數為何 */
/* main */
int main(void){
    printf("%f\n", avgf(1.0f, 2.0f));    /* 1.5 */
    return 0;
}
/* 函式定義 */
float avgf(float a, float b) /* K&R C允許，但C89以後不允許 */
{
    return (a + b) / 2.0f;
}
```

雖然這例子在 C89 以後的編譯器會產生編譯錯誤,但在舊版本的 C 語言(K & R C) 可是會編譯成功的。為了避免寫出這種宣告與定義不一致的程式碼,不需要參數的函式,請在小括號填上 void,儘可能地不要有空白的小括號在函式的宣告與定義裡。

函式也可不需要回傳值,這種函式在宣告與定義中必須指明回傳型態為 **void**。請看下面的例子:

程式 5-12

```
#include <stdio.h>
/* 函式宣告 */
void printInt(int x);
/* main */
int main(void){
    printInt(123); /* 123 */
    return 0;
}
/* 函式定義 */
void printInt(int x){
    printf("%d", x);
}
```

printInt 可以將傳入的 int 數值以 printf 搭配%d 輸出,不會有任何回傳值給呼叫端,因此它的回傳型態必須標示為 void。請注意,回傳型態為 void 的函式不可用 return 來傳遞任何數值,否則會有編譯上的錯誤。若要以 return 來代表此函式的結束(這是好習慣!),那麼 **return 後面不可有任何運算式**。所以 printInt 的定義可以改成這樣:

程式 5-13

```
void printInt(int x){
```

```
    printf("%d", x);
    return;
}
```

相反地，若回傳型態不是 void 的函式，則必須要以 return 命令來回傳數值，且 return 之後的運算式一定要可以產生符合回傳型態的回傳值。還有一點要注意，**呼叫無回傳值的函式不可成為其它運算子的運算元**。請看這個例子：

程式 5-14

```
#include <stdio.h>
/* 函式宣告 */
void printInt(int x);
/* main */
int main(void){
    int x = printInt(123);
        /* 編譯錯誤！沒有回傳值函式不可為等號的右運算元 */
    return 0;
}
/* 函式定義 */
void printInt(int x){
    printf("%d", x);
    return;
}
```

本節先讓您對函式設計有一些初步的了解，第 9 章還會介紹在函式設計及使用上更多需要注意的事情。另外，C 的標準函式庫提供了很多有用的函式，之後在介紹這些標準函式時，會先列出該函式的宣告式，讓您先知道此函式的名稱、需要什麼樣的參數以及回傳型態為何。接著才會進一步地說明該函式的作用、參數意義、回傳值以及注意事項。

5.3.2　變數宣告

目前為止，變數宣告您應該已不陌生，我們已在許多例子練習過。這一小節，我們來看看一些關於變數宣告的嚴謹規則。在 C 語言中，任何變數都必須要經過宣告才可使用，因為透過宣告編譯器才能配置一塊適當的記憶空間讓這個變數使用。一個變數的宣告敘述由三大部分構成：**宣告指示詞**(declaration specifiers)、**宣告子**(declarator)以及**初始程序** (initializier)。變數宣告敘述句的語法如下：

宣告指示詞　宣告子 1 = 初始程序 1，宣告子 2 = 初始程序 2，... ;

其中，宣告子就是**變數名稱**；初始程序乃是一個可算出初始值的運算式，視情況可以省略；宣告指示詞則是由**型態指示字**(type specifier)、**儲存等級指示字**(storage-class specifier)與 **CV 修飾字**(Const and Volatile type qualifier)所組成。型態指示字就是**型態名稱**；而儲存等級指示字包含了下列這四個字：**static**、**extern**、**register** 與 **thread_local**[30]；而 CV 修飾字包含了下列這兩個字：**const** 與 **volatile**。請注意，型態指示字是必要的，但是儲存等級指示字與 CV 修飾字則是選項，且這三種指示字的排列是**不分順序的**。下列皆為正確的變數宣告式：

```
int a = 10;        /* int 為資料型態，a 為變數名稱，10 為初始值 */
char b;            /* 沒有初始值的變數宣告式 *
short t, u = 5, v;
                   /* 多變數的宣告式，初始值的設定可視情況而省略 */
const short x = 20;  /* 宣告指示詞為 const 與型態指示字 */
int extern y;        /* 宣告指示詞為型態指示字與 extern */
```

---

[30]. thread_local 是 C11 新增用來修飾執行緒的區域變數。本書礙於篇幅，並不會介紹 thread_local 變數、多執行緒以及與平行處理有關的程式設計技巧。

```
static int const s1 = 0;

static const int s2 = 0;

const static int s3 = 0;

const int static s4 = 0;

int static const s5 = 0;
                /* s1 到 s6 的宣告指示詞皆具有相同作用 */
int const static s6 = 0;
                /* 宣告指示詞內的指示字是不分順序的 */
```

　　變數宣告是一種記憶空間配置的行為，根據宣告的時機與宣告指示詞不同，將會影響到記憶空間的使用方式。第 5.3.3 節與第 5.3.4 節將會詳述宣告範圍；關於 CV 修飾字請看第 5.3.5 節與第 5.3.6 節。

5.3.3　區域宣告

　　當一個宣告敘述所宣告的對象只能被使用在某一個特定區域內 (通常是由一對大括號所包含的區域) 時，這種宣告方式稱為**區域宣告** (local declaration)。在先前大部分的例子中，我們都是在 main 函式裡進行宣告變數的動作，這種變數即為區域變數：

```
int main(void){
    int x = 0;
        /* x 為區域變數，因為它被宣告在 main 函式的區域內 */
    return 0;
}
```

我們可以利用上一節所介紹的複合敘述來構成數層的區域，請看這個例子：

程式 5-15

```
int main(){
    int x = 0;
    ++x;                    /* x = 1 */
    {
        int y = 1;
        y += x;             /* y = 2 */
        {
            int z = 2;
            z += y ;        /* z = 4 */
        }
        y += x;             /* y = 3 */
        y += z;             /* 編譯錯誤！z 超出使用範圍！ */
        {
            int w = 3;
            w += x + y;     /* w = 7 */
            w += z;         /* 編譯錯誤！z 超出使用範圍！ */
        }
    }
    x += y + z + w;     /* 編譯錯誤！y、z 與 w 超出使用範圍！*/
    ++x;                /* x = 2; */
    return 0;
}
```

程式 5-15 包含了四個的區域，以不同濃度的灰色區塊來標示這些區域。第一層是 main 函式所包含的區域，第二層區域包含在第一層之中，剩下兩層是包含在第二層之中。在第一層區域宣告的 x 可使用在 main 函式結束前的任何地方。而第二層所宣告的 y 只能在第二層內部使用，不能在第二層外面使用，否則會有編譯上的錯誤。同樣地，剩下兩層所宣告的 z 與 w 也只能在所宣告的區域內使用，當然也不能跨區使用。

　　不同區域的變數，它們的名稱可以相同，請看此例：

程式 5-16

```
#include <stdio.h>
int main(void){
    int a = 50;
    printf("%d\n", a);      /* 50 */
    {
        int a = 5;
        printf("%d\n", a);  /* 5 */
    }
    printf("%d\n", a);      /* 50 */
    return 0;
}
```

　　在這例子我們發現，第二層所宣告的 a 並不會影響到第一層的 a，也就是在第二層宣告了一個另外的 a 來暫時取代了第一層的 a，等到第二層結束後，第一層的 a 又可以繼續使用，而且其內容不會被第二層所影響。這種以相同名稱的變數來進行取代動作稱為**變數遮蔽**(variable shadowing)。這方法可以減少變數命名的煩惱，對於只會用在該區域的臨時變數，比如迴圈的計數器以及運算的暫存空間，就可以使用相同名稱的變數，既不影響運算邏輯，又可達成程式碼的一致性。

　　但是，請小心這種未定義的行為：

程式 5-17

```
#include <stdio.h>
int main(void){
    int a = 50;
    printf("%d\n", a);      /* 50 */
```

```
    {
        int a = a;          /* 未定義的行為！使用未初始化的變數！*/
        printf("%d\n", a);
    }
    return 0;
}
```

請注意此例的第二層，宣告了一個 a 且初始值為 a，那麼這個初始值究竟是哪個 a？直覺上會認為初始值應該為第一層的 a，但並非如此，一旦第二層宣告了同名變數就會發生變數遮蔽，第一層的 a 就會被第二層的 a 所取代，所以初始值就是第二層的 a 了。而一個變數把尚未初始化的自身做為初始值等同直接使用未初始化的變數，那麼 a 的初始動作等同沒做，初始值就會是個不可預期的數值。您或許會這樣抱怨：我就是要把初始值設定為第一層的 a 啊！這該怎麼辦？您可以先宣告一個不同名的變數來記錄第一層 a 的內容：

程式 5-18

```
#include <stdio.h>
int main(void){
    int a = 50;
    printf("%d\n", a);          /* 50 */
    {
        int b = a, a = b;
        printf("%d\n", a);          /* 50 */
    }
    return 0;
}
```

或者您乾脆另起爐灶，在第二層宣告一個與 a 不同名的變數將 a 作為其初始值。甚至，根本不需要在第二層額外地去宣告變數，而是直接使用第一層的 a。

5.3.4　全域宣告

所謂**全域範圍**(global scope)就是不屬於任何區域的範圍，換句話說，全域範圍就是沒有被任何大括號所涵蓋的空間。如下例所示：

程式 5-19

```
#include <stdio.h>
int x = 20;
```
全域

```
int main(void){
    int y = x;
    printf("%d\n", y);
    return 0;
```
區域

```
}
```
全域

請注意，在全域範圍裡只能進行宣告的動作與#開頭的編譯前置處裡動作，不可寫任何非宣告性質敘述句。

程式 5-20

```
#include <stdio.h>
int x = 20;
x += 50;              /* 編譯錯誤！全域範圍內不可有非宣告的敘述句 */
int main(void){
    int y = x;
    printf("%d\n", y);
    return 0;
}
printf("%d\n", x);/* 編譯錯誤！全域範圍內不可有非宣告的敘述句 */
```

在全域範圍所宣告的任何名詞，皆可在程式的任何地方使用，但仍要遵守先宣告才能使用的規則。下例中，x 與 z 皆為**全域變數**(global variable)，但因為

z 的宣告順序錯誤，造成編譯上有未宣告的錯誤：

程式 5-21

```
#include <stdio.h>
int x = 20;
int main(void){
    int y = x;
    printf("%d\n", y);
    printf("%d\n", z); /* 編譯錯誤！z 未宣告 */
    return 0;
}
int z = 100;
```

請注意，全域變數的記憶空間配置動作是在編譯時期，而其初始值也必須能在
編譯時期決定。因此，全域變數的初始動作不可含有任何必須在執行時期才能決定
數值的變數。如下面這個例子：

程式 5-22

```
int x = 20 * 10;      /* OK，運算元皆是字面常數 */
int y = x + 100;      /* 編譯錯誤！x 的內容在執行時期才能決定 */
int z;                /* z 的初始值為零 */
int main(void){
    return 0;
}
```

x 的初始動作是合法的，因為初始運算式中每個運算元都是字面常數，是編譯
時期可以決定的數值。但是 y 的初始動作就會有編譯錯誤了，因為有一個運算元是
x，即使運算元是全域變數，其值也必須等待到執行時期才能決定。請注意，因為
全域變數的記憶空間在編譯時期就能決定，所以**若不給予全域變數的初始值，其內
容保證為零**。所以此例中的 z，其初始值為零。

全域變數也可被同名的區域變數所遮蔽，請看此例：

程式 5-23

```
#include <stdio.h>

int x;                    /* x 的初始值為零 */

int main(void){
    {
        int x = 20;           /* 全域的 x 被區域的 x 遮蔽 */
        printf("%d\n", x);  /* 20，是區域 x 的內容 */
    }
    printf("%d\n", x);      /* 0，是全域 x 的內容 */
    return 0;
}
```

全域變數請斟酌使用。如果變數會被多個函式使用時，全域變數或許就是個不錯的選擇。但要特別注意全域變數的命名，通常我們會將全域變數的名稱冠上一些容易識別的符號，如 g_X 與 g_Y，就是冠上 g_ 來做全域變數的識別。這樣也能減少與區域變數重複命名的情況。

5.3.5　唯讀宣告：const

變數可以透過兩個 CV 修飾字來宣告它的存取屬性：const 與 volatile，其中 const 是最常用的，可以讓您宣告一個不會變更的數值資料。雖然 const 在英語裡是**常數**(constant)的簡寫，但在 C 語言中，它是用來宣告**唯讀變數**(read only)的修飾字[31]。只要在宣告敘述中的指示詞部分加上 const 就會將所宣告的對象指示為**內容不可更改**的性質，請看下面的例子：

程式 5-24

---

[31] 唯讀變數不等於常數，前者是內容不可更改且占有記憶空間的變數，後者是一個文字描述且可在編譯時期決定欲表達的數值。

```
#include <stdio.h>
const double PI = 3.14159;      /* PI 為一個 double 的唯讀變數 */
double CircleArea(double radius){       /* 計算圓面積 */
    return PI * radius * radius;
}
double Circumference(double radius){    /* 計算圓周長 */
    return 2.0 * PI * radius;
}
int main(void){
    double r = 0.0;
    printf("Input radius: ");
    scanf("%lf", &r);                   /* 輸入半徑 */
    printf("Circle Area: %f\n", CircleArea(r));
    printf("Circumference: %f\n", Circumference(r));
    return 0;
}
```

程式 5-24 定義了兩個函式：CircleArea 與 Circumference 分別計算圓
面積與圓周長。這兩個與圓形有關的幾何計算皆需要圓周率 3.14159 這個常數，
因此我們將圓周率 PI 宣告成一個 const 的唯讀變數。

CV 修飾詞可以放在型態名稱之前或之後，像這樣：

```
double const PI = 3.14159;   /* OK */
```

但不可以放在變數名稱之後，像這樣：

```
double PI const = 3.14159;   /* 編譯錯誤！ */
```

大部份 C 語言編譯器允許重複地放置 CV 修飾字，但這並沒有什麼特別意義，
編譯器會視為只有一個 CV 修飾字。像這樣：

```
const  const  double const  const  PI = 3.14159;
```

等同

```
const  double PI = 3.14159;
```

即然是唯讀，您應該不會去更改它。若您的程式有意圖嘗試去變更 const 變數，編譯器會發出錯誤訊息。像這樣：

程式 5-25

```
const double PI = 3.14159;
double Circumference (double radius){
    PI += PI;              /* 編譯錯誤！不可修改 const 變數之內容 */
    return PI * radius;
}
```

若沒做任何轉型動作[32]，編譯器是不允許運算式修改任何 const 變數。

請注意，編譯器並不保證 const 所宣告的變數就是在編譯時期就能決定的常數。因為 const 只是用來將所宣告的對象為唯讀，也就是說，const 只是宣告出一個不可更改內容的變數。在某些狀況下，const 變數會佔據記憶空間，且與它有關的計算行為是無法在編譯時期決定。

還有一點要注意，一個變數若宣告為 const，那麼請最好給它初始值，因為您不會在事後去設定它的內容。若不給予 const 變數初始值，尤其是區域變數，它的內容您無法預測，勢必會造成後續計算上的錯誤。

5.3.6   揮發性宣告 :volatile

另外一種 cv 修飾字是 volatile，它的意思是「**具揮發性**」，主要是用在硬體控制以及多緒平行運算上。在介紹 volatile 之前，我們要先知道什麼是**編譯器最**

---

[32] 某些情況下，const 變數的經過指標轉型後仍可被修改。請看第 6.7 節。

佳化(compiler optimization)。在編譯階段時，編譯器會對我們所寫的程式碼稍加修改，目的是產生一組等效的程式碼使得在特定平台上有更好的執行效率。例如：

程式 5-26

```
#include <stdio.h>
int main(void){
    int inputPort = 0;
    printf("%d\n", inputPort);
    return 0;
}
```

此例的 main 做了一件很簡單的事，就是輸出 0 這個數字。您或許會覺得為何要用一個 int 變數先存放 0，再將此變數輸出，似乎有些多此一舉？沒錯，編譯器可能會將這程式改成：

程式 5-27

```
#include <stdio.h>
int main(void){
    printf("%d\n", 0);
    return 0;
}
```

可是這會有一個問題，請讀者發揮一下想像力，假設 inputPort 這個變數代表著一個實際的硬體裝置，可能是個開關或是感測器。inputPort 隨時會記錄著該硬體裝置的狀態，程式 5-26 只要一執行就可顯示該硬體的目前狀態。可是編譯器會將此程式碼進行最佳化變成程式 5-27，造成 inputPort 被移除，以一個常數取而代之，卻失去了硬體監控之目的，您永遠看到的結果都是 0。

volatile 就是要避免此狀況，只要變數宣告為 volatile，編譯器在最佳化過程中就不會將此變數移除，保留此變數之原有目的。如下所示：

程式 5-28

```
#include <stdio.h>
int main(void){
    volatile int inputPort = 0;
    printf("%d\n", inputPort);
    /* 若 inputPort 代表某硬體裝置，結果是該硬體裝置的目前狀態，
       不一定為 0 */
    return 0;
}
```

volatile 在一般的軟體設計並無顯著的效果，在硬體控制與平行運算上較能發揮它的功效，但這兩個主題並不在本書的討論範圍，請自行參考其它相關書籍。

5.3.7　內部連結與外部連結

在介紹儲存等級指示字前，我們要先知道一下編譯單元與連結器的關係。所謂**編譯單元**(translation unit)就是可以產生出一個機器碼檔的原始碼，簡單來說就是一個.c 的檔案。若一個開發專案裡有數個.c 檔，每個.c 檔就代表一個編譯單元。至於連結器如何運作，在各作業平台皆不相同，很難以一個篇幅來解說，本書在此僅介紹**內部連結**(internal linkage)與**外部連結**(external linkage)的基本概念。讀者若想更進一步地了解連結器的實作原理，請參考連結器相關書籍[8]。

在程式中有許多變數的記憶空間以及函式程式碼的位置是無法在編譯時期得知，於是編譯器會將這些變數與函式的名稱個別建立**連結符號**(symbol)，也為每個使用這些變數與函式的地方建立一個**參考點**(reference，用來指向哪個連結符號)。而連結器就會把連結符號建立一個**連結符號表**(symbol table)，將每個參考點根據此表來查出連結符號的實際記憶空間位址在何處。然而，一個可執行的電腦程式可能是由多個編譯單元所組合而成。例如，一個大型開發專案包含了數個原始碼檔

案，每個原始碼檔皆是一個編譯單位，而每個編譯器會為每個編譯單位產生二進位碼；而且，其中一個編譯單位中呼叫了某個外部函式，此函式的定義卻在另一個編譯單位裡。當面對許多編譯單位時，參考點與連結符號的連結關係有可能會是跨編譯單位的。

連結關係可以分三類：**無連結、內部連結**與**外部連結**。首先，我們要先知道什麼樣的宣告不會產生連結？所有在某個區域範圍未以 **extern** 宣告的名詞皆不會有連結，包含區域變數、區域自訂型態 (列舉型態、結構體與共用體......，請看第 10 章) 以及區域自訂型態所包含的成員變數。也就是說，一般宣告的區域變數是不會有連結產生，因為它們只能在所屬的區域內使用，不可能有機會讓別的區域所使用。

內部連結是指同一編譯單元的連結，連結符號的參考點與實體記憶空間只會存在同一編譯單元下，不會跨越別的編譯單元。而且在任兩個不同的編譯單元裡可以存在同名的內部連結，彼此並不衝突。C 語言的內部連結只會由**靜態(static)的全域宣告**所產生，關於靜態宣告我們留待第 5.3.8 節再予以詳細地介紹。

至於外部連結則是會跨編譯單元的連結，連結符號的參考點與實際記憶空間可能分別存在於不同的編譯單元，且該連結符號可讓不同的編譯單元所參考。外部連結可由下列的宣告對象所產生：

1. 不以 static 指示的全域宣告，包含變數、函式、自訂型態與列舉常數。
2. 以 extern 指示的全域宣告。

一般非靜態的全域變數即會產生外部連結。所有使用到全域變數的參考點，連結器都可以從別的編譯單元去找尋此變數的記憶空間在何處。您可以想像連結器會去一個所有編譯單元共同使用的全域空間搜尋，但請切記，在任何情況下全域空間只有一個，且全域空間裡不允許宣告兩個名稱相同且具有實際記憶空間的變數。當您的開發專案中只有一個原始碼檔案時，這種錯誤比較不容易犯下，因為編譯器會為您檢查。但是，若開發專案中有數個原始碼檔案時[33]，一不小心就很容易收到由連結器發出的重複連結符號之錯誤訊息。我們來看看一個例子：給定一個美元匯率，請設計一個可計算美元轉換台幣的程式。我們來為這題目建立一個專案，它含有三個原始碼檔案：main.c，exchange.c 與 exchange.h。其中，exchange.h 為一個標頭檔，含有一個全域變數的宣告，美元兌換台幣的匯率：**USD_TWD**，以及計算美元兌換台幣的函式：**usd2twd**；exchange.c 則存放著 usd2twd 的定義；main.c 則存放著 main 函式，如程式 5-29 所示。我們可發現 exchange.h 被 exchange.c 與 main.c 所引用，等同 exchange.h 的內容被複製且貼上在這兩個 .c 檔一開始的地方，造成全域變數 USD_TWD 與全域函式 usd2twd 的宣告敘述在兩個 .c 檔內皆存在。接著編譯器會去編譯這兩個 .c 檔 (標頭檔並不會直接地被編譯)，USD_TWD 與 usd2twd 皆會被轉換成各自的連結符號，供 USD_TWD 與 usd2twd 的所有參考點來參考。根據外部連結的產生規則，USD_TWD 與 usd2twd 在這兩個 .c 檔之機器碼檔內皆會產生外部連結。編譯完成後，連結器開始進行連結，因為是外部連結，所以連結器會在所有的機器碼檔案的全域空間找尋 USD_TWD 與 usd2twd 的記憶空間。usd2twd 沒有問題，因為整個全域空間只有一份 usd2twd 的函式定義，連結成功。但是連結器卻發現 USD_TWD 有兩份記憶空間 (一份由 exchange.c 產生，另一份由 main.c 所產生)，連結器不知要連結何者，於是發出**重複符號**(duplicate symbol)的錯誤訊息並中斷連結工作。

程式 5-29

exchange.h

```
double USD_TWD = 30.4;/* 全域變數宣告(也建立了記憶空間) */
double usd2twd(double);   /* 全域函式宣告 */
```

---

[33]. 關於包含多原始碼檔案的專案建立，請參考您使用的開發環境所提供之操作手冊。

exchange.c

```
#include "exchange.h"      /* 將 exchange.h 的內容貼上 */
double usd2twd(double usd){    /* 全域函式定義 */
    return usd * USD_TWD;        /* 使用全域變數 */
}
```

main.c

```
#include <stdio.h>
#include "exchange.h"      /* 將 exchange.h 的內容貼上 */
int main(void){
    double usd = 0.0;
    scanf("%lf", &usd);
    printf("%f\n", USD_TWD);        /* 使用全域變數 */
    printf("%f\n", usd2twd(usd));  /* 呼叫全域函式 */
    return 0;
}
```

您或許會想到在標頭檔加上**引用防衛**來解決這個問題，如下所示：

程式 5-30

exchange.h

```
#ifndef _EXCHANGE_H          /* 若未曾定義過_EXCHANGE_H */

#define _EXCHANGE_H          /* 定義_EXCHANGE_H */

double USD_TWD = 30.4;    /* USD_TWD 為一個全域變數 */

double usd2twd(double);

#endif                       /* 呼應#ifndef */
```

但這只是用在同一編譯單元避免因為多次重複地引入造成重複宣告，在不同的編譯單元並不能解決重複宣告問題。若把加上引用防衛的 exchange.h 展開至每個 .c 檔，您就會發現引用防衛無濟於事，如程式 5-31。

第一次遇到這種問題會很令人沮喪，而且這種一個變數在多份程式碼檔案裡使用又是十分常見的情況。我們必須想辦法解決，但要如何是好？請看接下來的子小節介紹，如何運用儲存等級指示字。

程式 5-31

exchange.c

```
#ifndef _EXCHANGE_H
    /* _EXCHANGE_H 在此編譯單元未曾定義過*/
#define _EXCHANGE_H
double USD_TWD = 30.4;/* 編譯器仍會編譯這兩行宣告式 */
double usd2twd(double);
#endif
double usd2twd(double usd){   /* 全域函式定義 */
    return usd * USD_TWD;      /* 使用全域變數 */
}
```

main.c

```
#include <stdio.h>
#ifndef _EXCHANGE_H
    /* _EXCHANGE_H 在此編譯單元未曾定義過*/
#define _EXCHANGE_H
double USD_TWD = 30.4;    /* 編譯器仍會編譯這兩行宣告式 */
double usd2twd(double);
#endif
int main(void){
    double usd = 0.0;
    scanf("%lf", &usd);
    printf("%f\n", USD_TWD);       /* 使用全域變數 */
    printf("%f\n", usd2twd(usd)); /* 呼叫全域函式 */
    return 0;
}
```

5.3.8 靜態宣告：static

接下來的三個子小節中將會介紹四個儲存等級的修飾字：static、extern、register 與 auto。它們是用來指定宣告的對象如何配置其記憶空間以及連結方式。我們先來看看 static 的宣告，它的意思是靜態宣告指示字，有四個特性：

1. 宣告對象的活動範圍為所屬的編譯單元。
2. 宣告對象的生命周期是在程式一開始到程式結束。
3. 宣告對象的初始化只發生在程式一開始執行時，其它時間都不會再被初始化。
4. 宣告對象的預設初始值為零。

static 常用在宣告一個永久不滅的區域變數。請看此例：

程式 5-32

```c
#include <stdio.h>
int Accumulate(int);                    /* 函式宣告 */
int main(){
    printf("%d\n", Accumulate(1));      /* 1 */
    printf("%d\n", Accumulate(2));      /* 3 */
    printf("%d\n", Accumulate(3));      /* 6 */
    return 0;
}
int Accumulate(int n){          /* 函式定義 */
    static int sumN = 0;        /* 靜態變數 */
    sumN += n;
    return sumN;
}
```

函式 Accumulate 宣告了一靜態區域變數 sumN。若 sumN 沒有以 static 來宣告，可想而知，每次呼叫 Accumulate 時，sumN 都會被重新建立並設定初始值為零,所以每次呼叫都會得到 n 的結果。但現在以 static 來宣告後,事情就變得不一樣了。根據 static 的特性,sumN 只會被初始化一次,而且是在程式一開始之時,並不是在 Accumulate 被呼叫的時候。之後不管 Accumulate 被呼叫多少次,sumN 都不會再被初始化。sumN 也都會一直存在,即使 Accumulate 結束工作,sumN 的內容也都會保持著,直到程式結束。因此,我們可以利用 sumN 來作為一個累加器,在 Accumulate 裏記錄著加總 n 的結果。

靜態變數常與全域變數混淆。您可能會想將 sumN 宣告成全域變數,如下所示:

程式 5-33

```c
#include <stdio.h>
int Accumulate(int);                /* 函式宣告 */
int sumN = 0;                       /* 將 sumN 宣告為全域變數 */
int main(){
    printf("%d\n", Accumulate(1));    /* 1 */
    printf("%d\n", Accumulate(2));    /* 3 */
    printf("%d\n", Accumulate(3));    /* 6 */
    return 0;
}
int Accumulate(int n){              /* 函式定義 */
    sumN += n;
    return sumN;
}
```

沒錯,一樣也可以得到正確結果。但如果將 Accumulte 的定義寫在另一個原始碼檔案,宣告部分寫在一個標頭檔內,就會出現重複連結符號的錯誤訊息了。如程式 5-34。

程式 5-34

accumulate.h

```
#ifndef ACCUMULATE_H
#define ACCUMULATE_H
int sumN = 0;
int Accumulate(int);
#endif
```

accumulate.c

```
#include "accumulate.h"   /* 這裡會宣告全域變數 sumN */
int Accumulate(int n){
    sumN += n;
    return sumN;
}
```

main.c

```
#include <stdio.h>
#include "accumulate.h"   /* 這裡也會宣告全域變數 sumN */
int main(){
    printf("%d\n", Accumulate(1));
    printf("%d\n", Accumulate(2));
    printf("%d\n", Accumulate(3));
    return 0;
}
```

這組程式會造成重複連結符號錯誤，因為在 sumN 的宣告動作寫在 accumulate.h 內，然而 accumulate.c 與 main.c 皆引入此標頭檔，使得 sumN 在全域空間內被宣告兩次。因為 sumN 只會被 Accumulate 函式所使用，所以我們可把 sumN 的宣告寫在 accumulate.cpp 內即可解決問題。如程式 5-35 所示：

程式 5-35

accumulate.h

```
#ifndef ACCUMULATE_H
#define ACCUMULATE_H
int Accumulate(int);
#endif
```

accumulate.c

```
#include "accumulate.h"
int sumN = 0;                /* 只會在此宣告全域變數 sumN */
int Accumulate(int n){
    sumN += n;
    return sumN;
}
```

但這是一個很不好的解決方式。假若我們不小心在其它的程式碼檔案宣告了一個同名的全域變數，即使型態不同，也會造成重複連結符號的錯誤。請把握一個原則，變數若只會讓某個區域使用，請務必將它宣告為區域變數。此例較正確的做法就是把 sumN 宣告為 Accumulate 函式裡的靜態區域變數，如程式 5-36 所示：

程式 5-36

accumulate.h

```
#ifndef ACCUMULATE_H
#define ACCUMULATE_H
int Accumulate(int);
#endif
```

accumulate.c

```
#include "accumulate.h"
int Accumulate(int n){
    static int sumN;        /* 靜態區域變數 */
    sumN += n;
    return sumN;
}
```

由於靜態變數在程式一開始就決定記憶空間，因此它跟全域變數一樣，初始值皆為零。如程式 5-36 中的 sumN 並沒有設定初始值為零的動作。

static 可以與 const 合併使用，雖然都是用來宣告唯讀的變數，但因為 static const 具有一次性的初始動作特性，所以當區域變數宣告為 static const 會比 const 來得有效率。例如這種情況：

程式 5-37

```
const double PI = 3.14159;
double CircleArea(double radius){        /* 計算圓面積 */
    return PI * radius * radius;
}
double Circumference(double radius){    /* 計算圓周長 */
    static const PI2 = PI * 2.0;    /* 只會計算一次的初始動作 */
```

```
    return PI2 * radius;
}
```

PI2 的初始動作並不會因為在每次函式呼叫就進行，而是在程式一開始就進行了。但 PI2 若是只用 const 來宣告，初始動作就會在每次函式呼叫時進行 (若編譯器沒有進行程式碼的最佳化)，浪費了不必要的時間。

靜態變數有一個重要的特性，就是它會產生內部連結，也就是靜態變數只能在同一個編譯單元內使用，而且不會與另一個編譯單元下的同名靜態變數衝突。我們回頭來看看第 5.3.7 節的美元兌換台幣問題。請看程式 5-38，我們只有將 USD_TWD 改成以靜態方式宣告，竟然可以解決重複連結符號的問題！究竟發生了什麼事？這是因為靜態變數具有內部連結的特性，即使它是全域變數，仍然只能在同一個編譯單元下使用。此例中，兩個 .c 檔皆引用了 exchange.h，等同個別宣告了屬於自己的 USD_TWD 靜態全域變數。當全域變數宣告為 static 後，就不會與其它編譯單元的任何同名全域變數衝突。如程式 5-39，exchange.c 檔裡並不引入 exchange.h，如此就不會在 exchange.c 裡宣告靜態全域變數 USD_TWD。exchange.c 檔裡卻宣告了一個代表 31.4 的全域變數 USD_TWD。如此，程式執行結果會發現 main 所看到的 USD_TWD 是 exchange.h 所宣告的靜態全域變數 USD_TWD，那會是 30.4。但在 usd2twd 的結果會是以代表 31.4 的全域變數 USD_TWD 來計算。請注意，此例僅用來示範靜態全域變數與一般全域變數不會發生衝突，不建議讀者在實務上如此產生同名的靜態全域變數與全域變數。

程式 5-38

exchange.h

```
#ifndef _EXCHANGE_H
#define _EXCHANGE_H
static double USD_TWD = 30.4;      /* 靜態全域變數 */
double usd2twd(double);
#endif
```

exchange.c

```
#include "exchange.h"
double usd2twd(double usd){
    return usd * USD_TWD;      /* 使用靜態全域變數 */
}
```

main.c

```
#include <stdio.h>
#include "exchange.h"
int main(void){
    double usd = 0.0;
    scanf("%lf", &usd);
    printf("%f\n", USD_TWD);   /* 使用靜態全域變數 */
    printf("%f\n", usd2twd(usd));  /* 呼叫全域函式 */
    return 0;
}
```

程式 5-39

exchange.h

```
#ifndef _EXCHANGE_H
#define _EXCHANGE_H
static double USD_TWD = 30.4;      /* 靜態全域變數 */
double usd2twd(double);
#endif
```

exchange.c

```
double USD_TWD = 31.4;           /* 不引用 exchange.h */
double usd2twd(double usd){
    return usd * USD_TWD;            /* 使用全域變數 */
}
```

main.c

```
#include <stdio.h>
#include "exchange.h"
int main(void){
    printf("%f\n", USD_TWD);        /* 30.4 */
    printf("%f\n", usd2twd(1.0));  /* 31.4 */
    return 0;
}
```

　　雖然靜態全域變數各自在所屬的編譯單元存活，互不相干，但這可是會引發另一個問題：如果在 main 這端修改了 USD_TWD，exchange 那端的 USD_TWD 並不會跟著修改啊！如程式 5-40：

程式 5-40

main.c

```
#include <stdio.h>
#include "exchange.h"
int main(void){
    double usd = 0.0;
    USD_TWD = 29.0;                /* 修改匯率 */
    scanf("%lf", &usd);            /* 輸入美元金額 */
    printf("%f\n", USD_TWD);       /* 29.0 */
    printf("%f\n", usd2twd(usd));
                                   /* 仍使用 30.4 來計算 */
    return 0;
}
```

　　其中，exchange.h 以及 exchange.c 與程式 5-38 相同。會有這樣的現象是因為兩個編譯單元皆有一個同名但互不衝突的靜態全域變數，等同佔有兩組記憶空間各自存放專屬的數值，只是一開始的初始值皆為 30.4。

　　我們需一個方法讓這些同名的全域變數只參考一份記憶空間。請看下一小節所介紹的 extern 指示字。

5.3.9　外部宣告：extern

　　讓我們再回到第 5.3.7 節所介紹的美元轉換台幣程式，我們把匯率改成 static 來宣告後，雖然沒有連結問題，但是不同的編譯單元有各自專屬的匯率，只在其中之一的編譯單元下修改匯率，另一個編譯單元下的匯率就會有資料不一致的問題。如果您想要宣告一個跨越在不同編譯單元上使用的全域變數，而且該變數所有的參考都只會指向一份記憶空間，那麼請用 **extern** 儲存等級的宣告指示字。extern 是英文「外部」(external) 的縮寫，用來指示所宣告的對象會參考一個具有外部連結、相同名稱且相同型態的連結符號。以 extern 所宣告的變數稱為**外部變數**(external variable)，當外部變數宣告時未給予初始值時，編譯器並不會為它建立記憶空間，只會為它建立外部連結，供後續的程式可以參考使用。因此，您必須在程式的其它地方建立此外部變數的實際記憶空間，而且也務必讓它具有外部連結。請看下面的例子：

程式 5-41

```
#include <stdio.h>
extern double USD_TWD;          /* USD_TWD 為外部變數 */
double USD_TWD = 30.4;          /* 建立 USD_TWD 的記憶空間 */
int main(void){
    printf("%f\n", USD_TWD);    /* 30.4 */
    USD_TWD = 29.0;
    printf("%f\n", USD_TWD);    /* 29.0 */
    return 0;
}
```

初次看到這樣的程式，您可能會有 USD_TWD 重複宣告兩次的疑問。第一次以 extern 所宣告的 USD_TWD 是用來告訴編譯器它是一個外部變數，編譯器會為它產生一個外部連結，但是並不建立它的記憶空間，僅讓後續程式若有使用 USD_TWD 的場合可以順利地進行編譯。第二次對 USD_TWD 的宣告才會建立它的記憶空間，而且也產生一個外部連結，讓連結器可以把整個程式所有使用到 USD_TWD 的參考連結到實際的記憶空間。那麼在 main 函式裡對 USD_TWD 存取都可以正常運行。

　　接著，我們把 USD_TWD 的外部宣告式移到標頭檔 exchange.h 內，USD_TWD
的記憶空間宣告式移到 exchange.c 內，如程式 5-42 所示：

程式 5-42

exchange.h

```
#ifndef _EXCHANGE_H
#define _EXCHANGE_H
extern double USD_TWD;              /* 外部變數 */
double usd2twd(double);
#endif
```

exchange.c

```
#include "exchange.h"
double USD_TWD = 30.4;    /* 記憶空間配置並產生外部連結 */
double usd2twd(double usd){
    return usd * USD_TWD;
}
```

main.c

```c
#include <stdio.h>
#include "exchange.h"
int main(void){
    double usd = 0.0;
    scanf("%lf", &usd);              /* 輸入美元金額 */
    printf("%f\n", USD_TWD);         /* 30.4 */
    printf("%f\n", usd2twd(usd));    /* 使用 30.4 來計算 */
    USD_TWD = 29.0;                  /* 修改匯率 */
    printf("%f\n", USD_TWD);         /* 29.0 */
    printf("%f\n", usd2twd(usd));    /* 使用 29.0 來計算 */
    return 0;
}
```

　　我們解決了先前所有的問題，不會有重複連結符號的問題、匯率也可進行修改且所有使用到匯率的場合都會去參考同一份記憶空間。

　　外部變數有一些使用注意事項。首先，建立外部變數的記憶空間，也必須是一個可產生外部連結的宣告式。任何無法產生外部連結的宣告，都會讓外部變數在連結階段發生找不到連結的錯誤，如程式 5-43 在 exchange.c 裡那兩個 USD_TWD 的宣告，分別是靜態全域變數宣告與區域變數宣告，它們都不會產生外部連結而造成連結錯誤。更不用說忘了寫出任何對外部變數記憶空間配置的宣告，一樣會造成找不到連結的錯誤。

程式 5-43

exchange.c

```
#include "exchange.h"
static double USD_TWD = 30.4; /* 連結錯誤！因為內部連結 */
double usd2twd(double usd){
    double USD_TWD = 30.4;     /* 連結錯誤！因為不具連結 */
    return usd * USD_TWD;
}
```

程式 5-44

main.c

```
#include <stdio.h>
#include "exchange.h"
extern double USD_TWD;            /* 外部變數宣告 */
int main(void){
    extern double USD_TWD;        /* 外部變數宣告 */
    double usd = 0.0;
    scanf("%lf", &usd);           /* 輸入美元金額 */
    printf("%f\n", USD_TWD);      /* 30.4 */
    printf("%f\n", usd2twd(usd)); /* 使用 30.4 來計算 */
    USD_TWD = 29.0;               /* 修改匯率 */
    printf("%f\n", USD_TWD);      /* 29.0 */
    printf("%f\n", usd2twd(usd)); /* 使用 29.0 來計算 */
    return 0;
}
```

外部宣告可以重複，因此可在任何使用外部變數的地方之前寫下外部宣告。如程式 5-44 所示。但是負責外部變數的建立記憶空間宣告就不可重複了，否則會有重複宣告的編譯錯誤。外部宣告也可以給予初始值，但編譯器除了為該變數產生外部連結還會建立其記憶空間，所以不可再寫此變數的建立記憶空間宣告，請看程式 5-45。

程式 5-45

exchange.h

```
#ifndef _EXCHANGE_H
#define _EXCHANGE_H
extern double USD_TWD = 30.4;
              /* 外部變數 + 記憶空間建立 */
double usd2twd(double);
#endif
```

exchange.c

```
#include "exchange.h"
/* 沒有 USD_TWD 的記憶空間建立 */
double usd2twd(double usd){
    return usd * USD_TWD;
}
```

外部宣告加上初始值是一個十分不建議的宣告方式，大部份的編譯器會警告您不要這麼做。理由很簡單，若標頭檔含有外部變數宣告加上初始值，且會被兩個以上的編譯單元所引用，此宣告式就會在整個專案中出現兩次以上，造成同一個連結符號會有兩次的記憶空間配置動作，連結器會發出重複連結符號的錯誤。

我們來看看 extern 與其它宣告指示字的是否可以合併使用。首先，extern 與

static 不可合併使用，否則會有編譯錯誤。這是因為 C 語言的語法不允許一個宣告式裡有兩個以上不同的儲存等級指示字：

extern static double USD_TWD;

/* 編譯錯誤！一個宣告式不可含有兩個以上不同的儲存等級指示字 */

但是 extern 可以與 const 合併使用，我們稱為**外部唯讀宣告式**。但是，一般的 const 變數在宣告時必須給予初始值 (請看第 5.3.5 節)，但宣告為外部唯讀變數時請不要給予初始值，而是在建立記憶空間時給予初始值。因為以 extern 宣告的外部變數給予初始值時，編譯器會自動為它建立所需的記憶空間並且產生外部連結，所以若有兩個編譯單元皆含有同樣給予初始值的 extern 宣告式，在連結階段就會發生重複連結符號的錯誤。extern const 也是有同樣情況，我們來看看計算圓面積的例子，請看程式 5-46。我們把計算圓面積的程式建立成一個專案的形式，把圓周率 PI 與計算圓面積函式 CircleArea 之宣告放在 circle.h 裡，CircleArea 的定義放在 circle.c 裡，主程式寫在 main.c 裡。PI 我們以外部唯讀來宣告並給予初始值 3.14159。但是，main.c 與 circle.c 皆會引入 circle.h，造成這兩個 cpp 檔皆含有 PI 的宣告式，連結器會發現有兩個同名的外部連結符號並停止連結動作。

程式 5-46

circle.h

```
#ifndef _CIRCLE_H
#define _CIRCLE_H
extern const double PI = 3.14159;
                              /* 會有重複連結符號的錯誤 */
double CircleArea(double);    /* 圓面積函式宣告 */
#endif
```

circle.c

```
#include "circle.h"        /* PI 會在此建立記憶空間 */
double CircleArea(double radius){ /* 圓面積函式定義 */
    return PI * radius * radius;
}
```

main.c

```
#include <stdio.h>
#include "circlr.h"         /* PI 也會在此建立記憶空間 */
int main(void){
    printf("%f\n", PI);
    printf("%f\n", CircleArea(2.0));
}
```

　　如果 PI 不給予初始值，會發生什麼事呢？這也會有連結錯誤，因為外部唯讀宣告式若為給予初始值，編譯器不會為它建立記憶空間，也不會產生外部連結。其它編譯單位有任何使用到 PI 的地方就會引發找不到參考對象的連結錯誤。所以，與一般的外部變數同樣作法，我們必須在**外部唯讀宣告式之後**再以 const 來宣告並給予初始值。如程式 5-47 所示：

程式 5-47

circle.h

```
#ifndef _CIRCLE_H
#define _CIRCLE_H
extern const double PI;        /* 不給予初始值 */
double CircleArea(double);     /* 計算圓面積 */
#endif
```

circle.c

```
#include "circle.h"
const double PI = 3.14159;    /* 建立記憶空間 */
double CircleArea(double radius){
    return PI * radius * radius;
}
```

　　剛接觸 extern 的您，或許會有許多疑惑與不知所措。請把握一個原則：extern 所宣告的對象必須參考一個具有外部連結的記憶空間。因此，我們必須在適當的地點為這個外部變數以正確的宣告式建立具有外部連結的記憶空間。

5.3.10　其它儲存等級指示

　　register 也是一個儲存等級的宣告指示字，它的意思是**暫存器**。暫存器通常是建置在 CPU 的內部，並在整個計算機架構中具有存取速度最快的記憶體。但是暫存器空間並不大，使用規則也有許多限制，更重要的是，暫存器的使用權限得仰賴機器與作業系統願不願意釋放。所以 register 這個指示字只能建議編譯器去向運作的環境要求使用暫存器，但不保證一定能成功。若無法取得暫存器的使用權限，就會自動轉成一般的宣告。事實上，C 語言的宣告式只要不寫上任何儲存等級的指示字，編譯器會自動配置適當的記憶空間給宣告對象，如果暫存器可用，編譯器就會配置暫存器給宣告對象。

最後一個儲存等級指示字是 auto[34]，用來讓編譯器自動決定該配置何種記憶空間給宣告對象。但由於宣告式只要不寫上任何儲存等級的指示字就是 auto 了。因此，auto 被視為一種不必要的贅字。

5.4　運算敘述

運算敘述 (expression statement)，顧名思義，就是以**運算式**為主體的敘述。由於運算式並不是 C 語言中的基本執行單位，敘述句才是，設計好的運算式必須包裝為一個敘述句的形式，才能讓它有效地執行。下列範例都是運算敘述 (假設 x 為一個 int，初始值為零)：

```
x = x * 2 + 3;
x >= 0 && x <= 100;   /* x 是否大於等於 0 而且小於等於 100 */
(x + 10) > 60 ||
(x * 3 > 60);      /* x 加 10 是否大於 60 或者 x 乘 3 是否大於 60 */
```

就算沒有任何運算子，只寫一個變數或常數，這也算是運算敘述：

```
x;         /* 運算敘述 */
123;       /* 運算敘述 */
```

函式的呼叫也是運算敘述：

```
x = MyFunction(1, 2);     /* 運算敘述 */
Hello();                  /* 運算敘述 */
```

我們可以發現，運算敘述是由一個以上的運算式組成，各運算式的運算結果都

[34.] auto 在 C++11 有別種用途，可根據初始值自動地決定型態，請參閱 C++11 相關書籍。

會儲存在屬於該敘述的記憶空間(右值運算式會放在暫存空間)中，直到敘述完成後才會回收，如在 x = x * 2 + 3;中，x * 2 會先算出，並將結果儲存起來，然後再接著算加上 3 會是多少，這結果也會另外儲存起來作為等號的右運算元寫入到 x 中。而等號是個右值運算式，它會把左運算元修改後的內容作為運算結果，這也會放在該敘述的記憶空間中。因此，這句敘述總共創造了三個暫存空間來分別存放三個右值運算式的運算結果。

5.5　if 條件敘述

條件敘述(conditional statement)在程式中扮演了控制程式分支與流程的角色，我們可以利用條件敘述來決定某部分的程式要不要執行。條件敘述有兩種：if 敘述以及 switch 敘述。if 敘述主要包含三大部份：if、else if 以及 else。語法如下所示：

if(運算式) 敘述句集合

else if(運算式) 敘述句集合

else if(運算式) 敘述句集合

...

else 敘述句集合

其中，if 與 else if 後面都有一個小括號並包含了一個運算式，如果運算式的結果為 true(不為零)，代表條件成立，則執行該部分的敘述句集合。執行完成後結束整個條件敘述，也就是其它的 else if 或 else 部分都不會去執行；如果運算式的結果為 false(零)，代表條件不成立，則不執行該部分的敘述句集合，然後繼續看下個 else if 的運算式是否成立。如果沒有下個 else if 部分，就直接執行 else 部分的敘述句集合；如果沒有後續的 else if 也沒有 else 部分，則結束整個條件敘述。

請注意，在需要寫下運算式的小括號中，請勿讓它留下空白，否則會有編譯上的錯誤：

```
if(){                   /* 編譯錯誤！小括號內必須含有一個運算式！ */
    printf("Hello!");
}
```

還有，else if 部分以及 else 部分可個別省略，若不省略 else if 部分則必須寫在 else 部分之前且 else if 部分可以有一個以上，else 部分只能有一個。另外各部分的敘述句集合至少要有一句敘述(含空敘述)，若敘述句集合有兩句以上的敘述，則必須以複合敘述呈現，也就是要以大括號包住；若敘述句集合只有一句敘述則大括號可以省略。我們來看一個正確的 if 敘述，程式 5-48。這個條件敘述有四部分，分別用來判斷一個學生的成績屬於哪個等級：若成績在 90 分以上，則顯示"Excellent!"訊息；成績若在 80 分以上且不滿 90 分，則顯示"Good!"訊息；成績若在 60 分以上且不滿 80 分，則顯示"OK!"訊息；成績若不到 60 分，則顯示" Failed!"以及" Try it again!"這兩行訊息。請注意，else 部分一定要放在最後面，否則會有編譯錯誤。除了 if 部分，各部分可視情況來省略。如下面這個例子，成績為 90 分以上則顯示"Excellent!"訊息，其它情況則顯示"OK!"訊息，如程式 5-49 所示。

程式 **5-48**

```
#include <stdio.h>
int main(void){
    int x = 0;
    scanf("%d", &x);            /*  輸入學生成績 */
    if(x >= 90)                 /* 90 分以上，顯示 excellent! */
    {  printf("Excellent!\n"); }
    else if(x >= 80)  {/* 80 分以上且不滿 90 分，顯示 Good！ */
        printf("Good!\n");
    }
    else if(x >= 60)     /* 60 分以上且不滿 80 分，顯示 OK！ */
        printf("OK!\n");     /* 單行敘述可不加大括號 */
    else{                 /* 不到 60 分，顯示 Failed 等兩行訊息 */
        printf("Failed!\n");
        printf("Try it again!\n");
    }                 /* 多行敘述必須加大括號 */
    return 0;
}
```

程式 **5-49**

```
#include <stdio.h>
int main(void){
    int x = 0;
    scanf("%d", &x);                /*  輸入學生成績 */
    if(x >= 90)
        printf("Excellent!\n");
    else
        printf("OK\n");
    return 0;
```

```
}
```

else 部分也可視情況來省略。如下面這個例子，只有成績為 90 分以上會顯示
"Excellent!"訊息，其它情況則不進行任何處理：

程式 5-50

```
#include <stdio.h>
int main(void){
    int x = 0;
    scanf("%d", &x);                /* 輸入學生成績 */
    if(x >= 90)
        printf("Excellent!\n");
    return 0;
}
```

請注意，else 不能像 if 那樣後面接一個裝著運算式的小括號，這是常犯的文
法錯誤。如下面這個例子：

程式 5-51

```
#include <stdio.h>
int main(void){
    int x = 0;
    scanf("%d", &x);          /* 輸入學生成績 */
    if(x >= 90)
        printf("Excellent!\n");
    else  (x < 60){           /* 編譯錯誤！else 不可有運算式 */
        printf("Failed!\n");
        printf("Try it again!\n");
    }
    return 0;
}
```

　　各部分的敘述句集合如果沒有任何程式,若可移除該部分請移除之,若不可移除也一定要給予一句空敘述,否則會有編譯錯誤。像下面這個例子,只希望顯示不到 60 分的訊息,卻寫成一個複雜又含有文法錯誤的條件敘述:

程式 5-52

```
#include <stdio.h>
int main(void){
    int x = 0;
    scanf("%d", &x);          /*  輸入學生成績 */
    if(x >= 90)               /* 編譯錯誤!此部分沒有任何敘述 */

    else if (x > 60);         /* OK!有一句空敘述 */
    else {
        printf("Failed!\n");
        printf("Try it again!\n");
    }
    return 0;
}
```

　　其實,只要改變一下條件邏輯,就可寫出一個精簡又可達成目的條件敘述。程式 5-52 可以改成這樣:

程式 5-53

```
#include <stdio.h>
int main(void){
    int x = 0;
    scanf("%d", &x);              /*  輸入學生成績 */
    if(x < 60) {                  /* 只顯示不到 60 分的訊息 */
        printf("Failed!\n");
        printf("Try it again!\n");
```

```
        }
        return 0;
    }
```

　　條件敘述可以寫很多層,也就是條件敘述裡面還有條件敘述,我們稱為**巢狀式**
條件敘述(nested conditional statement)。學生成績這個例子可以改成多
層次條件敘述,如程式 5-54:

程式 5-54

```
#include <stdio.h>
int main(void){
    int x = 0;
    scanf("%d", &x);    /* 輸入學生成績 */
    if(x >= 60){        /* 請注意大括號 */
        if(x >= 80){    /* 請注意大括號 */
            if(x >= 90)    /* 90 分以上,顯示 excellent! */
                printf("Excellent!\n");
            else/* 80 分以上且不滿 90 分,顯示 Good! */
                printf("Good!\n");
        }
        else                /* 60 分以上且不滿 80 分,顯示 OK! */
            printf("OK!\n");
    }
    else{            /* 不到 60 分,顯示 Failed 等兩行訊息 */
        printf("Failed!\n");
        printf("Try it again!\n");
    }
    return 0;
}
```

　　比較程式 5-48，程式 5-54 一樣可以達成同樣的效果，效能也未必比較差。
若成績不到 60 時，程式 5-48 必須經過三次的判斷運算才能顯示訊息，90 分以上
只要判斷一次即可。但在巢狀條件敘述的版本中，90 分以上卻要判斷三次才能顯示
訊息，反而不到 60 分的情況只要判斷一次即可。因此，平均下來，兩種版本的效
率其實是一樣的。

　　由於條件敘述中各部分若只含有單行敘述可以不加大括號，且一組 if 與 else
可以算是一句敘述，即使內層的條件敘述是含有多行的複合敘述，對外層來說仍然
視為單行敘述。程式 5-54 可以改成這樣：

程式 5-55

```c
#include <stdio.h>
int main(void){
    int x = 0;
    scanf("%d", &x);    /* 輸入學生成績 */
    if(x >= 60)         /* 大括號可省略 */
        if(x >= 80) /* 大括號可省略*/
            if(x >= 90)   /* 90 分以上，顯示 excellent! */
                printf("Excellent!\n");
            else/* 80 分以上且不滿 90 分，顯示 Good！ */
                printf("Good!\n");
        else          /* 60 分以上且不滿 80 分，顯示 OK！*/
            printf("OK!\n");
    else{             /* 不到 60 分，顯示 Failed 等兩行訊息 */
        printf("Failed!\n");
        printf("Try it again!\n");
    }
    return 0;
}
```

但要注意,請勿濫用大括號的省略,上例若把判斷是否 80 分以上的 else 部分移除掉,這程式的執行結果就可能會不一樣了:

程式 5-56

```
#include <stdio.h>
int main(void){
    int x = 0;
    scanf("%d", &x);       /* 輸入學生成績 */
    if(x >= 60)            /* 大括號可省略 */
        if(x >= 80)        /* 大括號可省略*/
            if(x >= 90)/* 90 分以上,顯示 excellent! */
                printf("Excellent!\n");
            else           /* 80 分以上且不滿 90 分,顯示 Good! */
                printf("Good!\n");
    /* 原本想移除 60 分以上且不滿 80 分的部分 */
    else{ /* 變成 60 分以上且不到 80 分,顯示 Failed 等兩行訊息 */
            printf("Failed!\n");
            printf("Try it again!\n");
    }
    return 0;
}
```

請試著輸入 65,您會發現顯示的結果是不到 60 分的訊息。您看得出來為什麼嗎?因為編譯器會將最後的 else 部分配對給第二層的條件敘述了(編譯器會配對距離最近的 if 與 else)。x = 65 時,第一次的條件運算(x >= 60)會成立,但在第二次的條件運算(x >= 80)不會成立,就會去執行最後的 else。若 x 是 45,則在第一次的條件運算不成立後就結束整個條件敘述了,因為第一層的 if 被視為沒有 else 部分。我們稱這種編譯器對 else 的配對與程式設計者的認知不一致之現象為**懸置 else**(dangling else)。有些編譯器會對懸置 else 提出警告訊息,建議您不要這麼寫。請接受這個建議，若有任何巢狀條件敘述，請用大括號清楚地區別每一層的條件敘述。

5.6　　switch 條件敘述

另一種條件敘述是 switch 敘述，它的主要用途是：根據一個運算式的結果，讓程式產生多分支的流程。switch 的語法如下：

switch(整數運算式){

　　敘述句集合

　　case 常數運算式 1： 敘述句集合

　　case 常數運算式 2： 敘述句集合

　　case 常數運算式 n： 敘述句集合

　　default: 敘述句集合

}

其中，case 是一種**標籤**(label)，用以指示冒號後續的程式碼是個跳耀點。swtich 會根據小括號內的整數運算式之運算結果，由上往下找尋是否與哪個 case 所指定的常數相同，若找到對應的 case，就將程式執行焦點跳躍到該 case 之後的程式碼。**default** 也是一種標籤，如果沒有任何一個 case 相符，那麼就會跳至 default 所標示的程式碼。

就以上一小節的學生成績分類為例。為了對不同等級的成績進行分類，而寫出了含有許多判斷運算式的 if 敘述句，使得程式看起來頗為複雜。switch 可以達成同樣的效果，程式也可以變成較為簡潔易讀。請看程式 5-57：

程式 5-57

```
#include <stdio.h>
int main(void){
    int x = 0;
```

```
scanf("%d", &x);              /*  輸入學生成績 */
switch(x / 10){
    case 10:    /* 90 分以上，顯示 excellent! */
    case 9:
        printf("Excellent!\n");
        break;
    case 8:     /* 80 分以上且不滿 90 分，顯示 Good！ */
        printf("Good!\n");
        break;
    case 7:     /* 60 分以上且不滿 80 分，顯示 OK! */
    case 6:
        printf("OK!\n");
        break;
    default:    /* 不到 60 分，顯示 Failed 等兩行訊息 */
        printf("Failed!\n");
        printf("Try it again!\n");
} /* switch 區塊 */
return 0;
}
```

　　其中，**break** 是中斷指令，它可以將程式執行的焦點從距離最近的 switch 或
者後面會介紹的 while、do while 或 for 敘述區塊跳離出來一層。由於標籤只
具有跳躍點標示作用，任兩個連續的 case 之間並不會有任何停止動作，若我們不
希望讓程式一直執行到下一個 case，就會以 break 命令來作為兩個 case 之間的
間隔。像上例中的 case 9 執行到 break 指令就會跳離 switch 區塊，而不會往
下執行 case 8 的部分。但有時我們會希望兩種以上的 case 會執行某些同樣的程
式碼，那麼這些 case 之間就不會以 break 來區隔，如上例的 case 10 與 case 9
都會執行同樣的程式。

switch 有很多限制與需要注意的地方，首先，switch 一開始的小括號內必須是一個可以算出整數類型的運算式，整數型態不論有號還是無號，包含了 char、short、int、long 以及 long long。任何非整數的運算結果都不被接受。若我們把上例中 switch 的小括號內的 x / 10 改成 x / 10.0，將會造成編譯錯誤：

程式 5-58

```
#include <stdio.h>
int main(void){
    int x = 0;
    scanf("%d", &x);
    switch(x / 10.0){   /* 編譯錯誤！小括號內必須是整數運算式！ */
    }
    return 0;
}
```

另外 case 必須接續一個編譯時期可決定的常數，不可含有任何執行時期才能決定的變數。而且即使是常數，也要能夠與 switch 小括號內的整數運算式之結果進行比較(相同型態或能夠進行隱性轉換)。下列都是錯誤的 case 寫法：

程式 5-59

```
#include <stdio.h>
int main(void){
    int x = 0, y = 10;
    scanf("%d", &x);
    switch(x){
        case y:             /* 不是常數運算式 */
        case x == 0:        /* 不是常數運算式 */
        case < 0:           /* 不完整的運算式 */
        case "ABCD":        /* 型態不匹配也不是一個整數常數 */
        break;
```

```
        }
        return 0;
    }
```

另外請注意一點，若在 switch 內寫出沒有機會被執行的敘述句，編譯器通常不會有警告訊息，雖然不影響程式的正確性，但容易在日後的維護造成不必要的混淆。如下面的例子，所有的++x 運算都不會發生：

程式 5-60

```
    #include <stdio.h>
    int main(void){
        int x = 0;
        scanf("%d", &x);
        switch(x){
            ++x;                /* 不會被執行 */
            case 0:
                break;
            ++x;                /* 不會被執行 */
            case 1:
            case 2:
                break;
            ++x;                /* 不會被執行 */
        }
        printf("%d\n", x);      /* x 仍是所輸入的數值 */
        return 0;
    }
```

請儘可能地不要在 switch 內宣告區域變數。原因有二，第一，有些編譯器禁止在宣告式前加上標籤(如 gcc)，如下所示：

程式 5-61

```c
#include <stdio.h>
int main(void){
    int x = 0;
    scanf("%d", &x);
    switch(x){
        case 0:
            int y;      /* 等同 case 0: int y; */
            y = x;
            printf("%d\n", y);
            break;
        default:
            int z;      /* 等同 default: int z; */
            z = x * 10;
            printf("%d\n", z);
            break;
    }
    return 0;
}
```

若需要在某個 case 下宣告專屬的區域變數,請用大括號建立一個子區域。程式 5-61 可以改成這樣:

程式 5-62

```c
#include <stdio.h>
int main(void){
    int x = 0;
    scanf("%d", &x);
    switch(x){
        case 0:
```

```
    {                        /* case 0 的區域 */
        int y;
        y = x;
        printf("%d\n", y);
        break;
    }
    default:
    {                        /* default 的區域 */
        int z;
        z = x * 10;
        printf("%d\n", z);
        break;
    }
    }
    return 0;
}
```

由於 switch 有個專屬的大括號區域，理所當然地，在此區域內所宣告的變數一定可以讓此區域內所有於該宣告式之後的程式碼來使用，如下的例子：

程式 5-63

```
#include <stdio.h>
int main(void){
    int x = 0;
    scanf("%d", &x);
    switch(x){
        int y = 123;    /* 設定初始值可能不會被執行！ */
        case 0:
            y = x;
        case 1:
```

```
            printf("%d\n", y);    /* ? */
            break;
      }
      return 0;
}
```

　　y 可供此 swtich 內的所有程式使用，但它並非像一般的區域變數可設定初始值，因為編譯器會認為設定初始值不屬於任何一個 case 下，理當不應該被執行。如果讓其它 case 能夠使用這個經過初始化的變數，不就等同創造一個機會讓某個 case 去執行另外一個不應該被執行的程式？

　　當然我們可以把 switch 的區域變數宣告為靜態區域變數，如程式 5-64，但是初始值只有程式一開始時會被設定，之後都不再有機會進行初始化。

程式 5-64

```
#include <stdio.h>
int main(void){
    int x = 0;
    scanf("%d", &x);
    switch(x){
        static int y = 123;/* OK，但初始值設定只有程式一開始時 */
        case 0:
            y = x;
        case 1:
            printf("%d\n", y);    /* x若為 1，輸出結果為 123 */
            break;
    }
    return 0;
}
```

switch 與 if 這兩種條件敘述各有適合的用處，switch 通常用在三個分枝以上的程式架構，而且可以用一個整數來決定要執行哪個分枝。例如：以年齡來決定、以日期或時間來決定、以按鍵來決定……。但是，若決定分枝的條件較為複雜，而且每個分枝需要以一個運算式來決定是否執行，那麼用 if...else if 的架構將會比較適合。

5.7　　while 迴圈敘述

我們常常會以重複的步驟來解決一個問題，例如，一個數字反覆地乘上 n 次，就可算出這個數字的 n 次方。因此，如何讓程式設計師能夠很容易地寫出一個可重複執行的程式，在任一個程式語言中都是最基本且重要的功能。C 語言則提供三種了**迴圈敘述**(iterative statement)：**while**、**do while** 及 **for**，讓我們很方便地寫出一段可根據某些條件來重複執行的程式碼。我們先來看看 while 迴圈敘述，它的語法如下：

while(運算式) 敘述句集合

其中，敘述句集合的規則與 if 條件敘述一樣，集合中至少要有一句敘述 (含空敘述)，若敘述句集合有兩句以上的敘述，則必須以複合敘述呈現，也就是要以大括號包住；若敘述句集合只有一句敘述則大括號可以省略。小括號內的運算式不可是空白，必須是一個合法的運算式，否則會有編譯上的錯誤。

迴圈每執行一次稱為一個**回合**(round)或一次**迭代**(iteration)。while 敘述在進行每回合時會有三大執行步驟：

1. 先檢查小括號內運算式的結果是否不為零 (邏輯意義為成立)；
2. 若運算式的結果不為零，則執行敘述句集合一次，然後重複步驟 1。
3. 若運算式的結果為零，則停止 while 敘述的執行；

　　舉個例子，我們來看看如何以 while 來計算一個整數的 n 次方(假設 n 為正整數)：

程式 5-65

```
#include <stdio.h>
int main(void){
    int x = 0, y = 1;
    unsigned int n = 0;
    scanf("%d%u", &x, &n); /* 輸入 x 與 n */
    while(n > 0){        /* n 若大於零，執行迴圈的敘述句集合一次 */
        y = x;           /* y = y * x */
        --n;             /* n = n - 1 */
    }
    printf("%d\n", y);     /* y 為 x 的 n 次方 */
    return 0;
}
```

　　我們來看看這段程式做了什麼事。假設 x 與 n 分別為 3 與 2，根據 while 敘述的第一步驟，會先執行小括號內的運算式，由於 n 為 2，所以 n 必大於零。因此，運算式 n > 0 會得到邏輯成立的結果。根據 while 敘述的第二步驟，大括號內的程式碼會被執行一次：y 此時會得到 3，n 會遞減為 1。接著再回頭執行小括號內的運算式，n 為 1，仍然大於零，大括號內的程式碼再被執行一次：y 此時會得到 9，n 會遞減為 0，又再回頭執行小括號內的運算式，但此時 n 已為 0，不滿足 n > 0 的條件式而得到邏輯不成立的結果，while 大括號內的程式不再被執行，迴圈敘述結束。進而執行下一行敘述：將 y 輸出。我們即可得到 3 * 3 也就是 9 的結果。請注意，y 一開始必須為 1，若為零則會造成結果恆等於零的情況。

　　我們必須要關心一個迴圈敘述會被執行幾回合。在上例中計算 x^n 您可以估計出需要花多少時間嗎？我們可以發現，關鍵在 while 敘述會被執行多少次。而且次數又與 n 有關係，n 若為 2，while 敘述就會被執行兩次；n 若為 3，while 敘述就會被執行三次......以此類推，我們可歸納出此程式的計算時間與 n 成正比，也就是要花 n 倍的單位時間。因為每台電腦的執行效能不同，我們沒辦法準確的計算出執行時間是多少分鐘甚至多少秒，只能找出程式中決定時間的關鍵變數，然後用一個基於此變數的數學模型來描述時間。在計算機科學中，常以**時間複雜度**來描述 (請參考第 1.7 節)。上例的時間複雜度會是 $\Theta(n)$，因為不管 x 與 n 為多少，一定都要執行 n 倍的時間，不會更少也不會更多。此例的時間複雜度若以 $O(n)$ 來描述並不恰當，因為 $O(n)$ 代表著：最慢的執行時間為 n 倍，但當在某種情況下，程式會以少於 n 倍的時間下完成，可能是 $\log n$，甚至是一剎那的常數時間。但此例並不會發生這種事情，n 是多少，執行時間就會是 n 倍的時間，沒有例外。因此，必須要以 $\Theta(n)$ 來描述其時間複雜度。

同樣一個問題，若用不同的思路來解決它，雖然一樣會得到正確的結果，但卻有不同的完成時間。我們來仔細分析一下計算 x^n 有什麼加速的方法。由於 n 是一個正整數，那麼它就可以直接地被轉換成二進位碼。假設我們要計算 3 的 13 次方，那麼 13 的二進位碼就是 1101。您有發現嗎？如果我們把 n 的二進位碼中每個位數由右至左給予編號，最右位元稱為第零的位元，下一個稱為第 1 個位元，再下一個稱為第 2 個位元，......以此順序編號。接著，我們把第 k 個位元以 x 的 2^k 次方來代表，也就是第零個位元是 x^0，第 1 個位元是 x^2，第 2 個位元是 x^4......。最後，把屬於 1 的位元所代表的 x 之 2^k 次方乘起來，就會得到我們所要的結果了。回到剛才的例子 3^{13}，就會等於 $3^8 \cdot 3^4 \cdot 3^1$。根據這個演算法，我們可以寫出下列程式：

程式 5-66

```c
#include <stdio.h>
int main(void){
    int x = 0, y = 1;
    unsigned int n = 0;
    scanf("%d%u", &x, &n);
```

```
while(n > 0){      /* n若大於零,執行迴圈的敘述句集合一次 */
    if(n & 1)       /* 檢查最小的位元是否為 1 */
        y *= x;      /* 若是 1,則乘上 x 的 2^k 次方 */
    n >>= 1;         /* n 右移一個位元 */
    x *= x;        /* x 的 2^(k+1) 次方 = x 的 2^k 次方乘上 x 的 2^k 次方 */
}
printf("%d\n", y);      /* y 為 x 的 n 次方 */
return 0;
}
```

程式 5-66 利用了一些位元運算子來計算 x 的 n 次方。我們以 n & 1 來檢查 n 的最小位元是否為 1,若是 1,就把 y 乘上 x 的 2^k 次方。不論 n 的最小位元為多少,都要進行下一個位元的檢查,我們以位元右移運算子把 n 的所有位元向右邊平移一個位元。但 x 的 2^k 次方也要計算出來,這很簡單,只要把目前代表第 k 位元 x 的 2^k 次方乘上自身就是下一個代表第 k + 1 位元的 x 的 2^{k+1} 次方。舉幾個例子:$x^8 = x^4 \cdot x^4$,$x^4 = x^2 \cdot x^2$,$x^2 = x^1 \cdot x^1$ 。然後,我們以 while 迴圈先檢查若 n 是否為零,若 n 還有屬於 1 的位元沒被處理,迴圈繼續執行;反之,代表 n 已沒有任何屬於 1 的位元了,即可輸出結果。

這修改後的版本速度有比較快嗎?此迴圈的執行次數必須看 n 的二進位碼,若屬於 1 的最大位元落在第 k 個位元,迴圈就會執行 k + 1 次。其中,k 為 $\log_2 n$ 的整數部分。如 n 為 13,那麼屬於 1 的最大位元就會在第 3 個位元,那麼迴圈就會執行 4 次;若 n 為 16,屬於 1 的最大位元會在第 4 個位元,迴圈就會執行 5 次。因此,這個版本所需的計算時間就會是 $\Theta(\log_2 n)$,這種速度會比先前的版本 $\Theta(n)$ 快上許多。

在迴圈的重覆進行中,有時因為某種條件的滿足,可以不用讓迴圈再繼續進行下去。那麼有什麼方法可以讓迴圈提前結束呢?您可以用 **break** 指令讓程式執行的焦點從距離最近的 while 敘述區塊跳離出來一層。我們以一個例子來說明:請判斷一個整數 n 是否為**質數**(prime)。什麼是質數呢？若 n 為質數的話，它必是大於 1 的整數，且除了 1 與自身外，它無法被任何數字整除。所以我們只要寫一個迴圈檢查 2 到 n - 1 之間是否有任何一個數字可以整除 n。程式如下：

程式 5-67

```
#include <stdio.h>
int main(void){
    int n = 0, x = 2;
    scanf("%d", &n);            /* 輸入 n */
    while( x < n ){
        if( n % x == 0)         /* n若可被x整除，代表n不是質數 */
            break;              /* 跳離 while 迴圈 */
        ++x;                    /* 若不可被x整除，繼續下一個x */
    }
    if(x == n)                  /* 若迴圈可執行到最後，代表n是質數 */
        printf("%d is a prime\n", n);
    return 0;
}
```

這程式利用了 break 讓 while 提前結束。x 是介於 2 到 n - 1 之間的數字，若發現 n 可被 x 整除，我們可以很確定 n 不會是個質數，迴圈就沒有必要再繼續執行下去。我們可以利用 break 來跳出迴圈的區域，也就是 break 之後且屬於迴圈內的程式碼都不會被執行，直接跳到迴圈外的下一行程式碼。此例中，若發現 n 可被 x 整除，迴圈則立即被中斷，++x 並不會被執行，而是執行迴圈後的 if(x == n) 的判斷式。若 n 無法被 x 整除，就會執行++x 並繼續找下一個可整除 n 的數字。當迴圈跑到最後，也是 x 等於 n 時，代表 2 到 n - 1 之間沒有任何數字可以整除 n，那麼 n 就是個質數了。

此程式的時間複雜度是 O (n)，因為最花時間的情況就是當 n 為質數時，迴圈會跑 n－2 回合，執行時間與 n 為線性關係。但 n 不是質數時，迴圈有可能只跑一次就結束了，如 10、28、1024、……等這些數字。當程式執行時間的最差情況與最佳情況不一致時，我們可用 O 來描述其執行時間的上限。

請注意，break 只能用在迴圈敘述或者 switch 的區域，其它地方皆不可用 break，否則會發生編譯錯誤，如下所示：

程式 5-68

```
int main(void){
    break;          /* 編譯錯誤！ */
    if(1){
        break;      /* 編譯錯誤！ */
    }
    return 0;
}
```

迴圈還有一種情況，當滿足某種條件，我們會希望該回合可以跳過，但也不是中斷整個迴圈，迴圈仍會進行下一回合的運算。**continue** 這個命令可以幫我們實現這個想法。當進行迴圈敘述中的某回合時，遇到 continue 命令時則會跳過該回合，直接進入下一回合。我們用一個例子來看看 continue 如何使用：請輸入 n 個學生的成績，並算出她們的平均成績。其中，成績必須介於 0 到 100 之間，若不小心輸入錯誤則必須重新輸入該學生的成績。程式如下：

程式 5-69

```
#include <stdio.h>
int main(void){
    int n = 0, i = 0;
    double score = 0.0, sum = 0.0, average = 0.0;
    printf("Input the number of students: ");
    scanf("%d", &n);    /* 輸入學生數 n */
```

289

```
    while(i < n){
        printf("Input the score of student %d: ", i);
        scanf("%lf", &score);     /* 輸入學生成績 n */
        if(score < 0.0 || score > 100.0)
            continue;  /* 若輸入錯誤成績則跳過此回合，繼續下一回合 */
        sum += score;            /* 若輸入正確，計算成績總和 */
        ++i;                     /* 下一位學生 */
    }
    if(n > 0)
        average = sum / n;                    /* 計算平均成績 */
    printf("Average: %f\n", average);   /* 輸出結果 */
    return 0;
}
```

程式前半段是變數宣告以及要求使用者輸入學生的人數 n，接著就進入迴圈進行輸入每個學生的成績。每輸入一個成績後，就必須檢查數字是否介於 0 到 100 之間，若不是就必須要求使用者重新輸入。因此，我們以 continue 來跳過後面的程式敘述，也就是 sum += score 與++i 都不會執行，而直接進入下一回合。若輸入的成績沒問題，就累加到儲存成績總和的變數 sum，以及遞增 i 來指示輸入下一位學生的成績。當 n 個學生的成績都輸入完成，總和也計算完畢，就可以把平均值算出並顯示結果。此程式的時間複雜度是 $\Omega(n)$，因為我們只能保證當每位學生的成績都能輸入正確時，迴圈一定會恰好跑 n 回合。可是我們卻無法預測使用者會輸入幾次錯誤的資料執行時間。這種情況，我們只能說此迴圈至少跑 n 回合，無法說出最多會跑幾回合。

迴圈敘述也可以包含著另一個迴圈敘述，稱為**巢狀迴圈**(nested iteration)。我們來看一個例子，給兩個正整數 m 與 n，請產生一個 m × n 的矩陣，並給予每個元素一個流水編號，編號規則為由上而下，由左而右，且從零開始。在顯示結果時，每個元素請用空格隔開，每列結束需換行。例如，若 m 與 n 分別為 2 與 3，則會產生這樣的結果：

```
0 1 2
3 4 5
```

分析一下這問題，m 與 n 分別代表矩陣的列數與行數，我們若先以列來考量，從第一列走到第 m 列，且每一列都會再由左而右地去走該列的每一行，就可決定出每個元素的正確編號。這就我們要解決此問題的演算法。那麼，我們該怎麼實現這演算法呢？這需要兩層的迴圈來解決：第一層要走完所有的列，第二層要走完每一列所有的行。程式如下：

程式 5-70
```c
#include <stdio.h>
int main(void){
    int m = 0, n = 0, row = 0, i = 0;
    scanf("%d%d", &m, &n); /* 輸入兩個整數 m 與 n */
    row = m;
    while(row-- > 0){   /* 第一層為列 */
        int col = n;    /* 注意！每列都要將行的部分從頭走一遍 */
        while(col-- > 0){          /* 第二層為行 */
            printf("%d ", i++);
        }
        printf("\n");              /* 每列走完後要換行 */
    }
    return 0;
}
```

第一層的 while 以 row 這個變數作為迴圈的計數器，row 一開始為 m，也就是矩陣的列數，每次迴圈執行前會先檢查 m 是否大於零，檢查後 row 馬上進行遞減

1，然後再根據剛才的檢查大於零結果來決定是否執行迴圈內的程式。因此，第一層迴圈必定會執行 m 次，因為從 m、m-1 一直到 1，這些情況都會大於零。每次當第一層迴圈的條件成立後，就會進入第二層迴圈。但在進入前，必須準備好第二層迴圈用的計數器。由於此層迴圈目標是走訪所有的行，所以我們宣告了一個區域變數 col 且初始值為 n，也就是行數。附帶一提，在迴圈內也可以宣告區域變數[35]，但請注意其使用範圍就只能在此迴圈內部使用，也包含第二層的迴圈。與第一層類似情況，迴圈進行前先判斷 col 是否大於零，檢查後 col 馬上進行遞減 1，然後再根據剛才檢查的結果決定是否進入迴圈。因此，第二層迴圈會從 n、n-1 一直到 1 共執行 n 次。如此，第二層迴圈的內容如同一個游標從矩陣的左上角開始，由上而下且由左而右地走訪整個矩陣。我們就可以用一個變數 i 做為流水編號，每走到一個矩陣的元素就將以 i 標示，然後 i 遞增 1。

　　此程式的時間複雜度是 $\Theta(mn)$，因為第一層迴圈必定會執行 m 次，且每次會執行第二層迴圈，又第二層迴圈必定會執行 n 次。如果 m 等於 n，那麼此程式的時間複雜度就會是 $\Theta(n^2)$。通常這種兩層式的迴圈架構，且每層迴圈都有機會被徹底地執行完，我們都會稱這是 n^2 等級的程式。三層迴圈就是 n^3 等級的程式，四層迴圈就是 n^4 等級的程式，以此類推。

5.8　do-while 迴圈敘述

　　第二個要介紹的迴圈敘述是 do-while 敘述。它跟 while 敘述不一樣的地方在於：do-while 會先執行迴圈內容再決定是否繼續下一次的迴圈執行。語法如下：

do 敘述句集合 while(運算式);

　　請注意，do-while 最後面要有一個分號，這是與其它迴圈敘述較不一樣的地

---

[35]. 在 C89 的編譯器，所有變數必須宣告在每個區域的前面，且所有宣告敘述句之間不可安插非宣告的敘述句。

方，也是最被容易忽略的地方。敘述句集合的規則與 while 一樣，集合中至少要有一句敘述(含空敘述)，若敘述句集合有兩句以上的敘述，則必須以複合敘述呈現，也就是要以大括號包住；若敘述句集合只有一句敘述則大括號可以省略。do-while 不論如何一定會讓敘述句集合被執行一遍，然後再執行小括號內的運算式，若結果不為零(邏輯意義為成立)，則重複執行此 do-while 敘述；反之，則結束 do-while 敘述。

我們常用 do-while 來設計提示性的使用者輸入介面，如下所示：

程式 5-71

```c
#include <stdio.h>
int main(void){
    char key = 0;
    do {
        printf("Press 'q' or 'Q' to exit: ");/* 提示訊息 */
        key = getchar();                /* 輸入一個字元 */
    }while(key != 'q' && key != 'Q');   /* 按下 q 或 Q 離開 */
    return 0;
}
```

當我們希望使用者輸入某個訊息才能進行下一步動作時，用 do-while 就是個十分恰當的做法。因為，不論如何，一定要先顯示出一段提示訊息給使用者，讓使用者知道該輸入什麼樣的訊息。而且，也一定進行輸入的動作來得到使用者輸入的訊息，最後才能判斷迴圈是否可立即停止，或是重複迴圈的執行，請使用者再進行輸入動作。但這個程式會有個問題，當使用者若以鍵盤輸入一個字元後必需要按下 enter 鍵才會啟動 getchar 讀取輸入字元。這會讓 stdin 多了一個換行字元，使得下一次回合會直接提取此換行字元，您將會在畫面上看到連續兩次的輸入字元提示訊息。或許您會在連續執行兩次 getchar 將換行字元消除，但使用者若鍵入了過多的字元，就不是兩次 getchar 能解決了。我們可以用一個 while 迴圈將 stdin

清空，讓下回合可以讓使用者正常輸入。程式 5-71 修改如下：

程式 5-72

```c
#include <stdio.h>
int main(void){
    char key = 0, c = 0;
    do {
        printf("Press 'q' or 'Q' to exit: ");
        key = getchar();                /* 輸入一個字元 */
        /* 清空 stdin */
        while ((c = getchar()) != '\n' && c != EOF);
    } while ( key != 'q' && key != 'Q' );
    return 0;
}
```

　　此例不一定非得用 do-while 才能做這件事，我們用 while 以及下一節會介紹 for 迴圈也可以達成，請讀者可以自行嘗試看看。

　　另外，您可以說出程式 5-72 的時間複雜度嗎？似乎有點困難......因為我們不知道使用者何時會按下 q 或 Q 這兩個按鍵。有可能馬上就按下，但也有可能永遠都不會，程式也就跟著無止盡地等待下去，直到程式關閉、電腦關機或發生故障。但可以保證，這迴圈至少會被執行一遍。我們雖然不知道執行時間的上限，卻可以知道執行時間的下限，那麼 Ω 符號就可以用來表示此程式的時間複雜度了。由於一定會執行一段固定的常數時間，所以此程式的時間複雜度為 $\Omega(1)$。

　　讓我們把上一節所介紹的輸入學生成績的程式修改成 do-while 版本。修改內容有三點：

1. 學生人數一定要大於零，否則要求使用者重新輸入學生數。
2. 若所輸入的成績為負數，則停止輸入，並計算已輸入的成績之平均。
3. 若輸入的成績大於 100，則要求重新輸入該學生的成績。

修改後的版本如下：

程式 5-73

```c
#include <stdio.h>
int main(void){
    int n = 0, i = 0;
    double score = 0.0, sum = 0.0, average = 0.0;
    do{
        printf("Input the number of students: ");
        scanf("%d", &n);            /* 輸入學生數 n */
    } while(n <= 0);            /* 且 n 必須大於零，否則要求重新輸入 */

    do{
        printf("Input the score of student %d: ", i);
        scanf("%lf", &score);    /* 輸入學生成績 */
        if(score > 100.0)
            continue;
                /* 若輸入錯誤成績則跳過此回合，繼續下一回合 */
        if(score < 0.0)
            break;              /* 若輸入負值，則停止輸入 */
        sum += score;           /* 若輸入正確，計算成績總和 */
        ++i;                    /* 下一位學生 */
    } while(i < n);
    if(i > 0)                   /* 計算 i 個學生的平均成績 */
        average = sum / i;
    printf("Average: %f\n", average);    /* 輸出結果 */
    return 0;
}
```

此程式有兩個 do-while 迴圈，第一個迴圈是用來輸入學生的總數，如果輸入的 n 是小於或等於零，就會要求使用者在輸入一次，直到 n 大於零。第二個迴圈是用來輸入學生的成績，並以 i 與 sum 分別來記錄已輸入多少個正確的成績與成績的總和。若輸入的成績是大於 100，則要求使用者再輸入一次，i 與 sum 不會進行任何改變。若輸入的成績是負值，那麼結束迴圈，並算出這 i 個成績的平均值。

5.9　for 迴圈敘述

最後一個要介紹的迴圈敘述就是 for 迴圈，它跟 while 類似，也是先檢查某個條件運算式，再決定是否執行迴圈主體的敘述。但 for 迴圈會將一般迴圈敘述常做的行為加以結構化，讓程式設計師可以很直覺地寫出迴圈敘述。for 迴圈的語法如下所示：

for(起始敘述句; 條件敘述句; 結尾敘述句) 敘述句集合

敘述句集合的規則與 while 一樣，兩句以上的敘述句必須以大括號包含之。for 的小括號內有三個運算敘述句，分別為**起始敘述句**、**條件敘述句**以及**結尾敘述句**。它們的運作順序為：

1. 一開始先執行**起始敘述句**，但就只會執行這麼一次，不論迴圈會進行多少回合。起始敘述句在 C99 之後的編譯器可以是變數宣告，所宣告的區域變數可以在此 for 迴圈內使用。
2. 執行**條件敘述句**，若其結果不為零(邏輯意義為成立)，執行**敘述句集合**一次，反之則結束迴圈。
3. 每次執行完**敘述句集合**後，就執行**結尾敘述句**一次。
4. 重複步驟 2。

我們以 for 迴圈來改寫第 5.7 節所介紹的計算 x^n，程式如下：

程式 5-74

```c
#include <stdio.h>
int main(void){
    int x = 0, y = 1;
    unsigned int n = 0, i;
    scanf("%d%u", &x, &n);
    for(i = 0; i < n; ++i){      /* i 從 0 遞增至 n - 1 */
        y *= x;                  /* 共執行 n 次 */
    }
    printf("%d\n", y);           /* y 為 x 的 n 次方 */
    return 0;
}
```

　　程式執行到 for 迴圈時，會先執行 i = 0，接著執行條件敘述句 i < n，若
i 小於 n，迴圈則繼續進行，否則結束迴圈。當條件敘述句成立下，迴圈每回合會
進行 y *= x。完成後，會執行結尾敘述句++i 讓 i 遞增，之後在反覆地進行 for
迴圈的執行步驟。

　　由於 for 迴圈比 while 迴圈擁有較完整的迴圈結構，當敘述句集合的動作很
簡單的情況下，我們可把它們移到結尾敘述句，上例可改成：

程式 5-75

```c
#include <stdio.h>
int main(void){
    int x = 0, y = 1;
    unsigned int n = 0, i;
    scanf("%d%u", &x, &n);
    for(i = 0; i < n; y *= x, ++i);/* 請注意最後的分號！ */
    printf("%d\n", y);       /* y 為 x 的 n 次方 */
    return 0;
```

```
    }
```

此程式利用逗號合併兩個獨立的運算式成為一個結尾敘述句,得到相同的運算順序以及結果,並且讓程式簡化了一些。但請注意,迴圈的敘述句集合不可沒有任何敘述句,若敘述句集合沒有做任何事,請務必給予一個分號,也就是放上一個空敘述句。讀者可以嘗試移除最後的分號,並解釋為何會出現那樣的結果。另外,本書並不是要完全提倡程式精簡化,因為有時需考量程式的可閱讀性得讓程式碼適度的冗長。

我們再看一個較複雜的情況,第 288 頁所介紹計算質數的例子,以 for 迴圈可改寫如下:

程式 5-76

```c
#include <stdio.h>
int main(void){
    int n = 0, x = 2;
    scanf("%d", &n);
    /* 若 2 到 n-1 之間找不到因數,代表 n 是質數*/
    for(; x < n && n % x != 0; ++x);
    if(x == n)
        printf("%d is a prime\n", n);
    return 0;
}
```

這是個十分精簡的迴圈敘述,只有一行而已。首先,迴圈的初始敘述句是個空敘述,不做任何事,原因是此迴圈不需要屬於自己的區域變數,n 是主要的輸入資料,x 也要留到最後去判斷迴圈是否全程跑完,此程式沒有一個變數是只會在 for 迴圈裡面才用到。迴圈的條件敘述句就有些複雜了,它包含了判斷 n 是否質數的主要工作:x 是介於 2 到 n − 1 之間的整數,且 n 不會被 x 所整除。當 x 不滿足這些條件時,迴圈就會結束執行;反之,迴圈繼續執行,x 遞增 1。最後,我們判斷 x

是否為 n。若是，代表 2 到 n－1 之間找不到 n 的因數，那麼 n 即為質數；反之，則代表 n 不是質數。

其實判斷質數有一個快速的方法。若 n 不是質數，那麼它一定可由兩個大於 1 的整數 x 與 y 相乘而得，且 x 會小於或等於 y，如：12 = 2 × 6，9 = 3 × 3... 等。假設 n 會小於 x 的平方，那麼會造成一個矛盾的現象：$n < x^2 \leq xy = n$，因為 x 小於或等於 y，且 x 乘上 y 又等於 n，造成 n 會小於 n。所以此假設不正確，n 必大於或等於 x 的平方。因此可得到一個結論：我們只要檢查 x 從 2 到其平方值是否小於或等於 n 即可，程式可修改如下：

程式 5-77

```c
#include <stdio.h>
int main(void){
    int n = 0, m = 0, x = 2;
    scanf("%d", &n);
    /* 若迴圈可執行到 x 的平方 > n，代表 n 是質數 */
    for(; (m = x * x) <= n && n % x != 0; ++x);
    if(m > n)
        printf("%d is a prime\n", n);
    return 0;
}
```

此程式用了一個變數 m 來記錄每次 x^2 的結果，用來在最後判斷 x^2 是否大於 n。若是，代表 n 為質數。此程式的時間複雜度為 $O(\sqrt{n})$。因為我們把關鍵的運算動作寫在條件敘述句中，所以時間的評估需統計條件敘述句被執行了幾次。最差的情況就是 n 為質數的情況，迴圈會從 2 執行到 $x^2 > n$，則迴圈的最多執行次數就是 $\sqrt{n}$－1 次。最佳情況是 n 可被 2 所整除，迴圈連第一回合都不會完整地執行。

我們也可寫出兩層以上的巢狀 for 迴圈，第 290 頁的產生陣列程式可改寫如下：

程式 5-78

```c
#include <stdio.h>
int main(void){
    int m = 0, n = 0, i = 0, row, col;
    scanf("%d%d", &m, &n);          /* 請輸入兩個整數 m 與 n */
    for(row = m; m > 0; --m){              /* 第一層為列 */
        for(col = n; col > 0; --col){    /* 第二層為行 */
            printf("%d ", i++);
        }
        printf("\n", n);                  /* 每列走完後要換行 */
    }
    return 0;
}
```

第一層迴圈是處理列的部分，迴圈計數器為 row，當它為 m，m-1，...，1 時，迴圈內容會被執行，剛好執行 m 次。第二層迴圈是處理行的部分，迴圈計數器為 col，當它為 n，n-1，...，1 時，迴圈內容會被執行，剛好執行 n 次。

for 迴圈有很多需要注意的地方。首先，for 迴圈小括號的三個敘述句缺一不可，一定要寫，就算不想做任何事也要寫下空敘述句。換句話說，也就是小括號內一定要有兩個分號，不可少也不可多。下列都不是正確的 for 迴圈寫法：

程式 5-79

```c
int main(void){
    int i = 0, n = 10;
    for()                  /* 編譯錯誤！小括號內必須有三個敘述句 */
        ++i;
    for(i < n)             /* 編譯錯誤！小括號內必須有三個敘述句 */
        ++i;
    for(i = 0; i < n)      /* 編譯錯誤！小括號內必須有三個敘述句 */
```

```
    ++i;
    for(i = 0; i < n; ++i;)/* 編譯錯誤！小括號內只能有兩個分號*/
    {
        i += i;
    }
    return 0;
}
```

第二點要注意的事情，條件敘述句若是空敘述的話會造成無窮迴圈：

程式 5-80

```
int main(void){
    for(;;);          /* 空白的條件敘述句會造成無窮迴圈 */
    return 0;
}
```

在 for 迴圈使用 continue 有一點需要特別注意，continue 之後的程式碼雖然不會被執行，但是尾端敘述句卻會被執行。請看此程式：

程式 5-81

```
#include <stdio.h>
int main(void){
    int i = 0;
    for(;i < = 100; ++i){
        if(i & 1 == 0)      /* i 若為偶數則跳過，但++i 會執行 */
            continue;
        printf("%d\n", i);  /* 顯示 0 到 100 之間的所有奇數 */
    }
    return 0;
}
```

程式 5-81 中，continue 會發生在 i 為偶數的情況，此時將 i 輸出的敘述並不會被執行，但是結尾敘述句++i 卻仍然會被執行。也就是說，continue 在 for 迴圈中，只會跳過大括號的敘述句，並不會跳過小括號內的敘述句。

最後一點要注意的是，請儘可能地不要以浮點數來作為迴圈的計數器，請看這個程式：

程式 5-82

```
#include <stdio.h>
int main(void){
    float i;
    for(i = 0.0f; i <= 1.0f; i += 0.1f){
        printf("%f\n", i);
    }
    return 0;
}
```

此程式嘗試著顯示出 0.0，0.1，0.2，...一直到 1.0。理論上，i 在每回合結束後會遞增 0.1，當遞增到 1.1 時才會停止迴圈的執行。可是在大部分的電腦上 (以 IEEE-754 編碼的浮點數系統)，執行出來的結果卻只有到 0.9 而已。為什麼？若把輸出浮點數的精確度提高到可顯示八個有效位數，便可知道原因為何：

程式 5-83

```
#include <stdio.h>
int main(void){
    float i;
    for(i = 0.0f; i <= 1.0f; i += 0.1f){
        printf("%.8f\n", i);
    }
    return 0;
}
```

主要原因就是 IEEE-754 的編碼系統造成的誤差,使得兩個理論上應該相同浮點數,卻因為計算過程造成兩者有些微的誤差。請注意此程式的第十行執行結果: 0.9000001。可想而知,此數字再加上 0.1 之後,必定是個大於 1.0 的數字。因此,下一回合就會造成迴圈結束。這也讓我們有一個啟示:若要對浮點數進行比較,需要有一個誤差範圍。此迴圈的條件敘述句若改成 i <= 1.01f 即可修正。

for 迴圈是十分常用的敘述句,尤其在陣列上的運算。我們會在後續的章節中看到更多 for 迴圈的應用實例。

5.10 goto 跳耀敘述

goto 這個指令,可強迫程式的執行流程跳耀至一個以**標籤**所指示的程式碼。它的語法如下:

goto 標籤名稱;

其中,標籤是一串由程式設計師自訂的文字符號,其命名規則與變數命名規則一樣,但最後要加上冒號(goto 後面的標籤名稱不可含有冒號)。標籤需放置在某一敘述句之前。來看一個簡單的例子,以 goto 所設計的迴圈:

程式 5-84

```c
#include <stdio.h>
int main(void){
    int n = 10;
LOOP:
    printf("%d\n", n--);         /* 輸出 n 之後,n 遞減 1 */
    if(n > 0)
        goto LOOP;               /* 若 n 大於零,跳至 LOOP */
    printf("The end.\n");
```

```
    return 0;
}
```

當 n 大於零時,會執行 goto 指令,讓程式的執行焦點轉移到 LOOP 這個標籤的位置。也就是將 n 輸出的那行敘述句。如此,會輸出 10,9,...,到 1,最後再輸出"The end."。

有一點請注意,goto 的目標標籤必須在同一區域中。也就是說,您不可以 goto 到一個不可到達的地方,否則會有編譯上的錯誤。以下為錯誤的例子:

程式 5-85

```
#include <stdio.h>
LABEL1:
int main(void){
    goto LABEL1;        /* 編譯錯誤!LABEL1 在不同的區域 */
    return 0;
}
void F1(void){
LABEL2:
    goto LABEL3;        /* 編譯錯誤!LABEL3 在不同的區域 */
}
void F2(void){
LABEL3:
    goto LABEL2;        /* 編譯錯誤!LABEL2 在不同的區域 */
}
```

您是否感覺到,以 goto 來寫迴圈並不是很方便,也不易閱讀,亦造成日後維護的困難。事實上,goto 是一個被大家所厭惡的指令,甚至有人建議將來的 C 語言版本不應該有這個指令。但 goto 也並非一無是處,它可用來達成多層迴圈的跳離動作。我們來為程式 5-73 的計算學生平均程式做一些修改:每個學生各有三次段考的成績,數入的成績沒有 100 分的限制,也就是不限制成績的上限,但成績若為負值則結束所有輸入動作，並計算輸入的所有學生之平均成績。

程式 5-86

```c
#include <stdio.h>
int main(void){
    int n = 0, i = 0, j = 0, numScore = 0;
    double score = 0.0, sum = 0.0, average = 0.0;
    do{
        printf("Input the number of students: ");
        scanf("%d", &n);          /* 輸入學生數 n */
    } while(n <= 0);          /* 且 n 必須大於零，否則要求重新輸入 */
    do{
        for(j = 0; j < 3; ++j){
            printf("Student %d's score[%d]: ", i, j);
            scanf("%lf", &score);    /* 輸入學生成績 */
            if(score < 0.0)
                goto AVG;            /* 若輸入負值，則停止輸入 */
            sum += score;            /* 若輸入正確，計算成績總和 */
            ++numScore;          /* 統計輸入的筆數，用來計算平均 */
        }
        ++i;
    } while(i < n);
    AVG:
    if(numScore > 0)    /* numScore 為所輸入的成績筆數 */
        average = sum / numScore;
    printf("Average: %f\n", average);    /* 輸出結果 */
    return 0;
}
```

　　此程式在完成輸入學生的總數 n 之後，會進入一個兩層的迴圈結構，分別用來計數 n 個學生與三次段考成績。numScore 這個變數是用來統計所輸入的成績筆數以進行平均值的運算，若成績輸入成功，numScore 就加 1。當成績輸入為負值時，我們以 goto 直接跳躍到迴圈外面，並進行平均值的計算。您或許會想到用 break 指令，但是 break 只能跳脫一層的迴圈，如要跳脫兩層，必須在第一層另外寫下 break 指令，較為麻煩。

　　我們仍然不建議使用 goto 來做多層迴圈的跳脫，因為這是一種破壞程式正常流程的行為。迴圈也是一個小型的程式區域，有屬於自己的記憶空間，必須以正常的結束方式才能將所有記憶空間資源有效地歸還給作業系統。以 goto 如此暴力地跳脫迴圈，說不定會帶給作業系統一些管理上的負擔。請盡量使用 break、continue 或是 return 來代替 goto，因為那些指令才是讓迴圈中斷的正式管道。

總結

1. 複合敘述是用一對大括號將一個以上的敘述句包起來並代表一個區域，在這區域內所宣告的變數只能在這區域內使用，在區域外是不能使用的。C89 的編譯器規定所有宣告敘述必須放在任何複合敘述的最開始。

2. 函式宣告式包含了回傳型態、函式名稱以及參數型態。其函式定義必須寫在全域範圍。

3. 一次性定義規則是指在一個編譯單元下的任何區域 (包含全域空間) 內，函式或變數的定義最多只能有一次。函式的宣告可重複，但是函式定義不可重複。

4. 在有回傳型態的函式的定義中，必須以 return 命令回傳符合回傳型態的數值。有回傳型態函式的呼叫可做為其它運算子的運算元，或其它函式呼叫的引數。

5. 無回傳型態的函式的定義中，可不需要 return 命令。無回傳型態函式的呼叫不可做為其它運算子的運算元，亦不可為其它函式呼叫的引數。

6. 參數是設計函式時，對輸入資料的稱呼；引數則是呼叫函式時給予參數的實際數值。

7. C 語言只有傳值呼叫，無任何其它傳遞引數或回傳值的方式。

8. 若呼叫函式給予兩個以上產生引數的運算式，其運算結果與副作用只保證在進行函式計算之前完成，這些引數之間的運算順序並沒有定義。

9. 不需要參數的函式，請在小括號填上 void，不要有空白的小括號在函式的宣告與定義裡。

10. 宣告指示詞則是由型態指示字、儲存等級指示字與 CV 修飾字所組成。型態指示字就是型態名稱；而儲存等級指示字包含：static、extern、register 與 thread_local；而 CV 修飾字包含：const 與 volatile。型態指示字是必要的，但是儲存等級指示字與 CV 修飾字則是選項，且這三種指示字的排列是不分順序的。

11. 在某對大括號內所進行的宣告稱為區域宣告，不在任何大括號所進行的宣告稱為全域宣告。

12. 只要在宣告敘述中的指示詞部分加上 const 就會將所宣告的對象指示為內容不可更改的性質，但它仍然是一種變數，並非常數。

13. 所謂編譯單元就是可以產生出一個機器碼檔的原始碼，每個 .c 檔就代表一個編譯單元。

14. 有些變數的記憶空間以及函式程式碼的位置是無法在編譯時期得知，於是編譯器會它們建立各別的連結符號與參考點，而之間的連結關係可分三類：無連結、內部連結與外部連結。內部連結只會由靜態全域宣告所產生；未以 static 指示的全域宣告或以 extern 指示的全域宣告，則會產生外部連結。

15. 靜態宣告有四個特性：宣告對象的活動範圍為所屬的編譯單元、生命周期是在程式一開始到程式結束、初始化只會發生在程式一開始執行時以及預設初始值為零。

16. 當外部變數宣告時未給予初始值時，編譯器並不會為它建立記憶空間，只會為它建立外部連結，供後續的程式可以參考使用。因此，您必須在程式的其它地方建立此外部變數的實際記憶空間，而且也務必讓它具有外部連結。

17. 以運算式為主體的敘述稱為運算敘述。由於運算式並不是 C 語言中的基本執行單位，敘述句才是，設計好的運算式必須包裝為一個敘述句的形式，才能讓它有效地執行。

18. if 敘述主要包含三大部份：if、else if 以及 else。if 部分不可省略；if 與 els if 皆需要一個以小括號包起來的運算式，若結果為零則不執行該部分的敘述；反之則執行。各部分若只有一句敘述則可省略大括號，但要小心懸置 else 的問題。

19. switch 通常用在三個分枝以上的程式架構，而且可以用一個整數來決定要執行哪個分枝。若決定分枝的條件較為複雜，而且每個分枝需要以一個運算式來決定是否執行，那麼用 if...else if 的架構將會比較適合。

20. 請儘可能地不要在 switch 內宣告區域變數。若真的需要在某個 case 下宣告專屬的區域變數，請用大括號建立一個子區域。

21. C 語言提供三種了迴圈敘述：while、do while 及 for。

練習題

1. 若定義了下列這三個常數：

```
#define  HAS_16 0x10
#define  HAS_256 0x100
#define  HAS_4K 0x1000
```

請設計一個程式可讓使用者不斷地輸入一個 unsigned int 型態的整數 n，

若 n 與這三個常數其中任何一個進行&運算不為零則顯示與這些常數同樣名稱的字串，並繼續輸入下一個數字；否則停止執行。如：若 n 為 256，則顯示 "HAS_256"；若 n 為 273，則顯示"HAS_16"與"HAS_256"；若 n 為 65536，則程式停止執行。

2. 請設計一個程式可讓使用者不斷地輸入一個 int 型態的整數 n，若 n 小於零則程式結束，若 n 大於或等於零則計算它的每個位數之總和。如：n 為 123，則 1 + 2 + 3 = 6；n 為 4096，則 4 + 0 + 9 + 6 為 19。

3. 請設計一個程式可讓使用者不斷地輸入一個 int 型態的整數 n，若 n 等於零則程式結束，若 n 不等於零則顯示它的二進位碼並統計算出有多少個 1 在二進位碼中。

4. 程式 5-77 可判斷一個 int 的數值 n 是否為質數。請將判斷的程式碼包裝成一個名為 isPrime 的函式，其參數是一個 int，即為 n；回傳值也是一個 int，若 n 為質數則回傳 1，否則回傳零。並將 isPrime 的宣告式放在一個名為 numeric.h 的標頭檔，定義則放在名為 numeric.c 的原始碼檔。

5. 請設計一個程式可讓使用者不斷地輸入一個 int 型態的整數 m，若 m 小於或等於零則程式結束，若 m 大於零則利用上一題所設計的 isPrime 列出所有小於 m 的質數。

6. 請設計一個程式可讓使用者不斷地輸入一個 int 型態的整數 m，若 m 小於或等於零則程式結束，若 m 大於零則利用第 4 題進行這樣的分解：

$$m = P_1^{k_1} P_2^{k_2} \cdots P_t^{k_t}$$

其中，P_i 為介於 1 到 m 的質數，且 P_i 小於 P_{i+1}；k_i 為大於 1 的正整數，且 k_i 大於或等於 k_{i+1}。顯示格式為 m = P_1 ^ k_1 * P_2 ^ k_2 ... * P_t ^ k_t 例如：m 若為 23，則結果為 23 = 1 ^ 1 * 23 ^ 1；m 若為 24，則結果為 24 = 1 ^ 1 * 23 ^ 3；m 若為 135，則結果為 135 = 1 ^ 1 * 3 ^ 3 * 5 ^ 1；m 若為 1024，則結果為 1024 = 1 ^ 1 * 2 ^ 10。

7. 新台幣共有四種不同幣值的硬幣：50 元、10 元、5 元與 1 元。請設計一個程式可讓超商的收銀員不斷地輸入一個 int 型態的整數 n 以代表欲找零的總數，若 n 小於或等於零則程式結束，若 n 大於零則列出所有硬幣的組合，列出順序是由最小幣值到最大幣值，每種組合的加總剛好等於 n。如：n = 17，那麼結果會是：

```
1*17
1*12+5*1
1*7+5*2
1*2+5*3
1*7+10*1
1*2+5*1+10*1
```

8. 費伯納西(Fibbonaci)數列的定義如下：除了第零項與第壹項分別為 0 與 1 以外，其它項皆為前兩項之和。下列為即第零項到第 12 項的費伯納西數列：

```
0, 1, 1, 2, 3, 5, 8, 13, 21, 34, 55, 89, 144
```

請利用靜態變數設計一個產生費伯納西數列的函式，其名稱為 fab 且沒有任何參數，回傳值是一個 int 即為目前的費伯納西數。第一次呼叫 fab 會得到第零項的數字 0，第二次呼叫得到第 1 項的數字 1，以此類推。當經過數次呼叫 fab 後，所得到的費伯納西數會超過 int 可表示的範圍時，則回歸到第零項從新開始。

9. 同上題，請改成以全域變數來完成。

第 6 章

指標

對記憶空間直接進行讀取與寫入，是 C 語言能在程式開發領域中一直受到廣泛使用的主要原因之一。但這項功能也讓許多程式設計者又愛又怕，愛的是它能讓程式具有極佳的執行效能，怕的是它很容易讓程式隱藏著錯誤，就像一顆未爆彈，在開發時期都發現不出問題，等到程式移至客戶端執行時才會展現出來。初學者更是對記憶空間的操作心生畏懼，甚至不敢學習這部分。本章將會詳細地介紹指標的基本概念、實際應用以及容易犯下的錯誤。希望能幫助讀者消除對指標的陌生與恐懼，進而能將指標與記憶空間管理運用自如。讓您寫出來的程式不會是一顆毀天滅地的炸彈，而是一株令人讚賞的花朵。

6.1　　指標的宣告與使用

指標(pointer)是一種特殊的變數，其最主要的功能就是儲存記憶空間位址。我們在第一章有提到一件很重要的事情，記憶空間中的每個存取單元(簡稱記憶單元，通常是一個 byte 的大小)都會有一個位址來代表(第 1.3 節)，如同每個記憶單元都賦予一個編號。如此可以利用指標去記錄某個記憶空間單元的位址，然後所有對該記憶空間單元的存取動作都可以透過此位址來達成。宣告一個指標的語法如下：

　　　型態名稱 ＊ 指標名稱 1, ＊ 指標名稱 2, ... ;

就跟一般的變數宣告一樣，我們也要告知編譯器一個指標的型態及名稱是什麼。指標的型態名稱代表該指標可以儲存此型態的變數之記憶空間位址，型態名稱與指標名稱之間必須要有一個＊的符號，＊兩旁可有零個以上的空白字元。請注意，這個＊不是乘法的意思，請勿將兩者混淆。還有，若要在一行宣告敘述句中宣告數個同形態的指標時，**每個指標名稱前都要加上＊**。請看下列這幾個指標宣告方式：

```
char*p1;          /* 型態名稱、*與指標名稱之間可不加空白字元 */
```

```
short    *p2; /* 可加一個以上的空白字元在型態名稱與*之間 */
unsigned long* p3;
                  /* 可加一個以上的空白字元在*與指標名稱之間 */
float    *    p4;   /* 可加一個以上的空白字元在*兩旁 */
char *p5, *p6, * p7,
   *       p8,
     *  p9,
     *p10;
          /* p5, p6, p7, p8, p9, p10 都是 char 的指標 */
```

那麼指標要如何記錄某個變數的記憶空間位址呢？您得使用**&**這個**取址運算子** (address-of operator)將變數的記憶空間位址取出，它是個一元運算子，只需一個右運算元，且運算元必須是個**左值運算式**。通常取址運算子會用在一個變數名稱的前面，如下所示：

程式 6-1

```
#include <stdio.h>
int main(void){
    int x = 98;
    int* pi = &x;
    printf("%p\n", pi);    /* 一個十六進位數字，如 7fff1B4A */
    printf("%p\n", &x);    /* 與上一行相同的數字 */
    return 0;
}
```

此例先宣告一個 int 的變數 x 並且給予 98 的內容。然後在下一行，透過&將 x 的記憶空間位址取出並存到 pi。最後，把 x 的記憶空間位址以及 pi 的內容讓 printf 並搭配%p 來輸出指標的內容。在一般情況下，記憶空間位址會以十六進位方式來顯示。我們會發現 pi 的內容與 x 的記憶空間位址相同，由此可証，指標的確可以儲存某個變數的記憶空間位址。

　　但是指標不可隨意地儲存不同型態的變數之記憶空間位址，像這樣就是個不正確的用法：

程式 6-2

```
int main(void){
    int x = 98;
    double *pd = &x;    /*  編譯錯誤！型態不符 */
    return 0;
}
```

　　把一個專門儲存 double 變數之記憶空間位址的指標去記錄 int 變數之記憶空間位址，這就犯了型態不匹配的錯誤。您得透過一些轉型動作才能讓此動作合理化，稍後在第 6.7 節會介紹。

　　一個變數的記憶空間可能不會只有一個 byte 而已，像 long 至少就有 4 bytes。而且在記憶空間中每個 byte 都有自己的位址，那麼 & 所取出來的位址究竟是哪個 byte 的位址？答案很簡單，就是第一個 byte 的位址。因為，我們只需要知道兩件事就可操作一塊記憶空間：**第一個 byte** 的位址以及**該記憶空間的大小**有多少個 byte。但是，當指標記錄了一個變數的記憶空間位址後，我們該如何使用它呢？這得要透 * 這個**間接存取運算子**(indirection operator)，它也是個一元運算子，只需一個右運算元，且運算元必須是個記憶空間位址。**間接存取運算子會構成左值運算式**，它所得到結果是運算元所指向的記憶空間。請看下面這個例子：

程式 6-3

```
#include <stdio.h>
int main(void){
    int x = 98;
    int* pi = &x;
```

```
printf("%d\n", *pi);    /* 98 */
                        /* pi 前面*代表透過 pi 存取 x 的記憶空間 */
return 0;
}
```

您可能會對許多 * 感到十分困惑！這段程式有兩個 *，用途卻完全不一樣！請習慣同一個符號在不同的使用時機會有不同的意義與作用。像在此例中的，宣告 pi 的 * 之目的是要用來宣告 pi 為 int 的指標；printf 中的 *，是代表間接存取運算子，會根據 pi 所記錄的記憶空間位址，去使用那塊的記憶空間。當指標以間接存取運算子去存取一塊記憶空間，如何知道這空間的大小是多少 byte，所儲存的資料該怎麼使用？這都可由指標的資料型態來決定。此例中，pi 存著 x 的記憶空間位址，因此*pi 也就代表著 x 的記憶空間了。

我們也可以透過指標並搭配間接存取運算子來修改變數的內容，請看下例：

程式 6-4
```
#include <stdio.h>
int main(void){
    int x = 98;
    int* pi = &x;
    *pi = 56;
    printf("%d\n", x);
            /* 56 而不是 98，因為 x 的內容被修改了 */
    return 0;
}
```

您可以這麼想像，指標就好像以記憶空間位址來**指向**某個變數內容，所以才會被稱為指標。再看另一個指標的應用，我們可以讓指標改指向別的變數：

程式 6-5

```
#include <stdio.h>
int main(void){
    int x = 98, y = 12;
    int* pi = &x;           /* pi 先指向 x */
    printf("%d\n", *pi);    /* 輸出 x 的內容 */
    pi = &y;                /* pi 改指向 y */
    printf("%d\n", *pi);    /* 輸出 y 的內容 */
    *pi = 56;               /* 透過 pi 修改 y 的內容 */
    printf("%d\n", x);      /* 98，x 的內容不變 */
    printf("%d\n", y);      /* 56，y 的內容被改了 */
    return 0;
}
```

請記得，指標也是個變數。我們可以改變 pi 的內容，去儲存另一個 int 變數 y 的記憶空間位址。此後，pi 就改指向 y，也就是*p 代表著 y 的內容。

還有一點需要特別注意，指標必須指向一塊可使用的記憶空間，且這塊記憶空間必須在程式中是可以被存取的。若是讓指標任意地儲存了一個數字，然後對它進行間接存取，就可能會發生不可預期的狀況，如下列程式：

程式 6-6

```
#include <stdio.h>
int main(void){
    int* pi;                /* pi 並未初始化*/
    printf("%p\n", pi);     /* 不可預期的記憶空間位址 */
    /* 以下兩行會造成不可預期的結果，可能會造成執行時期的錯誤 */
    *Pi = 56;
    printf("%d\n", *pi);
    return 0;
```

```
}
```

　　我們知道任何區域變數是不會被初始化的(第 2.9 節)，所以 pi 之內容有可能不是程式中任何一個變數的位址，也就是 pi 指向一個未知的記憶空間，對這空間進行任何存取都有可能發生執行上的錯誤。試想想，若那塊記憶空間剛好是作業系統某個極重要的資料，外人絕不可任意存取，那麼如果讓這程式順利執行的話，不就很有破壞性了嗎？因此，一般作業系統會時時刻刻地監控您的程式，當程式試圖去存取不可使用的記憶空間前，作業系統就會挺身而出，阻止並中斷這程式的執行。

　　那麼指標若不指向任何變數，該給它什麼樣的內容會比較安全？我們稱這種不指向任何變數的指標為**空指標**(null pointer)。請以 **stddef.h** 或 **stdlib.h** 所定義的常數 **NULL** 來代表空指標，如下範例所示：

程式 6-7

```
#include <stddef.h>        /* 或是 stdlib.h */
#include <stdio.h>
int main(void){
    int* pi = NULL;        /* 指標的初始化 */
    printf("%p\n", pi);    /* 通常為零 */
    return 0;
}
```

　　NULL 這個常數實際數值要看編譯平台來決定，通常會是零[36]，例如在 Windows 的環境下；但也有可能是一個系統常數，例如在 Mac OS X 的環境下，NULL 等於 __null 這個系統常數。

　　請務必讓指標指向一個合法的記憶空間或是 NULL，因為非法的記憶空間存取所造成的錯誤現象並不是每次執行都會發現，若此指標剛好指向一個可使用的記憶空間，作業系統就不會中斷程式的進行，您就會以為程式沒有問題。等待到某一個時機，此指標指向了一個不可使用的記憶空間，這顆炸彈就會被引爆，問題才會被

---

[36]　一般是這樣定義的：#define NULL ((void *)0)

發現。這也就是指標最麻煩的地方，您必須要百分之百地保證指標所儲存的位址是指向一個可使用的記憶空間。

請容筆者再嘮叨地提醒您，指標本身也是一種變數，它也會佔有記憶空間。那麼一個指標會佔有多大的記憶空間呢？您可以用 sizeof 來查詢：

程式 6-8

```
#include <stddef.h>
#include <stdio.h>
int main(void){
    int* pi = NULL;
    printf("%u\n", sizeof(pi));
                    /* 指標本身的大小，一般為 4 或 8 */
    return 0;
}
```

由於指標是專門用來儲存記憶空間的位址，位址這個數字會有多大則要看編譯環境能用到多大的記憶空間。若只能用到 4GB 空間，那麼指標只要 32 位元就足夠；但若能用到 4GB 以上，指標的大小就得大一些了，如 64 位元。通常在 32 位元的作業系統下進行編譯，指標的大小會是 4 bytes；在 64 位元的作業系統下進行編譯，指標的大小就會是 8 bytes。

6.2　指標與函式的引數傳遞

看過一些關於指標的基本使用範例後，您可能會有一個疑惑：為何我要以一個指標去間接存取一個變數？直接對變數存取不是更容易且更方便？是的，單純地對變數存取，確實不需要指標的介入。但在設計一個函式時，我們就會需要透過指標來傳遞引數了，這也是指標的最大用處之一。舉一個例子，請設計一個調換兩個 int 變數之內容的函式，名稱為 Swap。假若不用指標來傳遞引數，而直接傳遞引數的數值，您會發現這個函式一點作用都沒有，程式如下：

程式 6-9

```c
#include <stdio.h>
/* Swap 可調換 a 與 b 之資料 */
void Swap(int a, int b){
    int t = a;          /* 先將 a 的資料暫存在 t */
    a = b;              /* 再將 a 改為 b 的資料 */
    b = t;              /* 最後將 b 改為 t 的資料(即 a 的原本資料) */
}
int main(void){
    int x = 3, y = 4;
    printf("x = %d, y = %d\n", x, y);
                        /* 調換前 x 為 3，y 為 4 */
    Swap(x, y);
    printf("x = %d, y = %d\n", x, y);
                        /* 調換後 x 與 y 仍為 3 與 4 */
    return 0;
}
```

乍看之下，此函式似乎可達成目標。但是，此程式的執行結果卻不如所願，x 與 y 的數值仍然分別是 3 與 4，並沒有發生對調。原因在於 Swap 的引數傳遞是**傳值方式**，也就是 a 與 b 這兩個參數僅分別複製引數 x 與 y 的內容，並不代表 x 與 y。因此，函式內只對 a 與 b 進行對調，而不是對 x 與 y 進行對調。

我們必須想辦法讓函式有機會能夠存取到呼叫端的引數。如果傳遞 x 與 y 的位址，然後在函式內透過這些位址來存取 x 與 y 的內容，應該能解決這個問題。但是，要用什麼樣的參數去接收變數的位址呢？對，就是指標！請記得這件事，當函式需要去修改呼叫端所傳入的引數時，可以透過指標並搭配間接存取來達成。Swap 以及呼叫的部分可改成如下版本：

程式 6-10

```c
#include <stdio.h>
/* Swap 可調換 pa 與 pb 所指向的資料 */
void Swap(int *pa, int *pb){
    int t = *pa;      /* 先將 pa 所指向的資料暫存在 t */
    *pa = *pb;        /* 再將 pa 所指向的記憶空間存放 pb 所指向的資料 */
    *pb = t;          /* 最後將 pb 所指向的記憶空間存放 t 的資料 */
}
int main(void){
    int x = 3, y = 4;
    printf("x = %d, y = %d\n", x, y);
                       /* 調換前 x 為 3，y 為 4 */
    Swap(&x, &y);      /* 傳遞 x 與 y 的位址 */
    printf("x = %d, y = %d\n", x, y);
                       /* 調換後 x 為 4，y 為 4 */
    return 0;
}
```

程式 6-10 的 Swap 就真的可以達成調換的功能了。請注意修改的地方，包括在函式內以間接存取運算子透過指標來存取所指向的變數，以及呼叫端以取址運算子來取得變數的位址並傳遞給函式。

在 C 語言中，**將引數傳遞給函式的方式只有一種：傳值**。並沒有所謂的傳址。筆者又要再一次地很囉唆的提醒，指標也是一種可以存放資料的變數，只不過指標所存放的資料是記憶空間位址。以程式 6-10 的 Swap 為例，雖然在呼叫端是將引數的位址傳遞給函式，但是位址仍然是一種數值，在函式端是以指標這種變數去接收，本質上也是一種傳值方式，只不過這些數值內容是記憶空間位址。我們只是利用傳值方式來傳遞記憶空間位址而已。

其實，在前幾章就已使用到需要以指標傳遞引數的函式了，那就是 scanf。讓我們回顧一下 scanf 的用法：

程式 6-11

```
#include <stdio.h>
int main(void){
    int x = 0, y = 0;
    int *py = &y;
    scanf("%d%d", &x, py);        /* 傳入 x 與 y 的位址 */
    printf("x = %d, y = %d\n", x, y);
    return 0;
}
```

現在您應該可理解為何傳給 scanf 被輸入的引數需要加上 & 符號了，原因就是要透過記憶空間的位址讓 scanf 去間接地修改引數的內容。

6.3　指標與函式的回傳值

函式的回傳值以指標型態來回傳是一件需要十分小心的事情，您必須保證該指標所指的記憶空間在函式結束後仍然存在。但是函式內的區域變數都會在函式執行完成後隨之消失，所以您不可把這些區域變數的位址回傳出去，以免在呼叫端有機會去存取這塊已不存在的記憶空間，造成非法存取的錯誤。如下例是一個從兩個參數找出最大者：

程式 6-12

```
#include <stdio.h>
/* Max 可從 pa 與 pb 之中，找出何者指向的資料是最大 */
int* Max(int *pa, int *pb){
    int m = *pa;
    if(*pb > *pa) m = *pb;
```

```
        return &m;        /* 危險動作！不可回傳函式內區域變數的位址！*/
}
int main (void){
    int x = 3, y = 4;
    int * pMax = Max(&x, &y);
    printf("%d\n", *pMax);
                        /* 可能會引發非法存取記憶空間錯誤！ */
    return 0;
}
```

　　像 Max 函式這種回傳方式就會產生問題。由於 m 的記憶空間在 Max 執行完成後就會歸還給作業系統，但是在 main 這端又透過 m 的位址去進行間接存取，這是個未定義的行為！一般情況是會引發非法存取記憶空間的錯誤，使得程式被作業系統強迫中斷。

　　但是若能保證回傳的位址指向一個存在的記憶空間，那麼這種回傳方式就很安全。讓我們把 Max 的 m 改成 static，就不會有非法存取的問題：

程式 6-13

```
#include <stdio.h>
/* Max 可從 pa 與 pb 之中，找出何者指向的資料是最大 */
int* Max(int *pa, int *pb){
    static int m;        /* static int m = *pa 會有編譯錯誤 */
    m = *pa;             /* 此行不可做為 m 的初始動作 */
    if(*pb > *pa) m = *pb;
    return &m;
}
int main (void){
    int x = 3, y = 4;
    int * pMax = Max(&x, &y);
```

```
    printf("%d\n", *pMax); /* OK！因為 m 是靜態變數 */
    return 0;
}
```

只要是 static 的變數，那麼它就會從程式一開始啟動到結束都會一直存活著，傳出它的位址是安全的。但請注意，m = *pa 不可讓它是 m 的初始動作，因為 m 是靜態變數，初始動作只會在程式一開始被執行，而且不允許初始運算式有執行時期才能決定的變數。

您可能發現這兩種版本的 Max 似乎都會浪費一個空間去記錄最大值。既然最大值是從 pa 與 pb 兩者之間挑出一個，為何我們不把 pa 或 pb 其中之一傳出就好？沒錯！這才是比較妥當的做法，如下所示：

程式 6-14

```
#include <stdio.h>
/* Max 可從 pa 與 pb 之中，找出何者指向的資料是最大 */
int* Max(int *pa, int *pb){
    return (*pb > *pa) ? pa : pb;
}
int main(void){
    int x = 3, y = 4;
    int * pMax = Max(&x, &y);
    printf("%d\n", *pMax); /* 4 */
    return 0;
}
```

總而言之，指標不論是用在函式的參數還是回傳，都得小心它所指向的記憶空間存在必須存在且可以讀取或是寫入資料，否則都將有可能引起非法存取的錯誤。

6.4　雙重指標

　　既然指標也是個變數，那它也一定有記憶空間，也就一定有記憶空間位址。請
看這個例子：

程式 6-15

```c
#include <stdio.h>
int main (void){
    int x = 98;
    int* pi = &x;
    printf("%d\n", *pi);    /*  透過 pi 讀取 x 的內容 */
    printf("%p\n", pi);     /*  pi 的內容是 x 的位址 */
    printf("%p\n", &pi);    /*  取出 pi 的位址*/
    return 0;
}
```

　　此例的執行結果會有三個數字。第一個數字是 98，乃是透過指標 pi 來顯示 x
的內容；第二個數字是 pi 的內容，也就是 x 的記憶空間位址；最後一個數字是 pi
的記憶空間位址，我們可把取址運算子&用在 pi 上，即可取得 pi 的記憶空間位址。

　　現在有一個問題，要如何記錄指標的位址？也就是我們宣告什麼樣的指標才能
儲存 pi 的位址？您可以再多加一個*來宣告指標的指標。如下面這個例子：

程式 6-16

```c
#include <stdio.h>
int main (){
    int x = 98;
    int* pi = &x;
    int **ppi = &pi;               /* ppi 是 int* 的指標 */
    printf("%p\n", ppi);        /* pi 的位址 */
    printf("%p\n", *ppi);       /* x 的位址 */
```

```
    printf("%d\n", **ppi); /* 98，x的內容 */
    return 0;
}
```

　　程式 6-16 的 ppi 也是一種指標，它專門儲存 int 的指標之記憶空間位址，因此它可用來儲存 pi 的記憶空間位址。我們用圖 6-1 來說明這件事，假設 x 的記憶空間位址為 8000，因為指標 pi 指向 x，那麼 pi 就會存放著 8000；若 pi 的記憶空間位址為 8210，因為指標 ppi 指向 pi，所以 ppi 就會存放著 8210。

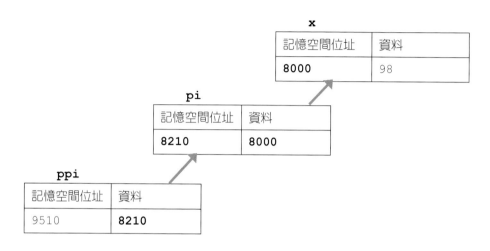

圖 6-1 程式 6-16 的指標與記憶空間之關係

　　宣告一個指標時，* 是可以疊加數層，k 層 * 的指標可指向 k − 1 層 * 的指標。像 int** 就是 int* 的指標、int*** 就是 int** 的指標……以此類推。但指標不宜宣告太多層。當程式處於星星滿天飛的狀況下，不論在閱讀或維護上都是相當吃力的。請檢討程式的設計邏輯，或以型態的別名來代替(請參考第 10.1 節)。

　　若對兩層 * 以上的指標進行間接存取會發生什麼事？請不要想得太複雜，對 k 層 * 的指標進行間接存取，就是間接存取 k − 1 層 * 的指標內容。以程式 6-16 為例，pi 儲存著 x 的位址，那麼 *pi 就會代表使用 x 的記憶空間；ppi 儲存著 pi

的位址，那麼*pp 就會代表使用 pi 的記憶空間。再進一步的運用，**pp 就會等同 *(*p)，也就是取得 x 的記憶空間。請讀者仔細研究這個例子，若能體會箇中奧妙之義，您就對指標已有相當程度的瞭解了。

6.5　CV 修飾的指標

宣告指標時也可以加上 CV 修飾字，但是必須要注意，CV 修飾字放在不同的位置會有不同的意義，可分為三種：

1.　**CV 修飾指標所指的記憶空間**。語法為修飾字放在 ＊ 之前的任一位置：
2.　**CV 修飾字** 型態名稱 ＊ 指標名稱；
3.　型態名稱 **CV 修飾字** ＊ 指標名稱；
4.　**CV 修飾指標本身**。語法為修飾字放在 ＊ 與指標名稱之間：
5.　型態名稱 ＊ **CV 修飾字** 指標名稱；
6.　**CV 修飾指標所指的記憶空間與指標本身**。語法為結合上述兩種方式：

CV 修飾字 型態名稱 ＊ **CV 修飾字** 指標名稱；

型態名稱 **CV 修飾字** ＊ **CV 修飾字** 指標名稱；

請注意，若以 const 修飾指標本身一定要給初始值！

接下來我們以 const 為例，來分析這三種情況有何處不同。首先，第一種情況，請看下面這個例子：

程式 6-17

```
#include <stdio.h>
int main (void){
    int x = 10, y = 20;
    const int *pi1 = &x;
    int const *pi2 = &y;
```

```
    printf("%d\n", *pi1);        /* 10，間接讀取 OK */
    printf("%d\n", *pi2);        /* 20，間接讀取 OK */
    *pi1 = 30;     /* 編譯錯誤！pi1 指向唯讀的記憶空間！ */
    *pi2 = 50;     /* 編譯錯誤！pi2 指向唯讀的記憶空間！ */
    return 0;
}
```

pi1 與 pi2 皆宣告為指向唯讀記憶空間的指標，我們只能透過它們做間接讀取，但不能去做間接修改，否則會編譯錯誤。但是可以修改這些指標的內容，程式 6-17 修改如下：

程式 6-18

```
#include <stdio.h>
int main (void){
    int x = 10, y = 20;
    const int *pi1 = &x;
    int const *pi2 = &y;
    printf("%d\n", *pi1);        /* 10，間接讀取 OK */
    printf("%d\n", *pi2);        /* 20，間接讀取 OK */
    pi1 = pi2;                    /* 指標本身可修改 */
    pi2 = &x;
    printf("%d\n", *pi1);        /* 20，pi1 改指向 y */
    printf("%d\n", *pi2);        /* 10，pi2 改指向 x */
    return 0;
}
```

我們來看第二種情況：

程式 6-19

```
#include <stdio.h>
int main (void){
```

```
        int x = 10, y = 20;
        int * const pi = &x;      /* 一定要給初始值 */
        *pi += y                   /* OK，可以間接修改 */
        printf("%d\n", *pi);      /* 10，可以間接讀取 */
        pi = &y;                   /* 編譯錯誤！pi 內容不可被修改！ */
        return 0;
    }
```

此例中的 pi 是屬於第二種情況的指標，它本身是唯讀的，也就是 pi 在初始化後就不能再被修改了，否則會有編譯錯誤。雖然 pi 本身是唯讀的，但是它所指向的記憶空間並非唯讀，不只可以進行間接讀取也可以間接修改。

請注意，任何唯讀的變數(再次提醒您，指標也是一種變數)都一定要給初始值，否則會有編譯錯誤：

```
    int * const pi;          /* 編譯錯誤！沒有初始值 */
```

第三種 CV 修飾其實是第一種與第二種的綜合體，請看下列程式：

程式 6-20

```
#include <stdio.h>
int main (void){
    int x = 10, y = 20;
    const int * const pi1 = &x;
    int const * const pi2 = &y;
    printf("%d\n", *pi1);        /* 10，間接讀取 OK */
    printf("%d\n", *pi2);        /* 20，間接讀取 OK */
    *pi1 = 12;                 /* 編譯錯誤！pi1 指向唯讀的記憶空間！ */
    *pi2 += x;                 /* 編譯錯誤！pi2 也指向唯讀的記憶空間！ */
    pi1 = pi2;                 /* 編譯錯誤！pi1 內容不可被修改 */
    pi2 = &x;                  /* 編譯錯誤！pi2 也是內容不可被修改 */
```

```
    return 0;

}
```

以 const 修飾的指標對函式的引數傳遞，扮演著極為關鍵的角色，尤其是在傳遞陣列(請看第 7.4 節)的情況。請務必要分清楚這三種唯讀指標的特性與不同處。

volatile 指標的宣告方式以及作用對象與 const 一樣。我們來看幾個十分令人混淆的指標宣告，特性各有不同：

```
volatile int x;

const volatile int * p1 = &x;

const volatile const int * p2 = &x;

volatile const int * const p3 = &x;

volatile const int * const volaitle p4 = &x;
```

p1 所指向的記憶空間具有唯讀與揮發性；p2 與 p1 相同，只是多寫一次 const 了，算是多此一舉；p3 除了與 p1 具有同樣的特性，且 p3 本身是唯讀，不可再指向別的記憶空間；p4 與 p3 類似，除了與 p1 具有同樣的特性，且 p4 本身具揮發性且唯讀，代表 p4 本身是屬於某個外部程序或裝置且不可再指向別的記憶空間。

6.6　限定指標

指標的 CV 修飾字除了 const 與 volatile，C99 還提供了一個特殊的修飾字用在指向資料空間的指標：**restrict**，以 restrict 修飾的指標稱為**限定指標**。若透過一個限定指標間接修改它所指向的記憶空間之內容，且也透過其它指標間接存取(包含讀跟寫)，將會發生未定義的結果。原則上，若我們希望某個記憶空間只會被一個指標所操作，就會將該指標宣告為限定指標。請注意，restrict 只能修飾指標本身，且該指標必須是指向某個可存取資料的記憶空間(不可修飾函式指標為限定，請看第 9.7 節)。我們來看一個簡單的例子：

程式 6-21

```
#include <stdio.h>
int main (void){
    int x = 0, y = 0;
    int * restrict p1 = &x;
    int * restrict p2 = &y;
    *p1 = 10;
    *p2 = 20;
    *p1 += *p2;     /* OK! p2 與 p1 各指向不同的變數 */
    printf("x = %d, y = %d\n", x, y);
                            /* x = 30, y = 20 */
    p1 = p2;        /* 危險！未定義的行為！ */
    *p1 = 10;
    *p2 = 20;
    *p1 += *p2;     /* 不可預期的結果！ */
    printf("x = %d, y = %d\n", x, y);
                    /* x 與 y 的數值不可預期 */
    return 0;
}
```

　　此例宣告了兩個限定指標 p1 與 p2 分別指向兩個 int 變數，x 與 y。這兩個指標的所有間接存取都會得到正確的結果。但如果將 p1 改成與 p2 指向同一對象，那就有可能引發未定義的結果了！因為編譯器會為限定指標做許多簡化的動作，以程式 6-21 為例，先將 p1 指向的變數給 10，再將 p2 指向的變數給 20。這兩個變數相加後的值為 30，然後再存放到 p1 指向的變數。但編譯器有可能會假設 p1 與 p2 都指向不一樣的變數，所以上述的運算動作可能會被編譯器簡化為：

```
*p1 = 10 + 20; *p2 = 20;
```

但如果讓 p1 與 p2 都指向同一個變數，那編譯器這樣的簡化就會發生不正確的結果。這就限定指標最需要注意的地方，請勿讓別的指標指向被限定指標間接修改過的記憶空間。

另外，限定指標可以搭配其它 CV 修飾字，下列都是合法的宣告：

```
const int * restrict p1;
const int * const restrict p2;
volatile const int * restrict p3;
const volatile int * volatile restrict p4;
volatile const int * const volatile restrict p5;
```

請注意，限定指標只能用在 C99 以上的編譯器，C89 並不支援限定指標。

6.7　指標的型態轉換

當您想把某個指標轉型成另一個型態的指標，或是想把一個記憶空間位址轉型成整數型態時，那麼您就必須使用**強制轉型**，它的語法如下：

(轉型後的指標型態) 轉型前的指標或記憶空間位址

請注意，指標的強制轉型並不是很安全，它不管轉型前後的型態是否匹配，也不保證轉型後進行間接存取會發生什麼現象。例如，我們可以把一個 float 的指標轉型成 int 的指標，請看下列程式：

程式 6-22

```
#include <stdio.h>
int main (void){
    float f = 0.5625f;
    float *pf = &f;
```

```
    int * pi = (int *)pf;   /* 將 pf 轉型成 int 的指標 */
    printf("%X\n", *pi);     /* 3F100000，乃是 0.5625 的編碼 */
    return 0;
}
```

若在您的執行環境 float 是以 IEEE-754 32 位元來儲存，且 int 的大小也是 32 位元的情況下，會得到 **3F100000** 的結果，即 0.5625 轉換為 IEEE-754 格式的十六進位碼。

我們也可以利用強制轉型將記憶空間位址轉換為整數，請看程式 6-23，假設編譯環境為 64 位元的作業系統(指標大小為 8 bytes)，且 long 的大小為 8 bytes：

程式 6-23

```
#include <stdio.h>
int main (void){
    float f = 0.5625f;
    float *pf = &f;
    long n = (long)pf;          /* 將 pf 轉型成 long */
    printf("%lX, %p\n", n, pf);/* 兩個相同的十六進位數字 */
    return 0;
}
```

請注意轉換後的整數儲存空間必須夠大，否則會發生資料遺失，大部分的編譯器會給您一個警告訊息。請看程式 6-24，仍然假設編譯環境為 64 位元的作業系統，且 int 只有 4 bytes。您會從輸出結果發現 n 只有存放 pf 較小的 4 bytes：

程式 6-24

```
#include <stdio.h>
int main (void){
    float f = 0.5625f;
```

```
    float *pf = &f;
    int n = (int)pf;              /* 警告！有可能資料遺失 */
    printf("%X, %p\n", n, pf);   /* n 會是 pf 較低的 4 bytes */
    return 0;
}
```

使用強制轉行還有一件事必須要特別注意，請勿轉換成一個指向大於原本儲存空間的指標，這會發生不可預期的狀況，如下面這個例子：

程式 6-25

```
#include <stdio.h>
int main (void){
    float f = 0.5625f;
    float *pf = &f;
    double *pd = (double *)pf;
    printf("%f\n", *pd);        /* 不可預期的結果！ */
    *pd = 1.234;                /* 不可預期的結果！ */
    return 0;
}
```

一般情況下，float 與 double 的大小分別為 4 bytes 與 8 bytes。在這個例子中，我們以 double 指標去存取一個 float 的空間，很明顯地，這是超出存取範圍的行為。輕者程式可順利進行，嚴重者發生記憶空間非法存取，程式被作業系統中斷。

不論指標本身或所指向的記憶空間，若沒有經過 CV 修飾，都可以直接轉型成為有 CV 修飾的，如下所示：

程式 6-26

```
#include <stdio.h>
int main (void){
    float f = 0.5625f;
```

```
    float *pf = &f;
    const float *pf2 = pf;        /* 不需要強制轉型 */
    float * const pf3 = pf;          /* 不需要強制轉型 */
    const float * const pf4 = pf;  /* 不需要強制轉型 */
    return 0;
}
```

但反過來將有 CV 修飾的指標轉換成無 CV 修飾就要透過強制轉型，請看此例：

程式 6-27

```
#include <stdio.h>
int main (void){
    const float f = 0.5625f;
    const float *pf = &f;
    float *pf2 = (float *)pf;   /* 強制轉型為非 const 指標 */
    *pf2 = 1.2345f;               /* 未定義的行為！ */
    /* 各家編譯器對以下程式會有不同的結果 */
    printf("%f\n", f);
    printf("%f\n", *pf);
    printf("%f\n", *pf2);
    return 0;
}
```

　　您可以發現，唯讀指標可透過強制轉型變成非唯讀指標去間接修改 f 的內容。您可能會這麼想：太好了，所有的唯讀變數都可以透過強制轉型方式去修改了。但事實並非如此，這是未定義的行為！有些編譯器會同意修改 (如 Visual C++)，有些則會另外建立一個可修改的記憶空間給非唯讀指標操作 (如 clang)。總之，各家編譯器有不同的詮釋，而我們的程式最好能避免這種情況。至於 volatile 修飾字也是一樣，透過強制轉型方式去修改原來的 volatile 變數，這也會發生不可預期的結果。因此，一般情況下建議儘量不要透過指標的強制轉型去修改某個記憶空間

的 CV 修飾。除非您能保證這塊記憶空間原本就可以進行未有 CV 修飾的操作。如下
面這個例子：

程式 6-28

```
#include <stdio.h>
int main (void){
    float f = 0.5625f;      /* f 沒有以 const 修飾 */
    const float *pf = &f;
    float *pf2 = (float *)pf;  /* 強制轉型為非 const 指標 */
    *pf2 = 1.2345f;         /* OK！pf2 所指向的 f 原本就非唯讀 */
    printf("%f\n", f);     /* 1.2345 */
    printf("%f\n", *pf);   /* 1.2345 */
    printf("%f\n", *pf2);  /* 1.2345 */
    return 0;
}
```

　　不過，我們仍然建議不要貿然地去把經過 CV 修飾的變數以強制轉型指標的方
式將 CV 修飾移除。當一個指標指向某個 CV 修飾的變數時，請最好也讓該指標能維
持一樣的 CV 修飾。

6.8　指標的偏移運算

　　指標可以進行一些算術運算，但只限制於指標之間的相減以及與整數的加減。
這些運算統稱為指標的**偏移運算**(offset)。下列這些指標的偏移運算所得到的結
果也是指標，且型態與運算式中的指標相同：

指標 + 整數

指標 – 整數

整數 + 指標

++指標

--指標

指標++

指標--

另外，兩個相同型態的指標可以進行相減，標準函式庫定義了一個型態，
`ptrdiff_t`，用來描述兩指標之間的差。以下都是合法的指標算術運算：

程式 6-29

```
#include <stddef.h>
#include <stdio.h>
int main (void){
    float x = 0;
    float *pf1 = &x, *pf2 = &x;
    ptrdiff_t d;
    pf1 = pf1 - 1;
    pf1 = 1 + pf1;
    pf1++;
    ++pf1;
    pf1--;
    --pf1;
    d = pf1 - pf2;          /* 兩指標的差請用 ptddiff_t 記錄 */
    printf("%td\n", d);     /* 0, 輸出 ptrdiff_t 可用%td 或%ld */
    return 0;
}
```

請注意，`ptrdiff_t` 的數值在 `printf` 要以 `t` 或 `l` 搭配整數型態的格式才能
正確輸出。

我們來看看幾個錯誤的指標運算：

程式 6-30

```
#include <stddef.h>
#include <stdio.h>
int main (void){
    float x = 0, y = 0;
    float *pf1 = &x, *pf2 = &y;
    int i = 0;
    int *pi = &i;
    ptrdiff_t d;
    pf1 = 1 - pf1;          /* 不可將整數去減掉一個指標 */
    pf1 = pf1 + 1.0f;       /* 不可對指標與非整數數值做算術運算 */
    pf1 = pf1 * 2;          /* 除了加減法，其它運算一律不可 */
    d = pf1 + pf2;          /* 不可對任兩個指標做加法 */
    d = pf1 - pi;           /* 兩不同型態的指標不可進行減法 */
    return 0;
}
```

您或許會感到納悶，指標的偏移運算究竟有何實質意義？我們來看看當一個指標加 1 後，其內容會有何變化？請看下面這個例子：

程式 6-31

```
#include <stddef.h>
#include <stdio.h>
int main (void){
    float x = 0;
    float *pf = &x;
    ptrdiff_t d;
    printf("%lu\n", sizeof(x)); /* 一個 float 的容量有多大？ */
    printf("%p\n", pf);         /* 顯示 x 的位址 */
    ++pf;                       /* pf 加 1 */
```

```
        printf("%p\n", pf);              /* pf 卻增加了一個 float 的大小 */
        d = pf - &x;
        printf("%ld\n", d);              /* pf 與 x 的位址相差 1 */
        return 0;
    }
```

您會發現當指標加 1 之後，其內容所增加的幅度並非是 1，而是**該指標的型態之容量大小**。此例中，pf 為指向 float 型態的指標，一開始指向變數 x。當 pf 加 1 之後，pf 的內容卻不是增加了 1，而是一個 float 大小，可是再與 x 的位址相減，又會得到 1 的結果。原因是若指標指向的記憶空間之存取單位為 k 個 byte，那麼當一個指標加上了整數 n，其意義並不是偏移了 n 個 byte，而是**偏移了 n × k 個 byte**。同樣的道理，兩個相同型態的指標相減則會得到相差多少個存取單位，而不是相差多少個 byte。

指標的偏移運算能為我們做些什麼事呢？我們來看一個例子。假設一個 unsigned int 具有 4 bytes，且記憶空間的儲存方式為 little-endian（第 1.4 節），可以利用指標的型態轉型與偏移運算以十六進位方式來顯示一個 unsigned int 的每個 byte 之內容：

程式 6-32

```
#include <stddef.h>
#include <stdio.h>
int main (void){
    unsigned int x = 1234567;   /* 十六進位碼為 0x12D687 */
    /* 將 x 的位址給 unsigned char 的指標記錄 */
    unsigned char* pc = (unsigned char*)(&x);
    ptrdiff_t i;
    size_t n = sizeof(x);
    /* 輸出 pc 偏移 i 單位所指向的資料 */
    for(i = 0; i < n; ++i)
```

```
        printf("%hhX\n", *(pc + i));
    /* 也是輸出 pc 偏移 i 單位所指向的資料，比上一個迴圈有效率 */
    for(i = n, pc += n; i > 0; --i)
        printf("%hhX\n", *(pc - i));
    return 0;
}
```

程式 6-32 會將 x 的所有 byte 由最低到最高依序輸出兩次，結果如下：

87

D6

12

0

87

D6

12

0

　　此程式的重點有兩個地方：首先，由於我們想以最小記憶空間存取單元的角度
去看待 x。然而，能代表最小記憶空間存取單元的資料型態就是 unsigned char。
所以要以 unsigned char 的指標 pc 去指向 x。接著，sizeof 能夠告訴我們一
個變數佔有多少的記憶空間存取單元。如此，可設計一個迴圈來走訪 x 的每個 byte。
第一個迴圈會讓 i 從 0 跑到 n - 1，迴圈每回合會讓 pc 正向偏移 i 個 unsigned
char，然後再將偏移後的位址透過 * 來讀取其內容。請注意一點，偏移後的 pc
仍然是一種 unsigned char 的指標，也就是透過 * 來讀取是會得到一個
unsigned char 的內容。另外，此例為了以十六進位方式來顯示一個 byte 的內
容，我們以 %hhX 格式輸出。第二個迴圈一樣有同樣的功效，只不過我們先將 pc 正
向偏移 n 個 unsigned char，i 一開始也改成 n 個 unsigned char，但是 i 每

回合結束後會遞減 1。而迴圈每回合都讓 pc 逆向偏移 i 個 unsigned char 來輸出資料，也是能讓 x 的所有 byte 由最低到最高依序輸出。第二次迴圈會比較有效率，因為迴圈的條件運算是讓 i 與一個字面常數 0 來比較，而第一個迴圈的條件運算是讓 i 與一個變數 n 來比較。在一般情況下，與字面常數的運算會比與變數運算來得有效率。而且，第二迴圈可以很容易地改成將輸出的順序反過來，如下所示：

程式 6-33

```
#include <stddef.h>
#include <stdio.h>
int main (void){
    unsigned int x = 1234567;
    unsigned char* pc = (unsigned char*)(&x);
    ptrdiff_t i;
    size_t n = sizeof(x);
    for(i = n, pc += n; i > 0; --i)
        printf("%hhX\n", *(--pc));          /* 先將 pc 遞減在輸出 */
    return 0;
}
```

請小心使用指標的偏移運算，千萬不可超出存取的範圍，否則會發生不可預期的錯誤現象：

程式 6-34

```
#include <stddef.h>
#include <stdio.h>
int main (void){
    unsigned int x = 1234567;
    unsigned char* pc = (unsigned char*)(&x);
    ptrdiff_t i;
    size_t n = sizeof(x)
```

```
    pc += n;                     /* pc 偏移 n 個 byte */
    printf("%hhX\n", *pc);       /* 不可預期的錯誤！ */
    return 0;
}
```

此例中，由於 x 只佔有 4 bytes，若把這 4 個 byte 從零開始給予編號，那麼最大的 byte 的編號會是 3。這意味著 p 最多只能偏移 3 個 byte，因為 p 在未偏移的情況下是指向 x 的第零個 byte。然而，sizeof(x) 會得到 4，p 加上 4 等同偏移至 x 的編號為 4 之 byte 上，超出 x 可存取的範圍。超出任何記憶空間的可存取範圍皆是未定義的行為，無法保證會發生什麼錯誤，請千萬不要讓您的程式陷入這種麻煩中！

另外，限定指標也可以進行偏移運算，但您必須小心偏移後且也修改了指向的記憶空間之內容，是否會有其它指標共同指向同一記憶空間。若是，就可能會造成間接存取上的錯誤。請看下面這個例子：

程式 6-35

```
#include <stddef.h>
#include <stdio.h>
int main (void){
    unsigned int x = 1234567;
    unsigned char * pc = (unsigned char*)(&x);
    size_t n = sizeof(x);
    size_t m = sizeof(x) / 2;
    unsigned char * restrict pc1 = pc;        /* pc1 指向 pc*/
    unsigned char * restrict pc2 = pc + n;
                                  /* pc2 指向 pc + n */
    size_t i;
    for(i = m; i > 0; --i){
        /* 請注意此迴圈指執行 m = n / 2 次 */
```

```
        *pc1 = *--pc2;

        printf("%hhX, %hhX\n", *pc1++, *pc2);

    }

    /* OK，每回合 pc1 與 pc2 都指向不一樣的 byte，結果為：

        0, 0

        12, 12

    */

    printf("----------------------\n");

    pc1 = pc;                        /* pc1 指向 pc*/

    pc2 = pc + n;                    /* pc2 指向 pc + n */

    for(i = n; i > 0; --i){          /* 請注意此迴圈會執行 n 次 */

        *pc1 = *--pc2;               /* 未定義的行為！ */

        printf("%hhX, %hhX\n", *pc1++, *pc2);

    }

    return 0;

}
```

　　程式 6-35 宣告了兩個限定指標，pc1 與 pc2，分別指向 x 的第一個 byte 的位址與偏移 n 個 byte 後的位址，其中 n 為 x 的記憶空間大小。然後以一個執行 m 回合的迴圈搭配偏移運算將 x 的後半部分複製到前半部分，並將結果以十六進位方式輸出，其中 m 為 n 的一半。pc1 會從最低 byte 逐次地指向第 m - 1 個 byte；pc2 會從最高 byte 逐次地指向第 m 個 byte。然後將 pc2 所指向的資料複製到 pc1 所指向的記憶空間。這動作並不違反限定指標的規定，pc1 與 pc2 在每一回合中都不會指向同一個 byte。但如果同樣的動作，將迴圈改成執行 n 次，那麼 pc2 必會指向曾經透過pc1 所修改的記憶空間(x的前半部)，就會違反限定指標的規定，造成不可預期的結果了。

　　指標的偏移運算似乎是個麻煩的技巧，但它卻是十分常用的。尤其是應用在陣列的存取上。這在第 7.3 節會有詳細的介紹。

6.9　指標的比較

　　任兩個同型態的指標可以進行所有比較運算，包含等於 `==` 、 不等於 `!=` 、
大於 `>` 、小於 `>` 、大於或等於 `>=` 以及小於或等於 `<=` 。若有兩個指標 `p1` 與
`p2`，當 `p1` 大於 `p2` 時，所代表的意義為 `p1` 所存放的記憶空間位址在 `p2` 所存放的
記憶空間位址之後；反之，當 `p1` 小於 `p2` 時，所代表的意義為 `p1` 所存放的記憶空
間位址在 `p2` 所存放的記憶空間位址之前。請注意，進行任何比較運算的兩指標一
定要同型態，否則會有未定義的行為。請看下面的例子：

程式 6-36

```c
#include <stdio.h>
int main (void){
    int x = 1, y = 2;
    double d = 1.234;
    int *px = &x, *py = &y;
    double *pd1 = &d, *pd2 = &d;
    if(px != py){
        printf("px != py\n");          /* px != py */
        printf("%p, %p\n", px, py);
        if(px > py)        /* px 是否大於 py 由各編譯器決定 */
            printf("px > py\n");      /* px > py */
        else
            printf("px < py\n");      /* px < py */
    }
    if(pd1 == pd2)
        printf("pd1 == pd2\n"); /* pd1 == pd2 */
    if(px <= pd1)          /* 不同型態的指標進行比較，未定義的行為！ */
        printf("px <= pd1\n");
```

```
    else
        printf("px > pd1\n");
    return 0;
}
```

此例中，`px` 與 `py` 皆是 `int` 的指標，所以可以進行比較。由於它們分別指向不同的變數，比較不等於的結果一定是成立。但 `px` 是否大於 `py`，則由各家編譯器對區域變數的建立順序來決定。`px` 不可與 `pd1` 進行比較，因為它們的型態是不同的，`px` 是 `int` 的指標，但 `pd1` 是 `double` 的指標。通常編譯器會給這種不同型態的指標比較發出警告訊息。

6.10 不分型態指標：void *

有一種指標稱為**不分型態指標**，那就是 **void ***，這種指標有兩個特點：

1. 任何型態的指標可直接轉換成不分型態指標 (隱性轉型)。
2. 它不可使用間接存取運算子去存取所指向的記憶空間。

以下都是使用 `void *`的正確方式：

程式 6-37

```
#include <stdio.h>
int main (void){
    void *pv1;          /* 宣告一個不分型態指標 */
    int n = 123;
    int *pi = &n
    void *pv2 = pv1;    /* 可以共同指向同一個變數 */
    void *pv3 = pi;     /* 初始值可以是任何指標的內容 */
    void *pv4 = &n;
                        /* 只要是記憶空間位址，void 指標都可以儲存 */
```

```
    pv1 = pi;              /* 可以指向任何型態的變數 */
    return 0;
}
```

請記得一件事，只要是記憶空間的位址，不分型態指標皆可記錄之；也就是說，不分型態指標可以指向任何型態的變數。由於不分型態指標本身無法得知所指向的記憶空間有多大以及如何使用，因此不分型態指標不可用來進行間接存取。下列程式都是錯誤示範：

程式 6-38

```
#include <stdio.h>
int main (void){
    int x = 1234;
    void * pv = &x;
    *pv = 123;       /* 編譯錯誤！不分型態指標不可進行間接存取 */
    printf("%d\n", *pv);
                     /* 編譯錯誤！不分型態指標不可進行間接存取 */
    return 0;
}
```

若要透過不分型態指標來進行間接存取，您必須先將它轉型成某個已知型態的指標：

程式 6-39

```
#include <stdio.h>
int main (void){
    int x = 1234;
    void * pv = &x;
    int *pi = (int *)pv;   /* 轉型成 int 的指標 */
    *pi = 123;             /* OK */
    printf("%d\n", *pi);   /* 123 */
```

```
    printf("%d\n", x);        /* 123 */
    return 0;
}
```

　　再次地提醒您，指標的轉型要十分小心，您必須保證轉型後的指標能夠正確地存取所指向的記憶空間，包括其資料內容以及使用範圍。超出任何記憶空間的可存取範圍皆是未定義的行為，您無法保證會發生什麼樣的錯誤！

　　我們通常利用不分型態指標傳遞變數給一個函式，使得函式具有**通用** (generic)的效果[37]。以第 6.2 節所介紹的變數調換為例，可以把參數型態改為 void 指標，並以 byte 的角度來調換資料，即可得到如下的通用版本：

程式 6-40

```
#include <stddef.h>
#include <stdio.h>
/* pa 與 pb 分別指向兩個相同型態的引數，
   n 代表每個引數佔有多少記憶空間(byte) */
void Swap(void *pa, void *pb, size_t n){
    char* pca = (char *)(pa); /* 轉型為 char */
    char* pcb = (char *)(pb);
    /* 調換兩筆資料的每個 byte */
    for(pca += n, pcb += n; n > 0; --n){
        char t = *--pca;
        *pca = *--pcb;
        *pcb = t;
    } /* 此迴圈會執行 n 次 */
}
int main (void){
```

---

[37] generic 又翻譯成**泛型**。C++會以**樣板** (template)來達成泛型程式設計，而不以 void 指標。

```
double dbl1 = 1.234, dbl2 = 5.678;
short h1 = 123, h2 = 456;
Swap(&dbl1, &dbl2, sizeof(double)); /* 請注意第三個參數 */
printf("%f, %f\n", dbl1, dbl2);      /* 5.678, 1.234 */
Swap(&h1, &h2, sizeof(short));       /* 請注意第三個參數 */
printf("%hd, %hd\n", h1, h2);        /* 456, 123 */
return 0;
}
```

　　此版本的 Swap 多了一個參數 n，這是因為 Swap 內部無法透過 void 指標來得知一共有多少個 byte 需要調換，所以才透過此參數來告知。在調換過程運用了指標轉型以及偏移技巧，先將兩個 void 指標轉型成 char 指標，因為 char 代表執行環境的記憶空間最小存取單元 (byte)，然後以一個 for 迴圈進行這兩個 char 指標的偏移動作，先將指向兩筆資料的 pca 與 pcb 偏移 n 個 byte，每回合再逆向偏移一個 byte，接著再進行資料調換，隨著迴圈結束也完成了所有資料的調換。請注意，在呼叫此函式時，務必要把資料的大小透過第三個參數告訴 Swap。

　　再看一個例子，請設計一個函式可將任何變數的內容以十六方式輸出至標準輸出裝置，並且在每兩個位數輸出完後需加上空格。程式碼如下：

程式 6-41

```
#include <stddef.h>
#include <stdio.h>
void PrintContext(const void *p, size_t n){
    const unsigned char* puc = (const unsigned char*)(p);
    for(puc += n; n > 0; --n)
        printf("%02hhX ", *--puc);
}
int main (void){
    int x = 1234567;
```

```
        double  d = 0.12345;
        PrintContext(&x, sizeof(x));    /* 00 12 D6 87 */
        printf("\n");
        PrintContext(&d, sizeof(d));
                    /* 3F BF 9A 6B 50 B0 F2 7C */
        printf("\n");
        return 0;
    }
```

　　PrintContext 的內容類似程式 6-32，但在此以 void 指標來完成顯示各種變數的內容。請注意，由於我們不會對欲顯示的變數進行任何修改，所以 void 指標 p 可宣告為 const。之後 p 在轉型為 unsigned chat 指標時，也必須以 const 方式來轉型。或許您會覺得宣告為 const 指標是件麻煩且無意義的動作，但請務必養成此習慣且以嚴謹的態度來看待函式的參數宣告，必須在宣告時就能描述參數的行為。如此，對程式的日後維護、大型軟體開發或是團隊合作中，皆能減少函式的誤用以及加強資料傳輸的安全性。

總結

1. 指標的主要用途是可存放某個記憶空間的位址，之後可進行間接存取此位址所代表的記憶空間。一個指標若不指向任何記憶空間，請以 stddef.h 或 stdlib.h 所定義的常數 NULL，將它設定為空指標。

2. 透過指標來傳遞某個變數的記憶空間位址，可在函式內間接修改該變數的內容。

3. C 語言只有傳值呼叫，並沒有所謂的傳址呼叫。

4. 函式若回傳某個記憶空間的位址必須保證該記憶空間在函式結束後仍然存在。您可以回傳某個公用變數或靜態變數的位址，但請勿回傳函式內的區域變數之

位址，以免在呼叫端有機會去存取這塊已不存在的記憶空間，造成非法存取的
錯誤。

5. 指標也是一種變數，它也有記憶空間。我們可以宣告一個雙重指標來儲存某個
指標的記憶空間位址。

6. CV 修飾字在宣告指標可分為三種：修飾指標所指的記憶空間、修飾指標本身以
及修飾指標所指的記憶空間與指標本身。

7. restrict 是 C99 專門用在變數指標的修飾字。當指標以 restrict 修飾後
就稱之為限定指標，代表所指向的記憶空間只會被該指標間接存取，其它指標
若跟限定指標指向同一空間並進行間接存取，將會發生未定義的結果。

8. 某個指標轉型成另一個型態的指標必須使用強制轉型，有 CV 修飾的指標也可
強制轉型成無 CV 修飾的指標。但指標的強制轉型並不是很安全，它不管轉型
前後的型態是否匹配，也不保證轉型後進行間接存取會發生什麼現象。

9. 指標之間可進行相減，也可以與整數的進行相加與相減。這些運算統稱為指標
的偏移運算。當指標加 1 之後，其內容所增加的幅度是該指標的型態之容量大
小。若指標指向的記憶空間之存取單位為 k 個 byte，那麼當一個指標加上了
整數 n，則會偏移 n × k 個 byte。 兩個相同型態的指標相減則會得到相差多
少個存取單位，而不是相差多少個 byte。

10. void 指標有兩個特點：任何型態的指標可直接轉換成不分型態指標(隱性轉型)
且不可使用間接存取運算子去存取所指向的記憶空間。我們可以用 void 指標
來設計通用於各種型態的函式。

練習題

1. 指標的初始值該如何設定？請舉例說明未初始化的指標有什麼樣的危害？

2. 指標可以進行哪些偏移運算？請舉例說明。

3. 有些人會稱將變數的記憶空間位址給函式為傳址呼叫，但 C 語言只提供傳值呼

叫(只能傳遞變數的數值給函式)。請問該如何以傳值呼叫來解釋傳址呼叫這件事？

4. 請設計一個名為 MaxV 的函式，並搭配 void 指標，可以從任三個同型態的變數中找出最大者。其宣告式如下：

```
const void * MaxV(const void * v1,
                  const void * v2,
                  const void * v3,
                  size_t n);
```

其中，v1、v2 與 v3 指向三個同型態的變數，此型態的所佔記憶空間為 n bytes；回傳值及為 v1、v2 與 v3 其中之一。若有任兩個指向的變數具有相同數值，則回傳在參數列順序較前者。比如 v1、v2 與 v3 所指向的變數具有相同數值，那麼回傳值為 v1。

5. 承上題，MaxV 當面對某些資料型態與傳入的引數時，會有個嚴重的錯誤。請說明之，並試著修正這個錯誤。

6. 請設計一個名為 SwapPtr 的函式，它只有兩個參數分別可以輸入兩個任何型態的指標，然後調換這兩個指標的內容。請讓下列程式可以正確地的執行：

```
int main(void){
    int x = 1, y = 2;
    int *p1 = &x, *p2 = &y;
    printf("%d, %d\n", *p1, *p2); /* 1, 2 */
    SwapPtr(&p1, &p2);
    printf("%d, %d\n", *p1, *p2); /* 2, 1 */
    return 0;
}
```

第 7 章

陣列與動態記憶
空間管理

所謂**陣列** (array) 是一個將具有相同型態的資料數據緊密地結合在一起的資料結構，並且可以任意地存取這些資料。它在資料處理中扮演十分重要的角色，可說是最常使用的資料結構。我們可以利用陣列來記錄一組具有同樣性質的資料，例如：一個班級的學生成績、一群人的年齡、一段字串 (一組字元符號)、一段訊號在固定的取樣頻率下的取樣值……。而且在 C 語言中，陣列也是學習記憶空間管理的第一步。因此，陣列是一個必須要十分用心的學習主題。

7.1 陣列的基本操作

這一節會分成數個小節來介紹陣列的基本操作，包含宣告、陣列大小、初始化、元素的存取與陣列的指標。

7.1.1 陣列的宣告

您可以透過下列語法宣告任何資料型態的陣列：

元素型態　陣列名稱 [陣列大小]；

其中，陣列的存取單位稱為**元素** (element)，每個元素都屬於相同的資料型態，且連續地排放在陣列中。陣列大小必須是一個非負的整數，用來代表此陣列的最大元素數量。若要存取每個元素，則必須透過**索引運算子 []** 搭配索引編號。語法如下：

陣列名稱 [索引編號]

索引編號是一個有號整數，用來指示欲存取陣列的第幾個元素。請注意一點，C 語言的元素編號是**從零開始** (zero-based indexing)，即第一個元素的索引編號是 0，第二個元素的索引編號是 1，以此類推。**索引運算子會構成一個左值運算式**，其運算結果為陣列某元素的記憶空間。請看下列的陣列使用方式：

程式 7-1

```
int main(void){
    int A[3];                /* 宣告一個可以存放三個 int 的陣列 */
    A[0] = 3;                /* 第 0 個的元素設定為 3 */
    A[1] = 4;                /* 第 1 個的元素設定為 4 */
    A[2] = A[0] + A[1];      /* 第 2 個的元素設定為前兩個元素的和 */
    return 0;
}
```

上例宣告了一個可存放三個 int 的陣列，名稱為 A。接著將 3 與 4 分別設定到 A 的第 0 與第 1 號元素，然後再將這兩個元素的相加值設定給第 2 號元素。

任何可計算出整數的運算式皆可做為陣列的索引，請看下列的陣列存取方式：

程式 7-2

```
#include <stdio.h>
int main(void){
    double D[10];        /* 宣告一個可以存放 10 個 double 的陣列 */
    int i;
    for(i = 0; i < 10; ++i){    /* i 會從 0 到 9 */
        D[i] = i / 10.0;           /* D 的第 i 個元素等於 i / 10.0 */
    }
    for(i = 0; i < 10; ++i){    /* i 會從 0 到 9 */
        printf("%f\n", D[i]);    /* 輸出 D 的第 i 個元素 */
    }
    return 0;
}
```

此程式會產生出 0.0、0.1、...、0.9 這些連續的浮點數。請注意程式中利用了迴圈讓整數 i 從 0 到 9 遞增變化，那麼 i 就可以當作陣列的索引編號去操作陣列每個元素。請記得這種用法，這是很常見的陣列基本操作。

在宣告陣列時，須注意陣列大小必須是一個正整數，任何其它型態的數值都不行。以下的陣列宣告式都是錯誤的：

```
int A[3.5];          /* 陣列大小不可為浮點數 */
short B[3.5f * 2];   /* 陣列大小不可為浮點數 */
double C[-10];       /* 陣列大小不可為負數 */
```

但是陣列的索引編號可以是個負整數，這部分請看第 7.1.6 節的說明。

另外，在 C99 以後的版本可宣告一個零元素的陣列，可用來作為動態結構體的不定數量成員（請看第 10.3.9 節）。像這樣：

```
float B[0];
```

我們通常會將陣列大小給予一個可在編譯時期決定的正整數，請看此例：

程式 7-3

```
#include <stdio.h>
#define N 10             /* N 可在編譯時期就決定其數值為 10 */
int main(void){
    double D[N];         /* 宣告一個可以存放 N 個 double 的陣列 */
    int i;
    for(i = 0; i < N; ++i){      /* i 會從 0 到 N - 1*/
        D[i] = i / 10.0;         /* D 的第 i 個元素等於 i / 10.0 */
    }
    for(i = 0; i < N; ++i){      /* i 會從 0 到 N - 1 */
        printf("%f\n", D[i]);    /* 輸出 D 的第 i 個元素 */
    }
    return 0;
}
```

此程式的輸出結果會將數字 0 顯示到 9。其中，常數 N 即代表著陣列大小。這程式有很多地方用到了陣列大小，首先是陣列的宣告，然後兩個迴圈都會根據陣列大小來決定迴圈的執行次數。如果我們不以 N 來代表陣列大小，那麼日後若要改變陣列大小，就得修改程式這三個地方。

但是 C99 以前的編譯器不允許陣列大小是以變數來宣告，即使是唯讀變數。下面這個例子在 C99 可以編譯成功，但是在有些只支援 C89 的編譯器會發出編譯錯誤(如 Visual C++)：

程式 7-4

```
#include <stdio.h>
const int N = 10;          /* N是唯讀變數，不是常數！ */
int main(void){
    double D[N];            /* C99 OK，有些C89編譯器不允許 */
    int i;
    for(i = 0; i < N; ++i){     /* i 會從 0 到 N - 1*/
        D[i] = i / 10.0;        /* D的第 i 個元素等於 i / 10.0 */
    }
    for(i = 0; i < N; ++i){     /* i 會從 0 到 N - 1 */
        printf("%f\n", D[i]);   /* 輸出 D 的第 i 個元素 */
    }
    return 0;
}
```

我們來看幾個陣列的實際運用情況。**費伯納西數**(Fibonacci number)是一個很有名的數字序列，此序列除了第 0 個與第 1 個數字分別為 0 與 1 之外，其餘數字皆為它的前兩個數字之和。費伯納西數列的數學定義如下：

F[0] = 0;

F[1] = 1;

```
F[i] = F[i - 1] + F[i - 2];
```

我們可以用陣列來計算出一個費伯納西數列。請看下列程式：

程式 7-5

```
#include <stdio.h>
#define N 10
int main(void){
    int F[N];
    int i;
    F[0] = 0;
    F[1] = 1;
    for(i = 2; i < N; ++i)        /* 計算費伯納西數列 */
        F[i] = F[i - 1] + F[i - 2];
    for(i = 0; i < N; ++i)        /* 將數列輸出 */
        printf("%d ", F[i]);
    return 0;
}
```

此程式為計算 10 個數字的費伯納西數列，第一個迴圈會計算出數列中的每個數字，第二個迴圈再將數列輸出。結果會是：

0 1 1 2 3 5 8 13 21 34

再看另一個例子。假設一個班級有十位同學，請輸入她們的總成績，並計算**標準差**。在統計學上，標準差是一個用來評估一組數據對平均值的差異度之數值，若標準差越接近於零，代表這些數據彼此之間差異越小；反之，則這些數據彼此之間差異越大。標準差的公式如下[38]：

---

[38] 此公式為母體標準差，以總數 N 除以所有資料與均值的平方差之和。另外一種是樣本標準差，是以 N - 1 除以所有資料與均值的平方差之和。

$$s = \sqrt{\frac{1}{N} \sum_{i=0}^{N-1} (A[i] - v)^2}$$

其中，s 為標準差，N 為資料筆數，A 為記錄資料的陣列，v 為這 N 筆資料的平均值。那要怎麼實作計算標準差的程式呢？您必須先把學生的成績先記錄下來，並計算平均值，然後再計算每筆成績與平均值的平方差之和算出。如程式 7-6 所示：

程式 7-6

```c
#include <math.h>          /* sqrt 所需要的標頭檔 */
#include <stdio.h>
#define N 10
int main(void){
    double Scores[N];
    double sum = 0.0, avg = 0.0, s = 0.0, diff = 0.0;
    int i;
    for(i = 0; i < N; ++i){            /* 輸入學生成績與計算總和 */
        printf("Student %d's score: ", i);
        scanf("%lf", &Scores[i]);
        sum += Scores[i];
    }
    avg = sum / N;              /* 計算平均 */
    for(i = 0; i < N; ++i){      /* 計算標準差 */
        diff = Scores[i] - avg;
        s += diff * diff;
    }
    s = sqrt(s / N);              /* sqrt 為取得平方根的函式 */
    printf("Standard deviation: %f\n", s);   /* 輸出結果 */
    return 0;
}
```

由於計算標準差需要先計算所有資料的平均值，然後再將每筆資料與平均值相減。我們無法在一個迴圈內同時進行輸入資料以及計算標準差，必須先將資料記錄在一個陣列中，待平均值算出後，再進行標準差的運算。程式 7-6 中第一個迴圈是進行資料輸入與計算總和的工作，接下來即可求出平均值。然後，第二個迴圈則是計算每筆資料與平均值的平方差之和，最後以數學標準函式庫所提供的求平方根函式 **sqrt**，即可算出標準差。sqrt 的宣告式如下：

```
double sqrt (double x);
```

您只要給一個大於零的浮點數 x，sqrt 就會為您計算出 x 的平方根是多少。請注意，若 x 為負，則結果會是 NaN(Not a Number，非任何數字)。

7.1.2　陣列的大小

我們可以用 sizeof 取得一個陣列所佔的記憶空間大小，但請記得，一般情況下，**單位是 byte**。請看下面這個範例：

程式 7-7

```
#include <stdio.h>
#define N 10
int main(void){
    int A[N];
    double B[N];
    printf("%lu\n", sizeof(A));
                        /* 40，若一個 int 是 4 bytes */
    printf("%lu\n", sizeof(B));
                        /* 80，若一個 double 是 8 bytes */
    return 0;
}
```

如果我們想知道一個陣列含有多少元素，可以將陣列的記憶空間大小除以每個元素的記憶空間大小。像這樣：

程式 7-8

```
#include <stdio.h>
#define N 10
int main(void){
    int A[N];
    double B[N];
    printf("%lu\n", sizeof(A) / sizeof(A[0]));  /* 10 */
    return 0;
}
```

以上這些量測陣列大小的方式，都只能用在一個未經過轉型的陣列名稱。如果陣列名稱經過任何隱性轉型成為一個指標，如參數傳遞，那麼就不能用 sizeof 來量測陣列大小了。這個問題在第 7.4 節會有詳細的說明。

7.1.3 全域陣列與區域陣列

如同變數的使用範圍，陣列也有分全域陣列與區域陣列。它們的差別除了使用範圍不同外，初始值與可宣告的陣列大小也有所不同。我們知道一個全域變數若未給特定的初始值，那麼它的初始值會是零(請看第 5.3.4 節)。全域陣列也是如此，請看此例：

程式 7-9

```
#include <stdio.h>
#define N 10
int A[N];                    /* 全域陣列 */
int main(void){
    int i;
```

```
    for(i = 0; i < N; ++i)
        printf("%d\n", A[i]);      /* 所有元素皆為零 */
    return 0;
}
```

我們發現一個全域陣列若沒經過任何設定初始值的動作，它的每個元素皆會是零。但是區域陣列就不是這樣了，我們把陣列 A 宣告在 main 函式裡面：

程式 7-10

```
#include <stdio.h>
#define N 10
int main(void){
    int A[N];                      /* 區域陣列 */
    int i;
    for(i = 0; i < N; ++i)
        printf("%d\n", A[i]);      /* 所有元素之數值皆為無法預測 */
    return 0;
}
```

如同區域變數一樣，未經過初始化的區域陣列其每個元素之內容都會是無法預期的。至於要如初始化一個陣列，稍後在第 7.1.4 節會介紹。

由於電腦的記憶空間有限，陣列的大小也會受限，而且全域陣列與區域陣列的大小限制也會不同。一般情況下，編譯器會讓全域陣列的可宣告大小為該編譯環境的最大記憶空間使用量，端看您的實體記憶空間容量、作業系統與編譯器設定來決定。在現今一般的個人電腦上，實體記憶空間皆有 1GB 以上，也都安裝了 32 位元以上的作業系統，編譯器都允許您宣告一個 1GB 的全域陣列。但是，若宣告一個過大的全域陣列會發生什麼事呢？通常編譯器會發出編譯錯誤的訊息，告訴您宣告了一過大的陣列。但有些編譯器不會，而是交由作業系統來決定是否允許配置如此過大的陣列，若不允許，作業系統會終止您的程式執行，並發出警告訊息。區域陣列的大小更是不能宣告過大，因為編譯器通常只會為一個區域配置一塊小量的記憶空間來給區域變數使用。這塊小記憶空間有多小？也是要看編譯環境來決定，通常只有幾 MB 而已。一般情況，我們不會宣告一個大於 1MB 的區域陣列。如果宣告了一個過大的區域陣列，但是其所佔的空間卻沒有超過全域陣列的大小限制，通常編譯器不會發出錯誤訊息，而是要等到執行時期，由作業系統來決定是否允許配置如此過大的陣列。同樣地，若不允許，作業系統會終止您的程式執行，並發出警告訊息。

7.1.4　陣列的初始化

我們希望陣列也能像變數一樣，在宣告的時候就給予初始值，尤其是在宣告一個區域陣列的時候。陣列的初始化語法如下：

元素型態　陣列名稱[陣列大小] = {初始值 0，初始值 1，...};

由於陣列是一個包含多元素的個體，這些元素的初始值必須以一個大括號來包含，並以逗號隔開，從第零個元素開始，由左至右依序排列。請看以下陣列初始化的範例：

程式 7-11

```
#include <stdio.h>
#define N 3
int main(void){
    int A[N] = {10, 11, 12};    /* 陣列的初始化 */
    int i;
    for(i = 0; i < N; ++i)
        printf("%d\n", A[i]);
                    /* A[0]到 A[2]分別為 10， 11 與 12 */
    return 0;
}
```

切記，初始值的數量不可超過陣列的元素個數，否則可能會有編譯錯誤 (有些編譯器僅發出警告)。請看這個例子：

程式 7-12

```
#include <stdio.h>
#define N 3
int main(void){
    int A[N] = {10, 11, 12, 13};    /* 錯誤！過多的初始值！ */
    int i;
    for(i = 0; i < N; ++i)
        printf("%d\n", A[i]);
    return 0;
}
```

但是初始值的數量可少於超過陣列的元素個數，甚至 C99 允許大括號內沒有任何初始值。沒有被指定初始值的元素，其初始值為零。如下所示：

程式 7-13

```
#define N 3
int main(void){
    int A[N] = {10, 11};
                         /* A[0] = 10; A[1] = 11; A[2] = 0 */
    int B[N] = {0};      /* 每個元素皆為零 */
    int C[N] = {};       /* C99 允許空的大括號，每個元素皆為零 */
    return 0;
}
```

另外，陣列的大小可由初始程序的個數來決定，請看此例：

程式 7-14

```
#include <stdio.h>
```

```
int main(void){
    int A[] = {0, 1, 2};    /* 由初始值個數來決定陣列元素的數量 */

    int N = sizeof(A) / sizeof(A[0]);       /* N 會是 3 */
    int i;
    for(i = 0; i < N; ++i)
        printf("%d\n", A[i]);
                            /* A[0]為 0，A[1]為 1，A[2]為 0 */
    return 0;
}
```

當宣告一個未指定元素個數的陣列，編譯器會根據初始值的個數來決定元素的數量。但前提是，您必須寫下初始值。若沒有初始值，也沒有指定陣列大小，這是會引發編譯錯誤的：

```
int A[];            /* 編譯錯誤 */
```

如果未指定元素個數的陣列給一個空的大括號來初始化，則等同宣告一個零元素的陣列：

```
int A[] = {};    /* 零元素的陣列 */
```

C99 對陣列有很多寬鬆的限制，比如，我們可以只對某幾個元素進行初始化，像這樣：

程式 7-15

```
#include <stdio.h>
#define N 3
int main(void){
    int A[N] = {[1] = 11, [0] = 10};
                /* C99 可特定元素初始化，且順序可任意 */
```

```
    int i;
    for(i = 0; i < N; ++i)
        printf("%d\n", A[i]);
                        /* A[0]為 10，A[1]為 11，A[2]為 0 */
    return 0;
}
```

但請注意，這種只為特定元素進行初始化在 C89 的編譯器並不支援。

7.1.5　半動態陣列

C99 允許以一個正整數的變數來宣告一個執行時期才會決定元素個數的陣列，但此陣列的大小宣告後就不可再改變，這種陣列稱為**半動態陣列** (semi-dynamic array)。請看這個範例：

程式 7-16

```
#include <stdio.h>
int main(void){
    int N;
    scanf("%d", &N);     /* C99 可以在宣告式之間放入非宣告敘述 */
    int A[N];            /* C99 在宣告陣列時，其元素個數可以是變數 */
    int i;
    for(i = 0; i < N; ++i) /* 執行時期才能決定 N */
        A[i] = i;
    for(i = 0; i < N; ++i)
        printf("%d\n", A[i]);
    return 0;
}
```

但請注意，這是 C99 的特有功能，並不是所有的 C 語言編譯器都支援。如 Visual C++ 就不支援。由於半動態陣列要在執行時期才知道元素個數，因此不可以進行初始化，否則會引發編譯錯誤，像這樣：

程式 7-17

```c
#include <stdio.h>
int main(void){
    int N;
    scanf("%d", &N);    /* C99 可以在宣告式之間放入非宣告敘述 */
    int A[N] = {0};     /* 編譯錯誤！半動態陣列不可進行初始化 */
    int i;
    for(i = 0; i < N; ++i) /* 執行時期才能決定 N */
        A[i] = i;
    for(i = 0; i < N; ++i)
        printf("%d\n", A[i]);
    return 0;
}
```

至於全動態陣列，也就是動態記憶空間配置，將會在第 7.8 節介紹。但是請讀者先熟練陣列的操作以及指標的運用，我們再繼續學習如何管理動態記憶空間。

7.1.6　陣列元素的索引方式

我們知道，若要存取陣列的某個元素，必須以索引的方式來指定。索引值必須是個整數，以零為起點，即索引值 0 代表陣列的第一個元素。索引動作需要[]這個索引運算子，您可以用兩種方式來進行索引：陣列名稱在中括號左邊，索引值在中括號內(這是最普遍的方式)；或者索引值在中括號左邊，陣列名稱在中括號內。但是陣列名稱與索引值不可放在中括號右邊，否則會引發編譯錯誤。請看以下範例：

程式 7-18

```c
#include <stdio.h>
#define N 4
```

```
int main(void){
    int A[N];
    A[0] = 0;        /* OK！ */
    1[A] = 1;        /* OK！等同 A[1] = 1 */
    [2]A = 2;        /* 編譯錯誤！陣列名稱不可在中括號右邊！ */
    [A]3 = 3;        /* 編譯錯誤！索引值不可在中括號右邊！ */
    return 0;
}
```

索引運算子使用格式是這樣：x[y]。其預設動作是將 x 與 y 視為兩個可相加的記憶空間位址，然後回傳 x + y 所參考的記憶空間。這動作似乎有點抽象，在指標與參考的章節會再詳細討論。總之請小心，索引值不要超過陣列的使用範圍，否則會有不可預期的現象發生。請看此例：

程式 7-19

```
#include <stdio.h>
int main(void){
    int A[3] = {0, 1, 2};
    A[3] = 3;                    /* 超出使用範圍，未定義的行為！ */
    return 0;
}
```

此例中，A 的元素個數為三個，也就是索引值最多只能到 2。A[3] 代表 A 的第四個元素，即超出使用範圍。那這樣會發生什麼事呢？很抱歉，這是未定義的行為，無法保證會發生什麼事。假若超出範圍的記憶空間是可供您的程式所使用的保留空間，那麼作業系統就不會干擾程式的進行，一切平安無事。但若不幸地，這塊空間正被作業系統保護中，禁止您的程式使用。那麼作業系統就會強制中斷程式的執行。

索引值可為負數，但用在一般陣列的存取中，是一個超出使用範圍的索引動作：

程式 7-20

```
#include <stdio.h>
int main(void){
    int A[3] = {0, 1, 2};
    A[-1] = -1;                    /* 超出使用範圍，未定義的行為！ */
    return 0;
}
```

當陣列的第零個元素之前存在著一塊經由您的程式所要求配置的記憶空間，我們才可使用負數的索引值。這部分請看多維陣列 (第 7.2 節) 以及指標與陣列的關係 (第 7.3 節)。

7.2　多維陣列

先前所介紹的陣列都是屬於一維陣列，也就是存取陣列中任何一個元素只需要一個索引值。若存取元素需要多個索引值的陣列，這種陣列就稱為**多維陣列** (multidimensional array)。以二維陣列為例，我們必須指定兩個索引值：列 (row) 與行 (column) 的位置，才能存取陣列的元素。若要存取三維陣列的元素，則必須用到三個索引值：除了列與行還有深度 (depth)。

宣告一個 k 維陣列的語法如下：

元素型態　陣列名稱　[第 k 維度的大小]

[第 k-1 維度的大小]

...

[第 1 維度的大小]；

以二維陣列為例，宣告一個 3 × 2 的 int 陣列 (3 列，2 行) 之方式如下：

int A**[3][2]**;

再以三維陣列為例，宣告一個 4 × 3 × 2 的 int 陣列 (深度為 4，3 列，2 行)
之方式如下：

```
int A[4][3][2];
```

標準的多維陣列初始化是以巢狀的大括號結構將各維度的初始值包裝起來，以
3 × 2 的 int 陣列為例：

```
int A[3][2] = { {0, 1}, {2, 3}, {4, 5} };
```

請注意，各初始值與每對大括號之間都要以逗號隔開。如上例中的初始化有兩
層大括號，最外層代表整個陣列，第二層代表列。因為每列有兩個元素，且共有三
列，所以第二層有三個包住兩個初始值的大括號。隨著維度的增加，大括號的層次
就越多。若陣列維度為 k，那麼初始化的大括號就有 k 層。以下是初始一個 4 × 3
× 2 的 int 陣列之範例：

```
int A[4][3][2] = {
                {{0, 1}, {2, 3}, {4, 5} },
                {{10, 11}, {12, 13}, {14, 15}},
                {{20, 21}, {22, 23}, {24, 25}},
                {{30, 31}, {32, 33}, {34, 35}}
            };
```

如此多層的初始化結構，對程式的閱讀上並不是很方便。其實，多維陣列的每
個元素在記憶空間上也是緊密結合地排列，也就是說，**多維陣列本質上還是一維陣
列**！所以您可以用一維陣列的初始化來初始一個多維陣列。剛才的初始方式可以改
成這樣：

```
int A[4][3][2] = {0, 1,     2, 3,      4, 5,
```

```
10, 11,    12, 13,    14, 15,
20, 21,    22, 23,    24, 25,
30, 31,    32, 33,    34, 34};
```

與一維陣列類似，多維陣列也可以由初始值的個數來決定各維度的大小。但有一點不同，只有最高的維度才可以能透過初始值個數來決定大小，其它維度的大小都要清楚的指明，否則會有編譯上的錯誤。如下範例：

```
/* A 為一個 2 × 2 × 2 的 int 陣列 */
int A[][2][2] = {{{0, 1}, {2, 3}}, {{4, 5}, {6, 6}}};
/* 以下陣列，B 到 G，皆為錯誤的宣告方式 */
int B[][][] = {{{0, 1}, {2, 3}}, {{4, 5}, {6, 6}}};
int C[][][2] = {{{0, 1}, {2, 3}}, {{4, 5}, {6, 6}}};
int D[][2][] = {{{0, 1}, {2, 3}}, {{4, 5}, {6, 6}}};
int E[2][][] = {{{0, 1}, {2, 3}}, {{4, 5}, {6, 6}}};
int F[2][][2] = {{{0, 1}, {2, 3}}, {{4, 5}, {6, 6}}};
int G[2][2][] = {{{0, 1}, {2, 3}}, {{4, 5}, {6, 6}}};
```

我們可以用 sizeof 來量測一個多維陣列所佔的記憶空間有多少 byte。如下所示：

程式 7-21

```
#include <stdio.h>
int main(void){
    int A[4][3][2];
    printf("%lu\n", sizeof(A));
                    /* 4 * 3 * 2 * sizeof(int) */
    printf("%lu\n", sizeof(A[0]));
                    /* 3 * 2 * sizeof(int) */
```

```
    printf("%lu\n", sizeof(A[0][0]));
                        /* 2 * sizeof(int) */
    printf("%lu\n", sizeof(A[0][0][0]));
                        /* sizeof(int) */
    return 0;
}
```

我們發現 sizeof 可以得到整個多維陣列的所有元素之佔有記憶空間量，也可以查看各個維度的所佔空間量。

半動態陣列仍然可用在多維陣列上，但請注意您的編譯器是否支援：

程式 7-22

```
#include <stdio.h>
int main(void){
    int depth = 4, rows = 3, columns = 2;
    scanf("%d%d%d", &depth, &rows, &columns);/* 輸入各維度 */
    int A[depth][rows][columns];       /* 只適用在 C99 編譯器 */
    printf("%lu\n", sizeof(A));        /* 輸出所佔空間量 */
    return 0;
}
```

學會了多維陣列的宣告後，來看看如何使用它們。若要存取 k 維度陣列的任一元素，我們必須指定每個維度的索引值，如下面這個二維陣列的範例：

程式 7-23

```
#include <stdio.h>
#define ROWS 3
#define COLUMNS 2
int main(void){
    int A[ROWS][COLUMNS] = { {0, 1}, {2, 3}, {4, 5} };
    int iR, iC;
```

```
    for(iR = 0; iR < ROWS; ++iR){        /* 列迴圈 */
        for(iC = 0; iC < COLUMNS; ++iC){/* 行迴圈 */
            printf("%d ", A[iR][iC]);  /* 元素之間以空格隔開 */
        }
        printf("\n");                      /* 每列皆需換行 */
    }
    return 0;
}
```

迴圈的層次由外到內分別代表最高維度到最低維度，每層迴圈皆有專屬的變數來做為該層代表維度的索引值。在此例中，最外層的 iR 就是列的索引值，最內層的 iC 就是代表行的索引值。也就是先指定列的索引值，再從每列去指定行的索引值。這種順序稱為**以列為主**(row-major)，是最有效率的存取方式。因為二維陣列的每個元素在記憶空間的排列方式即是以列為主，如此下一個要存取的元素就在隔壁而已，若硬體有**快取機制**(cache)[39]，即可享受到加速的服務。程式 7-23 的輸出結果會是：

```
0 1
2 3
4 5
```

當然，您也可以改成**以行為主**(column-major)的方式，如下所示：

程式 7-24

```
#include <stdio.h>
#define ROWS 3
#define COLUMNS 2
int main(void){
```

---

[39]. 一種協調在兩個存取速度差異大的儲存裝置進行資料傳輸之機制。詳細內容請參考計算機硬體架構的相關文獻[2]。

```c
    int A[ROWS][COLUMNS] = { {0, 1}, {2, 3}, {4, 5} };
    int iR, iC;
    for(iC = 0; iC < COLUMNS; ++iC){      /* 行迴圈 */
        for(iR = 0; iR < ROWS; ++iR){      /* 列迴圈 */
            printf("%d ", A[iR][iC]);      /* 元素之間以空格隔開 */
        }
        printf("\n");
    }
    return 0;
}
```

輸出結果會是：

```
0 2 4
1 3 5
```

您可以發現這兩種索引順序雖然都能操作每個元素，但卻會產生兩個不同的矩陣：互為**轉置**(transpose)關係，也就是行列互換的矩陣。來看一個利用這個現象的應用實例：**矩陣乘法**。將二維陣列視為一個**矩陣**(matrix)，是一種在數學上的數字集合運算個體，若有兩個大小分別為 u × v 與 v × w 的矩陣，A 與 B，那麼這兩個矩陣就可相乘並得到一個 u × w 的矩陣。例如，A 與 B 這兩個矩陣的大小分別為 3 × 2 與 2 × 4，相乘後會得到一個 3 × 4 的陣列。矩陣乘法的公式如下：

$$C[i][j] = \sum_{k=0}^{v-1} A[i][k]B[k][j]$$

其中，C 是一個 u × w 的陣列，為 A 乘 B 的運算結果。假設 A 與 B 大小分別為 3 × 2 與 2 × 4，其內容為：

$$A = \begin{bmatrix} 0 & 1 \\ 2 & 3 \\ 4 & 5 \end{bmatrix}, B = \begin{bmatrix} 0 & 1 & 2 & 3 \\ 4 & 5 & 6 & 7 \end{bmatrix}$$

則相乘的結果為：

$$C = \begin{bmatrix} 4 & 5 & 6 & 7 \\ 12 & 17 & 22 & 27 \\ 20 & 29 & 38 & 47 \end{bmatrix}$$

這個例子的程式實作如下：

程式 7-25

```c
#include <stdio.h>
#define U 3
#define V 2
#define W 4
int main(void){
    int A[U][V] = { {0, 1}, {2, 3}, {4, 5} };
                                        /* 3 x 2 */
    int B[V][W] = { {0, 1, 2, 3}, {4, 5, 6, 7} };
                                        /* 2 x 4 */
    int C[U][W] = {};                   /* 3 x 4 */
    int iU, iW, iV;
    /* 矩陣乘法 */
    for(iU = 0; iU < U; ++iU)
        for(iW = 0; iW < W; ++iW)
            for(iV = 0; iV < V; ++iV)
                C[iU][iW] += A[iU][iV] * B[iV][iW];
        /* 因為迴圈內只有一行敘述，各層的大括號都可省略 */
```

```
    /* 輸出結果 */
    for(iU = 0; iU < U; ++iU){        /* 此層大括號不可省略 */
        for(iW = 0; iW < W; ++iW)    /* 此層大括號可省略 */
            printf("%d ", C[iR][iC]);
        printf("\n");
    }
    return 0;
}
```

這程式輸出結果會是

```
4  5  6  7
12 17 22 27
20 29 38 47
```

我們先看第一個的三層迴圈，其第一層與第二層是用來指定 C 矩陣的每個元素，但三層迴圈則是計算矩陣乘法公式中的加總部分。C 的第 iU 列，第 iW 行的元素為 A 的第 iU 列上的每個元素與 B 的第 iW 行上的每個元素一對一相乘後加總的結果。因為第三層迴圈內只有一句乘法的敘述，所以對每一層迴圈來說都只含有一個敘述句，因此每層迴圈的大括號皆可省略。在最後輸出結果的兩層迴圈中，雖然第二層迴圈內只有一個呼叫 printf 以輸出 C 的每個元素之敘述句，但在第二層迴圈完成後會有另一個呼叫 printf 以輸出換行的敘述句，使得第一層迴圈會含有兩個敘述句。因此，第二層的大括號可省略，但第一層的大括號不可省略。

多維陣列在數學上十分常用，本章最後的練習題部分有許多相關例題，請讀者可以試著練習看看。

7.3　陣列與指標

　　陣列與指標之間有兩個密切的關係。首先，**陣列名稱可提供第一個元素的記憶空間位址**，所以您可以做這件事：

程式 7-26

```
#include <stdio.h>
int main(void){
    int A[3] = {5, 6, 7};
    int *p = A;             /* 陣列名稱可提供 A[0]的記憶空間位址 */
    printf("%d\n", *p);     /* 5 */
    p = A + 1;              /* 偏移至 A[1] */
    printf("%d\n", *p);     /* 6 */
    p = A + 2;              /* 偏移至 A[2] */
    printf("%d\n", *p);     /* 7 */
    return 0;
}
```

　　但請注意，這**不代表陣列名稱就是指標**，所以您不可這麼做：

程式 7-27

```
#include <stdio.h>
int main(void){
    int A[3] = {5, 6, 7};
    int *p = A;             /* 陣列名稱可提供 A[0]的記憶空間位址 */
    A = p;                  /* 編譯錯誤！陣列名稱不是指標 */
    return 0;
}
```

　　再來，**指標可以用索引運算子**，所以您可以用指標來代替一個陣列，像這樣：

程式 7-28

```
#include <stdio.h>
int main(void){
    int A[3] = {5, 6, 7};
    int *p = A;               /* 陣列名稱可提供 A[0]的記憶空間位址 */
    printf("%d\n", p[0]);  /* 5 */
    printf("%d\n", p[1]);  /* 6 */
    printf("%d\n", p[2]);  /* 7 */
    return 0;
}
```

綜合這兩種關係，我們可以在很多場合下以指標來代替一個陣列，比如參數的傳遞(請看第 7.4 節)。

至於要如何宣告多維陣列的指標呢？請想一想，我們是如何宣告一維陣列的指標？不就是宣告了一個指標來指向一維的陣列的第一個元素，然後以指標的偏移運算來指向該陣列的任一元素。那麼我們是否可以宣告一個 k − 1 維的陣列指標來指向 k 維度陣列中第一個 k − 1 維的陣列，然後以指標的偏移運算來指向 k 維度陣列中任何 k − 1 維的陣列。為了不失一致性，我們以 k 維的陣列指標來介紹它的宣告語法，如下所示：

元素型態　　(*指標名稱) [第 k 維度的大小]

**　　　　　　　[第 k − 1 維度的大小]**

**　　　　　　　...**

**　　　　　　　[第 1 維度的大小];**

這個語法頗為複雜，請看下面這個例子示範如何宣告多維陣列的指標：

程式 7-29

```
#include <stdio.h>
```

```c
int main(void){
    int A[4][3][2] = {
                        {{0, 1}, {2, 3}, {4, 5} },
                        {{10, 11}, {12, 13}, {14, 15}},
                        {{20, 21}, {22, 23}, {24, 25}},
                        {{30, 31}, {32, 33}, {34, 35}}
                     };
    int (*p1)[3][2] = A,
                /* p1 指向一個大小為 3 乘 2 的二維陣列 */
        (*p2)[2] = A[1],
                /* p2 指向一個大小為 2 的一維陣列 */
        *p3 = A[2][1];
                /* p3 指向一個 int */
    printf("%d\n", p1[0][2][1]);    /* 5 */
    ++p1;
    printf("%d\n", p1[0][0][0]);    /* 10 */
    printf("%d\n", p2[0][0]);       /* 10 */
     ++p2;
    printf("%d\n", p2[0][0]);       /* 12 */
    printf("%d\n", p3[0]);          /* 22 */
     ++p3;
    printf("%d\n", p3[0]);          /* 23 */
    p1 = &A[1];          /* 指向 A 的第一個 3 乘 2 陣列 */
    p2 = &A[3][1]; /* 指向 A 的第三個 3 乘 2 陣列中的第一條陣列 */
    p3 = &A[2][0][1];  /* 指向 A 的第 [2][0][1] 元素 */
    printf("%d\n", p1[0][0][0]);    /* 10 */
     printf("%d\n", p2[0][0]);       /* 32 */
     printf("%d\n", p3[0]);          /* 21 */
```

```
    p1 = &A[0];                /* 再將 p1 指向 A 的第零個 3 乘 2 陣列 */
    printf("%p\n", p1);          /* A[0]的位址 */
    printf("%p\n", *p1);         /* A[0][0]的位址 */
    printf("%p\n", **p1);        /* A[0][0][0]的位址 */
    printf("%d\n", ***p1); /* A[0][0][0]之數值 */
    printf("%lu\n", sizeof(A));
                         /* 4 * 3 * 2 * sizeof(int) */
    printf("%lu\n", sizeof(*p1));
                         /* 3 * 2 * sizeof(int) */
    printf("%lu\n", sizeof(**p1));
                         /* 2 * sizeof(int) */
    printf("%lu\n", sizeof(***p1));
                         /* sizeof(int)  */
    return 0;

}
```

一個 k − 1 維度的陣列指標，那麼它的偏移單位就是一個 k − 1 維度的陣列，如同操作一個 k 維度的陣列。程式 7-29 中的 p1 是一個專門指向 3 乘 2 陣列的指標，一開始它指向 A 的第零個 3 乘 2 陣列，那麼 p1[0][2][1]即代表 p1 偏移零個 3 乘 2 陣列並使用其第[2][1]個元素。經過++p1 偏移一個 3 乘 2 陣列後，p1 就會指向 A[1]，取其第[0][0]個元素，即為 10。同理，p2 是用來專門指向大小為 2 的一維陣列，它一開始指向 A 的第一個 3 乘 2 陣列中的第零條一維陣列，++p2 後即可指向下一條一維陣列；p3 則是指向一個 int，++p3 後即可指向下一個 int。

我們也可透過取址運算子取得某個多維陣列的位址，讓多維陣列指標來記錄。如程式 7-29 中的後半部，若要讓 p1 指向 A 的第一個 3 乘 2 陣列，可透過 p1 = &A[1]；p2 則改指向 A 的第三個 3 乘 2 陣列中的第一條陣列；p3 改指向 A 的第[2][0][1]元素。還有一點要注意，若對指向 K − 1 維陣列的指標使用一次間接存取運算是會得到 K − 2 維陣列的指標，經過 K 次的間接存取運算即會得到單一元素的數值。請注意，我們可以用 sizeof 來得知一個固定大小的陣列之所佔容量為多少 byte。那對此固定大小陣列取出某一維度的指標並給予間接運算後，以 sizeof 是否可以得知該維度的所佔空間？答案是肯定，請看程式 7-29 最後那四個輸出即是以不同層級的指標來取得每個維度的所佔空間。

當然，您也可以宣告一個 K 維的陣列指標來指向一個 K 維的陣列，但是要非常小心該如何利用這種指標去存取每個元素。請看下面這個例子：

程式 7-30

```
#include <stdio.h>
int main(void){
    int A[4][3][2] = {
                        {{0, 1}, {2, 3}, {4, 5} },
                        {{10, 11}, {12, 13}, {14, 15}},
                        {{20, 21}, {22, 23}, {24, 25}},
                        {{30, 31}, {32, 33}, {34, 35}}
                    };
    int (*p)[4][3][2] = &A;            /* p 先指向 A */
    printf("%d\n", (*p)[3][2][1]);     /* 35 */
    printf("%d\n", p[3][2][1]);        /* 一個位址值 */
    printf("%d\n", *p[3][2][1]);       /* 不可預期的結果！ */
    return 0;
}
```

此例中，p 是一個專門指向 4 × 3 × 2 的 int 陣列，一開始先指向 A。請注意，因為是 3 維陣列指標指向 3 維陣列，A 必須要以取址運算子取出其位址後才能給 p。之後以 p 來對 A 的任一元素進行存取，必須要先透過間接存取運算子才能以中括號索引方式存取各元素。若沒有透過間接存取運算子直接用中括號，如程式 7-30 的 p[3][2][1]，等同把 p 偏移三個 4 × 3 × 2 的 int 陣列在取出其第 [2][1]

之值。但那並不是陣列的某一元素，而是分別指定第三維度與第二維度的索引值為 2 與 1，那將會是一個位址值，而且您無法保證此位址所指向的空間是否可自由存取。再者，請注意中括號索引的優先權會大於間接存取運算，因此 *p[3][2][1] 等同 *(p[3][2][1])，這會把一個不可預期的位址做間接存取，您將會得到不可預期的結果！

CV 修飾字包含 restrict 也可用在陣列指標，請看這個範例並注意 CV 修飾字的位置與修飾的對象為何：

程式 7-31

```
int main(){
    int A[3][3] = {10, 11, 12, 20, 21, 22, 30, 31, 32};
    int B[3][3] = {0};
    int C[3][3] = {0};
    const int (*p1)[3][3] = &A; /* 陣列每個元素是唯讀 */
    int (* const p2)[3][3] = &A;    /* 指標本身是唯讀 */
    const int (* const p3)[3][3] = &A;   /* 全部都是唯讀 */
    const int (* restrict p4)[3][3] = &C;
                                /* 限定指標＋唯讀元素 */
    p1 = &B;             /* OK! p1 本身可修改 */
    ++(*p2)[0][0]; /* OK! p2 指向的陣列內容可修改 */
    printf("%d\n", (*p4)[0][0]);
                        /* OK! 只有 p4 指向的陣列 C */
    ++(*p1)[0][0]; /* 編譯錯誤! p1 指向的陣列內容不可修改 */
    p2 = &B;             /* 編譯錯誤! p2 本身不可修改 */
    ++(*p3)[0][0]; /* 編譯錯誤! p3 指向的陣列內容不可修改 */
    p3 = &B;             /* 編譯錯誤! p3 本身也不可修改 */
    return 0;
}
```

您或許會覺得陣列指標的宣告語法有些複雜。通常我們會先透過自訂型態別名的指令 **typedef** 來定義一個陣列指標型態，再以此型態建立指標。語法如下：

typedef 元素型態 **(*指標型態名稱)** [第 **k** 維度的大小]

[第 **k － 1** 維度的大小]

...

[第 **1** 維度的大小]；

請看以下範例：

程式 7-32

```c
#include <stdio.h>
int main(void){
    int A[4][3][2] = {
                        {{0, 1}, {2, 3}, {4, 5} },
                        {{10, 11}, {12, 13}, {14, 15}},
                        {{20, 21}, {22, 23}, {24, 25}},
                        {{30, 31}, {32, 33}, {34, 35}}
                     };
    typedef int (*ArrayP432)[4][3][2];     /* 型態定義 */
    typedef const int (*ArrayP32)[3][2];   /* 型態定義 */
    typedef int (* const ArrayP2)[2];      /* 型態定義 */
    ArrayP432 p = &A;          /* 指向 A */
    ArrayP32 p1a = A;          /* 指向 A[0] */
    ArrayP32 p1b = &A[1];      /* 指向 A[1] */
    ArrayP2  p2a = A[1];       /* 指向 A[1][0] */
    ArrayP2  p2b = &A[2][1];   /* 指向 A[2][1] */
    return 0;
}
```

如此，宣告陣列指標就容易多了。至於 typedef 還有更多的應用，請看第 10.1 節的介紹。

7.4　陣列型態的參數

接下來，我們會遇到一個問題：要如何把陣列傳遞給一個函式？傳遞陣列有兩種方式。我們先來看第一種，傳遞特定元素個數的陣列。以一個簡單的例子來說明，設計一個 outputArray 函式，它可以將一個具有五個 int 元素的陣列之所有元素輸出至標準輸出裝置。程式如下：

程式 7-33

```
#include <stdio.h>
void outputArray1D(int A[5]){
                         /* 可接收一個具有 5 個 int 元素的陣列 */
    int i;
    for(i = 0; i < 5; ++i)
        printf("%d ", A[i]);
    printf("\n");
}
int main(void){
    int B[5] = {0, 1, 2, 3, 4};
    outputArray1D(B);            /* 將 B 傳遞給 printArray */
    return 0;
}
```

多維的陣列也可以這樣傳遞，如下所示：

程式 7-34

```
#include <stdio.h>
void outputArray2D(int A[2][3]){
```

```
                    /* 可接收一個 2 × 3 的 int 陣列*/
    int i, j;
    for(i = 0; i < 2; ++i){
        for(j = 0; j < 3; ++j)
            printf("%d ", A[i][j]);
        printf("\n");
    }
}
int main(void){
    int B[2][3] = {0, 1, 2, 3, 4, 5};
    outputArray2D(B);              /* 將 B 傳遞給 printArray */
    return 0;
}
```

這種傳遞方式很直觀，陣列是怎麼宣告的，函式的參數就以同樣的方式宣告。

其實，這樣的傳遞方式本質上是以降一維度的指標來傳遞陣列。讓我們來證明這件事，請看下面這個程式：

程式 7-35

```
#include <stdio.h>
void outputArraySize1D(int A[5]){  /* A 的型態是 int *    */
    printf("%lu\n", sizeof(A));     /* 一個指標的大小 */
    printf("%lu\n", sizeof(*A));    /* sizeof(int) */
}
void outputArraySize2D(int A[2][3]){
                               /* A 的型態是 int (*)[3] */
    printf("%lu\n", sizeof(A));     /* 一個指標的大小 */
    printf("%lu\n", sizeof(*A));    /* 3 * sizeof(int) */

    printf("%lu\n", sizeof(**A));   /* sizeof(int) */
```

```
    }
int main(void){
    int A[5] = {0, 1, 2, 3, 4};
    int B[2][3] = {0, 1, 2, 3, 4, 5};
    outputArraySize1D(A);
    outputArraySize2D(B);
    return 0;
}
```

您會發現以 sizeof 來取得 outptuArraySize1D 與 outptuArraySize2D
的參數 A 之所佔空間都是指標的大小，因為這些參數的真實型態都會是降一維度的
陣列指標。outptuArraySize1D 的 A 雖然是以 int [5]所宣告，但實際上會再
降一維度成為 int * ；outptuArraySize2D 的 A 雖然是以 int [2][3]所宣
告，但實際上也是會再降一維度成為 int (*A)[3]。所以，您可以透過這些指標
以間接存取運算子並透過 sizeof 來取得較低維度的陣列之所佔空間。在
outptuArraySize1D 中，*A 會取出陣列中的第[0]個元素，它所佔空間是一個
int 的大小。在 outptuArraySize2D 中，*A 會取出陣列中的第零個 int [3]
的陣列，它所佔空間是三個 int 的大小；**A 會取出陣列中的第[0][0]個元素，
它所佔空間是一個 int 的大小。

既然參數是個陣列指標，我們就可以在函式內間接修改呼叫端的引數。請看這
個例子：

程式 7-36

```
#include <stdio.h>
void setArray1D(int A[5], int value){
    int i;
    for(i = 0; i < 5; ++i)
        A[i] = value;
}
```

```
void setArray2D(int A[2][3], int value){
    int i, j;
    for(i = 0; i < 2; ++i)
        for(j = 0; j < 3; ++j)
            A[i][j] = value;
}
void outputArray1D(int A[5]){
    int i;
    for(i = 0; i < 5; ++i)
        printf("%d ", A[i]);
    printf("\n");
}
void outputArray2D(int A[2][3]){
    int i, j;
        for(i = 0; i < 2; ++i){
            for(j = 0; j < 3; ++j)
                printf("%d ", A[i][j]);
            printf("\n");
        }
}

int main(void){
    int A[5], B[2][3];
    setArray1D(A, 8);
    setArray2D(B, 7);
    outputArray1D(A);    /*  8 8 8 8 8   */
    outputArray2D(B);    /*  7 7 7
                             7 7 7        */
```

```
    return 0;
}
```

setArray1D 與 setArray2D 分別可以為 5 個 int 的陣列與 2 × 3 個 int 的陣列設定數值，之後再透過 outputArray1D 與 outputArray2D 可以看到修改後的內容。

您可以直接將參數宣告為 k - 1 維度的陣列指標來傳遞 K 維度的陣列。但在一般情況下都會加上一個參數來指定第 k 維的大小，請看這個例子：

程式 7-37

```c
#include <stdio.h>
void setArray1D(int *A, int n, int value){
    int i;
    for(i = 0; i < n; ++i)
        A[i] = value;
}
void setArray2D(int (*A)[3], int n, int value){
    int i, j;
    for(i = 0; i < n; ++i)
        for(j = 0; j < 3; ++j)
            A[i][j] = value;
}
void outputArray1D(int *A, int n){
    int i;
    for(i = 0; i < n; ++i)
        printf("%d ", A[i]);
    printf("\n");
}
void outputArray2D(const int (*A)[3], int n){
```

```
    int i, j;
    for(i = 0; i < n; ++i){
        for(j = 0; j < 3; ++j)
            printf("%d ", A[i][j]);
        printf("\n");
    }
}


int main(void){
    int A[5], B[2][3];
    setArray1D(A, 5, 8);
    setArray2D(B, 2, 7);
    outputArray1D(A, 5);        /*  8 8 8 8 8    */
    outputArray2D(B, 2);        /*  7 7 7
                                    7 7 7 */
    return 0;
}
```

由於 outputArray1D 與 outputArray2D 只會讀取陣列的內容,不會發生任何修改。因此,我們以 const 來修飾它們的唯讀性。

許多人並不喜歡指標,您也可透過不確定的維度大小來傳遞陣列。但請注意,只有最高維度的大小才能設為不確定。程式 7-37 可改成這樣:

程式 7-38

```
#include <stdio.h>
void setArray1D(int A[], int n, int value){
    int i;
    for(i = 0; i < n; ++i)
        A[i] = value;
```

```c
}
void setArray2D(int A[][3], int n, int value){
    int i, j;
    for(i = 0; i < n; ++i)
        for(j = 0; j < 3; ++j)
            A[i][j] = value;
}
void outputArray1D(int A[], int n){
    int i;
    for(i = 0; i < n; ++i)
        printf("%d ", A[i]);
    printf("\n");
}
void outputArray2D(const int A[][3], int n){
    int i, j;
    for(i = 0; i < n; ++i){
        for(j = 0; j < 3; ++j)
            printf("%d ", A[i][j]);
        printf("\n");
    }
}
int main(void){
    int A[5], B[2][3];
    setArray1D(A, 5, 8);
    setArray2D(B, 2, 7);
    outputArray1D(A, 5);        /*  8 8 8 8 8   */
    outputArray2D(B, 2);        /*  7 7 7
                                    7 7 7 */
```

```c
    return 0;
}
```

回頭再來看陣列大小的問題。該如何才能在函式內透過 sizeof 正確地讀出陣列的大小？您必須使用相同維度的陣列指標。像這樣：

程式 7-39

```c
#include <stdio.h>
void outputArraySize1D(const int (*A)[5]){
    printf("%lu\n", sizeof(*A));    /* 5 * sizeof(int) */
}
void outputArraySize2D(const int (*A)[2][3]){
    printf("%lu\n", sizeof(*A));    /* 2 * 3 * sizeof(int) */
}
int main(void){
    int A[5] = {0, 1, 2, 3, 4};
    int B[2][3] = {0, 1, 2, 3, 4, 5};
    outputArraySize1D(&A);        /* 注意是傳入陣列的位址 */
    outputArraySize2D(&B);
    return 0;
}
```

如此，即可在函式內得到正確的陣列大小。但請注意，傳遞的陣列型態與元素個數必須一致，否則會有編譯上的錯誤。

我們來看一個應用實例。把程式 7-6 的計算標準差部分包裝成一個函式：

程式 7-40

```c
#include <stdio.h>
#include <math.h>
#define N 10
/* A 為輸入的陣列；n 為元素個數 */
```

```c
double stddev(const double * A, int n){
    double sum = 0.0, avg = 0.0, diff = 0.0, s = 0.0;
    int i;
    for(i = 0; i < n; ++i)          /* 計算總和 */
        sum += A[i];
    avg = sum / n;                  /* 計算平均 */
    for(i = 0; i < n; ++i){         /* 計算標準差 s */
        diff = A[i] - avg;
        s += diff * diff;
    }
    s = sqrt(s / n);
    return s;
}
double stddev1(const double A[N]){
    return stddev(A, N);
}
double stddev2(const double A[], int n){
    return stddev(A, n);
}
double stddev3(const double (*A)[N]){
    return stddev(*A, N);
}
int main(void){
    double Scores[N];
    int i;
    for(i = 0; i < N; ++i){             /* 輸入成績 */
        printf("Student %d's score: ", i);
        scanf("%lf", &Scores[i]);
```

```
    }
    printf("s1 = %f\n", stddev1(Scores) );
    printf("s2 = %f\n", stddev2(Scores, N) );
    printf("s2 = %f\n", stddev3(&Scores) );
    return 0;
}
```

程式 7-40 定義了四個計算標準差函式分別用來面對不同型式的陣列傳遞方式。其中 stddev 為主要的計算標準差函式,它參數是 int 的指標以及元素的個數。stddev1、stddev2 與 stddev3 都只是用來接受不同型態的陣列參數,再交由 stddev 計算。stddev1 的參數是直接傳遞固定元素個數的陣列,這會降成元素的指標,因此呼叫 stddev 時可直接把此參數傳遞並告知元素的個數。stddev2 其實與 stddev 相同,都是傳入一個不定元素個數的陣列,同樣地,也是直接把此陣列的參數與元素個數傳遞給 stddev。stddev3 就比較特殊一點,它的參數是一個指向 N 個元素的陣列指標,呼叫時引數必須是 N 個元素的陣列之位址。而呼叫 stddev 時,必須先經過間接運算取得陣列的記憶空間,才能傳遞給 stddev。請仔細研究這四個函式的陣列傳遞方式,即可足以面對大部分的陣列傳遞場合。

7.5　陣列的複製:memcpy 與 memmove

我們可以用等號來複製兩個同型態的變數,但是陣列可就不能這樣了,直接用等號是會造成編譯錯誤:

程式 7-41

```
int main(void){
    int A[5] = {5, 6, 7, 8, 9}, B[5] = {0};
    B = A;              /* 編譯錯誤! */
    return 0;
```

```
    }
```

因為陣列名稱在運算式中會構成一個右值運算式,並回傳第一個元素的記憶空間位址,然而右值運算式是不可放在等號右邊的。若要進行兩陣列的複製,您可以用迴圈方式將各元素進行個別複製:

程式 7-42

```
#include <stdio.h>
#define N 5
int main(void){
    int A[N] = {5, 6, 7, 8, 9}, B[N] = {0};
    int i;
    for(i = 0; i < N ; ++i)            /* 以迴圈進行陣列複製 */
        B[i] = A[i];
    for(i = 0; i < N ; ++i)            /* 輸出結果 */
        printf("%d\n", B[i]);
    return 0;
}
```

由於陣列複製是很常用的程序,但每次複製時都要寫下這樣的迴圈敘述,將是件很煩人的事情。其實,在標準函式庫的 string.h 裡有一些與記憶空間管理相關的函式可以來幫我們進行陣列複製[40]。先來看看 memcpy 這個函式的宣告式:

```
void * memcpy(void * restrict pTarget,
              const void * restrict pSource,
              size_t n);
```

memcpy 可以從 pSource 所指向的記憶空間複製 n 個 byte 到 pTarget 所指向的記憶空間。回傳值是 pTarget。我們把程式 7-42 改成以 memcpy 來完成,

---

[40]. string.h 主要是提供字串處理的相關函式,關於字串處理請看第 8 章。

如下所示：

程式 7-43

```
#include <stdio.h>
#include <string.h>        /* 使用 memcpy 需要引用的標頭檔 */
#define N 5
int main(void){
    int A[N] = {5, 6, 7, 8, 9}, B[N] = {0};
    int i;
    memcpy(B, A, sizeof(int) * N);
    for(i = 0; i < N ; ++i)
        printf("%d ", B[i]);
    printf("\n");
    return 0;
}
```

請注意，memcpy 第三個參數 n 是指多少個 byte 需要被複製，而不是多少的元素，請勿弄錯單位。另外，memcpy 有一個重要的未定義現象，當 pTarget 與 pSource 分別所指向的記憶空間有重疊時，memcpy 並不保證重疊區域可以正確地被複製。如下面的例子：

程式 7-44

```
#include <stdio.h>
#include <string.h>        /* 使用 memcpy 需要引用的標頭檔 */
#define N 5
int main(void){
    int A[N] = {5, 6, 7, 8, 9};
    int i;
    memcpy(A + 2, A, sizeof(int) * 3);
    for(i = 0; i < N ; ++i)
```

```
        printf("%d ", A[i]);
    printf("\n");
    /* 未必是 5 6 5 6 7，可能是 5 6 5 6 5 */
    return 0;
}
```

此例嘗試著從 A[0] 開始複製三個元素到 A[2]。但是結果未必如您所願的是 5
6 5 6 7，而是 5 6 5 6 5。因此，一般建議不要讓 pTarget 與 pSource 分別
所指向的記憶空間有重疊區域。若有重疊區域，請用另一個 string.h 的另一個函
式 memmove，它的宣告式與用法同 memcpy，如下所示：

```
void * memmove(  void * pTarget,
                 const void * pSource,
                 size_t n);
```

程式 7-44 改成以 memmove 可以得到正確的結果：

程式 7-45

```
#include <stdio.h>
#include <string.h>          /* 使用 memmove 需要引用的標頭檔 */
#define N 5
int main(void){
    int A[N] = {5, 6, 7, 8, 9};
    int i;
    memmove(A + 2, A, sizeof(int) * 3);
    for(i = 0; i < N ; ++i)
        printf("%d ", A[i]);
    printf("\n");
    /* 5 6 5 6 7 */
    return 0;
```

```
    }
```

　　只不過，memmove 會另外建立一個暫存空間來存放 pSource 欲複製的資料，
再將資料從暫存空間複製到 pTarget。如此，會比 memcpy 多耗費一些資料搬移
的空間與時間。因此，若可以保證 pTarget 與 pSource 分別所指向的記憶空間沒
有重疊區域，請儘量使用 memcpy。

　　至於多維陣列的複製，您可以直接當作一維陣列來進行複製，但要正確地算出
欲複製的 byte 數量。如下面這個例子：

程式 7-46

```c
#include <stdio.h>
#include <string.h>
#define ROWS 3
#define COLUMNS 2
int main(void){
    int A[ROWS][COLUMNS] = { {0, 1}, {2, 3}, {4, 5} };
    int B[ROWS][COLUMNS] = {0};
    int iR, iC;
    memcpy(B, A, sizeof(int) * ROWS * COLUMNS);
    /* 請注意欲複製的 byte 數量 */
    /* 輸出結果 */
    for(iR = 0; iR < ROWS; ++iR){
        for(iC = 0; iC < COLUMNS; ++iC){
            printf("%d ", B[iR][iC]);
        }
        printf("\n");
    }
    return 0;
}
```

請注意，不論是多少維度的陣列，pTarget 與 pSource 所指向的記憶空間都必須佔有至少 n 個 byte 以上。否則會有不可預期的結果發生。

但是多維的動態陣列就必須要一層一層地複製，請看第 7.8.6 節。

7.6 　陣列的設定：memset

memset 也是 string.h 裡的一個常用函式，它可用來設定一塊記憶空間中所有的 byte 之內容為何。其宣告式如下：

```
void * memset(void * pTarget, int value, size_t n);
```

其中，pTarget 為目標的記憶空間，value 為每個 byte 的數值為何，n 為欲設定的 byte 數目，回傳值為 pTarget。memset 即可把 pTarget 所指向的 n 個 byte 的記憶空間設定為 value。請看下面這個例子：

程式 7-47

```
#include <stdio.h>
#include <string.h>          /* 使用 memset 需要引用的標頭檔 */
#define N 5
int main(void){
    int A[N] = {5, 6, 7, 8, 9};
    int i;
    memset(A, 0, sizeof(int) * N);
    for(i = 0; i < N ; ++i)
        printf("%d ", A[i]);
    printf("\n");
    /* 0 0 0 0 0 */
    return 0;
}
```

此例把陣列 A 的每個 byte 都設定為零，如此 A 的每個元素都會是零，但 memset 常被誤解是針對每的元素做設定。下面是一個誤用的例子 (假設每個 int 的所佔空間為 4 bytes)：

程式 7-48

```
#include <stdio.h>
#include <string.h>          /* 使用 memset 需要引用的標頭檔 */
#define N 5
int main(void){
    int A[N] = {5, 6, 7, 8, 9};
    int i;
    memset(A, 1, sizeof(int) * N);
            /* 每個 byte 為 1，而不是每個元素為 1 */
    for(i = 0; i < N ; ++i)
        printf("%d ", A[i]);
    printf("\n");
    /* 16843009 16843009  16843009  16843009  16843009 */
    return 0;
}
```

程式 7-48 嘗試著將 A 的所有元素設定為 1，但 memset 卻是將 A 的每個 byte 設定為 1，使得 A 的元素之十六進位碼會是 0x01010101，十進位數字即為 16843009。

還有一點需要注意，memset 的 value 參數只有最低的 byte 會被使用，其它 byte 不會被拿來進行設定。請看這個例子：

程式 7-49

```
#include <stdio.h>
#include <string.h>          /* 使用 memset 需要引用的標頭檔 */
#define N 5
```

```
int main(void){
    int A[N] = {5, 6, 7, 8, 9};
    int i;
    memset(A, 0xAABBCC00, sizeof(int) * N);
            /* 只會採用 value 的最低 byte 來設定,即每個 byte 為 0 */
    for(i = 0; i < N ; ++i)
        printf("%d ", A[i]);
    printf("\n");
    /* 0 0 0 0 0 */
    return 0;
}
```

此例中,memset 的 value 雖然給了一個 0xAABBCC00 的數值,但只會有最低的 byte(00 部分)被拿來設定 pTarget 的每個 byte,使得 A 的每個 byte 都是零。

請注意, pTarget 所指向的記憶空間都必須佔有至少 n 個 byte 以上。否則會有不可預期的結果發生。

7.7 陣列的比較:memcmp

string.h 還有一個常用的函式,memcmp,可用來比較兩個記憶空間的每個位元是否相同。memcmp 的宣告式如下:

int **memcmp**(const void * **pA**, const void * **pB**, size_t n);

其中,pA 與 pB 是兩個分別指向具有至少 n 個 byte 的記憶空間,memcmp 則會從這兩組 n 個 byte 中依序比較。若完全相同,則回傳零;若發現第一對 byte 不一樣時,且 pA 的 byte 小於 pB 的 byte,則回傳一個小於零的負數;若 pA 的 byte 大於 pB 的 byte,則回傳一個大於零的正數。請看下面這個例子:

程式 7-50

```
#include <stdio.h>
#include <string.h>          /* 使用 memcmp 需要引用的標頭檔 */
#define N 5
int main(void){
    int A[N] = {5, 6, 7, 8, 9};
    int B[N] = {5, 6, 7, 8, 9};
    int C[N] = {5, 6, 8, 9, 10};
    int D[N] = {5, 6, 7, 1, 2};
    size_t n = sizeof(int) * 5;
    printf("%d\n", memcmp(A, B, n));    /* 0 */
    printf("%d\n", memcmp(A, C, n));    /* 小於零 */
    printf("%d\n", memcmp(A, D, n));    /* 大於零 */
    return 0;
}
```

我們通常用 memcmp 來判斷兩個陣列之內容是否相同，不太會用來比較它們的數值大小關係。因為 memcmp 是以 byte 的角度來比較，對無號數值型態的大小關係是可以直接比較。但有號數值型態，包括浮點數型態，則必須將比較結果反過來看待。請看下面的例子：

程式 7-51

```
#include <stdio.h>
#include <string.h>          /* 使用 memcmp 需要引用的標頭檔 */
#define N 5
int main(void){
    int A[N] = {-5, -6, -7, -8, -9};
    int B[N] = {-5, -6, -7, -8, -9};
    int C[N] = {-5, -6, -8, -9, -10};
```

```
    int D[N] = {-5, -6, -7, -1, -2};
    size_t n = sizeof(int) * 5;
    printf("%d\n", memcmp(A, B, n));    /* 0 */
    printf("%d\n", memcmp(A, C, n));    /* 大於零 */
    printf("%d\n", memcmp(A, D, n));    /* 小於零 */
    return 0;
}
```

這是因為在一般的平台上，負數的最高位元都會是 1，扣掉最高位元之後，數值越大代表越小的負數；反之，數值越小代表越大的負數。但若是陣列的元素夾雜著正數與負數，memcmp 將無法直接回報兩陣列的大小關係，僅能回報兩陣列是否相同。

7.8　動態記憶空間配置

我們知道陣列的元素數量是固定的，一旦宣告後就不能再任意地擴充，即使是半動態陣列。這在有些場合下並不是那麼好用，例如：一間公司想記錄一天之內有哪些人登入她們的網站，卻無法知道會有多少人登入；在股市交易中，我們想記錄一天內的每筆交易狀況，但卻不知道一天會發生多少次交易。當我們以陣列去記錄一個無法預測資料數量的情況時，您可能會想宣告一個夠大的陣列，但若實際的資料數量遠小於宣告時的數量，就有可能會浪費很多空間。

我們可在程式的執行期間向作業系統索取一塊任意大小但不超過最大配額限制的記憶空間，這動作稱為**動態記憶空間配置**（dynamic memory allocation）。在 C 語言若要進行動態記憶空間配置必須透過幾個標準函式庫的函式，接下來的幾個小節我們將學習如何使用這些函式 。

7.8.1　malloc 與 free

動態記憶空間配置的標準函式都宣告在 `stdlib.h` 裡，其中最主要的兩個函式是 **malloc** 與 **free**。malloc 讀音為 [`mælɑk]，是 memory allocation 的簡寫。顧名思義，malloc 是用來進行記憶空間的配置。free 則是來進行記憶空間的**釋放** (release)。這兩個函式的宣告式如下：

```
void * malloc(size_t n);
void free(void * p);
```

其中，n 為記憶空間的大小，單位是 byte。若作業系統可成功地配置了 n 個 byte 的記憶空間後，malloc 就會回傳一個 void 指標來指向這個記憶空間；若記憶空間配置失敗，回傳值會是 NULL。free 的參數是一個指向欲歸還作業系的記憶空間之指標，若指標是 NULL，則 free 不會做任何事；反之，則將指向的記憶空間歸還給作業系統。請注意，歸還後的記憶空間不可再被使用，否則會有不可預期的錯誤。

您可發現，所有記憶空間的操作都必須透過指標。是的，在 C 語言中，所有與記憶空間的操作與管理都必須透過指標。請看下面的範例：

程式 7-52

```
#include <stdio.h>
#include <stdlib.h>     /* malloc、free 與 NULL 需要引用的標頭檔 */
int main(void){
    unsigned int n = 5, i = 0;
    size_t nBytes = sizeof(double) * n;
                            /* 計算記憶空間的大小 */
    double *pd = (double *)malloc(nBytes);
                            /* 記憶空間配置 */
                            /* 請注意指標要轉型 */
```

401

```
    if(pd != NULL){                    /* 檢查是否配置成功？ */
        for(i = 0; i < n; ++i)
            pd[i] = i * 0.1;/* 可當作陣列來存取每個元素 */
        for(i = 0; i < n; ++i)
            printf("%f ", *(pd + i));
                                       /* 也可透過指標偏移來存取 */
        printf("\n");
    }
    free(pd);                  /* 記得最後要歸還！*/
    return 0;
}
```

程式 7-52 有幾個重點需要注意。首先，malloc 的回傳值是一個 void 指標，您必須適當地轉型才可正確地存取該指標所指向的記憶空間。此例是想要配置 5 個 double 的記憶空間，因此必須把 malloc 的結果轉型成 double 指標。接著，malloc 不一定會配置成功，您必須檢查是否得到一個 NULL 指標，若是則代表配置失敗；反之，即可存取所配置的記憶空間。至於該如何存取動態配置的記憶空間呢？您可以把它當作陣列來操作，或是透過指標偏移再搭配間接存取運算即可。請記得，有借就必須有還！當作業系統願意借出了記憶空間，這塊記憶空間就被我們的程式鎖定住，任何其它程式都不能使用。如果不再使用這塊記憶空間，則必須釋放它並歸還給作業系統，否則，將會造成很嚴重的記憶空間漏失問題(請看第 7.8.3 節的說明)。

我們可以一次配置多大的動態記憶空間呢？這必須取決於程式的執行環境。但一般的環境是限制在 1GB 左右。若超過該環境的最大可配置空間限制，記憶空間配置就會失敗，malloc 的回傳值就會是 NULL。

free 的對象必須是一個合法的記憶空間位址，也就是此位址所代表的記憶空間是透過您的程式所配置的。若釋放一個不是合法的記憶空間位址，則是一個未定義的行為，通常會得到執行期間的錯誤。下面就是一個常見的誤用：

程式 7-53

```
#include <stdlib.h>
int main(void){
    int *p;          /* p 未經過初始化，其內容是不可預期的 */
    free(p);         /* 釋放一個非法的位址，未定義的行為！ */
    return 0;
}
```

因此，當指標不是指向一個合法的記憶空間時，請把它設定為 NULL。free 對 NULL 指標並不會有任何動作。

動態配置的記憶空間其初始值都是無法預期的。我們可以利用 memset 來進行初始化，通常會把每一 byte 設定為零。如下所示：

程式 7-54

```
#include <stdio.h>
#include <stdlib.h>
#include <string.h>
int main(void){
    unsigned int n = 5, i = 0;
    size_t nBytes = sizeof(double) * n;
                                    /* 計算記憶空間的大小 */
    double *pd = (double *)malloc(nBytes);
                                    /* 記憶空間配置 */
                                    /* 請注意指標要轉型 */
    if(pd != NULL){                 /* 檢查是否配置成功？ */
        memset(pd, 0, nBytes);      /* 設定每個 byte 為零 */
        for(i = 0; i < n; ++i)
            printf("%f ", pd[i]);   /* 0.0 0.0 0.0 0.0 0.0 */
```

```
        printf("\n");
    }
    free(pd);                       /* 記得最後要歸還！*/
    return 0;
}
```

當然，先前所介紹的 memcpy、memmove 與 memcmp 也都可用在動態配置的記憶空間。

以下來看一個應用實例。我們把計算固定學生人數之成績標準差 (程式 7-6) 修改成學生人數是讓使用者可以自由設定，程式如下：

程式 7-55

```
#include <math.h>
#include <stdio.h>
#include <stdlib.h>
int main(void){
    int n = 0, i = 0;
    size_t nBytes = 0;
    double * Scores = NULL;
    double sum = 0.0, avg = 0.0, s = 0.0, diff = 0.0;
    printf("Input the number students: ");
    scanf("%d", &n);                       /* 輸入學生人數 */
    if(n > 0){                             /* 學生人數必須大於零 */
        nBytes = sizeof(double) * n;
        Scores = (double *)malloc(nBytes);    /* 配置記憶空間 */
        if(Scores != NULL){
            memset(Scores, 0, nBytes);    /* 清空為零 */
            for(i = 0; i < n; ++i){  /* 輸入學生成績與計算總和 */
                printf("Student %d's score: ", i);
```

```
        scanf("%d", &Scores[i]);

        sum += Scores[i];

    }

    avg = sum / n;                  /* 計算平均 */

    for(i = 0; i < n; ++i){         /* 計算標準差 */

        diff = Scores[i] - avg;

        s += diff * diff;

    }

    s = sqrt(s / n);

    printf("Standard deviation: %f\n", s);

                                    /* 輸出結果 */

    } /* 記憶空間配置成功的區域 */

    } /* n 大於零的區域 */

    free(Scores);         /* 請記得一定要釋放動態配置的記憶空間 */

    return 0;

}
```

程式 7-55 並沒修改太多地方，只有一開始的要求使用者輸入學生個數 n，然後根據 n 來動態地配置存放成績的記憶空間 Scores，以及在完成標準差的運算後，把 Scores 歸還給作業系統。

本節重點在於介紹 malloc 與 free 的基本使用方式。請記得，有 malloc 就必須有 free，這兩個函式是成雙成對的。當程式不會再使用動態配置後的記憶空間，請務必以 free 將它歸還給作業系統，否則將會造成許多不可預期的錯誤現象。

7.8.2　calloc 與 realloc

還有兩個常用的記憶空間配置的函式，分別是配置空間加上初始化為零的函式 calloc 與重新配置的函式 realloc。我們先看看 calloc，它的宣告式如下：

```
void* calloc(size_t nItems, size_t nItemBytes);
```

其中，nItems 是指元素個數，nItemBytes 是指每個元素所佔空間為何。這與 malloc 不太一樣。calloc 所配置的空間大小就會是 nItems * nItemBytes，而且每個 byte 都會設定為零，然後再以 void 指標回傳。用法請看下面的範例：

程式 7-56

```c
#include <stdio.h>
#include <stdlib.h>
int main(void){
    unsigned int n = 5, i = 0;
    double *pd = (double *)calloc(n, sizeof(double));
                                     /* 請注意各引數的意義 */
    if(pd != NULL){                  /* 檢查是否配置成功？ */
        for(i = 0; i < n; ++i)
            printf("%f ", pd[i]);    /* 0.0 0.0 0.0 0.0 0.0 */
        printf("\n");
    }
    free(pd);                        /* 記得最後要歸還！*/
    return 0;
}
```

您會發現 calloc 似乎比 malloc 好用，因為 calloc 所配置的記憶空間可不用 memset 來初始化，而且我們不用去計算配置的大小，只要告訴 calloc 多少元素與每個元素的所佔空間大小即可。但是，天下沒有白吃的午餐，多做事就是要多花時間，calloc 是比 malloc 多耗費一些時間在上述那兩項服務。如果您不須經過初始化的配置記憶空間，可改用 malloc。

realloc 是一個可重新配置記憶空間的函式，它的宣告式如下：

void* **realloc** (void* **p**, size_t **n**);

其中，p 必須指向一個由 malloc 或 calloc 所動態配置的記憶空間，n 則是新配置的空間大小。realloc 的動作大概是這樣，它會先配置 n 個 byte 的記憶空間，再將資料從 p 所指的空間複製到新的記憶空間。假設原本的空間大小是 m 個 byte，若 n 大於或等於 m，那麼就只複製 m 個 byte，多出來的空間其數值不可預期；若 n 小於 m，那麼就只複製 n 個 byte。最後，free(p) 並回傳一個 void 指標指向新的記憶空間。若回傳值是 NULL，那麼代表重新配置失敗，p 所指的空間不會被變動或釋放。請看下面這個範例：

程式 7-57

```c
#include <stdio.h>
#include <stdlib.h>
int main(void){
    unsigned int n1 = 3, n2 = 5, n3 = 2, i = 0;
    size_t nBytes1 = n1 * sizeof(int);
    size_t nBytes2 = n2 * sizeof(int);
    size_t nBytes3 = n3 * sizeof(int);
    int *pi1 = (int *)malloc(nBytes1);
                            /* 先配置 n1 個 int 的空間 */
    int *pi2 = NULL, *pi3 = NULL;
    if(pi1 != NULL){              /* 檢查是否配置成功？ */
        for(i = 0; i < n1; ++i)
            pi1[i] = i;
        for(i = 0; i < n1; ++i)
            printf("%d ", pi1[i]);   /* 0 1 2 */
        printf("\n");
        pi2 = (int *)realloc(pi1, nBytes2);
                            /* 重配置 n2 個 int 空間 */
        if(pi2 != NULL){              /* 是否重配置成功？ */
```

```
    pi1 = NULL;                     /* pi1 所指空間不可再使用 */
    for(i = 0; i < n2; ++i)
        printf("%d ", pi2[i]);      /* 0 1 2 ? ? */
    printf("\n");
    /* 重配置 n3 個 int 空間 */
    pi3 = (int *)realloc(pi2, nBytes3);
    if(pi3 != NULL){                /* 是否重配置成功？ */
        pi2 = NULL;                 /* pi2 所指空間不可再使用 */
        for(i = 0; i < n3; ++i)
            printf("%d ", pi3[i]);/* 0 1 */
        printf("\n");
    } /* pi3 配置成功的區域 */
  } /* pi2 配置成功的區域 */
 } /* pi1 配置成功的區域 */
    free(pi1);
    free(pi2);
    free(pi3);
    return 0;
}
```

　　此例一開始先配置 3 個 int 的記憶空間，然後重配置成 5 個 int 的記憶空間，最後再重配置成 2 個 int 的記憶空間，分別由 pi1、pi2 與 pi3 來指向這些空間。請注意，重配置成功後，原本的記憶空間就不能再使用，所以當 pi2 指向重配置成功的記憶空間，pi1 就設定為 NULL；pi3 指向重配置成功的記憶空間，pi2 就設定為 NULL。如此，後面若有對 pi1 或 pi2 做任何動作，如 free，才不會有錯誤情況。

　　與記憶空間相關的管理函式就介紹到這，接下來的小節我們來看看一些錯誤的記憶空間操作會發生什麼嚴重後果。

7.8.3　記憶空間漏失

任何一塊經過動態配置的記憶空間若不再使用，請務必釋放它。否則這塊記憶空間在程式結束前都會被鎖定住而無法再被利用，這種情況我們稱為**記憶空間漏失**(memory leak)。記憶空間漏失有可能會引起一場災難，如果程式進行了持續性的記憶空間配置且都不去釋放，就會造成大量的記憶空間漏失，甚至引起記憶空間耗盡的危機。我們來看一個例子：

程式 7-58

```c
#include <stdio.h>
#include <stdlib.h>
int main(void){
    char key = 0, c = 0;
    size_t i = 0, n = 128 * 1024 * 1024;    /* 128MB */
    size_t nTotals = 0;
    do{
        char* pc = (char *)malloc(n);
                                /* 每回合配置 128MB 的空間 */
        for(i = 0; i < n; ++i)
            pc[i] = 0;          /* 對所配置的空間做一些運算 */
        nTotals += n;
        printf("%lu\n", nTotals);   /* 輸出目前配置空間總量 */
        key = getchar();
        /* 清空 stdin */
        while ((c = getchar()) != '\n' && c != EOF);
    }while(key != 'q' && key != 'Q');
                            /* 按下 q 或 Q 鍵以離開迴圈 */
    return 0;
}
```

請務必小心執行程式 7-58，此程式在迴圈的每回合中會先動態配置一塊 128MB 的記憶空間，並對這塊空間做一些簡單的運算，然後等候使用者輸入一個按鍵。若輸入 q 鍵則結束迴圈，反之，則繼續迴圈的下一回合。若使用者在每回合都按下 q 以外的鍵，程式就會持續地進行 128MB 的動態空間配置。但是，此程式並沒有任何釋放記憶空間的動作。而且，每回合所配置的結果都以 pc 來記錄，但是 pc 是一個區域變數，迴圈的每回合結束 pc 也就跟著消失。這意味著，每次所配置的記憶空間之位址，在完成迴圈的每回合後就會不見，您再也沒有機會去釋放這塊記憶空間！可想而知，當迴圈執行數十次後，所有可用的記憶空間資源將會耗盡。若您的執行環境有提供系統資源的監視軟體(如 Windows 的工作管理員或 Mac OS X 的活動監視器)，請執行它並隨時監看記憶空間的使用狀況。

您可能會問，若系統的記憶空間資源被耗盡，那會發生什麼事呢？這就要看作業系統會怎麼處理這問題了。有些作業系統會停止動態配置空間的服務，使得每回合的記憶空間配置都會得到 NULL 的結果；有些作業系統具有**垃圾回收**的機制 (garbage collection)，會自動地釋放長期不用的空間。一塊被佔據但卻不去使用的記憶空間，對系統來說就是一種垃圾(garbage)。垃圾必須被清除且回收再利用，否則系統的所有記憶空間資源將有可能全數耗盡。現今許多作業系統都有垃圾回收的機制，但大多是回收已結束執行的程式所產生的垃圾，並沒有對於尚在執行的程式去進行垃圾回收。大部份作業系統會以**虛擬記憶空間**(virtual memory) 來面對過量的記憶空間配置需求，講白話一點，就是利用其它儲存裝置(如硬碟)來代替主記憶空間。可是，CPU 仍然是從主記憶空間存取資料，當 CPU 要存取的資料不在主記憶空間而在外部儲存裝置，就會把目前主記憶空間的資料暫存到外部儲存裝置，然後從外部儲存裝置把所要的資料寫到主記憶空間。這動作稱為**頁面置換** (page swap)。當配置空間過多，相對就會發生大量的頁面置換，CPU 就會專心在進行頁面置換上而無法執行程式，這稱為**猛移現象**(thrashing)[41]。如果外部儲

---

[41]. 關於虛擬記憶空間與猛移的概念請參考作業系統的相關書籍[3]。

存裝置是傳統的機械式硬碟，猛移除了讓程式無法正常執行，也會讓硬碟發生密集且大量的存取，造成機械結構上的損害。

有鑑於此，我們在設計程式時就要考慮到動態配置的記憶空間是否有發生漏失的情況。許多近代的高階程式語言已加入了垃圾回收機制，如 Java、C#與 Python，可讓程式設計師不用花費心思去注意垃圾的產生，對於所配置的動態記憶空間不用特別去注意回收的動作。但是，不管這些程式語言用了什麼樣的垃圾回收機制，它們都會增加程式的執行時間與記憶空間使用量，犧牲了一些執行上的效能。C 語言則沒有提供垃圾回收的機制，程式設計師必須自行管理所有經過動態配置的記憶空間。因為 C 語言是被定位在接近低階硬體控制的高階語言，使其程式碼能夠具備快速且節省系統資源的執行效能。只不過程式設計師必須加重責任來注意是否寫出了會產生垃圾的程式碼。

7.8.4 懸空指標

當一個指標所記錄的位址是指向一塊不可存取的記憶空間，這種指標就稱為**懸空指標**(dangling pointer)。對懸空指標進行間接存取會造成不可預期的情況，這是十分危險的。最常見的懸空指標就是未初始化的指標，因為您根本無法預期這種指標記錄著何處的位址，如下面這個例子：

程式 7-59

```
int main(void){
    int *p;          /* 未初始化的指標可視為懸空指標 */
    *p = 10;         /* 不可預期的錯誤 */
    return 0;
}
```

若指標所指向的記憶空間已經被釋放了，這種指標就是屬於懸空指標，請勿對它進行間接存取。如這個例子：

程式 7-60

```
#include <stdlib.h>

int main(void){

    int *p = malloc(sizeof(int));
                            /* 配置一個 int 的記憶空間 */

    free(p);                /* 接著釋放此空間，p 即為懸空指標 */

    *p = 10;                /* 不可預期的錯誤 */

    return 0;

}
```

指標若指向一個已消失的區域變數，這也是屬於懸空指標：

程式 7-61

```
int main(void){

    int *p = NULL;

    {                    /* 區域的起點 */

        int x = 0;       /* x 是個只能在此區域使用的變數 */

        p = &x;          /* p 指向 x */

    }                    /* 區域結束，x 消失，p 即為懸空指標 */

    *p = 10;             /* 不可預期的錯誤 */

    return 0;

}
```

這種情況常在函式發生。若把函式內的區域變數之位址傳出，就會有懸空指標
的問題：

程式 7-62

```
int *Dangling(int x){    /* x 是此函式的區域變數 */

    return &x;           /* 傳出 x 的位址 */

}

int main(void){
```

```
    int a = 0;
    int *p = Dangling(a);   /* p 並非指向 a 而是函式裡的 x */
    *p = 10;                 /* 不可預期的錯誤 */
    return 0;
}
```

當指標所指向的記憶空間已經被釋放了，請設定為 NULL。之後的程式只要檢查該指標是否為 NULL，當指標不為 NULL 才可進行間接存取。如程式 7-60 可改成這樣：

程式 7-63

```
#include <stdlib.h>
int main(void){
    int *p = malloc(sizeof(int));
                               /* 配置一個 int 的記憶空間 */
    free(p);                   /* 接著釋放此空間，p 即為懸空指標 */
    p = NULL;                  /* 設定為 NULL，避免懸空指標問題 */
    if(p != NULL)              /* 只有非 NULL 指標才可間接存取 */
        *p = 10;
    return 0;
}
```

請注意一點，懸空指標設定為 NULL 目的是用來方便檢查是否可進行間接存取。請勿對 NULL 指標進行間接存取，這也會造成不可預期的錯誤。

7.8.5　緩衝區溢位

許多資料傳輸都需要緩衝區來收發資料，但如果發生傳輸的資料量大於緩衝區的容量，且沒有一個程序來預防與阻止這個行為，那麼就可能會發生記憶空間的非法存取，此現象稱為**緩衝區溢位**(buffer overflow)。緩衝區溢位常發生在輸入緩衝區突然收進一筆龐大的資料，請看下面這個例子：

程式 7-64

```
#include <stdio.h>
int main(void){
    char A[100];
    scanf("%s", A);      /* 若瞬間輸入一個數萬字的字串... */
    return 0;
}
```

程式 7-64 是一個輸入字串的程式(關於字串的標準輸入請看第 8.5 節),若輸入的字串所含的字元數不超過 99 個字,那麼程式可順利地執行;若字數超過 99,就會發生緩衝區溢位了。目前許多較新的作業系統,如 Windows、Mac OS、Linux 與 OpenBSD,皆可以檢查出輕微的緩衝區溢位,並中斷程式的執行。但有些惡意的駭客攻擊會利用作業系統的檢查漏洞,讓緩衝區溢位不被偵測到,進而存取重要的系統資料或取得系統的最高使用權限。我們所設計的程式需要小心這類攻擊,尤其是呼叫一些與使用者互動的函式,如 scanf 與 printf。您必須小心使用者會以不正常的操作來避開系統的檢查機制,達成資料竊取與破壞的行為。比如,可以用 fgets 來限制輸入字串的字元數(第 11.4.3 節),以 snprintf 來限制輸出字串的字元數(8.7.1 節)。

7.8.6　動態多維陣列

基本上,我們只能動態地配置一維陣列。若要動態地配置某種型態的多維陣列,只有最低維度才是該型態的陣列,其它維的陣列必須是以指標來建立。以二維陣列為例,若要動態配置一個 5 列 4 行的 int 陣列,那麼必須先配置 5 個 int 指標,然後每個指標再指向一塊可記錄 4 個 int 的記憶空間。如程式 7-65 所示:

程式 7-65

```
#include <stdio.h>
#include <stdlib.h>
```

```
int main(void){
    int rows = 5, columns = 4, i = 0, j = 0;
    int ** A = NULL;
```
/* 配置指向每列的指標，共有 **rows** 個**(int *)** */
```
    A = (int **)malloc(rows * sizeof(int *));
```
/* 配置各列的記憶空間，每列有 **columns** 個**(int)** */
```
    for(i = 0; i < rows; ++i)
        A[i] = (int *) malloc(columns * sizeof(int));
    /* 設定每個元素的值 */
    for(i = 0; i < rows; ++i)
        for(j = 0; j < columns; ++j)
            A[i][j] = i * columns + j;
    /* 輸出整個二維陣列 */
    for(i = 0; i < rows; ++i){
        for(j = 0; j < columns; ++j)
            printf("%d ", A[i][j]);
        printf("\n");
    }
    /* 記憶空間釋放 */
    for(i = 0; i < rows; ++i) free(A[i]);    /* 釋放各列 */
    free(A);                                 /* 釋放指向列的指標 */
    return 0;
}
```

在程式 7-65 中，我們先配置指標的陣列來記錄指向各列的指標，其數量等同
列數。由於任何動態配置的陣列都必須以一個指標來指向，可以 int ** 的指標來
指向這個 int * 的陣列。因此，我們要為 A 配置 rows 個 int * 的記憶空間。請注
意，配置的結果是一個指向數個 int * 的指標，所以必須轉型為 int **。接著，
配置每列所指向的一維陣列，其大小為行數。因此，要為 A 的每個元素配置 columns

個 int 的記憶空間。請注意，配置的結果是一個指向數個 int 的指標，所以必須轉型為 int *。如此，即完成二維陣列的配置，我們可將 A 以二維陣列的操作方式來使用。此例的輸出結果會是：

```
0 1 2 3
4 5 6 7
8 9 10 11
12 13 14 15
16 17 18 19
```

最後，從最低維度到最高維度來釋放二維陣列。先透過每列的指標來釋放各列的一維陣列，再透過 A 來釋放指向各列的指標陣列。此例並未仔細地檢查記憶空間配置是否成功，這是為了讓讀者能較容易地了解動態多維陣列。這部份就給讀者作為練習(請看練習題 5)，您可在配置 A 之後與配置每列記憶空間之後檢查是否配置成功。

請注意，您不可以將一個 k 維的陣列指標直接地指向一個 k 維的動態陣列；反之亦然，您也不可將 k 層的指標直接地指向一個 k 維固定大小的陣列。因為動態陣列與固定大小的陣列是不一樣的型態，各自的資料儲存架構也都不同，這兩者之間的型態並不通用。請看下面這個例子：

程式 7-66

```c
#include <stdio.h>
#include <stdlib.h>
int main(void){
    int rows = 5, columns = 4, i = 0, j = 0;
    int ** A = NULL;
    /* 配置指向每列的指標，共有 rows 個(int *) */
    A = (int **)malloc(rows * sizeof(int *));
```

```
/* 配置各列的記憶空間，每列有 columns 個(int) */
for(i = 0; i < rows; ++i)
    A[i] = (int *)malloc(columns * sizeof(int));
/* 輸出整個二維陣列 */
{
    int (*p)[5][4] = A; /* 警告或編譯錯誤：型態不一致 */
    for(i = 0; i < rows; ++i){
        for(j = 0; j < columns; ++j)
            printf("%d ", (*p)[i][j]); /* 輸出錯誤的結果 */
        printf("\n");
    }
}
/* 記憶空間釋放 */
for(i = 0; i < rows; ++i) free(A[i]);   /* 釋放各列 */
free(A);                         /* 釋放指向列的指標 */
{
    int B[5][4] = {0};
    A = B;                 /* 警告或編譯錯誤：型態不一致 */
    for(i = 0; i < rows; ++i){
        for(j = 0; j < columns; ++j)
            printf("%d ", A[i][j]);   /* 輸出錯誤的結果 */
        printf("\n");
    }
}
return 0;
}
```

在程式 7-66 中，我們先動態配置一個 5 列 4 行的 int 陣列 A，其每個元素的
初始值街為零。之後以一個 5 列 4 行的陣列指標來指向 A，卻發現編譯器發出警告

甚至編譯錯誤。就算編譯器允許這個行為，輸出結果也會是不正確的。因為 A 所儲存的內容皆是每列具有 4 個 int 陣列的位址，並非是某個 int 的內容。將 A 改指向另一個固定大小為 5 列 4 行的 int 陣列，那將會帶來更嚴重的災難。編譯器若允許這樣的轉換，其輸出結果會將 B 的某個元素 (int 數值) 視為記憶空間位址而進行間接存取，這會造成非法的記憶空間存取，程式將會被作業系統中斷執行。

　　至於三維陣列、四維陣列、甚至更多維的陣列也是以相同概念來配置。但請注意，隨著維度的增加使得指標的層次也會變多，因而造成程式碼在閱讀與維護上的困難。在一般情況下，最多只會動態地配置三維陣列。若四維以上的陣列，可以考慮是否以固定大小的陣列宣告方式，或是檢討一下資料儲存的架構。

總結

1. 陣列是一個將具有相同型態的資料數據緊密地結合在一起的資料結構。陣列的存取單位稱為元素，每個元素都是相同的資料型態，且連續地排放在陣列中。我們可透過陣列元素運算子 [] 搭配一個整數的索引編號來任意地存取每個元素。

2. 在 C 語言中，陣列中的每個元素之編號是從零開始，即第一個元素的索引編號是 0，第二個元素的索引編號是 1，以此類推。切勿超出陣列可存取的範圍，否則會有不可預期的錯誤。

3. 宣告一個陣列必須以一個大於零的整數常數來指定其最大元素個數。C99 允許宣告一個零長度的陣列，也可利用整數變數來宣告陣列。無論如何，陣列的大小宣告後就不可再改變。

4. 我們可以用 sizeof 取得一個陣列所佔的記憶空間大小，單位是 byte；陣列含有多少元素 = 陣列的記憶空間大小 / 每個元素的記憶空間大小。

5. 全域陣列若未給特定的初始值，那麼所有元素的初始值會是零；區域陣列的預設初始值是不可預期的。

6. 全域與區域陣列在不同的編譯環境有不同的大小限制。尤其是區域陣列，請勿宣告過大的區域陣列。

7. 陣列的初始程序必須以一個大括號來包含每個元素的初始值，並以逗號隔開，從第零個元素開始，由左至右依序排列。

8. 宣告一個多維度的陣列時，各維度的大小是由最高維度到最低維度且由左至右指定；存取一個多維度的陣列時，任一元素的在各維度索引值也是由最高維度到最低維度且由左至右指定。

9. 指標可以指向一個多維度的陣列，以方便函式的傳遞。通常我們會以 K - 1 維度的陣列指標來指向一個 k 維度的陣列，使得利用陣列指標來存取每個元素有如操作一個 k 維度的陣列。

10. 陣列的複製請用 memcpy 或 memmove。

11. 陣列的初始化可以利用 memset

12. 比較兩個陣列的內容是否相同可用 memcmp

13. 我們可利用 malloc 或 calloc 來取得一塊動態記憶空間，也就是大小不固定的陣列。realloc 可用來改變動態記憶空間的大小。任何經由 malloc、calloc 或 realloc 配置的動態記憶空間不再使用時，必須以 free 釋放。

14. 任何一塊經過動態配置的記憶空間若不再使用，請務必釋放它。否則這塊記憶空間在程式結束前都會被鎖定住而無法再被利用，這種情況我們稱為記憶空間漏失。

15. 當一個指標所記錄的位址是指向一塊不可存取的記憶空間，這種指標就稱為懸空指標。對懸空指標進行間接存取會造成不可預期的情況。

16. 若有一個指標指向一塊可存取的記憶空間，當程式透過此指標進行存取超過該記憶空間的合法存取範圍，就會發生緩衝區溢位。

17. 若要動態地配置某種型態的多維陣列，只有最低維度才是該型態的陣列，其它

維的陣列必須是以指標來建立。切勿以一個多維度的陣列指標來指向一個動態
配置的多維陣列。

練習題

1. 請宣告一個 3 × 3 的陣列,每個元素的型態為 double。並參考程式 7-25
   的矩陣乘法,設計一個名為 mulMatrix 的函式,它有三個參數,其型態為 3 ×
   3 的 double 陣列指標,名稱分別為 A、B 與 C。其中,A 與 B 具為唯讀性質,
   C 所指向的陣列在函式完成後會存放著是 A 與 B 所指向的陣列之相乘結果。

2. 承上題,請設計一個名為 createMatrixSet 的函式,它具有一個型態為
   size_t 的參數 n;回傳型態是 3×3 的 double 陣列指標。createMatrixSet
   可以動態地建立 n 個 3 × 3 的 double 陣列,每個陣列的初始值為一個單位
   矩陣,也就是索引為 [0][0]、[1][1] 與 [2][2] 的元素內容是 1,其它元素
   內容是零。

3. 承上題,請設計一個名為 mulMatrixSet 的函式,也請為它宣告一組適當的
   參數與回傳型態,使得 mulMatrixSet 能將一組 n 個 3 × 3 的 double 陣
   列,由第一個陣列開始兩兩相乘,直到與最後一個陣列相乘。然後將相乘的結
   果存放至另一個 3 × 3 的 double 陣列中。

4. 請將上面 3 題改成動態陣列的版本,也就是每個陣列皆為 m × m 個 double
   的矩陣。您可能會要修改每個函式的參數型態或適當地增加一些必要的參數。

5. 在程式 7-65 中,所有的動態記憶空間配置後,都未進行是否配置成功的檢查
   動作,感覺不是十分妥當。請適當地加上一些檢查的程式碼,以確保所有動態
   記憶空間配置都是成功的情況下,才會存取陣列中任一元素。請注意,最後的
   記憶空間釋放動作也須能正確地完成。

6. 請動態地建立一個 m × n 的陣列,每個元素的型態皆為 int。在透過標準輸入

方式輸入每個元素的內容後，請從此陣列中抽取出任意位置與大小的子陣列，
若超過 m × n 的部分請以-1 填補。如一個 m 為 4 且 n 為 3 的陣列，其內容如
下：

    11 12 13
    21 22 23
    31 32 33
    41 42 43

若子陣列的大小為 2 × 2，位置在[2][2]，那麼子陣列的內容為：

    33 -1
    43 -1

7. 承上題，請判斷一個 m × n 的陣列，是否存在任兩個不同位置上且大小為 u ×
   v 的子陣列具有相同的內容(位置必須在 m × n 的可存取範圍之內)。每個元素
   的型態皆為 int。例如：一個 m 為 4 且 n 為 3 的陣列，其內容如下：

    11 12 0
    21 22 0
    99 **11 12**
    99 **21 22**

此陳列存在著兩個內容相同且大小為 2 × 2 陣列，如粗體字部份。但不存在
任兩個大小為 3 × 3 且內容相同的陣列。

第 8 章

字串與文字

幾乎任何大大小小的應用程式都必須解決一些有關**文字**(text)上的問題，例如：簡單的記錄員工基本資料，或從網際網路所存在的網頁中找尋有興趣的關鍵名詞。因為人類的日常生活，文字就是最普遍的溝通管道之一，也是最重要的資料記錄方式。在電腦的世界中，文字是以**字串**(string)的型式儲存與記憶空間中。而字串是由一些有限的符號所組成，如英文字母、阿拉伯數字與標點符號，這些符號是字串的基本存取單元，我們稱為**字元**(character)。大部分的程式語言都有能力來處理字串，C 語言也不例外，而且也提供了許多標準函式來解決常見的字串處理問題。只不過 C 語言會以指標來直接操作字串的記憶空間。這也是本章為何要放置在第 7 章之後的原因。本章將介紹字串的基本應用與相關的標準函式，包含了字串的宣告、字串的傳遞、輸出與輸入、字串與數值間的轉換以及字串的比對與搜尋。

8.1　字串的宣告與建立

在 C 語言中，最基本的字元型態就是 char，而**字串就是 char 的陣列**。雖然 char 基本上是整數型態，但在一般的運作平台上會將每個 char 所存放的整數對應成某個 **ASCII** 符號[42]來輸出。其中，有一種特殊字元所存放的整數值為零，我們稱它為**空字元**(null character)。請注意，C 語言要求**每個字串的必須以空字元為結尾**，而從字串的第一個字到最近的空字元之間的所有字元(不含空字元)則稱為**可用字元**(available character)[43]。例如一個呈現 ABC 這三個字的字串，就必須再多一個字元的空間來存放空字元，使得整個字串總共含有四個字元，而它們的實際 ASCII 內碼依序分別為 65、66、67 與 0。在 C 語言中，字串的字面常數就是將**一段文字前後以雙引號包住**，不需在雙引號內特別標示空字元，編譯器會自動地在字串最後處加上空字元。請看下面這個例子：

---

[42]. ASCII, American Standard Code for Information Interchange，美國資訊交換標準代碼，請看附錄 A。

[43]. 並沒有一個正式的名詞來描述這些非空字元，「可用字元」這個名詞為本書自行定義。

程式 8-1

```
int main(void){
    char s1[4] = "ABC";      /* 請注意，要宣告四個 char 的空間 */
    char s2[] = "Hello";     /* 或是由字面常數來決定陣列長度 */
    char *s3 = "12345"       /* 也可用指標來指向一個唯讀的字串 */
    const char* s4 = "12345";  /* s4 的宣告方式比 s3 好 */
    return 0;
}
```

程式 8-1 列出了四種字串的宣告。前兩個是陣列方式來宣告，後兩個是以指標的型式宣告。以陣列宣告的好處是簡單且每一個字元內容可以任意修改，缺點是長度固定，較無空間上的操作彈性。以指標宣告的字串，可以透過動態記憶空間的配置來變動字串長度。但它有一個非常需要注意的事項，就是指標若一開始指向一個字串的字面常數，那麼此字串內容是唯讀的。您不可去更改任何一個字元的內容，那是未定義的行為，有可能引發記憶空間非法存取的錯誤。而且更不幸的是，編譯器不會為您檢查這種錯誤。如下所示：

程式 8-2

```
int main(void){
    char s1[4] = "ABC";
    char s2[] = "Hello";
    char *s3 = "12345"
    const char* s4 = "12345";
    s1[0] = 'X';        /* OK，字串內容為"XBC" */
    s2[4] = '!';        /* OK，字串內容為"Hell!" */
    s3[1] = '0';        /* 不可預期的結果！ */
    s4[2] = '@';        /* 編譯錯誤，指標的指向空間已宣告為唯讀 */
    return 0;
}
```

s1 與 s2 都屬於一般的陣列，因此可以在事後修改其中任一個元素內容。但 s3 與 s4 就不行了，尤其是 s3，修改其內容是未定義的，編譯器也不會阻止您。執行這種程式是有可能會被作業系統中斷的。如果字串指向一個固定且唯讀的字串，一般會以 const 來修飾其字串內容是不可更改的，如 s4，這樣事後若不小心去修改其內容，編譯器會為您發出編譯上的錯誤訊息。

切記，以字元陣列所宣告的字串，其初始值不可超過最大長度 (含空字元)，否則會有不可預期的結果發生。但是初始值的字元數可小於最大長度。如下所示：

程式 8-3

```
int main(void){
    char s1[3] = "1234";    /* 不可預期的結果！ */
    char s2[3] = "123";     /* 不可預期的結果！
                               含空字元超過三個字！ */
    char s3[3] = "12";      /* OK！ 含空字元剛好三個字 */
    char s4[3] = "1";       /* OK！ 含空字元少於三個字 */
    char s5[3] = "";        /* OK！ 只有一個空字元 */
    return 0;
}
```

程式 8-3 的 s5 給了一個特殊的常數字串：兩個雙引號之間無任何字元，我們稱之為**空字串** (empty string)[44]。其實，空字串並不是完全沒有任何字元在內，而是第一個字元為空字元。

那我們該如何宣告一個字串的陣列呢？您可以透過二維字元的陣列，或是字元指標的陣列，後者是最常用的。下面是一個宣告字串陣列的範例：

程式 8-4

```
int main(void){
```

---

[44] 空字串 (empty string) 與空指標 (null pointer) 不同，前者是含有一個空字元的字串，後者是一個指向 NULL 的指標。

```
    char A[2][4] = {"ABC", "xyz"};
                        /* 字串數與長度是固定 */
    char B[][4] = {"123", "456"};
                        /* 字串數由初始值決定 */
    const char* C[2] = {"Hi!", "Hello!"};
                        /* 字串數固定,長度由初始值來決定 */
    const char* D[] = {"Hi!", "Hello!"};
                        /* 字串數與長度由初始值來決定 */
    char * E[2] = {NULL, NULL};
    E[0] = A[0];
    E[1] = A[1];        /* 轉為字元指標的陣列,便於傳遞 */
    return 0;
}
```

　　其中,我們把 A(字元的二維陣列)轉換成 E(字元指標的陣列),因為字元指標的陣列比較適合用來傳遞於函式。若直接將固定大小的二維陣列傳遞函式,那麼函式就只能處理固定長的字串,並不是很有彈性。在第 8.2 節會看到這種情況。

　　我們也可以建立一個動態配置空間的字串,這種字串的特點就是長度可隨時改變,但要小心記憶空間的操作。請看下面的範例:

程式 8-5

```
#include <stdlib.h>        /* 記憶空間配置的函式庫 */
#include <string.h>        /* 記憶空間操作的函式庫 */
int main(void){
    char *s1 = NULL;        /* s1 一開始不含記憶空間 */
    size_t n = 5;
    s1 = (char *)malloc(n);    /* 配置 5 個字元的空間 */
    if(s1 != NULL)
        memset(s1, 0, n);        /* 所有字元設定為空字元 */
```

```
        free(s1);                    /* 重配置 s1 必須先釋放 */
        n = 10;
        s1 = (char *)calloc(n, sizeof(char));
                                     /* 重新配置 10 個字元的空間 */
        if(s1 != NULL){
            n = 8;
            s1 = (char *)realloc(s1, n);
                                     /* 重新配置 8 個字元的空間 */
        }
        free(s1);                    /* 最後請記得釋放 */
        return 0;
    }
```

此例綜合了前一章所介紹的與記憶空間有關的函式，總共做了三次的動態記憶空間配置，分別建立了長度為 5、10 與 8 個字元的字串。

至於 wchar_t 的字串也是以類似的方法宣告與建立，請看下面這個範例：

程式 8-6

```
#include <stdio.h>
#include <wchar.h>                   /* 與 wchar_t 相關的函式庫 */
int main(void){
    char ws1[4] = L"ABC";   /* wchar_t 字串的字面常數前要加上 L */
    char ws2[] = L"Hello";
    const char* s3 = L"我愛 C 語言";
    wchar_t* ws4 = NULL;
    size_t n = 10;
    ws4 = (wchar_t*)malloc(n * sizeof(wchar_t));
                                     /* 建立 10 個字 */
    ws4[0] = L'\0';                  /* 設定 wchar_t 的空字元 */
    free(ws4);
```

```
        return 0;
    }
```

wchar_t 的字串表示法也是以雙引號包住，但前面必須冠上 L。wchar_t 的
字串也是以空字元作為結束，但此空字元不一定是一個 byte 的零，可能是兩個
byte，端看系統來決定。wchar_t 的空字元可以用 L'\0' 來表示。

請熟悉以上這些宣告與建立字串的方法，在後面的各小節中都會再運用到。

8.2 字串的傳遞

將字串傳遞至函式就跟陣列傳遞一樣，通常會以指標來傳遞字串，如下所示：

程式 8-7

```c
#include <stdio.h>
void outputString(const char *s){
    while(*s)
        printf("%c", *(s++));
    printf("\n");
}
void setString(char * s, char c){
    while(*s)
        *(s++) = c;
}
int main(void){
    char s[100] = "Hello";
    outputString(s);          /* Hello */
    setString(s, '!');
    outputString(s);          /* !!!!! */
    return 0;
```

}

程式 8-7 定義了兩個可傳入字串函式，outputString 與 setString，分別用來輸出字串與設定字串中所有的字元，且都是以字元指標的方式來傳遞字串。在 outputString 中，我們以迴圈的方式把每個字元輸出，第 8.4 節會介紹更有效率的輸出方法。因為 outputString 只會讀取字串的內容，所以 s 宣告為 const 的字元指標。setString 有兩個參數，s 是欲修改的字串，c 是欲設定的字元。setString 也是以迴圈方式，把 s 的每個可用字元修改成 c。因為 s 指向的內容會被修改，所以它不可用 const 來修飾。

傳遞字串的陣列就比較麻煩了。請看下面這個例子：

程式 8-8

```
#include <stdio.h>
void outputString(const char *s){
    while(*s)
        printf("%c", *(s++));
    printf("\n");
}
void setString(char * s, char c){
    while(*s)
        *(s++) = c;
}
/* 只能傳遞固定字數的字串陣列 */
void outputStringArray1(int n, const char (*sv)[4]){
    int i;
    for(i = 0; i < n; ++i)
        outputString(sv[i]);
}
/* 只能傳遞固定字數的字串陣列 */
```

```
void setStringArray1(int n, char (*sv)[4], char c){
    int i;
    for(i = 0; i < n; ++i)
        setString(sv[i], c);
}
/* 可傳遞不定字數的字串陣列 */
void outputStringArray2(int n, const char *sv[]){
    int i;
    for(i = 0; i < n; ++i)
        outputString(sv[i]);
}
/* 可傳遞不定字數的字串陣列 */
void setStringArray2(int n, char * sv[], char c){
    int i;
    for(i = 0; i < n; ++i)
        setString(sv[i], c);
}
int main(void){
    char A[2][4] = {"ABC", "xyz"};
    char * B[2] = {NULL, NULL};
    const char * C[2] = {NULL, NULL};
    /* 可傳遞二維字元的陣列 */
    outputStringArray1(2, A);        /* ABC */
                                     /* xyz */
    setStringArray1(2, A, '!');
    outputStringArray1(2, A);        /* !!! */
                                     /* !!! */
    /* 二維字元的陣列必須轉換為字元指標的陣列，且需區分有無 CV 修飾 */
```

```
        C[0] = B[0] = A[0];

        C[1] = B[1] = A[1];

        setStringArray2(2, B, '#');

        outputStringArray2(2, C);          /* ### */

                                           /* ### */

        return 0;

    }
```

　　除了 outputString 與 setString 與程式 8-7 相同之外，程式 8-8 還多定義了四個函式：outputStringArray1、setStringArray1、outputStringArray2 與 setStringArray2。前兩者是以指向具有四個字元的陣列之指標來傳遞字串，分別達成輸出與設定字串陣列的功能，這種傳遞方法不是很有彈性，因為這只能傳遞每個字串固定為四個字的字串陣列。後兩者是以字元指標的陣列來傳遞字串陣列的，如此每個字串長度可以不一樣，十分有彈性，這種傳遞方式是最常見的。只不過，當字串陣列是一個二維字元陣列時，您必須將它轉換成字元指標的陣列，而且須注意有無 CV 修飾。如程式 8-8 的 B 與 C，分別為無 const 修飾與有 const 修飾，以用來傳遞字串陣列給 setStringArray2 與 outputStringArray2。

8.3　字串的長度

　　string.h 這個標頭檔宣告了許多與字串處理相關的標準函式。本節先介紹一個最常用的字串處理函式：**strlen**，它可用來取得一個字串的長度，宣告式如下：

size_t **strlen**(const char * **s**);

　　s 為輸入的字串，回傳值即為從 s 的第一個字元到最近的空字元之間 (不含空字元) 共包含了多少字元。我們來看看下面的範例：

程式 8-9

```c
#include <stdio.h>
#include <stdlib.h>
#include <string.h>
int main(void){
    char s1[] = "ABC";
    const char* s2 = "12345";
    char s3[100] = "Hello";
    char *s4 = (char *)calloc(10, sizeof(char));
    printf("%lu\n", strlen(s1));    /* 3 */
    printf("%lu\n", strlen(s2));    /* 5 */
    printf("%lu\n", strlen(s3));    /* 5 */
    printf("%lu\n", strlen(s4));    /* 0 */
    s1[2] = 0;
    s3[5] = '!';
    s4[0] = s4[5] = 'A';
    printf("%lu\n", strlen(s1));    /* 2 */
    printf("%lu\n", strlen(s3));    /* 6 */
    printf("%lu\n", strlen(s4));    /* 1 */
    free(s4);
    return 0;
}
```

由於 strlen 並不是用來取得字串的全部記憶空間大小，而是取得可用的字元數目。所以 s1 與 s2 的可用字元數目分別為 3 與 5。s2 雖然宣告為含有 100 個字元的陣列，可是它的初始值是一個只含有 5 個可用字元的字串，所以 strlen 結果為 5。至於 s4 則是以 calloc 配置的 10 個字元的空間，且一開始每個字元都被設定為空字元，因此 s4 並不含有任何可用字元，strlen 的結果為零。s1、s3 與 s4 可在事後修改，將 s1[2] 改為零，s1 的長度即縮短為 2；s3[5] 本來是空字元，改為驚嘆號後，s3 的長度即增加為 6；s4[0] 與 s4[5] 都改為大寫英文字母'A'，但 strlen 的結果卻為 1，因為 s4 從第一個字元到最近的空字元只有 s4[0] 是可用字元，之後的字元皆不是。由於 strlen 的回傳型態是 size_t，若要直接輸出 strlen 的結果，請用 %zu 或 %lu 來指示輸出的資料長度。

至於取得 wchar_t 的字串長度需用另一個屬於 wchar.h 裡的函式:wcslen，它的宣告式如下：

size_t **wcslen**(const wchar_t* ws);

用法大致上與 strlen 相同，您可以從下面這個範例了解 wcslen 的使用方法：

程式 8-10

```
#include <stdio.h>
#include <stdlib.h>
#include <wchar.h>
int main(void){
    wchar_t ws1[] = L"我愛 C 語言";
    const wchar_t* ws2 = L"成功！加油！";
    wchar_t ws3[100] = L"Hello";
    wchar_t *ws4 = (wchar_t *)calloc(10, sizeof(wchar_t));
    printf("%lu\n", wcslen(ws1));   /* 5 */
    printf("%lu\n", wcslen(ws2));   /* 6 */
    printf("%lu\n", wcslen(ws3));   /* 5 */
    printf("%lu\n", wcslen(ws4));   /* 0 */
    ws1[2] = L'\0';
    ws3[5] = L'!';
    ws4[0] = ws4[5] = L'A';
    printf("%lu\n", wcslen(s1));    /* 2 */
```

```
    printf("%lu\n", wcslen(s3));    /* 6 */
    printf("%lu\n", wcslen(s4));    /* 1 */
    free(ws4);
    return 0;
}
```

請注意，wcslen 是統計字串的可用字數，任何字元不論是中文字、英文字母、數字還是標點符號，都是一個字來統計。像程式 8-10 中的 ws1 是一個混合中英文的字串，"我愛 C 語言"，那麼 wcslen 就會統計出該字串有 5 個可用字元。

8.4　字串的標準輸出

字串的標準輸出格式是%s，請看下面這個範例：

程式 8-11

```
#include <stdio.h>
int main(void){
    char s1[4] = "ABC";
    char s2[] = "Hello";
    const char* s3 = "123";
    printf("%s\n", s1);                    /* ABC */
    printf("%s%s\n", s2, s3);              /* Hello123 */
    printf("%s@%s.%s.tw\n", s1, s2, s3);
                                /* ABC@Hello.123.tw */
    printf("%s:%lu\n", s1, strlen(s1));    /* ABC:3 */
    printf("%s:%lu\n", s2, strlen(s2));    /* Hello:5 */
    printf("%s:%lu\n", s3, strlen(s3));    /* 123:3 */
    return 0;
}
```

您可以發現任何型式的字串皆可透過%s 來輸出,且可以與其它輸出格式混合使用。請注意,任何合法的字串都必須以空字元做為結尾,否則所有與字串處理相關的標準函式都會產生不可預期的結果。

wchar_t 的字串要用 wprintf 進行標準輸出,用法與 printf 類似,但有三個地方不一樣:

1.　先設定好語言的區域
2.　格式字串必須冠上 L
3.　輸出格式為%ls

請看下面這個輸出繁體中文字串的例子:

程式 8-12

```
#include <stdio.h>
#include <stdlib.h>
#include <wchar.h>
#include <locale.h>
int main(void){
    wchar_t ws1[] = L"我愛 C 語言";
    const wchar_t* ws2 = L"成功!加油!";
    wchar_t ws3[100] = L"Hello";
    setlocale(LC_ALL, "zh_TW.UTF-8");        /* UNIX */
      /* 在微軟的視窗系統請用:setlocale(LC_ALL, "cht"); */
    wprintf(L"%ls: %lu\n", ws1, wcslen(ws1));
    wprintf(L"%ls: %lu\n", ws2, wcslen(ws2));
    wprintf(L"%ls: %lu\n", ws3, wcslen(ws3));
    return 0;
}
```

　　請注意語言區域的設定，`setlocale` 的第二個引數在不同的作業系統上皆有不同的設定。本書只列出兩種較常見的作業系統之設定方式。其它語系與作業系統請讀者自行查閱相關的操作說明。若您的程式碼想在不同的環境下編譯，可以用下列這個方式以前置處理讓編譯器來選擇適當的程式碼進行設定：

```
#ifdef _WIN32              /* 微軟的視窗系統 */
    setlocale(LC_ALL, "cht");
#else                     /* 非微軟的作業系統 */
    setlocale(LC_ALL, "zh_TW.UTF-8");
#endif
```

　　至於各作業系統的前置處理名詞為何，本書僅列出常見的作業系統，如表 3-5 所示。

8.5　　字串的標準輸入

　　字串的標準輸入就比較複雜一點，基本上也可以用 `%s` 來作為輸入格式。但是，有一點非常的重要，您必須保證被輸入的字串空間可以被寫入資料且有足夠的大小。請看下面的例子：

程式 8-13

```
#include <stdio.h>
int main(void){
    char s1[4] = "ABC";          /* 四個字元的空間 */
    char s2[] = "Hello";         /* 六個字元的空間 */
    char* s3 = "123";            /* 唯讀空間 */
    scanf("%s", s1);    /* 只能輸入三個字 */
    scanf("%s", s2);    /* 只能輸入五個子 */
```

```
    scanf("%s", s3);    /* 任何輸入皆會造成不可預期的錯誤！ */
    printf("%s:%lu\n", s1, strlen(s1));
    printf("%s:%lu\n", s2, strlen(s2));
    printf("%s:%lu\n", s3, strlen(s3));
    return 0;
}
```

請注意，由於此例中的字串是以字元陣列或字元指標所宣告，皆能夠直接轉換為字元指標，所以當這些字串傳入給 scanf 時，皆不用加上取址運算子&，可直接作為 scanf 的引數。由於 s1 與 s2 分別只宣告了四個字元與六個字元的空間，這意味著，扣除掉空字元，您只能為它們分別輸入三個字元以內與五個字元以內的字串，否則會有不可預期的執行錯誤。對 s3 輸入更是一件危險的事情，因為它指向了一個唯讀的字串。像 s3 這種字元指標，通常是會指向一個動態配置的空間，且不該一開始指向一個唯讀的字串，也最好都不會指向任何唯讀字串。請看這個範例：

程式 8-14

```
#include <stdio.h>
#include <stdlib.h>
int main(void){
    size_t n = 0;
    char* ds = NULL;                /* 請勿一開始就指向唯讀字串 */
    printf("Input n: ");
    scanf("%lu", &n);               /* 輸入 n */
    if(n > 0){
        ds = (char *)calloc(n, sizeof(char));
                                    /* 配置 n 個字元 */
        printf("Input a string: ");
        scanf("%s", ds);            /* 可輸入 n - 1 個字 */
        printf("%s:%lu\n", ds, strlen());
```

```
    }
    free(s);
    return 0;
}
```

　　請注意，在標準輸入格式中，每個輸入單位%皆是以空白字元隔開，若是輸入的字串中含有空白字元，將會被視為多個字串。請讀者以程式 8-14 做個小實驗，將 n 輸入 10 後，接著輸入"ABC　EFG"，您將會看到 s 只含有 ABC 這串字，後面的 EFG 並沒有放置到 s，而是仍在 stdin 裡。如果您希望輸入的字串內也包含了空白字元，可以用另一種輸入字串格式：指定字元格式。這種格式也是以%開頭，然後以中括號來標示輸入的字串可包含了哪些字元。請看下面這個例子：

程式 8-15

```
#include <stdio.h>
#include <string.h>
/* 清空 stdin */
void clearStdin(){
    int c = 0;
    while(((c = getchar()) != '\n') && (c != EOF));
}
int main(void){
    char sA[256] = {0};              /* 256 個字元的空間 */
    /* 情況 1：只能包含 A、B 與 C 的字串
          例："BBAACC123ABC" 得 "BBAACC" */
    scanf("%[ABC]", sA);
    printf("%s:%lu\n", sA, strlen(sA));
    /* 情況 2：只能包含阿拉伯數字的字串
          例："9527ABa570" 得 "9527" */
    clearStdin();
```

```
scanf("%[0-9]", sA);

printf("%s:%lu\n", sA, strlen(sA));

/* 情況 3：包含英文字母、空格與 tab 鍵的字串

        例："abc xyz    ab2!3^4#" 得 "abc xyz    ab" */

clearStdin();

scanf("%[A-Za-z\x20\t]", sA);

printf("%s:%lu\n", sA, strlen(sA));

/* 情況 4：除了換行鍵，其它字元皆包含的字串

      例："abc xyz    ab2!3^4#" 得 "abc xyz    ab2!3^4#" */

clearStdin();

scanf("%[^\n]", sA);

printf("%s:%lu\n", sA, strlen(sA));

/* 情況 5：除了換行鍵與'^'，其它字元皆包含的字串

        例："abc xyz    ab2!3^4#" 得 "abc xyz    ab2!3" */

clearStdin();

scanf("%[^^\n]", sA);

printf("%s:%lu\n", sA, strlen(sA));

/* 情況 6：包含英文字母、空、tab 鍵與'^'的字串

        例："abc xyz    ab2!3^4#" 得 "abc xyz    ab"，

            "abc xyz    a^2!3^4#" 得 "abc xyz    a^" */

clearStdin();

scanf("%[A-Za-z^\x20\t]", sA);

printf("%s:%lu\n", sA, strlen(sA));

return 0;

}
```

　　程式 8-15 示範了六種情況。情況 1 是很單純地只篩選幾個特定的字元，此例為只篩選'A'、'B'與'C'這三個字元，任何輸入只要一遇到非此三個字元就立即停止該次的輸入。因此，若我們輸入了"BBAACC123ABC"，那麼只會讀到前六個字

"BBAACC"，後面的"123ABC"會留在 stdin 供下一次輸入讀取。

若我們想篩選的字元種類很多，而且它們的 ASCII 碼是連續的，那麼可以用 '-'這個符號來標示由哪個起始字元到哪個結束字元，那麼之間的所有字元可以納入篩選。如情況 2 就是一個只篩選阿拉伯數字的例子。因為阿拉伯數字的 ASCII 碼是連續的，可以取'0'為起始字元，9 為結束字元，那麼%[0-9]就可以把所有阿拉伯數字都納入篩選。

情況三就比較複雜一點，若希望可以讀取所有英文字母，且包含空格與tab鍵，可綜合上述兩種情況來完成。%[A-Za-z\x20\t]意思是所有篩選所有大小寫英文字母、空格鍵(其 ASCCII 的十六進位碼為 20)與 tab 鍵。因為大小寫英文字母這兩群字元的 ASCII 碼不連續，所以必須分別指定。您或許會有個疑問，為什麼沒有把換行鍵一併篩選？如果把換行鍵也篩選進來，那麼當使用者輸入完一個字串後並按下換行鍵，scanf 仍然繼續等待下一筆輸入，不會停止。直到 stdin 抵達 EOF 後，scanf 才會停止輸入動作並處理所輸入的資料。在檔案輸入時(請看第 11 章)，篩選所有字元可以用來讀取所有的輸入資料，但在設計與使用者互動的輸入場合並不適用。

當我們希望除了某些少數字元之外的其它字元都會被篩選，但這樣的篩選條件並不容易描述，可以使用反向篩選的符號(^)來簡化篩選條件的敘述。如情況四，%[^\n]意思是除了換行鍵之外所有的字元都能被篩選。

但是'^'若不是放在中括號內的第一個字，它就只是代表本身的字元意義。如情況五，%[^^\n] 意思是除了換行鍵與'^'之外所有的字元都能被篩選。情況六也是，%[A-Za-z^\x20\t]意思是所有大小寫英文字母、'^'、空格以及 tab 鍵都會被篩選。

請注意，位於前一次輸入最後的換行鍵會殘留在 stdin，以篩選字元的輸入方式並不會吸收一開始的空白字元(%s 與其它數值輸入格式會吸收)，因此我們必須要在進行篩選字元的字串輸入前把 stdin 清空，否則使用者無法正常地進行字串輸入。因此，本例中的每個情況之間都會呼叫 clearStdin 這個函式來清空 stdin。

　　wchar_t 字串的標準輸入要改用 wscanf 來達成，上述一般字串的標準輸入
方式都可用在 wchar_t 的字串輸入，只是您得指示輸入格式中的資料長度為 1。
請看下面這個範例：

程式 8-16

```
#include <stdio.h>
#include <wchar.h>
#include <locale.h>
/* 清空 stdin */
void wclearStdin(){
    /* 要以 getwchar 來讀取 wchar 字元 */
    wint_t c = 0;
    while ((c = getwchar()) != L'\n' && c != WEOF);
}


int main(void){
    wchar_t ws[100] = {L'\0'};
    setlocale(LC_ALL, "zh_TW.UTF-8");        /* UNIX */
    /* 在微軟的視窗系統請用：setlocale(LC_ALL, "cht"); */
    wscanf(L"%ls", ws);
    wprintf(L"%ls: %lu\n", ws, wcslen(ws));
    /* 篩選換行鍵之外所有字元 */
    wclearStdin ();
    wscanf(L"%l[^\n]", ws);      /* 請注意資料長度為 1 */
    wprintf(L"%ls: %lu\n", ws, wcslen(ws));
    /* 只篩選'成'、'功'、空格與 tab */
    wclearStdin ();
```

```
    wscanf(L"%l[成功\x20\t]", ws);
    wprintf(L"%ls: %lu\n", ws, wcslen(ws));
    /* 只篩選阿拉伯數字 */
    wclearStdin ();
    wscanf(L"%l[0123456789]", ws);
    wprintf(L"%ls: %lu\n", ws, wcslen(ws));
    return 0;
}
```

wchar_t 字串的標準輸入格式為%ls，篩選字元也要以 l 來指示。至於清空 stdin 的 wchar 字元，我們要以 getwchar 函式來讀取字元並判斷是否為換行或 EOF。getwchar 也是宣告在 wchar.h 中，其宣告式如下：

wint_t **getwchar**();

其中，wint_t 為一種足夠容納任何 wchat_t 字元的內碼之整數型態。以 getwchar 來檢查 stdin 是否已到達輸入資料的盡頭，則要判斷回傳值是否為 WEOF 而不是 EOF。WEOF 是 wchar_t 型態的 EOF。

wchar 的篩選字元要注意一件事，因為您不能保證字元是採用何種編碼，因此以-符號來表示一連串的篩選字元並不太適用。如阿拉伯數字 0 到 9，雖然它們的 ASCII 碼是連續的，但在其它編碼系統就不一定是連續了。因此，請一個一個地指定每個篩選字元為何，如篩選阿拉伯數字就是%l[0123456789]，篩選阿拉伯數字以外的字元就是%l[^0123456789]。

8.6　puts 與 gets

在 stdio.h 其實有專門的標準字串輸出與輸入函式，分別為 puts 與 gets，它們的宣告式如下：

```
int puts(const char * s);

char * gets(char * s);
```

puts 會將字串 s 的所有字元(不包含最後的空字元)依序輸出至標準輸出裝置
(stdout),並在最後加上換行符號。puts 若可成功地輸出則回傳一個正數,否則
回傳 EOF。gets 會從標準輸入裝置(stdin)讀入一個以換行符號結尾的字串,再
將此字串除了換行符號之外的其它字元複製到 s 所指向的字元空間,並加上空字元
做為結尾。若 gets 可以成功地讀取字串,回傳值即為 s,否則回傳 NULL。我們來
看一個例子:

程式 8-17

```
#include <stdio.h>
int main(void){
    char s[256] = {'\0'};
    puts("Input a string: ");
    if(gets(s) != NULL){
        puts("s = ");
        puts(s);
    }
    return 0;
}
```

程式 8-17 的 main 函式裡,我們先宣告一個夠大的字元陣列來取得 gets 所
讀出的字串。當 gets 完成後,再把 s 以 puts 輸出到標準輸出裝置。請注意,gets
除了換行符號,其它字元皆可讀入,包含空格與 tab。另外,在只單純地輸出字串
且沒有搭配其它變數輸出的情況下,請儘量以 puts 來代替 printf。如此,才有
較好的輸出效能。

puts 與 gets 的 wchar_t 版本分別為 fputws 與 fgetws,皆宣告在
wchar.h 裡。但必須將 stdout 與 stdin 以檔案串流的方式來進行字串的輸出與

輸入，這部分請看第 11 章的說明。

8.7   字串與數值之間的轉換

字串與數值之間的轉換也是很常見的處理工作，比如，將一個實數 3.14159 轉換成七個字元的字串，或是將一個字串"12345"轉換成可進行算術的整數 12345。這類的轉換工作皆可透過標準函式庫來完成。接下來的幾個小節我們將會學習如何使用這些字串轉換的標準函式。

8.7.1   sprintf、snprintf 與 swprintf

我們知道 printf 的功能是把資料透過自訂的輸出格式以字串的型式輸出到標準輸出裝置。那是否可以將資料輸出到某個字串的記憶空間呢？答案是肯定的。請用 sprintf、snprintf 與 swprintf 這三個函式，它們可分別用來將資料輸出到 char 字串與 wchar_t 字串，所需的引入檔分別為 stdio.h 與 wchar.h。sprintf 的宣告式如下：

```
int sprintf(char * retrict s,
            const char * retrict format,
            ... );
```

除了第一個參數 s 為一個字元指標指向一個足夠大的字串空間以儲存輸出結果，其餘參數與用法皆與 printf 相同。

snprintf 的宣告式如下：

```
int snprintf(char * retrict s,
             int n,
             const char * retrict format,
```

```
                    ... );
```

除了第二的參數 n 用來指示 s 的最大可容納字元數(包含空字元),其它用法與
sprintf 相同。

至於 swprintf 的宣告式如下:

```
int  swprintf ( wchar_t * s,

                size_t n,

                const wchar_t * format, ...);
```

除了第二的參數 n 用來指示 s 的最大可容納字元數(包含空字元),且 s 與
format 的型態為 wchar_t 的指標之外,用法與 sprintf 類似。我們來看看一個
範例:

程式 8-18

```
#include <stdio.h>      /* sprintf 需要的標頭檔 */

#include <wchar.h>      /* swprintf 需要的標頭檔 */

#include <locale.h>

#include <math.h>

#define MAX_LEN 100

int main(void){

    char sOut[MAX_LEN] = {'\0'};

    char sOut2[MAX_LEN] = {'\0'};

    wchar_t wsOut[MAX_LEN] = {L'\0'};

    int i = 2;

    double r = 0.0;

    r = sqrt(2);

    sprintf(sOut, "Square root of %d = %f", i, r);

    snprintf(sOut, MAX_LEN, "sqrt(%d) = %f", i, r);
```

```
setlocale(LC_ALL, "zh_TW.UTF-8");          /* UNIX */
/* 在微軟的視窗系統請用：setlocale(LC_ALL, "cht"); */
swprintf(wsOut, MAX_LEN, L"%d的平方根 = %f", i, r);
printf("%s\n", sOut);
                        /* Square root of 2 = 1.414214 */
printf("%s\n", sOut2);
                        /* sqrt(2) = 1.414214 *
wprintf(L"%ls\n", wsOut);
                        /* 2的平方根 = 1.414214 */
swprintf(wsOut, 3, L"%d的平方根 = %f", i, r);
                    /* 限定最多輸出三個字元，包含空字元 */
wprintf(L"%ls\n", wsOut);
                        /* 2的 */

return 0;
}
```

由此可見，利用這三個函式將任何數值透過標準輸出的方式轉換成字串，十分方便！但請注意，這三個函式的用來存放結果的字串空間要夠大，尤其是 sprintf，若輸出結果大於 s 的可用空間，那麼將會發生不可預期的結果。swprintf 也是，雖然可以透過第二個參數來限定最多輸出多少字元，但若給予過大的數值，且輸出的字元數也過多，那麼也會發生不可預期的錯誤。一般來說，若無特殊目的，都會以 snprintf 來代替 sprintf，才會讓程式的運作過程中較為安全。您可以先將欲輸出的資料先以 snprintf 輸出到一個大小受限制的字串空間，再將它以 puts 輸出到 stdout。

8.7.2　sscanf 與 swscanf

既然我們可以透過標準輸出將數值轉換成字串，那是否可以透過標準輸入將字串轉成數值呢？當然可以，請用這兩個函式 sscanf 與 swscanf，分別用在 char

字串與 wchar_t 字串。它們的引入檔分別是 stdio.h 與 wchar.h，宣告式為：

```
int sscanf(const char * restrict s,
            const char * restrict format,
            ...);
int swscanf(const wchar_t * s,
            const wchar_t * format,
            ...);
```

其中，s 為欲轉換的輸入字串，其餘參數與用法皆與 scanf 相同，請看下面的
範例。

程式 8-19
```
#include <stdio.h>    /* sscanf 需要的標頭檔 */
#include <wchar.h>    /* swscanf 需要的標頭檔 */
#include <locale.h>
#include <math.h>
int main(void){
    const char* sIn = "2: 0.123 5.6";
    const wchar_t* wsIn = L"[3]0.1\t0.2\t \t 0.3";
    int i = 0;
    float r1 = 0.0;
    double r2 = 0.0;
    long double r3 = 0.0;
    sscanf(sIn, "%d:%f%lf", &i, &r1, &r2);
    printf("i = %d, r1 = %f, r2 = %f\n", i, r1, r2);
                /* i = 2, r1 = 0.123, r2 = 5.6 */
    setlocale(LC_ALL, "zh_TW.UTF-8");        /* UNIX */
    /* 在微軟的視窗系統請用：setlocale(LC_ALL, "cht"); */
```

```
    swscanf(wsIn, L"[%d]%f%lf%Lf", &i, &r1, &r2, &r3);
    printf("i = %d, r1 = %f, r2 = %f, r3 = %Lf\n",
            i, r1, r2, r3);
                    /* i = 3, r1 = 0.1, r2 = 0.2, r3 = 0.3  */
    return 0;
}
```

一切用法皆與 scanf 相同，就不再多做贅述 (請看第 2.6 節)。

當然也可以利用這兩個函式來抽取字串，請看這個例子：

程式 8-20

```
#include <stdio.h>      /* sscanf 需要的標頭檔 */
#include <wchar.h>      /* swscanf 需要的標頭檔 */
#include <locale.h>
#include <math.h>
int main(void){
    const char* sFilename = "ABC001.txt";
    const wchar_t* wsFilename = L"交易紀錄 20160828_17.xlsx";
    int i1 = 0, i2 = 0;
    char sA[100] = {'\0'}, sB[10] = {'\0'};
    wchar_t wsA[10] = {L'\0'};
    wchar_t wsB[10] = {L'\0'};
    wchar_t wsC[10] = {L'\0'};
    sscanf(sFilename, "%[^0-9]%d.%s", sA, &i1, sB);
    printf("i1 = %d, sA = %s, sB = %s\n", i1, sA, sB);
                    /* i1 = 1, sA = ABC, sB = txt */
#ifdef _WIN32        /* 微軟的視窗系統 */
    setlocale(LC_ALL, "cht");
#else                /* 非微軟的作業系統 */
    setlocale(LC_ALL, "zh_TW.UTF-8");
```

```
#endif
```

swscanf(wsFilename,

        L"%l[^0123456789]%l[0123456789]_%d.%ls",

        wsA, wsB, &i2, wsC);

```
wprintf(L"i2 = %d, wsA = %ls, wsB = %ls, wsC = %ls\n",
        i2, wsA, wsB, wsC);
```

        /* i2 = 17, wsA = 交易紀錄,

            wsB = 20160828, wsC = xlsx */

```
    return 0;
}
```

程式 8-20 是一個很常見的實例，若有一個具有固定格式的檔案名稱，我們可以利用 sscanf 或 swscanf 來剖析它。此例有兩種格式的檔案名稱：第一種是 "ABC001.txt"，這格式是一串非數字的文字接上一個序號，附屬檔名是 txt。因此，此檔名的以標準輸入格式來描述就是"%[^0-9]%d.%s"。第二種檔名是"交易紀錄 20160828_17.xlsx"，這格式是一串中文字接上日期與序號，序號與日期之間有一個底線符號，附屬檔名是 xlsx。因此，此檔名的以標準輸入格式來描述就是"%l[^0123456789]%l[0123456789]_%d.%ls"。請注意，wchar_t 的內碼不一定是 ASCII，因此您不可用[0-9]來篩選所有阿拉伯數字。

8.7.3　字串轉換數值

標準函式庫 stdlib.h 提供了許多專門用來將字串轉換成數值的函式，這些函式大致上分為兩類：第一類為字串轉成單一數值，有 atoi、atol、atoll 與 atof，分別轉換成 int、long、long long 與 double。它們的簡介如表 8-1 所示。第二類的轉換函式有：strtol、strtoll、strtoul、strtoull、strtof、strtod 與 strtold，分別可轉換 long、long long、unsigned long、unsigned long long、float、double 與 long doublg。其中 strtoll、strtoull、strtof

與 strtold 是 C99 以後才加入的函式。如表 8-2 所示。

表 8-1 第一類字串轉換數值函式(stdlib.h)

函式名稱	簡介
atoi	字串轉 int
atol	字串轉 long
atoll	字串轉 long long
atof	字串轉 double

表 8-2 第二類字串轉換數值函式(stdlib.h)

函式名稱	C 版本	簡介
strtol	C89	字串轉 long
strtoll	C99	字串轉 long long
strtoul	C89	字串轉 unsigned long
strtoull	C99	字串轉 unsigned long long
strtof	C99	字串轉 float
strtod	C89	字串轉 double
strtold	C99	字串轉 long double

我們先來看第一類的轉換函式,它們的宣告式如下:

```
int atoi(const char * s);

long atol(const char * s);

long long atoll(const char * s);

double atof(const char * s);
```

其中,**atoll** 是 **C99** 以後版本才有的函式。這些函式使用方法很簡單,參數 s

即為輸入字串，若 s 是可轉換的字串即回傳轉換後的數值。但有兩種轉換失敗的情況，如果**字串是不可轉換的字串，回傳值會是零；若轉換的數值超出回傳型態的可表示範圍，回傳值將是未定義的結果**。請看下面的例子：

程式 8-21

```
#include <stdio.h>
#include <stdlib.h>    /* 轉換函式需要的標頭檔 */
int main(void){
    const char* s1 = "123.456";
    const char* s2 = "A123BCD";
    const char* s3 = "0";
    const char* s4 = "9876543210";
    printf("%d\n", atoi(s1));      /* 123 */
    printf("%ld\n", atol(s1));     /* 123 */
    printf("%lld\n", atoll(s1));   /* 123 */
    printf("%f\n", atof(s1));      /* 123.456 */
    printf("%d, %d\n",
            atoi(s2), atoi(s3));   /* 0, 0 */
    printf("%ld, %ld\n",
            atol(s2), atol(s3));   /* 0, 0 */
    printf("%lld, %lld\n",
            atoll(s2), atoll(s3)); /* 0, 0 */
    printf("%f, %f\n",
            atof(s2), atof(s3));   /* 0.0, 0.0 */
    printf("%d\n", atoi(s4));   /* 超出範圍，不可預期的結果 */
    return 0;
}
```

　　我們發現這些函式有一個缺點，就是您不容易分辨一個字串會發生轉換失敗還是成功地轉換為零，如程式 8-21 的字串 s2 與 s3，都會得到轉換為零的結果。但 s2 會造成轉換失敗，s3 並不會。有鑑於此，一般會建議用第二類的轉換函式，它們的宣告式如下：

```
long strtol( const char * restrict s,
             char ** restrict psn,
             int base);
```

```
long long strtoll(const char * restrict s,
                  char ** restrict psn,
                  int base);
```

```
unsigned long strtoul(const char * restrict s,
                      char ** restrict psn,
                      int base );
```

```
unsigned long long strtoull(const char * restrict s,
                            char ** restrict psn,
                            int base);
```

```
float strtof(const char * restrict s,
             char ** restrict psn);
```

```
double strtod(const char * restrict s,
              char ** restrict psn);
```

```
long double strtold(const char * restrict s,
                    char ** restrict psn);
```

　　其中，參數 s 為與轉換的輸入字串，psn 為一個指向字元指標的指標，base 則是用在整數轉換的函式，代表 s 是以多少進位系統來表示數值。請注意，在 C89 的編譯器中，s 與 psn 並沒有宣告為限定指標。這些函式會從 s 的第一個字元開始讀取並轉換，若有 n 個字元可被轉換成功，那麼會將第 n + 1 個字元的位址存放至 psn 所指向的字元指標內，回傳值即為轉換成功的數值。psn 可以是 NULL，讓轉換函式不進行與 psn 的相關動作。至於 base，可設定在 2 到 36 之間。在輸入字串中，可接受的字元包含有：空白字元、正號、負號、0 到 9、a 到 z 以及 A 到 Z。但如果 base 是零則由輸入字串來決定。若字串以 0x 起頭，則以十六進位方式轉換；若以 0 起頭，則以八進位方式轉換；其它情況則以十進位方式轉換。如果 s 沒有任何字元可以轉換為數值，回傳值會是零，且 psn 所指向的字元指標會指向 s 的第一個字。用法似乎有些複雜，我們以 strtod 與 strtol 舉例說明，其它型態的轉換用法皆相同，請看以下的範例：

程式 8-22

```
#include <stdio.h>
#include <stdlib.h>      /* 轉換函式需要的標頭檔 */
int main(void){
    const char* s1 = "0.12    3.45    6.78";
    const char* s2 = "0123    0x456    789";
    const char* s3 = "AB   CD";
    char* sn = NULL;
    sn = (char *)s1;
    printf("%f\n", strtod(sn, &sn));        /* 0.12 */
    printf("%f\n", strtod(sn, &sn));        /* 3.45 */
    printf("%f\n", strtod(sn, &sn));        /* 6.78 */
```

```
sn = (char *)s2;
printf("%ld\n", strtol(sn, &sn, 0));    /* 83 */
printf("%ld\n", strtol(sn, &sn, 0));    /* 1110 */
printf("%ld\n", strtol(sn, &sn, 0));    /* 789 */
sn = NULL;
printf("%ld\n", strtol(s3, &sn, 10));   /* 0 */
if(sn == s3)
    printf("%s\n", );                   /* AB   CD */
printf("%ld\n", strtol(s3, &sn, 16));   /* 171 */
printf("%ld\n", strtol(s3, &sn, 16));   /* 205 */
return 0;
}
```

　　此例中，sn 用來做為轉換完成後指向下一個字元用。我們先看 strtod。一開始先讓 sn 與 s1 指向同一字串，然後再利用 strtod 轉換 sn。請注意，我們是傳遞 sn 的位址給轉換函式，這樣轉換函式才能夠間接修改 sn 的內容。另外，由於轉換函式的第二個參數之型態並未以 const 修飾，所以沒有以 const 來宣告 sn。因此，當 sn 給予 s1 的內容，必須先將 s1 強制轉型為非唯讀的陣列指標。轉換成功後，會得到 0.12 的數值，sn 此時指向"0.12"的下一個空格字元上。如此，接下來兩次的 strtod 即可分別得到 3.45 與 6.78 的結果。s2 這個字串包含了三個分別以八進位、十六進位與十進位表示的數字，我們用 strtol 搭配 base 為零來轉換即可得到正確結果。至於 s3 包含了兩組可能是以十六進位表示的數字，若將 base 設定為 10 就會得到轉換失敗的結果：回傳值為零且 sn 會等於 s3。將 base 設定為 16 即可得到正確的結果。

　　如果轉換的數值超過可表示的範圍，每個轉換函式的回傳值會是所屬型態的極限值，如表 8-3 所示：

表 8-3 超出範圍的回傳值

轉換函式	超出最大範圍之回傳值	超出最小範圍之回傳值
strtol	LONG_MAX	LONG_MIN
strtoll	LLONG_MAX	LLONG_MIN
strtoul	ULONG_MAX	無
strtoull	ULLONG_MAX	無
strtof	HUGE_VALF	-HUGE_VALF
strtod	HUGE_VAL	-HUGE_VAL
strtold	HUGE_VALL	-HUGE_VALL

　　其中，HUGE_VALF、HUGE_VAL 與 HUGE_VALL 定義在 math.h 裡，分別用來表示各浮點數溢位的發生。但用這些回傳值來判斷是否超出範圍並不是很恰當，若字串真的是描述整數的極限值，就無法正確地辨別是否超出範圍；因為浮點數有誤差問題，將轉換後的浮點數來判斷是否等於 HUGE_VAL、HUGE_VALF 與 HUGE_VALL 似乎也不太準確，而且這些常數皆只定義超出範圍的正數，浮點數的負數範圍與最小正數得另外判斷，因此，我們需要另一個百分之百準確的判斷方法。有個定義在 error.h 的巨集[45]，名稱為 **errno**。使用這個巨集會得到一個整數，若此整數等於 **ERANGE** 這個常數(也是定義在 errno.h)，即代表轉換發生超出範圍。這就是我們要的！但請注意，若字串代表一個非常接近於零且無法表示的浮點數時，有些編譯器也會讓此字串的轉換引發 ERANGE 的錯誤。我們以 strtod 與 strtof 為例，請看下面這個程式：

程式 8-23
```
#include <stdio.h>
#include <stdlib.h>
```

---
[45]. 巨集是前置處理命令定義某個名詞來代替一組程式碼。關於巨集的設計請看第 9.3 節。

```c
#include <errno.h>       /* 用於判斷是否超出範圍的錯誤 */
/* 測試字串轉換為浮點數是否超出範圍的函式 */
const char* testStrToReal(const char *s){
    float rf = 0.0f;
    double rd = 0.0;
    char *snf = NULL, *snd = NULL;
    /* 若 s 是空字串或無可用字元，則離開函式且回傳 NULL */
    if(s == NULL || strlen(s) == 0) return NULL;
    printf("----------------\n");
    errno = 0;       /* 先將錯誤狀態重置 */
    rf = strtof(s, &snf);
    printf("string to float: %g\n", rf);
    if(errno == ERANGE)
        printf("Out of range!\n");
    errno = 0;
    rd = strtod(s, &snd);
    printf("string to double: %g\n", rd);
    if(errno == ERANGE)
        printf("Out of range!\n");
    /* 若 strtod 或 strtof 任一個有轉換成功，
       即回傳下一個字元的位置。否則，回傳 NULL */
    if(snd != s) return snd;
    else if(snf != s) return snf;
    else return NULL;
}
int main(void){
    const char* s1 = "9E+50 -9E+50 9E-50 -9E-50";
    const char* sn = NULL;
```

```
    sn = (char *)s1;
    while(sn != NULL)
        sn = testStrToReal(sn);
    return 0;
}
```

此例定義了一個函式用來將一個字串以 strtof 與 strtod 來轉換，並輸出轉換後的結果。若轉換發生超出範圍，則會輸出"Out of range!"的訊息。程式 8-23 的執行結果為：

```
----------------
string to float: inf
Out of range!
string to double: 9e+50
----------------
string to float: -inf
Out of range!
string to double: -9e+50
----------------
string to float: 0
Out of range!
string to double: 9e-50
----------------
string to float: -0
Out of range!
string to double: -9e-50
```

您會發現，strtof 都會發生超出範圍且都可以透過 errno 偵測到，strtod 則不會發生轉換錯誤。請注意，每次轉換前都要先將 errno 設定為零，否則 errno 會殘留上一次轉換的結果，使得每次使用 errno 都會讀到 ERANGE 的結果。

這些轉換函式也有 wchar_t 字串的版本，如表 8-4 所示：

表 8-4 wchar_t 字串的數值轉換函式 (wchar.h)

char 字串的轉換函式	wchar_t 字串的轉換函式	回傳型態
strtol	wcstol	long
strtoll	wcstoll	long long
strtoul	wcstoul	unsigned long
strtoull	wcstoull	unsigned long long
strtof	wcstof	flot
strtod	wcstod	double
strtold	wcstold	long double

使用這些 wcs 開頭的轉換函式請引用 wchar.h。同一般字串的轉換函式，第一個參數為欲轉換的字串，型態為 wchar_t 的唯讀指標；第二個參數則為指向 wchar_t 指標的指標，作用也是用來記錄轉換後輸入字串下一字元的位置。由於 wchar_t 字串的轉換函式之用法與注意事項皆跟 char 字串的轉換函式一樣，故不再舉例說明。

8.8 字串複製

string.h 提供了兩個常用的複製字串函式，分別為 strcpy 與 strncpy，宣告式如下：

```
char * strcpy(char * restrict sTarget,
                const char * restrict sSource);


char * strncpy(char * restrict sTarget,
                const char * restrict sSource,
                size_t nSource);
```

其中,sTarget 與 sSource 分別為複製的目標字串與來源字串。其作用如下:

1. strcpy 會將 sSource 所有可用字元**包含空字元**複製到 sTarget。

2. strncpy 會將 sSource 前 nSource 個字元,**但不包含空字元**,複製到
    sTarget。

至於回傳值的部分,strcpy 與 strncpy 皆會回傳 sTarget。請注意,strcpy
要 求 sSource 必 須 是 以 空 字 元 結 尾 的 字 串 , 且 sTarget 至 少 有
strlen(sSource) + 1 個可修改的字元空間;strncpy 則要求 sTarget 指向
的字元空間必須至少有 nSource 個可修改的字元,且 sSource 指向的字元空間
必須至少有 nSource 個可用字元。這兩個函式皆要求 sTarget 與 sSource 都
不可是 NULL,且分別指向的字元空間也不可以有重疊部份。若沒有滿足上述這些
要求,將會有不可預期的結果。我們來看看一個例子:

程式 8-24

```
#include <stdio.h>
#include <string.h>    /* strcpy 與 strncpy 的標頭檔 */
int main(void){
    const char* sSrc = "ABCDEFG";
    char sTgt1[100] = {'\0'};
    size_t n = 100;
    char *sTgt2 = NULL;
```

```
strcpy(sTgt1, sSrc);
printf("%s\n", sTgt1);           /* ABCDEFG */
strcpy(sTgt1 + strlen(sTgt1), sSrc);
printf("%s\n", sTgt1);           /* ABCDEFGABCDEFG */
printf("%s\n", strcpy(sTgt1, sSrc + 3));    /* DEFG */
sTgt2 = (char *)malloc(n);
if(sTgt2 != NULL){
    strncpy(sTgt2, sSrc, 3);
    sTgt2[3] = '0';
                /* 自行加上空字元，因為 strncpy 不會加上 */
    printf("%s\n", sTgt2);       /* ABC */
    strcpy(strncpy(sTgt2, sSrc, 5) + 5, sSrc);
                /* strcpy 會加上空字元 */
    printf("%s\n", sTgt2);       /* ABCDEABCDEFG */
}
free(sTgt2);
return 0;
}
```

此例 sSrc 為複製來源，sTgt1 與 sTgt2 分別是固定大小與動態配置的字元陣列，做為複製的目標。strcpy 是最簡單的字串複製函式，當執行 strcpy(sTgt1, sSrc) 後，sSrc 的所有可用字元加上空字元就會全數複製到 sTgt1。因此執行第一次的 strcpy 後，sTgt1 的輸出結果會是"ABCDEFG"。且字串經過一些指標的偏移運算後，可再傳遞給 strcpy 進行字串複製。像此例中在第二次呼叫 strcpy 時，來源字串仍是 sSrc，但目標字串是 sTgt1 再偏移 sTgt1 的可用字元數，也就是指向 sTgt1 最後的空字元。如此，第一次與第二次的 strcpy 等同將 sSrc 複製兩次到 sTgt1。sTgt1 的輸出結果就會是"ABCDEFGABCDEFG"。來源字串當然也可以是經過偏移後的字元指標，第三次的 strcpy 就是一個例子，將 sSrc 偏

461

移三個字元的字串就會是"DEFG"，此字串包含空字元覆蓋 sTgt1 的前五個字元，如此 sTgt1 的輸出結果就會是"DEFG"。由於 strcpy 與 strncpy 的回傳值皆為目標字串，因此可以將這兩個函式的回傳值直接進行後續的字串處理，如標準輸出或下一次的字串複製。

至於 strncpy，我們以動態配置的字串空間 sTgt2 做為目標字串，來源字串仍為 sSrc。在第一次呼叫 strncpy 時，目的是將 sSrc 的前三個字複製到 sTgt2 中，但是 strncpy 並不會在複製完成後加上空字元，因此必須自行將 sTgt2 的第四個字(sTgt2[3])設定為空字元。如此 sTgt2 的輸出結果就會是"ABC"。此例最後的字串複製是綜合 strcpy 與 strncpy，我們先將 sSrc 的前五個字複製到 sTgt2，再將 sSrc 整個字串複製 sTgt2 偏移五個字後的位置。因為 strcpy 會複製空字元，所以不用再自行設定空字元。sTgt2 的輸出結果就會是 "ABCDEABCDEFG"。

strncpy 還有一個特性，若來源字串的可用字數為 n，且 n 小於 nSource，那麼在目標字串的前 n 個字元會是來源字串的內容，剩下的 nSource − n 的字會被設定為空字元。請看下面這個例子：

程式 8-25

```
#include <stdio.h>
#include <string.h>              /* strncpy 的標頭檔 */
int main(void){
    const char* sSrc = "012";
    size_t n = 6;
    char* sTgt = (char *)malloc(n);
    memset(sTgt, 0xFF , n);      /* 先將所有 byte 設定為 0xFF */
    if(sTgt != NULL){
        strncpy(sTgt, sSrc, 3); /* 從 sSrc 複製三個字元 */
        for(size_t i = 0; i < n; ++i)
```

```
        printf("%hhX ", sTgt[i]);
    puts("\n");                    /* 30 31 32 FF FF FF  */
    strncpy(sTgt, sSrc, 4); /* 從 sSrc 複製四個字元 */
    for(size_t i = 0; i < n; ++i)
        printf("%hhX ", sTgt[i]);
    puts("\n");                    /* 30 31 32 0 FF FF  */
    strncpy(sTgt, sSrc, n); /* 從 sSrc 複製 n 個字元 */
    for(size_t i = 0; i < n; ++i)
        printf("%hhX ", sTgt[i]);
    puts("\n");                    /* 30 31 32 0 0 0  */
} /* 檢查 sTgt 的記憶空間是否建立成功 */
free(sTgt);
return 0;
}
```

　　程式 8-25 呼叫了三次 strncpy 分別從 sSrc 複製三個、四個與六個字到
sTgt。但在複製之前，我們先將 sTgt 的每個 byte 之內容設定為 0xFF，以測試
strncpy 如何設定空字元。呼叫第一次 strncpy 後，以一個迴圈將 sTgt 的每個
字元之內容以十六進位方式輸出，可以發現 sTgt 只有前三個字元被分別修改成 '0'、
'1' 與 '2'，而這三個字的內碼以十六進位表示法就分別是 30、31 與 32。其它字
元都保持不變，仍是 0xFF 的內容。呼叫第二次 strncpy 後，可以發現除了前三
個字是 '0'、'1' 與 '2' 之外，第四個字被修改成空字元了。而第三次的 strncpy，
可以發現從第四個字之後的字元都被設定為空字元了。

　　strcpy 與 strncpy 究竟何者比較好用，必須端看您的使用場合。若您希望
複製整個來源字串，且能保證目標字串具有足夠的空間，此時使用 strcpy 就會較
為方便；若您希望只複製來源字串的一部分，或是懷疑目標字串可能不具有足夠的
空間，strncpy 就會比較適合，但您必須小心目標字串最後的空字元是否有被正確
地設定。另外，strcpy 與 strncpy 都是 memcpy 所衍生的函式 (請看第 7.5 節)。

而且目標字串與來源字串若有重疊區域，您也可以用 memmove 來複製兩字串。

strcpy 與 strncpy 也有 wchar_t 的版本，分別為 wcscpy 與 wcsncpy。它們皆宣告在 wchar.h 裡，用法與 strcpy 與 strncpy 一樣，故不再舉例說明。

8.9　字串連接

這一小節主要介紹兩個 string.h 的字串連接函式：strcat 與 strncat，它們的宣告式如下：

```
char * strcat(char * restrict sTarget,
                const char * restrict sSource);

char * strncat(char * restrict sTarget,
                const char * restrict sSource,
                size_t nSource);
```

其中，sTarget 與 sSource 分別為目標字串與來源字串。其作用如下：

1.　strcat 會將 sSource 所有可用字元**包含空字元**複製到 sTarget 的空字元位置。

2.　strncat 會將 sSource 前 nSource 個字元**包含空字元**複製到 sTarget 的空字元位置 。

至於回傳值的部分，strcpy 與 strncpy 皆會回傳 sTarget。

請注意，strcat 要求 sTarget 與 sSource 都必須是以空字元結尾的字串，且 sTarget 至少有 strlen(sTarget) + strlen(sSource) + 1 個可修改的字元空間；strncpy 則要求 sTarget 必須是以空字元結尾的字串，且 sTarget 所指向的字元空間必須至少有 strlen(sTarget) + nSource 個可修改的字元，而 sSource 指向的字元空間則必須至少有 nSource 個可用字元。這兩個函式皆要求 sTarget 與 sSource 都不可是 NULL，且分別指向的字元空間也不可以有重疊部份。若沒有滿足上述這些要求，將會有不可預期的結果。請注意，strncat 並不像 strncpy 在複製過程中不包含空字元，而是會在複製完成後，於 sTarget 的最後處加上空字元。我們來看看一個例子：

程式 8-26

```
#include <stdio.h>
#include <string.h>    /* strcat 與 strncat 的標頭檔 */
int main(void){
    const char* sSrc1 = "ABCD";
    const char* sSrc2 = ".com";
    char sTgt1[100] = {"James"};
    size_t n = 100;
    char *sTgt2 = NULL;
    strcat(sTgt1, "@");
    printf("%s\n", sTgt1);      /* James@ */
    strcat(strcat(sTgt1, sSrc1), sSrc2);
    printf("%s\n", sTgt1);      /* James@ABCD.com */
    sTgt2 = (char *)malloc(n);
    if(sTgt2 != NULL){
        sTgt2[0] = '\0';              /* 零長度的字串 */
        strncat(sTgt2, sTgt1, 6);     /* 不需自行設定空字元 */
        printf("%s\n", sTgt2);        /* James@ */
        strncat(strncat(sTgt2, sSrc1, 3), sSrc2, 3);
        printf("%s\n", sTgt2);        /* James@ABC.co */
    }
    free(sTgt2);
```

```
    return 0;

}
```

此例的第一次呼叫 strcat 是將 sTgt1 串接"@"，sTgt 原本的字串內容是
"James"，經過串接會得到"James@"的結果。第二次呼叫 strcat 則是再將 sTgt1
連續串接 sSrc1 與 sSrc2，使得 sTgt1 最後會是"James@ABCD.com"。請注意，
不論是 strcat 或是 strncpy，目標字串一定以空字元做結尾，即使該字串不含
任何可用字元也必須使其第一個字元為空字元。如此例中的 sTgt2 在串接前讓它的
第一字元為空字元，經過一連串的 strncat，sTgt2 的最後結果會是
"James@ABC.co"。

若 strncat 的來源字串有 n 個可用字數，且 n 小於 nSource，那麼目標字串
只會新增 n + 1 個字元(包含空字元)。請看下面這個例子：

程式 8-27

```
#include <stdio.h>
#include <string.h>    /* strncat 的標頭檔 */
int main(void){
    const char* sSrc = "012";
    size_t n = 12;
    char* sTgt = (char *)malloc(n);
    memset(sTgt, 0xFF , n);      /* 先將所有 byte 設定為 0xFF */
    if(sTgt != NULL){
        sTgt[0] = '\0';          /* 設定為零長度的字串 */
        strncat(sTgt, sSrc, 3); /* 串接 sSrc 前三個字元 */
        for(size_t i = 0; i < n; ++i)
            printf("%hhX ", sTgt[i]);
        puts("\n");
            /* 30 31 32 0 FF FF FF FF FF FF FF FF  */
        strncat(sTgt, sSrc, 4); /* 再串接 sSrc 前四個字元 */
```

```
    for(size_t i = 0; i < n; ++i)
        printf("%hhX ", sTgt[i]);
    puts("\n");
            /* 30 31 32 30 31 32 0 FF FF FF FF FF */
    strncat(sTgt, sSrc, n); /* 再 sSrc 前 n 個字元 */
    for(size_t i = 0; i < n; ++i)
        printf("%hhX ", sTgt[i]);
    puts("\n");
            /* 30 31 32 30 31 32 30 31 32 0 FF FF */
} /* sTgt != NULL 的區域*/
free(sTgt);
return 0;
}
```

程式 8-27 呼叫了三次 strncat 分別將 sTgt 串接 sSrc 前三個、四個與 12 個字到 sTgt。但在串接之前，我們先將 sTgt 的第一個字設定為空字元，其它每個 byte 之內容設定為 0xFF，以測試 strncat 如何設定空字元。呼叫第一次 strncat 後，以一個迴圈將 sTgt 的每個字元之內容以十六進位方式輸出，可以發現 sTgt 的前四個字元被分別修改成'0'、'1'、'2'與空字元，其它字元都保持不變，仍是 0xFF 的內容。呼叫第二次 strncat 後，我們可以發現除了前六個字是 "012012"之外，第七個字也被修改成空字元了。而第三次的 strncpy 會使得 sTgt 的前九個字是"012012012"，第十個字也被修改成空字元，然而其餘字元不變。

strcat 與 strncat 也有 wchar_t 的版本，分別為 wcscat 與 wcsncat。它們皆宣告在 wchar.h 裡，用法與 strcat 與 strncat 一樣，故不再舉例說明。

8.10 字串比較

我們常會進行比較兩個字串是否相同，標準函式庫 string.h 當然也提供了字串比較的函式：strcmp 與 strncmp，它們的宣告式如下：

```
int strcmp(const char * s1, const char * s2);
int strncmp(const char * s1, const char * s2, size_t n);
```

其中，s1 與 s2 指向兩個欲比較的字串，且它們的字元空間可以重疊。這兩個函式都會從兩字串的第一個字元開始，依序比較每對字元是否相同。strcmp 會比較到這兩字串其中之一的空字元為止；strncmp 會比較 n 對字元或是遇到這兩字串其中之一的空字元為止。

回傳值即為比較結果，有下列這三種可能：

1. 回傳值等於零：兩字串相同。
2. 回傳值小於零：兩字串不相同。在第一對不相同字元中，s1 的字元內碼小於 s2 的字元內碼。
3. 回傳值大於零：兩字串不相同。在第一對不相同字元中，s1 的字元內碼大於 s2 的字元內碼。

請注意，這兩個函式皆要求 s1 與 s2 都不可是 NULL。strcmp 要求 s1 與 s2 其中之一必須以空字元結尾；strncmpy 要求 s1 與 s2 至少要 n 個字元空間，或者 s1 與 s2 其中之一必須以空字元結尾。若沒有滿足上述這些要求，將會有不可預期的結果。我們來看看一個例子：

程式 8-28

```
#include <stdio.h>
#include <string.h>    /* strcmp 與 strncmp 的標頭檔 */
int main(void){
    const char* s1 = "ABCD";
    const char* s2 = "ABCDEFG";
    printf("%d\n", strcmp(s1, "ABCD"));    /* 0 */
    printf("%d\n", strcmp("abcd", s1));    /* 大於零 */
```

```
    printf("%d\n", strcmp(s1, s2));        /* 小於零 */
    printf("%d\n", strncmp(s1, s2, 4));    /* 0 */
    printf("%d\n", strncmp(s1, s2, 5));    /* 小於零 */
    printf("%d\n", strncmp(s2, s1, 100));  /* 大於零 */
    return 0;
}
```

　　程式 8-28 共進行了六次字串比較，第一次是以 strcmp 比較 s1 與 "ABCD"，而 s1 所指向的字串內容也剛好是 "ABCD"，因此比較結果為零，兩字串相同。第二次的 strcmp 是比較 "abcd" 與 s1，然而大小寫的英文字母是不同的字元，且以 ASCII 編碼順序 (附錄 B) 來看，小寫的英文字母會大於大寫的英文字母。因此，比較結果會是一個大於零的數字。第三次的 strcmp 則是比較 s1 與 s2，這兩字串雖然前面的四個字元皆相同，但 s1 與 s2 的第五個字元分別為空字元與 'E'。很明顯地，零小於 'E' 的 ASCII 碼，因此結果會是小於零的負數，s1 與 s2 為兩個不相同的字串。

　　接下來的三次字串比較皆是以 strncmp 來完成。第一次的 strncmp 只比較 s1 與 s2 的前四個字，不會比較第五個字，因此會得比較相同的結果。第二次的 strncmp 只比較 s1 與 s2 的前五個字，這就會比較到 s1 的空字元了，因此會得到負數的結果。最後一次的 strncmp 則比較 s1 與 s2 的前 100 個字，然而這兩字串的長度皆不到 100 個字，因此，結果如同以 strcmp 比較 s2 與 s1，會是一個大於零的結果。

　　strcmp 與 strncmp 也有 wchar_t 的版本，分別為 wcscmp 與 wcsncmp。它們皆宣告在 wchar.h 裡，用法與 strcmp 與 strncmp 一樣，故不再舉例說明。

8.11　字串搜尋

　　string.h 也提供許多字串搜尋的函式，其簡介如表 8-5 所示。這些字串搜尋的函式也有用於 wchar_t 字串的版本，如表 8-6 所示。用法一樣，我們將只說明用於 char 字串的搜尋函式。

表 8-5 字串搜尋函式(string.h)

函式名稱	簡介
strchr	找出某字元在一個字串中出現的第一個位置
strrchr	找出某字元在一個字串中出現的最後一個位置
strpbrk	找出字串中的任一個字元在另一個字串中出現的第一個位置
strcspn	找出字串中的任一字元在另一字串中出現的第一個位置之索引值
strspn	找出字串中的任一字元不在另一字串中出現的第一個位置之索引值
strstr	找出字串在另一個字串中出現的第一個位置
strtok	將一個字串根據一些分隔字元切割成數個字串

表 8-6 wchar_t 字串搜尋函式(wchar.h)

char 字串搜尋函式	wchar_t 字串搜尋函式
strchr	**wcschr**
strrchr	**wcsrchr**
strpbrk	**wcspbrk**
strcspn	**wcscspn**
strspn	**wcsspn**
strstr	**wcsstr**

8.11.1 strchr 與 strrchr

我們先來看看從一個字串來搜尋單一字元的函式：strchr 與 strrchr，宣告式如下：

```
char * strchr(const char * s, int chr);
```

```
char * strchr(const char * s, int chr);
```

其中，s 指向一個被搜尋的字串，chr 代表欲搜尋的字元。當 s 所指向的字串中存在一個以上與 chr 數值相同的字元，strchr 會回傳一個字元指標指向離字串起頭最近且與 chr 相同的字元；strrchr 則會回傳一個字元指標指向離字串尾端最近且與 chr 相同的字元。若 s 所指向的字串中不存在與 chr 相同的字元，strchr 與 strrchr 皆會回傳 NULL。請注意，s 必須是以空字元結尾的合法字串，且不可為 NULL。否則，將會出現不可預期的錯誤。請看下面這個如何使用 strchr 與 strrchr 的範例：

程式 8-29

```
#include <stdio.h>
#include <string.h>    /* strchr 與 strrchr 的標頭檔 */
int main(void){
    const char* s = "ABCDBDCB!";
    const char *pc = NULL;
    if((pc = strchr(s, 'B')) != NULL)
        printf("%s\n", pc);      /* BCDBDCB! */
    if((pc = strrchr(s, 'B')) != NULL)
        printf("%s\n", pc);      /* B! */
    if((pc = strchr(s, 'X')) != NULL)
        printf("%s\n", pc);      /* 此行不執行 */
    if((pc = strrchr(s, 'X')) != NULL)
        printf("%s\n", pc);      /* 此行不執行 */
    return 0;
}
```

此例先以 strchr 與 strrchr 來搜尋字串 s 內是否存在'B'這個字元，由於 s 內含三個'B'字元分別位在第二、第五與第八個字，而 strchr 會找出第二個字的位置，strrchr 則會找出第八個字的位置。接著以 strchr 與 strrchr 來搜尋字串 s 內是否存在 'X' 這個字元，兩函式都會因搜尋不到而回傳 NULL。

8.11.2 strpbrk

如果您希望在一個字串上搜尋多個字元，那麼以 strchr 或 strrchr 來搜尋就必須呼叫許多次，這似乎有點不太好用。strpbrk 可以幫您解決這個問題，它的宣告式如下：

```
char * strpbrk(const char * s, const char * sChrSet);
```

其中，s 指向一個被搜尋的字串，sChrSet 則是指向一個包含搜尋字元的字串。strpbrk 會從 s 所指向的字串由第一個字元開始搜尋每個字元，若搜尋到屬於 sChrSet 中的任一個字元，則回傳一個字元指標指向該字元在 s 的位址。如果 s 不存在任何屬於 sChrSet 的字元，則回傳 NULL。請注意，s 與 sChrSet 皆必須是以空字元結尾的合法字串，且不可為 NULL。否則，將會出現不可預期的錯誤。請看下面這個例子：

程式 8-30

```
#include <stdio.h>
#include <string.h>    /* strpbrk 的標頭檔 */
int main(void){
    char sSrc[] = "/usr/local/bin/gcc-6.1.0";
    const char* sChrSet = "-./";
    char * sNext = sSrc;
    while(sNext != NULL){
        if((sNext = strpbrk(sNext, sChrSet)) != NULL){
            sNext[0] = ' ';
            ++sNext;
```

```
        }
    }
    printf("%s\n", sSrc);  /* usr local bin gcc 6 1 0 */
    return 0;
}
```

此例中的 sSrc 是一個字元陣列，存放著某個在 UNIX 檔案系統的檔案路徑。這程式會利用 strpbrk 搭配 while 迴圈來找尋 sSrc 所有的 '.'、'-' 與 '/' 這三種字元，並將這些字元取代成空格符號。我們以 sNext 來做為每次搜尋的起點，一開始 sNext 指向 sSrc 的第一個字元，接著在 while 內進行 strpbrk，並將搜尋結果存放在 sNext，若 sNext 不為 NULL，則代表搜尋成功，sNext 所指向的第一個字元即屬於 sChrSet 所指向的字元集合。然後將 sNext 所指向的第一個字元取代成空格鍵，再偏移 sNext 一個字元以進行下一次的搜尋。直到最後，strpbrk 會無法從 sNext 搜尋到指定的字元而回傳 NULL，迴圈停止，並輸出修改後的結果。

8.11.3 strcspn 與 strspn

有時我們會希望搜尋結果是字元的索引值，即可直接地知道搜尋結果是第幾個字元，而不是以一個字元指標來指向該字元。此時，可以利用 strspn 與 strcspn 這兩個函式，它們的宣告式如下：

```
size_t strcspn(const char * s, const char * sChrSet);
size_t strspn(const char * s, const char * sChrSet);
```

參數的意義與 strpbrk 一樣，但回傳值會是一個正整數，即代表搜尋結果是 s 的第幾個字元減 1，也就是該字元在 s 上的索引值或偏移量。strcspn 作用與 strpbrk 一樣，它會從 s 所指向的字串由第一個字元開始搜尋每個字元，若搜尋到**屬於** sChrSet 中的任一個字元，則回傳該字元的索引值。但 strspn 則是相反，它也是會從 s 所指向的字串由第一個字元開始搜尋每個字元，但搜尋到**不屬於**

sChrSet 中的任一個字元，則回傳該字元的索引值。strcspn 與 strspn 若搜尋失敗，則會回傳 s 空字元的索引值，等同 strlen(s)。請注意，s 與 sChrSet 皆必須是以空字元結尾的合法字串，且不可為 NULL。否則，將會出現不可預期的錯誤。

先來看看 strcspn 的例子，將程式 8-30 改成以 strcspn 來達成相同目的，如下所示：

程式 8-31

```c
#include <stdio.h>
#include <string.h>    /* strspn 的標頭檔 */
int main(void){
    char sSrc[] = "/usr/local/bin/gcc-6.1.0";
    const char* sChrSet = "-./";
    char * sNext = sSrc;
    size_t i = 0, n = strlen(sNext);
    while(i < n && n > 0){
        if((i = strcspn(sNext, sChrSet)) < n){
            sNext[i] = ' ';
            sNext += i + 1;
            n = strlen(sNext);
        }
    }
    printf("%s\n", sSrc);        /* usr local bin gcc 6 1 0 */
    return 0;
}
```

程式 8-31 我們以兩個 size_t 的變數 i 與 n 分別記錄每次 strcspn 的結果與 sNext 的可用字元數。與程式 8-30 的不同處除了以 strcspn 來搜尋'.'、'-'與'/'這三個字元外，迴圈停止的條件也必須要修改，因為當 strcspn 在 sNext

中搜尋不到屬於 sChrSet 的字元時，回傳值會是 strlen(sNext)。因此當 i 小於 n 且 n 大於零[46]時，即代表 sNext 還有可用字元未搜尋，迴圈必須繼續，否則迴圈停止並輸出結果。至於迴圈內的動作，只要 strscpn 的結果 i 是小於 n 即代表搜尋成功，即可將 sNext[i] 設定為空格字元，並將 sNext 偏移 i + 1 個字元(取代後的空格字元也要跳過)，n 也更新為目前 sNext 的可用字元數。如此才能順利進行下一次的搜尋。

我們來看看一個 strspn 的例子：

程式 8-32

```c
#include <stdio.h>
#include <string.h>    /* strspn 的標頭檔 */
int main(void){
    char sSrc[] = "!10$20ABC30%%401!!";
    const char* sChrSet = "0123456789";
    char * sNext = sSrc, * sNext2 = NULL;
    long sum = 0;
    size_t i = 0, n = strlen(sNext);
    while(i < n && n > 0){
        if((i = strspn(sNext, sChrSet)) < n){
            sNext[i] = ' ';
            sNext += i + 1;
            printf("%s\n", sNext);
            n = strlen(sNext);
        }
    }
    sNext = sSrc;
    sNext2 = sSrc;
```

[46.] n 有可能為零，如果 sNext 只剩下空字元的時候。

```
        do{
            sNext = sNext2;
            sum += strtol(sNext, &sNext2, 0);
        }while(sNext != sNext2);
        printf("%ld\n", sum);
        return 0;
    }
```

這個例子是以 strspn 與 strtol 將一個含有數個整數的字串，把所有整數取出並算出它們的總和。我們先以 strspn 把所有非阿拉伯數字的字元改為空格，做法與程式 8-31 一樣，只是把 sChrSet 設定為所有的阿拉伯數字，如此 strspn 即可找出 sNext 中第一個非阿拉伯數字的字元。之後，sSrc 就只剩下以空格字元隔開的數字部分了。接著再以 strol 搭配 do while 迴圈將所有數字的字元部分轉換成 long 數值，並計算其加總。此例會從字串 sSrc 取出 10、20、30 與 401 這四個數字，它們的加總為 461。執行結果如下：

```
10$20ABC30%%401!!
20ABC30%%401!!
BC30%%401!!
C30%%401!!
30%%401!!
%401!!
401!!
!
461
```

8.11.4 strstr

前幾個小節所介紹的字串搜尋函式皆是從一個字串去搜尋某些字元。如果我們想從一個字串去搜尋某個字串呢？那麼請用 strstr 這個函式，它的宣告式如下：

```
char * strstr(const char* s, const char* sSub);
```

其中，s 指向一個被搜尋的字串，sSub 則是指向一個欲搜尋的子字串。strstr 會從 s 所指向的字串由第一個字元開始搜尋，若搜尋到 s 存在著 sSub，則回傳一個字元指標指向 s 出現 sSub 的第一個字元之位址。如果 s 不存在 sSub，則回傳 NULL。請注意，s 與 sSub 皆必須是以空字元結尾的合法字串，且不可為 NULL。否則，將會出現不可預期的錯誤。

我們來看看一個 strstr 的例子：

程式 8-33

```
#include <stdio.h>
#include <string.h>    /* strstr 的標頭檔 */
/* 用來統計 sSub 在 s 出現多少次 */
size_t wordCounter(const char *s, const char *sSub){
    size_t n = 0;
    size_t nSub = strlen(sSub);
    while(s != NULL){
        if((s = strstr(s, sSub)) != NULL){
            s += nSub;   /* 偏移 sSub 的長度才可進行下一次的搜尋 */
            ++n;
        }
    }
    return n;
}
int main(void){
```

```
    const char *sSrc = "Apple orange apple banana apple";
    printf("%lu\n", wordCounter(sSrc, "orange"));    /* 1 */
    printf("%lu\n", wordCounter(sSrc, "Banana"));    /* 0 */
    printf("%lu\n", wordCounter(sSrc, "apple"));     /* 2 */
    return 0;

}
```

程式 8-33 定義了一個名為 wordCounter 的函式,用來統計一個字串 s 中出現 sSub 多少次。此函式是以 strstr 來統計,變數 n 即為統計結果並回傳。其中, while 迴圈有一點要特別注意,若在 s 中找到 sSub 後,除了將 n 遞增之外,s 也必須改為指向出現 sSub 的第一個字元之位址再偏移 sSub 的長度。否則,下一次的 strstr 仍會從前一次找到 sSub 的位置開始搜尋,而造成無窮迴圈。

在 main 裡,我們將字串 sSrc 以 wordCounter 分別統計三個單字的出現次數:"orange" 只會出現一次;"Banana" 則因為大小寫不同,所以在 sSrc 找不到任何出現次數;"apple" 也因為大小寫問題,只在 sSrc 找到兩次,第一次出現的 "Apple" 並不會被統計到。

strstr 是一個很有效率的字串搜尋函式,各家編譯器對 strstr 實作的方法皆不同,但大部分會是以 **KMP**(Knuth-Morris-Pratt)演算法為基礎,此方法可以保證在最多兩個字串長度和的時間內完成。關於 KMP 演算法的詳細內容,請讀者自行查閱演算法的相關書籍[1]。

8.11.5　strtok

最後一個要介紹的字串搜尋函式 strtok,它可以將一個字串根據一些**分隔字元**(delimiter)切割成數個**子字串**(token)。strtok 也是宣告在 string.h 裏,其宣告式如下:

```
char * strtok ( char *restrict s,
                const char *restrict sDelim );
```

其中，s 可以是指向一個要被切割的字串或是 NULL，sDelim 則是指向一個包含分隔字元的字串。當 s 指向一個以空字元結尾的合法字串時，strtok 會從 s 所指向的字串由第一個字元開始搜尋**不屬於** sDelim 中的任一個字元並設定為子字串的起點，若找不到子字串的起點，則回傳 NULL。接著繼續找**屬於** sDelim 中的任一個字元作為子字串的終點，並設定為空字元。最後，不論有沒有找到子字串的終點都會回傳一個字元指標指向子字串的起點。若 s 為 NULL 則會以上一次呼叫 strtok 所找出的子字串之下一個字元，繼續重複前述的搜尋動作；若 s 為 NULL 且未曾呼叫過 strtok，回傳值會是 NULL。請注意，s 與 sDelim 若不為 NULL，則必須是以空字元結尾的合法字串且不可有重疊的字元空間，否則將會出現不可預期的錯誤。sDelim 若為 NULL，也會出現不可預期的錯誤。請看下面的使用範例：

程式 8-34

```c
#include <stdio.h>
#include <string.h>    /* strtok 的標頭檔 */
int main(void){
    char sSrc[] = "/usr/local/bin/gcc-6.1.0";
    const char* sDelim = "-./";
    char * sNext = NULL;
    sNext = strtok(sSrc, sDelim);    /* 第一次的 strtok */
    while(sNext != NULL){
        printf("%s\n", sNext);
        sNext = strtok(NULL, sDelim); /* 第二次之後的 strtok */
    }
    return 0;
}
```

此例是程式 8-30 修改後的程式。一般情況下，我們必須先呼叫一次 strtok 並且將它的第一個引數給予一個字元指標指向一個可修改的字串。之後就可以用一

個迴圈重複地以第一個引數為 NULL 來呼叫 strtok，即可將整個字串分割成數個
子字串。此例的執行結果會是：

```
usr
local
bin
gcc
6
1
0
```

總結

1. 字串是由一些有限的符號所組成，如英文字母、阿拉伯數字與標點符號，這些
   符號是字串的基本存取單元，我們稱為字元。在 C 語言中，最基本的字元型態
   就是 char，而字串就是 char 的陣列，且必須以空字元('\0')為結尾。

2. 字串的字面常數是將一段文字前後以雙引號包住，不需在雙引號內特別標示空
   字元，編譯器會自動地在字串最後處加上空字元。請注意，字串的字面常數是
   唯讀的，不可進行任何修改。

3. wchar_t 的字串表示法也是以雙引號包住，但前面必須冠上 L。wchar_t 的
   字串也是以空字元作為結束，但這空字元不一定是一個 byte 的零，可能是兩
   個 byte，端看系統來決定。wchar_t 的空字元可以用 L'\0' 來表示。

4. 將字串傳遞至函式就跟陣列傳遞一樣，不過我們通常會以指標來傳遞字串。

5. 字串的長度是指字串第一個字元到最近的空字元之間的字元個數，但不包含空
   字元。strlen 可取得字串的長度。

6. 字串的標準輸出格式是 `%s`；`wchar_t` 的字串則要用 `wprintf` 進行標準輸出，用法與 `printf` 類似，但須先設定好語言的區域，且格式字串必須冠上 `L`，輸出格式為 `%ls`。

7. 字串的標準輸入也可以用 `%s` 來作為輸入格式，或是以指定字元格式-以中括號來標示輸入的字串可包含或不包含哪些字元。但您必須保證被輸入的字串空間可以被寫入資料且有足夠的大小。

8. `puts` 與 `gets` 分別為標準字串輸出與輸入的函式。

9. `sprintf` 與 `swprintf` 分別用來將資料透過輸出格式輸出到 `char` 字串與 `wchar_t` 字串。

10. `sscanf` 與 `swscanf` 分別用來將 `char` 字串與 `wchar_t` 字串透過輸入格式來轉換並讀取資料 。

11. `strchr` 可找出某字元在一個字串中出現的第一個位置。

12. `strrchr` 可找出某字元在一個字串中出現的最後一個位置。

13. `strpbrk` 可找出字串中的任一個字元在另一個字串中出現的第一個位置。

14. `strcspn` 可找出字串中的任一字元在另一字串中出現的第一個位置之索引值。

15. `strspn` 可找出字串中的任一字元不在另一字串中出現的第一個位置之索引值。

16. `strstr` 可找出字串在另一個字串中出現的第一個位置。

17. `strtok` 可將一個字串根據一些分隔字元切割成數個字串。

18. 其它標準字串處理函式包含了字串轉換數值、複製、連接與比較。

練習題

1. 請以 `sprintf` 產生 n 個字串，每個字串的格式為 `"Test"` 加上序號以及 `".DAT"`，其中序號為一個以零補齊且固定長度的字串，以表示 0 到 n − 1。例如：n 若為 100，那麼結果會是：

```
Test000.DAT
Test001.DAT
...
Test999.DAT
```

2. 請設計一個輸入格式讓 sscanf 可以從下列輸入字串中，正確地讀取日期，包含年、月、日、星期、小時與分鐘。

```
#2016/06/20, Monday, 15:20
TIME:2015::03::27-Friday, 02:40 am.
->2014-01-31-Friday02:40 am.
```

3. **迴文** (palindrome) 意思是指一組資料序列不論由前往後或由後往前來看都具有相同的意義。請設計一個名為 isPalindromeString，以字元的角度來看待一個字串是否為迴文。回傳型態為一個 int，非零代表所傳入的字串為迴文；反之，回傳零。例如："ABCDCBA"是迴文，但"ABCEFG"不是迴文。

4. 承上題，請設計一個名為 isPalindromeText，並以單字的角度來判斷一段英文的文章是否為迴文。回傳型態為一個 int，非零代表所傳入的文章為迴文；反之，回傳零。例如："what is this is what"是迴文，但"what is this"不是迴文。

5. 請設計一個名為 replaceString 的函式，其宣告式如下：

```
size_t replaceString(const char * s,
                     const char * sKey,
                     const char * sRep,
```

```
                  char * sOut,
                  size_t nMaxL);
```

replaceString 會將 s 內所有出現 sKey 的部分取代成 sRep，並將結果存放在 sOut。其中，sOut 的長度不會超過 nMaxL；回傳值為 sOut 的長度。例如：s 為"ABC::EFG::::XYZW::123"、sKey 為"::"、sRep 為"@@@"且 nMaxL 為 20。結果會是"ABC@@@EFG@@@@@@XYZW@"。

6. 請設計一個名為 toStringArray 的函式，其宣告式如下：

```
    size_t toStringArray(const char * s,
                         const char * sDelim,
                         char ** psOut,
                         size_t nMaxS,
                         size_t nMaxL);
```

其中，sDelim 為分隔字串，toStringArray 會根據 sDelim 將 s 分成數個字串，分割出來的字串數目最多不會超過 nMaxS，且每個字串的長度不超過 nMaxL。之後再將這些字串各複製一份存放到 psOut 所指向的字串陣列中，並回傳這些字串的數目。例如：若 s 為"ABC::EFG::::XYZW::123"，sDelim 為"::"，nMaxS 為 4，nMaxL 為 3。那麼將會有四個字串存放至 psOut 所指向的空間，分別為"ABC"、"EFG"、""與"XYZ"；回傳值為 4。

7. 請利用上一題的 toStringArray，找出一段英文的文章出現了哪些英文單字 (不包含標點符號、數字與空白字元)，不需排序，但請統計每個英文單字的出現次數。

第 9 章

函式

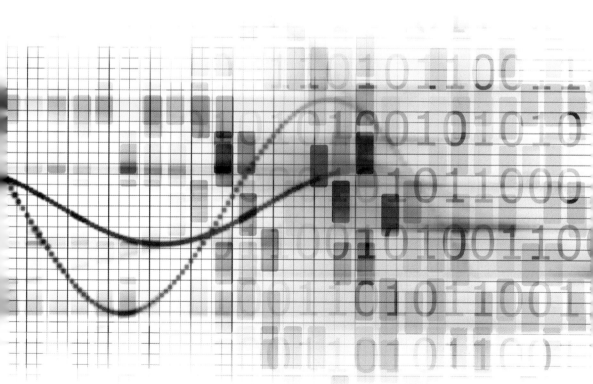

　　若您發現在您的開發專案中，有一些程式碼會重複地出現在許多地方，不論是出現同一個區域或甚至出現在不同的編譯單元裡，那麼請把這些程式碼包裝成函式吧！這不僅讓您的程式在日後的維護會方便許多，也會減少許多不必要的錯誤。例如，您設計了一些程式碼來計算任三個數字的平均數作為它們的特徵值，並且將這些程式碼用在許多地方。但過了幾天後，您想改成以任三個數字的中間數作為它們特徵值[47]。如此，必須將所有用到計算三個數字的平均值作為特徵值的程式碼改成以三個數字的中間值作為特徵值。這可能很難在短時間內全部修改完成，更重要的是，您能保證不會有遺漏之處，將所有該修改的地方都能全部改完嗎？如果當初把這些程式碼包裝成函式，所有會用到此函式之處只要透過呼叫即可，且日後想變更函式的運算邏輯只要修改函式內容就好。一勞永逸，就是函式設計的最佳貼切形容。

　　在第 5.3.1 節我們已經介紹過函式的宣告與定義，本章將更進一步地分析函式的呼叫、參數與回傳值的傳遞、以及各種型式的函式設計。另外，本章也會介紹幾個常用的標準函式：qsort、bsearch、time、clock、rand 與 srand。

9.1　呼叫堆疊

　　將常用的程式碼包裝成函式固然是一個管理程式的好習慣，但天下沒有白吃的午餐，函式在使用上是需要一些成本與代價的。當一個函式被呼叫後，會依序發生下列的事情：

1.　建立呼叫堆疊
2.　將呼叫點的返回位址存入呼叫堆疊
3.　將引數存放至呼叫堆疊
4.　利用呼叫堆疊來建立函式的區域變數

---

47. 平均數 (avarage 或 mean) 是所有數字的加總再除以數字的個數，中間數 (median) 是將這些數字經過排序後取出位在中間的數字。中間數未必等於平均數，在某些統計的場合，中間數會比平均數來得客觀且準確。

5.　執行函式

6.　將回傳值存放至呼叫堆疊

7.　從呼叫堆疊取出返回位址，回到呼叫點

8.　呼叫點從呼叫堆疊取出回傳值

　　您可以發現**呼叫堆疊**(call stack)在整個函式的呼叫過程扮演著十分重要的角色。它究竟是什麼東西？

　　呼叫堆疊是一塊記憶空間，專門給任何一次函式呼叫時存放必要的資料，包含返回位址、引數值、區域變數以及回傳值。其大小需仰賴編譯器與作業系統來決定，大約在幾百 KB 至幾 MB 之間。另外，步驟 2 到 4 (存放返回位址、引數與建立區域變數)的順序也是由編譯器與執行環境來決定。舉個例子來說明呼叫堆疊的運作過程。我們來設計一個名為 logK 的函式，其參數有兩個 double 分別為 x 與 k；回傳值是 x 以 k 為底的對數。logK 的程式碼如下：

程式 9-1

```
#include <math.h>      /* log 的標頭檔 */
double logK(double x, double k) {
    double y = log(x) / log(k);
    return y;
}
```

　　其中，log 函式是標準函式庫 math.h 提供的計算以自然指數(e，2.71868...)為底的自然對數(ln)。它有三種型式，宣告式如下：

```
double log(double x);
float logf(float x);                  /* C99 */
long double logl(long double x);      /* C99 */
```

　　這些函式的回傳值為 x 的自然對數。其中，logf 與 logl 是 C99 才新增的版

本。另外，math.h 也提供了計算以 10 為底的對數。宣告式如下：

```
double log10(double x);
float log10f(float x);                        /* C99 */
long double log10l(long double x);            /* C99 */
```

其中，log10f 與 log10l 也是 C99 才新增的版本。由於這些標準函式庫所提供的 log 函式只能計算以自然指數或以 10 為底的對數，我們可利用它們來計算以任意數 k 為底的對數，如程式 9-1 所示。呼叫 logK 的方式如下：

```
double r = logK(1024.0, 2.0);
```

會得到 r 為 10.0 的結果。讓我們來分析一下呼叫 logK 的整個過程：

1. 建立此次呼叫 logK 的呼叫堆疊

2. 將呼叫 logK 的程式碼之位址 (返回位址) 存入呼叫堆疊

3. 將引數 1024.0 與 2.0 存放至呼叫堆疊

4. 在呼叫堆疊上來建立 logK 的區域變數 y

5. 執行 logK

6. 將 y 的內容存入呼叫堆疊放置回傳值的地方

7. 從呼叫堆疊取出返回位址，回到呼叫點

8. 從呼叫堆疊取出回傳值給 r，完成 logK 的呼叫

上述步驟以圖 9-1 來表示：

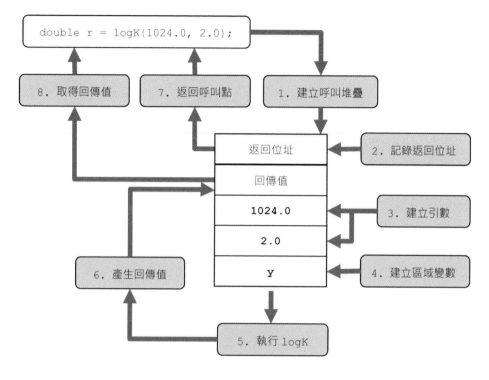

圖 9-1 函式呼叫流程

　　您會發現在整個函式呼叫的流程中是需要一些空間與時間上的花費，即使函式
只會進行很簡單的運算。在空間的花費上，很明顯地，呼叫堆疊需要額外的記憶空
間；而函式的呼叫、建立呼叫堆疊以及返回呼叫點也需要一些計算的時間。這些花
費是不可忽視的，尤其當函式會被大量的呼叫，或是呼叫的層次過多，都會造成系
統運作上的負擔。我們將會接下來的幾個小節中看到這些問題。

9.2　遞迴

　　當一個函式在運算過程中會再呼叫自己就稱為**遞迴**(recursion)。遞迴是很
常見的程式設計技巧，因為有許多問題本身就是遞迴架構。舉例來說，在**費伯納西**

(Fibbonaci) 數列中，除了第零項與第壹項分別為 0 與 1 以外，其它項皆為前兩項之和，如下定義：

```
F(0) = 0, F(1) = 1,
F(n) = F(n - 1) + F(n - 2)，其中 n > 1
```

下列數字即一個從 F(0) 到 F(12) 的費伯納西數列：

```
0, 1, 1, 2, 3, 5, 8, 13, 21, 34, 55, 89, 144
```

費伯納西數列是一個很明顯的遞迴結構，因為第 n 項的數字需要有第 n - 1 項與第 n - 2 項的計算結果才能得知。我們將費伯納西數列設計成一個名為 Fib 的函式，如程式 9-2：

程式 9-2

```
int Fib(int n){
    return n < 2 ? n : Fib (n - 1) + Fib (n - 2);
}
```

我們可以發現當 n 為 2 以上的時候，Fib 函式會被呼叫兩次，分別去計算第 n - 1 項與第 n - 2 項的費伯納西數，然後這兩次呼叫又會再個別去呼叫各自的兩次費伯納西數計算…… 這似乎會呼叫一大串的 Fib 函式。我們用圖 9-2 來解釋當 n 為 4 的情況：

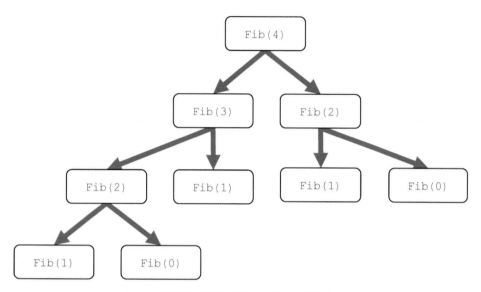

圖 9-2 計算費伯納西第四項數字所需的函式呼叫

您可以估計出計算任一個費伯納西數，Fib 總共會被呼叫幾次嗎？令 T(n) 為計算第 n 項費伯納西數所需的函式呼叫數目，則：

T(n) = T(n - 1) + T(n - 2)

那麼 T(n) 至少會是 2 倍的 T(n - 2)：

T(n) ≥ 2T(n - 2) + c

其中 c 為一個常數。我們就可得到 T(n) 會在 2^n 以上。

T(n) ≥ 2T(n - 2) + c = 4T(n - 4) + 4c

$\qquad$ = 8T(n - 6) + 6c

$\qquad$ ...

$\qquad$ = 2^kT(n - 2k) + 2kc

當 n = 2k 時，

$T(n) \geq 2^{n/2} + nc$

$\quad = \Omega(2^{n/2})$

這可是個不得了的呼叫次數啊！請注意，由於當一個函式被呼叫一次就會建立一塊呼叫堆疊，若此函式還沒結束又再呼叫同一函式，那麼又會再建立一塊呼叫堆疊。呼叫的層次越多，堆疊空間就會越多。但電腦資源並非無限，當堆疊空間超出可使用的配額，作業系統會立即中斷此程式的執行，此現象稱為**堆疊溢位**(stack overflow)，這是在設計遞迴函式一定要首先考量的事情。一般情況，若某個演算法的資料輸入量為 n，且遞迴層次會在 $\log_2 n$ 之內，我們才會設計為遞迴函式。例如，**二分搜尋法**(binary search)。假設一個具有 n 個元素且已排序好的陣列 A，若要搜尋某個資料 x 是否存在於 A，可以先看看位於 A 中間的元素是否等於 x；若是，則回傳此位置的索引值；反之，如果 x 大於此中間值，搜尋 A 大於中間值的部分；如果 x 小於此中間值，搜尋 A 小於中間值的部分；如果找到最後 A 不可再繼續分割時，即回傳一個負的索引值來代表 x 不存在於 A。 此方法最多在 $\log_2 n$ 的時間內可判斷 x 於是否存在於 A 內，遞迴的呼叫層次也會在 $\log_2 n$ 次內。我們將上述的二分搜尋法實作成一個名為 binarySearch 函式，請看程式 9-3：

程式 9-3

```
int binarySearch(int A[], int begin, int end, int x){
    int m = -1;
    if(end <= begin) return m;
    m = (end + begin) / 2;
    if(x == A[m])
        return m;
    else if(x < A[m])
        return binarySearch(A, begin, m, x);
```

```
        else
            return binarySearch(A, m + 1, end, x);
    }
```

binarySearch 需要四個參數，分別為陣列 A、第一個元素的索引值 begin、搜尋界限 end (最後一個元素的下一個索引值)以及欲搜尋的資料 x。end 必須大於 begin，否則代表 A 沒有元素可再分割並回傳-1 以代表搜尋失敗。若 A 可再分割，則計算中間索引值 m 並判斷 x 與 A[m]的關係，再決定是否搜尋成功，或從 A 的上半與下半部擇一繼續搜尋。程式 9-4 為 binarySearch 測試程式，請注意 begin 與 end 這兩個參數在一開始時必須分別為零與陣列的大小：

程式 9-4

```
#include <stdio.h>
int main(void){
    int A[5] = {2, 4, 6, 8, 9};
    int n = sizeof(A) / sizeof(int);
    printf("%d\n", binarySearch(A, 0, n, 2));    /* 0 */
    printf("%d\n", binarySearch(A, 0, n, 8));    /* 3 */
    printf("%d\n", binarySearch(A, 0, n, 10));   /* -1 */
    printf("%d\n", binarySearch(A, 0, n, 1));    /* -1 */
    return 0;
}
```

回頭看看費伯納西數列，通常我們會以迴圈的方式來實作這種呼叫層次太多的遞迴過程，如下所示：

程式 9-5

```
int FibItr(int n){
    int F0 = 0, F1 = 1, F2 = n, i;
    for(i = n; i > 1; --i){
        F2 = F0 + F1;
```

```
        F0 = F1;

        F1 = F2;

    }

    return F2;

}
```

　　FibItr 同樣也可以算出費伯納西數，但是卻更有效率，只需 n 的時間即可完成，且也只需要一次的函式呼叫，並沒有堆疊溢位的問題。

　　遞迴雖然是一個容易實作的技巧，但它會產生許多的函式呼叫動作並帶來大量的呼叫堆疊空間。對執行效能上，其實並不是一個好事。根據計算理論的證明[4]，所有遞迴演算法皆可用迴圈方式來實作，但反之則否，例如無窮迴圈就無法以遞迴來實作。所以，一般在軟體測試階段會以遞迴來進行程式設計，但在軟體正式發行時會改以迴圈方式設計。

9.3　　巨集

　　在第 9 章節我們有提到，呼叫一個函式是需要一些時間與空間上的成本。若一個內容簡單的函式且會被大量使用，呼叫的成本就會積少成多，不免讓人感覺似乎是一種沒效率且浪費的現象。例如，程式 6-10 的 Swap 是一個只需三行運算即可調換兩個 int 變數的函式，它在**泡沫排序法**(bubble sort)中會被大量地呼叫，請看下面這個程式：

程式 9-6

```
void Swap(int *pa, int *pb){

    int t = *pa;

    *pa = *pb;

    *pb = t;

}
```

```
/* Bubble sort，由小到大的排序；
   A 為欲排序的陣列，n 為陣列元素個數 */
void bbsort(int *A, size_t n){
    size_t i, j;
    for(i = 0; i < n; i++)
        for(j = i + 1; j < n; j++)
            if(A[i] > A[j])
                Swap(A + i, A + j);
}
#include <stdio.h>
int main(void){
    int A[] = {7, 2, 4, 6, 9, 8};
    size_t i = 0, n = sizeof(A) / sizeof(int);
    bbsort(A, n);
    for(i = 0; i < n; ++i)
        printf("%d ", A[i]);
    printf("\n");                   /* 2 4 6 7 8 9 */
    return 0;
}
```

　　泡沫排序法的精神就是每回合會把最大的資料移到陣列的尾端，經過 n 回合且每回合最多花費 n 次的移動，即可把陣列排序完畢。從程式 9-6 可明顯看出，泡沫排序法所需要的時間是 O(n²)，這也是 Swap 被呼叫的次數！我們若能把 Swap 的呼叫成本減少，似乎對程式的執行效率帶來不少幫助。最簡單的方法，是直接把呼叫 Swap 的動作取代為 Swap 的計算內容，程式 9-6 的 bbsort 可以改成這樣：

程式 9-7

```
void bbsort(int *A, size_t n){
    size_t i, j;
```

```
    for(i = 0; i < n; i++)
        for(j = i + 1; j < n; j++)
            if(A[i] > A[j]){
                int t = A[i];    /* Swap(A + i, A + j) */
                A[i] = A[j];
                A[j] = t;
            }
}
```

　　如此即可完全去除呼叫 Swap 的成本，但也失去了設計函式的意義。在程式設計中，要儘量把常用的程式碼以函式的形式來包裝，以便後續的再利用，且日後的維護與變更也較容易。變數內容的對調是十分常用的程式碼，如果以程式 9-7 的方式，不以函式的包裝，雖然帶來了執行效率卻失去了程式碼的再利用與維護效率。

　　還有什麼好方法可以減少呼叫成本嗎？**巨集**(macro)或許是個不錯的解決方案，我們可以利用編譯器的前置處理指令#define 來定義一個名詞以代表一串程式碼。程式 9-6 可以用巨集的方式改寫如下：

程式 9-8

```
/* SWAP 的巨集定義 */
#define SWAP(a, b){\
    int t = a;\
    a = b;\
    b = t;\
}
/* Bubble sort，由小到大的排序；
   A 為欲排序的陣列，n 為陣列元素個數 */
void bbsort (int *A, size_t n){
    size_t i, j;
    for(i = 0; i < n; i++)
```

```
        for(j = i + 1; j < n; j++)
            if(A[i] > A[j])
                SWAP(A[i], A[j]);
    }
```

#define 是用來定義一個名詞以代表某些文字，這名詞的命名規則必須遵守 C 語言的命名規則 (第 66 頁)。當編譯器在編譯程式碼之前，會先檢查程式碼內是否含有經過#define 所定義的名詞。若有，則把這名詞取代為所代表的文字，就只是個單純的文書編輯動作。待所有取代工作完成後，編譯器才會進行編譯工作。我們以#define 來定義一段程式碼，並且讓這個定義使用起來像函式呼叫，這定義即稱為巨集。在程式 9-8 中，我們定義了一個巨集稱為 SWAP，它帶有兩個參數：a 與 b，稱為**巨集參數** (macro parameter)，並定義這兩個巨集參數會再與哪些文字敘述組合。往後的程式碼，若出現 SWAP(a, b) 這樣的字句，前置處理器就會將它取代並展開為該巨集所代表的文字敘述。像此例中，在 bbsort 裡最後一句敘述含有 SWAP(A[i], A[j]) 這樣的字句，那麼前置處理器就會將 SWAP 的巨集裡的 a 與 b 先分別取代為 A[i]與 A[j]，然後再將整段敘述取代 SWAP(A[i], A[j])。

使用巨集雖然可以達成我們減少函式呼叫成本的目標，但設計巨集要十分小心，它很容易帶來許多誤動作以及語法結構上的錯誤。首先，巨集的內容必須是一個沒有分行符號的字串，若您希望將巨集內容分行以方便觀看，您必須以反斜線(\)的符號來分行，且反斜線之後除了換行字元後不可有其它任何字元。另一個問題，由於巨集是直接將內容取代於程式碼，您必須確保取代後的結果不會影響前後文的語法、運算邏輯與副作用。例如，您若把 SWAP 裡的大括號去掉，像這樣：

```
#define SWAP(a, b) \
    int t = a;\
    a = b;\
    b = t;\
```

那麼，在 bbsort() 裡的 SWAP 就會被取代成這樣：

```
void bbsort (int *A, size_t n){
    size_t i, j;
    for(i = 0; i < n; i++)
        for(j = i + 1; j < n; j++)
            if(A[i] > A[j])
                int t = A[i]; A[i] = A[j]; A[i] = t;
}
```

首先，您會發現這有編譯上的錯誤，A[i] = t 用了未宣告的變數 t。因為 SWAP 展開後，A[i] = A[j] 與 A[i] = t 這兩個敘述句並不會屬於 if 的區域內，而變數 t 是宣告 if 的區域內。因此這兩個敘述句皆不能使用 t。

另外，編譯器不會檢查巨集定義的邏輯正確性，您有可能會不小心把某個名詞定義成錯誤的意義。請看下面這個例子：

程式 9-9

```
#define true 0                    /* 把 true 定義為零 */
#define SWAP(a, b) {\
    int t = a;\
    a = b;\
    b = t;\
}
void bbsort(int *A, size_t n){
    size_t i, j;
    for(i = 0; i < n; i++)
        for(j = i + 1; j < n; j++)
            if(A[i] > A[j] == true)
```

```
        SWAP(A[i], A[j]);
}
#include <stdio.h>
int main(void){
    int A[] = {7, 2, 4, 6, 9, 8};
    size_t i = 0, n = sizeof(A) / sizeof(int);
    bbsort(A, n);
    for(i = 0; i < n; ++i)
        printf("%d ", A[i]);
    printf("\n");                  /* 9 8 7 6 4 2 */
    return 0;
}
```

程式 9-9 定義了一個很詭異的巨集：把 true 定義為零。然而 true 這個英文單字具有邏輯成立的意思，可是在 C 語言中，零卻代表著邏輯不成立。這種巨集會造成所有邏輯都反過來了！於是 bbsort 並不會將陣列由小排大，而是由大排到小。本書只是介紹巨集有如此特性，並不建議讀者在實務設計上寫出這樣的巨集。順帶一提，C99 的 stdbool.h 有將 true 與 false 分別定義為非零與零的數字，讀者可以多加利用。

設計巨集您必須有一個很重要的觀念：**巨集並不是函式**，所以巨集並沒有專用的回傳指令。那我們該怎麼樣設計一個巨集可以模擬有回傳值的函式？這並沒有一個很好的方法，但若巨集內容是一個運算式且回傳值就是該運算式的結果，那麼這個巨集就很像是一個有回傳值的函式。請看這個例子：

程式 9-10

```
#include <stdio.h>
#define MIN(x, y) (x < y ? x : y)
int main(void){
    int a = 24, b = 12, m = 0;
```

```
    m = MIN(a, b);       /* 展開為 m = (a < b ? a : b) */
    printf("%d\n", m); /* 12 */
    return 0;
}
```

此例中的 MIN 其實只是代表一個條件運算式，m = MIN(a, b)會被前置處理器展開為 m = (a < b ? a : b)，m 就會是該條件運算式的運算結果。

但如果巨集內容不是只有一個運算式，且回傳值是巨集裡的某個區域變數，那可就沒有什麼好方法可以回傳這個巨集的結果了。gcc 有提供一個**敘述運算式**(statement expression)來解決這個問題。若有數個敘述句，先以大括號包起後再以小括號包住，那麼就會成為一個運算式，運算結果為最後一個敘述句的運算結果。請看下面這個例子：

程式 9-11

```
#include <stdio.h>
#define MIN(x, y) (x < y ? x : y)
#define MINA(A, n) \
    ({ \
        int x = A[0], i;\
        for(i = 1; i < n; ++i)\
            x = MIN(x, A[i]);\
        x;\
    })
int main(void){
    int A[] = {5, 7, 3, 9, 8};
    size_t n = sizeof(A) / sizeof(int);
    int m = 0;
    m = MINA(A, n);
    printf("%d\n", m);       /* 3 */
```

```
        return 0;
    }
```

MINA 代表一個敘述運算式，其包含了三個敘述句，分別為宣告區域變數 x 與 i、
從陣列 A 找最小值並存放在 x、然後把 x 做為此敘述運算式的結果。請注意，敘述
運算式只有在 gcc 才可用，其它編譯器不一定有支援。

我們再看一些特殊巨集定義。# 這個符號可以幫我們把巨集參數包裝成字串，
也就是以兩個雙引號包住。請看下面這個例子：

程式 9-12

```
#include <stdio.h>
#define STR(s) #s
int main(void){
    int iTest = 123;
    printf("%s\n", STR(Hello));              /* Hello */
    printf(STR(iTest) " = %d\n", iTest); /* iTest = 123 */
    return 0;
}
```

此例定義一個名為 STR 的巨集，它會將巨集參數 s 以兩個雙引號包住。所以在
main 的 STR(Hello) 就會被改成"Hello"，STR(iTest) 就會被改成"iTest"。
而當兩個字串的字面常數連續地接在一起(中間可以有一個以上的空白字元)，編譯
器會視為一個字串。如"iTest"　" = %d\n"等同"iTest = %d\n"。

這個符號可以將巨集參數串接在某個文字之後。請看下面這個例子

程式 9-13

```
#include <stdio.h>
#define HEX(n) 0x##n
#define FLOAT(i, m) 0##i##.##m
int main(void){
```

```
    printf("%d\n", HEX(10));              /* 16 */
    printf("%f\n", FLOAT(123, 456));      /* 123.456 */
    return 0;
}
```

此例的 HEX 可將巨集參數 n 前面冠上 0x 成為一個以十六進位表示法的字面常

數，如此 HEX(10) 就會被改成 0x10，也就是十進位的 16；FLOAT 則是會在巨集

參數 i 前面冠上 0，然後與 m 之間加上.，即可成為一個浮點數的字面常數。因此，

FLOAT(123, 456) 就會被改為 0123.456。請注意，在巨集的定義中不可是以##

來開頭。因此您不可將 FLOAT 定義為：

```
#define FLOAT(i, m) ##i##.##m
```

這樣會造成編譯錯誤，因為巨集內容是不可以##開頭。所以程式 9-13 的

FLOAT 之巨集內容才會先以 0 做為開頭。

9.4　行內函式

巨集固然方便，但畢竟巨集不是函式，巨集只是在編譯前對程式碼的文字替換

動作而已。而且稍不小心就會設計出隱藏錯誤的巨集，有些錯誤是可能連編譯器也

檢查不出來的。那麼還有什麼方法可以減少函式的呼叫成本呢？ **inline** 是 C99

的一種特別的關鍵字，以 inline 所宣告的函式稱為**行內函式**(inline

function)，編譯器會將行內函式之定義內嵌在呼叫的程式碼中，就好像巨集般地

不需任何呼叫成本。更重要的是，行內函式能夠被檢查出編譯階段的錯誤。設計行

內函式有一個很重要的要求，您一定要很明確地告訴編譯器行內函式的連結方式為

何。換句話說，您必須清楚地指示行內函式是內部連結還是外部連結。因此，行內

函式必須從下列兩種方式擇一宣告：

1.　**行內靜態函式：**
　　函式宣告須以 **static** 指示；函式宣告或函式定義擇一以 inline 指示。
2.　**行內外部函式：**
　　函式宣告須以 **extern** 指示；函式宣告或函式定義擇一以 inline 指示。

　　我們把程式 9-6 的 Swap 與 bbsor 分別改成靜態行內函式與外部行內函式。
請看程式 9-14：

程式 9-14

```
/* 請注意，C99 以上的版本才可設計行內函式 */
inline static void Swap(int *, int *); /* Swap 的宣告 */
extern void bbsort(int *, size_t); /* bbsort 的宣告 */
#include <stdio.h>
int main(void){
    int A[] = {7, 2, 4, 6, 9, 8};
    size_t i = 0, n = sizeof(A) / sizeof(int);
    bbsort(A, n);
    for(i = 0; i < n; ++i)
        printf("%d ", A[i]);
    puts("\n");                          /* 2 4 6 7 8 9 */
    return 0;
}
/* Swap 的定義，static 與 inline 可有可無，因為宣告端已指示) */
void Swap(int *pa, int *pb){
    int t = *pa;
    *pa = *pb;
    *pb = t;
}
/* bbsort 的定義。因為宣告端只有以 extern 指示，
```

503

```
        extern 可有可無，但 inline 則必要。 */
inline void bbsort(int *A, size_t n){
    size_t i, j;
    for(i = 0; i < n; i++)
        for(j = i + 1; j < n; j++)
            if(A[i] > A[j])
                Swap(A + i, A + j);
}
```

行內函式的宣告與定義可以不用分開，但必須以 inline static 或 inline extern 來指示(也可以 static inline 或 extern inline 來指示)。編譯器在面對行內函式時，會**嘗試**著將函式的程式碼內嵌在呼叫端。請注意，並不是所有的行內函式都能被內嵌成功。一般情況，當函式內容只有為數不多的運算式時，才會被內嵌成功。**若行內函式的內容包含了迴圈，或者呼叫其它非行內函式**，編譯器將有可能不會進行內嵌動作，而是視為一般的函式來看待。總而言之，inline 是一個建議性質的關鍵字，是否能夠真正表現出行內函式應有的行為，還是得取決於編譯器。

行內函式還有一個重點要特性，就是它的可用範圍為一個編譯單元。於是有三件事您必須注意：

1. 任何行內函式的宣告與定義必須存在於同一個編譯單元
2. 行內靜態函式在不同的編譯單元可以有不同的定義
3. 行內外部函式的定義不可存在於兩個以上的編譯單元內。

我們把 Swap 與 bbsort 的宣告放在一個標頭檔 sort.h 裡，它們的定義則放在 sort.c 裡。main.c 檔除了有 main 函式以及另一份 Swap 的定義。如程式 9-15 所示：

程式 9-15

sort.h

```
#ifndef SORT_H
#define SORT_H
#include <stddef.h>   /* 使用 size_t 必須含入此標頭檔 */
inline static void Swap(int *, int *);
extern void bbsort (int *, size_t);
#endif
```

sort.c

```
#include "sort.h"
/* 屬於 sort.c 的 Swap 定義 */
void Swap(int *pa, int *pb){
    int t = *pa;
    *pa = *pb;
    *pb = t;
}
/* bbsort 的定義。 */
inline void bbsort(int *A, size_t n){
    size_t i, j;
    for(i = 0; i < n; i++)
        for(j = i + 1; j < n; j++)
            if(A[i] > A[j])
                Swap(A + i, A + j);
}
```

main.cpp

```cpp
#include <stdio.h>
#include "sort.h"
int main(void){
    int A[] = {7, 2, 4, 6, 9, 8};
    size_t i = 0, n = sizeof(A) / sizeof(int);
    Swap(A, A + 1);                    /* main::Swap */
    printf("%d %d\n", A[0], A[1]); /* 2 7 */
    bbsort(A, n);
    for(i = 0; i < n; ++i)
        printf("%d ", A[i]);
    printf("\n");                      /* 2 4 6 7 8 9 */
    return 0;
}
/* 屬於 main 的 Swap 定義 */
void Swap(int *pa, int *pb){
    printf("main::Swap\n");
    int t = *pa;
    *pa = *pb;
    *pb = t;
}
```

　　您會發現程式 9-15 的 main 裡的 Swap 呼叫會輸出"main::Swap"的訊息，但是 bbsort 所呼叫的 Swap 卻不會輸出任何訊息。這是因為 Swap 是一個靜態函式，它會產生內部連結，使得連結器只會在與呼叫端同一個編譯單元下找尋函式的定義。如此，我們可以在不同編譯單元為靜態函式寫下專屬於該編譯單元的定義，那麼就可在不同的編譯單元下呼叫同一個函式卻產生不同的結果。但是行內外部函式就不可以這麼做了，因為外部函式會產生外部連結，連結器會在所有的編譯單元找尋外部函式的定義，若存在兩份以上的函式定義，連結器就會發出重複定義的錯誤訊息並中斷連結。

　　另外，C99 規定行內外部函式的定義必須與其宣告式放在同一編譯單元，也就是行內外部函式的定義若未加上 extern 指示，那麼在同一編譯單元內必須有該函式以 extern 所指示的宣告式。否則會有未定義的編譯行為發生。有些編譯器會以 inline 方式對待，有些編譯器可能不會，而是以一般函式看待。

　　本節最後再提醒讀者一點，行內函式雖然能消除呼叫成本，但是否真能如所願，還得取決於編譯器。另外，編譯器為了讓行內函式的內嵌動作不影響程式的架構與運算副作用，有可能會加上適當的程式碼。如此，除了會增加程式碼的份量之外，在執行上也會增加一些執行時間與記憶空間的消耗。而且編譯器也會多花一些時間在編譯程式上。這些都是您在設計行內函式必須有心理準備的一些事。

9.5　　不指定參數的宣告

　　我們知道在函式的宣告式中，小括號裡面填的是參數的型態與個數。請注意，如果函式不需任何參數，請務必填上 void。若小括號是空的，則代表參數的個數與型態由呼叫給予的引數來決定，且參數型態只能是 int 或 double。若在函式的定義部分也沒指定參數的型態，那麼預設型態會是 int。請看下面這個例子：

程式 9-16

```c
#include <stdio.h>

void F1(void);

void F2();

void F3();

void F4();

int main(void){
    void F3(int, double);
    F1();                 /* Hello */
    F2(12.34);            /* 12.34 */
    F3(5.6, 7.8);         /* 5 7.8 */
    F4(5.6, 7.8);         /* 未定義的結果 */
    F4(5, 6);             /* 5 6 */
    F4(5);                /* 5 與未知的數值 */
    F4(5, 6, 7);          /* 5 6 */
    return 0;
}
void F1(void){puts("Hello\n"); }
void F2(double x){ printf("%f\n", x); }
void F3(int x, double y){ printf("%d %f\n", x, y); }
void F4(x, y){ printf("%d %d\n", x, y); }
```

　　F1 是一個明確地指示不需要參數的函式，因此 F1 的定義也必須在小括號內填上 void，而且呼叫 F1 時也不可以給予任何引數，否則會有編譯上的錯誤。F2、F3 與 F4 皆以不指定參數的方式來宣告，它們的參數個數不確定，且型態會是 int 或 double 其中之一。F2 在呼叫時，傳入了一個 double 的引數：12.34，那麼 F2 的定義最好是以 double 來接收此引數才能輸出正確的數值。也可以使用 int 來接收，只不過會得到小數部分不見的結果。但不可以用其它型態來接收，即使是

float 也不行，否則將會得到無法預知的數值。呼叫 F3 的情況比較不一樣，因為我們在呼叫前有再另外明確地宣告其參數型態與個數，因此第一個引數 5.6 會被轉型成 int，7.8 則由 double 型態的參數來接收。F4 是一個十分不確定的函式。請先注意它的定義，其參數有兩個：x 與 y，且型態皆未指定。如此，編譯器會以 int 作為它們的預設型態，更重要的是，引數不會被轉型！而是直接將引數的記憶空間複製到參數的記憶空間。因此，當呼叫 F4 且引數為兩個 double 數值，這會讓 F4 的 x 與 y 直接複製引數的內部資料，輸出結果將會是兩個您不容易理解的數值。但如果引數是兩個 int 的數值，那麼結果將會如您所預期。至於，引數的個數與參數的個數不一致會發生什麼事呢？如果引數的個數比較多，這是安全的，函式可正常運作，多出的引數只會佔有函式的呼叫堆疊空間；如果引數的個數比較少，無資料可接收的參數如同未初始化的區域變數，其內容是不可預期的。

　　本書不建議以空的小括號來宣告任何函式。請在任何函式的宣告式中，明確地指示參數的型態與個數。即使不需任何參數，也請以 void 指示。

9.6　不定數量的引數

　　有時候您可能會想設計一個這樣的函式：當呼叫時可以給予**不定數量的引數** (variable number of arguments)。例如，printf 與 scanf 可以根據格式符號的數量來決定要給予多少的引數。要設計這種函式很簡單，標準函式庫 **stdarg.h** 可以幫您實現這個願望。首先，標準函式庫會將所有不定數量的引數存放在一個型態為 va_list 的資料結構[48]，它有四個操作巨集：

1. **va_start(v, n)**
   建立 v 為一個具有 n 個引數的 va_list。
2. **va_end(v)**

---

[48]. va_list 如何設計並未定義，由各家編譯器自行決定。

結束 v。

3. **va_arg(v, T)**

從 v 取出下一個引數，並指定其型態為 T。

4. **va_copy(vTarget, vSource)**

C99 才有的巨集，將 vSource 複製到 vTarget。

　　我們就可在函式中透過這四個巨集從一個 va_list 讀出所有不定數量的引數。
至於函式的宣告部分，您可以讓參數列的最後加上 ... 來接收不定數量的引數。
我們舉例來說明，請設計一個函式可從 n 個 int 變數中找出最小值，程式如下：

程式 9-17

```c
#include <stdio.h>
#include <limits.h>
#include <stdarg.h>                    /* va_list 的標頭檔 */
#define MIN(x, y) (x < y ? x : y)
int findMin(size_t n, ... ){    /* 不定數量引數以 ... 來宣告 */
    int m = INT_MAX;
    size_t i = 0;
    va_list v;
    va_start(v, n);                 /* 建立 va_list */
    for(i = n; i > 0; --i){
        int x = va_arg(v, int); /* 讀取引數 */
        m = MIN(m, x);
    }
    va_end(v);                      /* 結束 va_list */
    return m;
}
int main(void){
    int a = 24, b = 12, c = 10, d = 49;
```

```
printf("%d\n", findMin(2, a, b));          /* 12 */
printf("%d\n", findMin(3, a, c, d));       /* 10 */
printf("%d\n", findMin(4, a, b, c, d));    /* 10 */
return 0;
}
```

　　呼叫 findMax 一定至少要有一個引數 n，之後引數的個數就由 n 來決定。如此，我們可以透過 findMin 來找兩個變數、三個變數或四個變數之間的最小值。請注意，參數列的...只能放在最後面，而且前面必須是一個具名的參數，後面不可再接任何參數。這些不定數量的引數都會存放在一個型態 va_list 裡的變數裡，因此必須在函式一開始的地方宣告一個 va_list 的變數，然後再透過那四個巨集來操作它。程式 9-17 示範了三個操作 va_list 的巨集，請注意它們使用順序。因為 va_list 的變數在宣告後尚未有任何資料，我們必須以 va_start 建立它的記憶空間，並存放引數。請注意，因為 va_start 需要知道引數的數量，通常我們會從函式的第一個參數來得知。接著即可以用 va_arg 搭配迴圈來讀出所有的引數。還有一點也要注意，使用 va_arg 必須明確地指定引數的型態為何才可正確地讀出引數的資料。本例的所有引數皆為 int，所以必須以 va_arg(v, int) 才能將引數正確地讀出。若改為 va_arg(v, short) 或 va_arg(v, double) 來讀出引數皆是未定義的行為，有可能得到不正確的結果。最後，請記得以 va_end 來結束一個 va_list 的變數，否則有可能會發生記憶空間漏失 (第 7.8.3 節) 的問題。

　　va_copy 是 C99 才有的巨集，它可將兩個 va_list 的變數進行複製。我們來看一個使用例子：計算 n 個引數的標準差，請看程式 9-18：

程式 9-18

```
#include <stdio.h>
#include <math.h>
#include <stdarg.h>            /* va_list 的標頭檔 */
double stddev(size_t n, ... ){ /* 不定數量引數以 ... 來宣告 */
```

```
    double sum = 0.0, avg = 0.0, dev = 0.0;
    size_t i;
    va_list v1, v2;
    va_start(v1, n);             /* 建立 va_list */
    va_copy(v2, v1);             /* 將 v1 複製到 v2，C99 才可使用 */
    /* 計算平均 */
    for(i = n; i > 0; --i)
        sum += va_arg(v1, double);
    avg = sum / (double)n;
    /* 計算標準差 */
    for(i = n; i > 0; --i){
        double d = va_arg(v2, double) - avg;
        dev += d * d;
    }
    dev = sqrt(dev / (double)n);
    va_end(v1);                  /* 結束 va_list */
    va_end(v2);                  /* v2 也必須結束 */
    return dev;
}
int main(void){
    double a = 1.5, b = 8.7, c = 4.3, d = 5.2;
    printf("%f\n", stddev(2, a, b));         /* 3.6 */
    printf("%f\n", stddev(3, a, c, d)); /* 1.575507 */
    printf("%f\n", stddev(4, a, b, c, d));   /* 2.571357 */
    return 0;
}
```

由於計算標準差需要兩次迴圈分別計算平均數與標準差(請看第 356 頁)，但是
va_arg 把引數讀出後就不能再回頭了，因此每個 va_list 所存放的引數們只能

被存取一次。若要把引數再讀出，就必須先把 va_list 複製起來，由副本來進行第二次的引數存取。程式 9-18 宣告了兩個 va_list：v1 與 v2。v1 是主要存放引數的 va_list，因此我們以 v1 來進行 va_start。接著把 v1 的內容複製一份到 v2，我們就可利用 v1 來計算引數們的平均數，以 v2 來計算標準差。最後，v1 與 v2 都要進行結束的工作，否則會有記憶空間漏失的問題。

不定數量的引數雖然方便，但請斟酌使用。C 語言雖規定了每個函式的引數至少可以給予 127 個以上，但是引數太多會讓程式碼過於龐大也不好維護。若引數過多，一般還是建議用指標或陣列的方式來傳遞引數比較恰當。

9.7　函式指標

函式的定義也會佔有記憶空間，且這個記憶空間是可以透過指標來操作的。我們可以宣告一個指標來指向某個函式，這種指標就稱為**函式指標**(function pointer)，宣告語法如下：

回傳值型態 (*指標名稱)(參數型態 1，參數型態 2，...)；

如此，這個函式指標即可指向任何回傳型態、參數數量與參數型態一致的函式。宣告一個函式指標頗為複雜，您可以用 typedef 來定義一個函式指標的型態，語法如下：

typedef 回傳值型態 (*型態名稱)(參數型態 1，參數型態 2，...)；

那麼要如何將函式指標指向一個函式，有這兩種方法：

函式指標 = 函式名稱；
函式指標 = &函式名稱；

至於如何透過函式指標來呼叫所指向的函式，也有兩種方式：

函式指標 (引數列) ;

*函式指標 (引數列) ;

我們來看一個例子：

程式 9-19

```c
#include <stdio.h>
/* 比較 *p1 是否大於 *p2 */
int greateri(const void * p1, const void * p2){
    return *(const int *)p1 - *(const int *)p2;
}
/* 比較 *p1 是否小於 *p2 */
int lessi(const void * p1, const void * p2){
    return *(const int *)p2 - *(const int *)p1;
}
int main(void){
    /* 宣告函式指標 */
    int (*fp1)(const void *, const void *) = greateri;
    /* 定義函式指標的型態 */
    typedef int (*FP)(const void *, const void *);
    FP fp2 = &lessi;
    int x = 1, y = 2;
    /* 透過函式指標呼叫函式，有無加上(*)皆可以 */
    printf("%d\n", (*fp1)(&x, &y));        /* -1 */
    printf("%d\n", fp1(&y, &x));           /* 1 */
    printf("%d\n", fp1(&x, &x));           /* 0 */
    printf("%d\n", fp2(&x, &y));           /* 1 */
    printf("%d\n", (*fp2)(&y, &x));     /* -1 */
    printf("%d\n", (*fp2)(&y, &y));     /* 0 */
```

```
        fp1 = fp2;
    printf("%d\n", fp1(&x, &y));        /* 1 */
    printf("%d\n", (*fp1)(&y, &x));     /* -1 */
    return 0;
}
```

　　程式 9-19 定義了兩個函式 greateri 與 lessi 分別用來比較兩個整數大於與小於的關係，若*p1 大於*p2，那麼 greateri 會回傳大於零的正整數，lessi 則會回傳小於零的負整數；若*p1 小於*p2，那麼 greateri 會回傳小於零的負整數，lessi 則會回傳大於零的正整數；若*p1 等於*p2，那麼 greateri 與 lessi 皆會回傳零。至於為什麼要用兩個 void 指標來指向欲比較的兩個整數，在第 9.8 節會說明原因。main 裡面宣告了兩個函式指標 fp1 與 fp2，分別以直接宣告函式指標的方式與先宣告函式指標型態再宣告指標的方式。fp1 與 fp2 一開始分別指向 greateri 與 lessi。至於到底要不要在函式名稱前加上&符號呢？因為作用都是一樣，是否加上&完全由您決定。透過函式指標來呼叫也是，有無先以*來進行間接運算，作用也都一樣。函式指標跟一般的指標一樣，可以改指向別的函式。就像此例的最後幾行，把 fp1 改指向與 fp2 所指的函式，如此 fp1 與 fp2 都指向 lessi。

9.7.1　不同型態的函式指標

　　請注意，請勿將函式指標指向不同型態的函式，這是未定義的行為，有可能在呼叫函式的時候發生不可預期的結果。請看下面的例子：

程式 9-20

```
#include <stdio.h>
void F(int x, int y){ printf("%d %d\n", x, y); }
int main(void){
    void (*fp1)(int) = F;            /* 型態不符！ */
    int (*fp2)(int, int) = F;        /* 型態不符！ */
```

```
    int n = 0;

    fp1(1);                         /* 1 與一個不可預期的數字 */

    n = fp2(1, 2);                  /* 1 2 */

    printf("%d\n", n);             /* 不可預期的數字　*/

    return 0;

}
```

程式 9-20 的 fp1 是指向具有一個 int 參數的函式，可是 F 卻有兩個參數，那麼透過 fp1 來呼叫 F 將會缺少第二個引數，因而輸出一個未指定數值的資料。fp2 雖然參數與 F 一致，但卻有回傳型態。那麼透過 fp2 來呼叫 F 並接收回傳值，雖然 F 的 printf 結果會正確，但回傳值卻是一個不定的數值。這種型態不一致的函式指標用法，大部分編譯器都會給予警告訊息，建議您不要這麼做。

9.7.2　函式指標與巨集

若巨集所代表的程式碼不是一個函式的名稱，那麼您不可將函式指標指向一個巨集。請看下面這個例子：

程式 9-21

```
#include <stdio.h>

void F(void){ puts("Hello\n"); }
#define M1 F
#define M2 F()
int main(void){
    typedef void (*FP)(int, int);
    FP fp1 = M1;        /* OK */
    FP fp2 = M2;        /* 錯誤！此行展開為 FP fp2 = F();*/
    return 0;
}
```

此例中定義兩個巨集：M1 與 M2，分別代表 F 與 F()。在 main 宣告了兩個可指向 F 的函式指標：fp1 與 fp2。fp1 指向 M1 等同指向 F，所以沒問題；但 fp2 指向 M2 等同指向 F()，這並不是讓 fp2 去指向 F，而是讓 fp2 去等於 F()的回傳值，但 F 是宣告為無回傳型態的函式，因此這會有編譯的錯誤。

9.7.3　行內函式指標

函式指標可以指向一個行內函式。下面這個例子是將程式 9-19 的 greateri 與 lessi 分別改為行內靜態函式與行內外部函式：

程式 9-22

```
#include <stdio.h>
/* 比較 *p1 是否大於 *p2 */
inline static int greateri(const void * p1,
                           const void * p2)
{
    return *(const int *)p1 - *(const int *)p2;
}
/* 比較 *p1 是否小於 *p2 */
inline extern int lessi(const void * p1,
                        const void * p2)
  {
    return *(const int *)p2 - *(const int *)p1;
}
int main(void){
    int (*fp1)(const void *, const void *) = greateri;
    typedef int (*FP)(const void *, const void *);
    FP fp2 = &lessi;
    int x = 1, y = 2;
    printf("%d\n", (*fp1)(&x, &y) );          /* -1 */
```

```
    printf("%d\n", fp1(&y, &x) );            /* 1 */
    printf("%d\n", fp1(&x, &x) );            /* 0 */
    printf("%d\n", fp2(&x, &y) );            /* 1 */
    printf("%d\n", (*fp2)(&y, &x) )          /* -1 */
    printf("%d\n", (*fp2)(&y, &y) )          /* 0 */
    fp1 = fp2;
    printf("%d\n", fp1(&x, &y) );            /* 1 */
    printf("%d\n", (*fp1)(&y, &x) );         /* -1 */
    return 0;
}
```

　　greateri 與 lessi 改成行內函式後，皆可以透過函式指標呼叫與正常執行，但是這有可能會失去行內函式應有的好處。因為，編譯器必須建立獨立的函式空間(包括堆疊空間)給行內函式，才可提供記憶空間的位址給函式指標。因此，請儘可能地不要以函式指標來指向行內函式。

9.7.4　回呼函式

　　目前為此，您已經學習到函式指標的使用方法了。那麼您可能會有個疑問，函式指標到底有何用處？有個程式設計的技巧稱為**回呼**(callback)，其意思是將一個函式以引數的方式傳遞給另一個函式或其它程式來呼叫。這個被別的程式所呼叫的函式就稱為**回呼函式**(callback function)。回呼的關鍵在於該如何傳遞函式到另一個函式？您應該知道答案了，沒錯！就是透過函式指標來傳遞。我們將程式 9-6 的 bbsort 改造一下，請看下面的程式：

程式 9-23

```
/* 比較 *p1 是否大於 *p2 */
int greateri(const void * p1, const void * p2){
    return *(const int *)p1 - *(const int *)p2;
}
```

```
/* 比較 *p1 是否小於 *p2 */

int lessi(const void * p1, const void * p2){

    return *(const int *)p2 - *(const int *)p1;

}

/* 定義比較函式的指標型態 */

typedef int (*Comparator)(const void *, const void *);

/* 調換兩個整數 */

void Swap(int *pa, int *pb){

    int t = *pa;

    *pa = *pb;

    *pb = t;

}

/* Bubble sort，由小到大的排序；

    A 為欲排序的陣列，n 為陣列元素個數 */

void bbsort(int *A, size_t n, Comparator comp){

    size_t i, j;

    for(i = 0; i < n; i++)

        for(j = i + 1; j < n; j++)

            if(comp(A + i, A + j) > 0)

                Swap(A + i, A + j);

}


#include <stdio.h>

int main(void){

    int A[] = {7, 2, 4, 6, 9, 8};

    size_t i = 0, n = sizeof(A) / sizeof(int);

    bbsort(A, n, greateri);

    for(i = 0; i < n; ++i)
```

```
        printf("%d ", A[i]);
    puts("\n");                          /* 2 4 6 7 8 9 */
    bbsort(A, n, lessi);
    for(i = 0; i < n; ++i)
        printf("%d ", A[i]);
    puts("\n");                          /* 9 8 7 6 4 2 */
    return 0;
}
```

程式 9-23 加入了程式 9-19 的兩個比較函式，greateri 與 lessi，並且定義了它們的函式指標型態為 Comparator。bbsort 增加了第三個參數，型態就是 Comparator。如此，Comparator 所指向的函式就是回呼函式，讓 bbsort 回呼以比較兩個整數之間的關係 (判斷比較函式的回傳值是否大於零)。我們在 main 裡面進行兩次呼叫 bbsort，分別傳入 greateri 與 lessi 讓 bbsort 回呼。您會發現排序結果是不一樣的，前者由小排到大，後者由大排到小。您也會發現回呼函式的好用之處：我們可以改變回呼函式來控制排序的方向。

9.8　排序函式：qsort

函式的設計技巧就介紹到此，從這一節開始將會介紹一些常用的標準函式，我們先來看看一個很有效率的排序函式。程式 9-6 的 bbsort 是採用泡沫排序法來排序一組資料，但那是個很花時間的排序演算法。若資料共有 n 筆，那麼泡沫排序法所需的時間會是 $O(n^2)$。標準函式庫 stdlib.h 提供了一個更有效率的排序函式，名稱為 qsort，其宣告式如下：

```
void qsort( void * pData,
            size_t n,
            size_t nElemSize,
```

```
        int (*comp)(const void *, const void *));
```

其中，指標 pData 指向欲排序的資料；n 為資料的筆數；nElemSize 為每筆
資料的記憶空間之大小，單位為 byte；comp 則為一個函式指標，指向一個比較函
式。比較函式的回傳值需有下列這三種狀態：

1.　大於零：比較成立

2.　小於零：比較不成立

3.　等於零：兩者相同

C99 規定比較函式在呼叫前後皆有序列點，以及呼叫與傳遞相關資料之間有序
列點 (第 4.11 節)，所以您不用擔心比較函式的引數在傳遞前是否有副作用尚未完
成，也不必擔心比較函式會干擾前後運算式的運算元。另外，由於 qsort 可以排序
任何型態的資料陣列，所以也要求比較函式的參數必須是 void 的指標型態。這也
是為什麼我們要將程式 9-6 的 greateri 與 lessi 的參數宣告為兩個唯讀的
void 指標，而且它們的回傳值皆滿足 qsort 的比較函式之要求，這樣我們就可以把
這兩個比較函式傳遞給 qsort 進行排序了。下面這個程式為 qsort 的使用範例：

程式 9-24

```
#include <stdio.h>
#include <stdlib.h>                    /* qsort 的標頭檔 */
/* 比較 *p1 是否大於 *p2 */
int greateri(const void * p1, const void * p2){
    return *(const int *)p1 - *(const int *)p2;
}
int greaterd(const void * p1, const void * p2){
    double d = *(const double *)p1 - *(const double *)p2;
    return d > 0 ? 1 : (d < 0 ? -1 : 0);
}
```

```
/* 比較 *p1 是否小於 *p2 */

int lessi(const void * p1, const void * p2){

    return *(const int *)p2 - *(const int *)p1;

}

int lessd(const void * p1, const void * p2){

    double d = *(const double *)p2 - *(const double *)p1;

    return d > 0 ? 1 : (d < 0 ? -1 : 0);

}

/* main 函式 */

int main(void){

    int A[] = {7, 2, 4, 6, 9, 8};

    double B[] = {1.4, 6.8, 4.3, 2.6, 7.9, 0.2, 6.7};

    size_t i = 0;

    size_t nElemA = sizeof(*A);

    size_t nElemB = sizeof(*B);

    size_t nA = sizeof(A) / nElemA;

    size_t nB = sizeof(B) / nElemB;

    qsort(A, nA, nElemA, greateri);

    for(i = 0; i < nA; ++i)

        printf("%d ", A[i]);

    puts("\n");              /* 2 4 6 7 8 9 */

    qsort(A, nA, nElemA, lessi);

    for(i = 0; i < nA; ++i)

        printf("%d ", A[i]);

    puts("\n");              /* 9 8 7 6 4 2 */

    qsort(B, nB, nElemB, greaterd);

    for(i = 0; i < nB; ++i)

        printf("%g ", B[i]);
```

```
    puts("\n");              /* 0.2 1.4 2.6 4.3 6.7 6.8 7.9 */
    qsort(B, nB, nElemB, lessd);
    for(i = 0; i < nB; ++i)
        printf("%g ", B[i]);
    puts("\n");              /* 7.9 6.8 6.7 4.3 2.6 1.4 0.2 */
    return 0;
}
```

　　程式 9-24 除了以 greateri 與 lessi 來分別以由小到大與由大到小來排序 int 陣列 A，也定義兩個比較函式 greaterd 與 lessd 來排序 double 陣列 B。請注意 greaterd 與 lessd 的回傳值，您千萬不可把*p1 與*p2 相減結果直接回傳。因為回傳型態為 int，相減結果直接轉成 int 是會讓小數部分被無條件給捨去。比如相減結果為 0.5，直接回傳的話那麼回傳值就會是零。因此我們必須多做一些判斷，若相減結果大於零則回傳 1；小於零則回傳-1；等於零就回傳零。

　　qsort 所用的演算法是**快速排序法**(quick sort)[49]，是一種十分有效率的排序法。若資料共有 n 筆，那麼快速排序法所需要的時間會是 $O(n\log_2 n)$。這會比泡沫排序法快上許多，請多利用此函式來面對各種排序的場合。

9.9　搜尋函式：bsearch

　　資料經過排序後可以進行很多後續的應用，搜尋是最常見的應用之一。stdlib.h 也提供了一個搜尋函式：bsearch，它可從一個**已排序好的資料陣列**中找尋某筆資料是否存在。bsearch 的宣告式如下：

```
void * bsearch(const void * pKey,
               const void * pData,
```

---

[49]. 關於快速排序法的詳細內容並不在本書所涵蓋的範圍，有興趣的讀者請參考演算法[1] 或資料結構[9]等相關書籍。

```
        size_t n,

        size_t nElemSize,

        int (*comp)(const void *, const void *));
```

其中，pKey 指向欲搜尋的關鍵資料；pData 指向具有 n 筆資料的陣列，每筆
資料的記憶空間之大小為 nElemSize 個 byte；comp 則為函式指標指向比較函式，
其回傳值的要求也是跟 qsort 一樣。若可以在 pData 所指的陣列中找到某筆資料
與 *pKey 相同，則回傳該筆資料的位址；否則，回傳 NULL。請注意，資料陣列的
任一筆資料與 *pKey 經過比較若為負值，則此筆資料的排序位置必定在 *pKey 之前；
比較結果若大於零，則此筆資料的排序位置必定在 *pKey 之後。簡單來說，pData
所指的陣列**必須經過以同樣的比較函式排序過**，否則將會得到錯誤的結果。我們來
看一個使用範例：

程式 9-25

```
#include <stdio.h>
#include <stdlib.h>                    /* qsort 的標頭檔 */
/* 比較 *p1 是否大於 *p2 */
int greateri(const void * p1, const void * p2){
    return *(const int *)p1 - *(const int *)p2;}

int greaterd(const void * p1, const void * p2){
    double d = *(const double *)p1 - *(const double *)p2;
    return d > 0 ? 1 : (d < 0 ? -1 : 0);
}
/* 比較 *p1 是否小於 *p2 */
int lessi(const void * p1, const void * p2){
    return *(const int *)p2 - *(const int *)p1;
}
```

```
int lessd(const void * p1, const void * p2){
    double d = *(const double *)p2 - *(const double *)p1;
    return d > 0 ? 1 : (d < 0 ? -1 : 0);
}
/* main 函式 */
int main(void){
    int A[] = {7, 2, 4, 6, 9, 8};
    double B[] = {1.4, 6.8, 4.3, 2.6, 7.9, 0.2, 6.7};
    size_t i = 0;
    size_t nElemA = sizeof(*A);
    size_t nElemB = sizeof(*B);
    size_t nA = sizeof(A) / nElemA;
    size_t nB = sizeof(B) / nElemB;
    int keyA = 0;
    double keyB = 0.0;
    int *pA = NULL;
    double *pB = NULL;
    qsort(A, nA, nElemA, greateri);
    keyA = 2;
    pA = bsearch(&keyA, A, nA, nElemA, greateri);
    if(pA != NULL)
        printf("%d found!\n", *pA);        /* 2 found! */
    keyA = 5;
    pA = bsearch(&keyA, A, nA, nElemA, greateri);
    if(pA != NULL)
        printf("%d found!\n", *pA);        /* 不執行 */
    qsort(A, nA, nElemA, lessi);           /* 以 lessi 來排序 */
    keyA = 2;
```

```
      pA = bsearch(&keyA, A, nA, nElemA, greateri);
                                /* 但卻以 greateri 來搜尋 */
      if(pA != NULL)
          printf("%d found!\n", *pA);/* 不執行，這是錯誤的結果 */
      qsort(B, nB, nElemB, lessd);
      keyB = 2.6;
      pB = bsearch(&keyB, B, nB, nElemB, lessd);
      if(pB != NULL)
          printf("%f found!\n", *pB);     /* 2 found! */
      keyB = 2.1;
      pB = bsearch(&keyB, B, nB, nElemB, lessd);
      if(pB != NULL)
          printf("%f found!\n", *pB);     /* 不執行 */
      return 0;

  }
```

　　此例中，我們先將資料陣列先透過 qsort 排序，再以 bsearch 進行搜尋。前半部是示範 int 陣列的排序與搜尋；後半部是示範 double 陣列的排序與搜尋。請注意，資料陣列一定要先經過排序，而且所使用的比較函式都要一致，否則將會出現不正確的結果。在此例中，A 先以 lessi 作為比較函式來呼叫 qsort，可是之後卻以 greateri 作為比較函式來進行搜尋。如此，當搜尋的關鍵資料為 2，bsearch 應該會回傳 2 在 A 的位址，可是卻發現回傳值為 NULL，這是錯誤的結果。

　　bsearch 其實就是二分搜尋法，這方法很簡單也很有效率，可在 $O(\log_2 n)$ 的時間內完成搜尋。我們已在程式 9-3 以遞迴方式實作過這個二分搜尋法，但 bsearch 未必是以遞迴的方式來實作。您可以試著練習看看以迴圈的方式來實作二分搜尋法。

9.10　時間函式：time 與 clock

　　標準函式庫 time.h 提供了兩個函式可以讓我們統計一段程式會執行多少時間，它們分別為 time 與 clock，宣告式如下：

```
time_t time(time_t * t);
clock_t clock (void);
```

　　time 會回傳從西元 1970 年 1 月 1 日 0 時 0 分 0 秒至今有多少秒[50]，而 clock 會回傳目前系統時脈是多少數值[51]。time_t 與 clock_t 皆為標準函式庫定義的型態，保證它們的容量足以分別記錄 time 與 clock 的回傳值。C 語言規定這兩個型態本質上是某種算數型態，可能是整數，也可能是浮點數。因此，這兩個型態的數值請務必先轉型後再進行其它運算。由於這兩個函式都需要作業系統提供時間與時脈，若因為系統上的問題造成無法提供，則回傳值會是-1。另外，time_t 除了會把目前時間以回傳值告知之外，若參數 t 不為 NULL，也會把目前時間記錄在 t 所指向的 time_t 變數裡；而 clock_t 則需要 CLOCKS_PER_SEC 這個常數來告訴我們一秒鐘會有多少系統時脈，才能計算出正確的時間。請看下面這個例子：

程式 9-26

```
#include <stdio.h>
#include <stdlib.h>              /* malloc 與 free 的標頭檔 */
#include <time.h>                /* time 與 clock 的標頭檔 */
int main(void){
    size_t n = 100000000, i = 0;
    int * A = malloc(n * sizeof(int));  /* 配置一億個 int */
```

---

[50] UNIX 系統將此日期做為系統時間的原點。但在 32 位元的電腦會因為溢位問題，到西元 2038 年 1 月 19 日 3 時 14 分 7 秒會被誤解為西元 1901 年 12 月 13 日 20 時 45 分 52 秒或重置為時間原點。目前解決方法是改成以 64 位元的整數型態來儲存時間值。

[51] 系統時脈未必等於 CPU 時脈。

```
    if(A != NULL){
        time_t tm = time(NULL);       /* 取得目前的系統時間 */
        clock_t clk = clock();        /* 取得目前的系統時脈 */
        double rSec = 0.0;
        for(i = 0; i < n; ++i)
            A[i] = (i / 100) % 100;   /* 一個需要花時間的運算式 */
        rSec = (double)time(NULL) - (double)tm;
        printf("time 1: %f\n", rSec);   /* 只能顯示到秒 */
        rSec = ((double)clock() - (double)clk)
                / CLOCKS_PER_SEC;
        printf("time 2: %f\n", rSec);   /* 可以看到多少毫秒 */
        free(A);
    }
    return 0;
}
```

　　此例執行了一個沒有意義但很花時間的迴圈，我們用 time 與 clock 這兩個函
式來測量這迴圈會花費多久的時間。每個執行環境效能皆不同，得到的結果也會不
同。但是您會發現，以 time 所測量的時間只能顯示到秒，小於一秒的時間是看不
到的；以 clock 所測量到時間會比 time 更精準，一般情況下您會看得到小數點以
下三位的數值，也就是可以顯示到毫秒的時間。

9.11　隨機函式：rand 與 srand

　　有時候我們會需要產生一組隨機的亂數，比如產生測試數據、模擬自然界的訊
號、電腦遊戲中隨機事件……。因此，標準函式庫 stdlib.h 也提供了產生亂數函式，
名稱為 rand，它是隨機(random)的簡稱，其宣告式如下：

```
int rand(void);
```

　　rand 會回傳一個介於 **0 到 RAND_MAX 之間的亂數**(0 與 RAND_MAX 皆有包含)，而 RAND_MAX 這個常數也定義在 stdlib.h 內。rand 會根據一個**亂數種子** (random seed) 與某個產生亂數的公式，讓每次呼叫都會得到不同的數字。但請注意，預設的亂數種子為 1，如果不去更改它，那麼每次程式重新執行都會得到同樣的亂數序列。請看下列程式：

程式 9-27

```
#include <stdio.h>
#include <stdlib.h>          /* rand 的標頭檔 */
int main(void){
    int i;
    /* 預設的亂數種子為 1，每次執行都會產生同樣的十個亂數 */
    for(i = 0; i < 10; ++i)
        printf("%d\n", rand());
    return 0;
}
```

　　亂數種子可以透過 srand 這個函式來更改，它也是屬於 stdlib.h 的標準函式，宣告式如下：

　　void **srand**(unsigned int **seed**);

　　其中，seed 是一個大於等於零的整數。srand 會將 seed 設定為標準函式庫的亂數種子，使得接下來一連串的 rand 呼叫會根據此亂數種子來產生亂數。程式 9-27 可以改成這樣：

程式 9-28

```
#include <stdio.h>
#include <stdlib.h>            /* rand 與 srand 的標頭檔 */
int main(void){
```

```
    unsigned int seed = 0;
    int i;
    puts("Input the seed:");
    scanf("%u", &seed);              /* 讓使用者輸入亂數種子 */
    srand(seed);
    /* 輸入不同的亂數種子，就會產生不同的十個亂數 */
    for(i = 0; i < 10; ++i)
        printf("%d\n", rand());
    return 0;
}
```

請注意，srand 不宜呼叫太多次，一般情況下，您只要在程式一開始時呼叫一次即可。千萬不要在每次呼叫 rand 前就呼叫一次 srand，這可能會無法產生夠亂的亂數。下面這個程式就是不正確地呼叫 srand，使得每次執行都會得到十個相同的數字：

程式 9-29

```
#include <stdio.h>
#include <stdlib.h>              /* rand 與 srand 的標頭檔 */
int main(void){
    unsigned int seed = 0;
    int i;
    puts("Input the seed:");
    scanf("%u", &seed);              /* 讓使用者輸入亂數種子 */
    for(i = 0; i < 10; ++i){
        srand(seed);      /* 每次呼叫 rand 前都重新設定亂數種子 */
        printf("%d\n", rand()); /* 每次都得到相同的數字 */
    }
    return 0;
```

　　}

　　由於 rand 的回傳型態是 int，如果我們想得到某個浮點數範圍的亂數，就必需透過一些計算。假設目標範圍的最大值與最小值分別為 max 與 min，轉換公式如下：

(double)rand() / RAND_MAX * (max - min) + min

　　下面這個例子示範如何取得十個介於-1.0 到 1.0 之間的亂數：

程式 9-30

```
#include <stdio.h>
#include <stdlib.h>              /* rand 與 srand 的標頭檔 */
int main(void){
    unsigned int seed = 0;
    int i;
    puts("Input the seed:");
    scanf("%u", &seed);          /* 讓使用者輸入亂數種子 */
    srand(seed);
    for(i = 0; i < 10; ++i){
        int x = rand();
        double y = ((double)x / RAND_MAX) * 2.0 - 1.0;
        printf("%f\n", y);
    }
    return 0;
}
```

　　另外，為了讓每次執行都能設定不同的亂數種子，有時我們會以 time() 取得系統時間來作為亂數種子，程式 9-27 可以改成這樣：

程式 9-31

```
#include <stdio.h>
```

```
#include <stdlib.h>              /* rand 與 srand 的標頭檔 */
#include <time.h>              /* time 的標頭檔 */
int main(void){
    int i;
    srand(time(NULL));        /* 以系統時間作為亂數種子 */
    for(i = 0; i < 10; ++i)
        printf("%d\n", rand());
    return 0;
}
```

但這會有個問題，C 語言不保證 time 所傳的值是一個整數型態的數值，在某些環境下 time 的回傳值有可能是 double 或 float 之類的實數型態。而且，time 是以秒為單位，若程式有可能在一秒內執行數次，那麼每次執行都會得到相同的亂數數列。如果您的程式是用在非常要求安全與保密的系統時，請勿直接以 time 作為亂數種子，請改用與系統無關且外人無法猜測的數字作為亂數種子，否則容易被駭客破解。

您可能會覺得 rand 所產生的亂數似乎沒有那麼的亂，如果我們猜出亂數種子是多少就可以預測 rand 下一次會出現什麼樣的亂數了。沒錯，rand 是**假亂數產生器**(Pseudo-Random Number Generator，**PRNG**)，它所產生的亂數是有跡可循的，是有機會被預測的。真正的亂數產生器（true random number generator，**TRNG**）應是無法預測的，但那非常難達成。某些亂數產生器可以產生小範圍且難以預測的亂數，但嚴格來說，目前尚未有真亂數產生器的存在[52]。

9.12　main 函式

main 函式是一個特殊的函式，它是程式的主要進入點，任何可執行的程式都

---

[52] 真亂數產生器是否存在是一個哲學問題，如果整個宇宙的一切可以被決定，那麼真亂數產生器就不存在。可是，目前我們並不知道宇宙是否可以被決定。

必須有 main 函式。main 函式有兩種基本型式：

```
int main(void);

int main(int argc, char * argv[]);
```

第一種 main 函式是沒有任何參數的，本節之前的所有範例的 main 函式皆是以這種型式。第二種 main 函式則是帶有兩個參數：argc 與 argv。其中，argv 是一個字串指標，它指向一組具有 argc 個字串的記憶空間。那麼這兩個參數的引數要怎麼給呢？

當您的程式碼完成編譯與連結之後就會產生一個可執行檔，接著我們就可以透過作業系統所提供的命令介面並鍵入此執行檔的名稱來執行它。如此，argc 會是 1 且 argv 指向一行字串，就是此執行檔的名稱。若執行時除了鍵入執行檔的名稱外，後面還接著 n 個以空白字元所隔開的字串，那麼 argc 就會是 n + 1，且 argv 會指向 n + 1 行字串 – 此執行檔的名稱與後面的 n 個字串。我們來用下面這程式來做個小實驗：

程式 9-32

```
#include <stdio.h>
int main(int argc, char *argv[]){
    int i;
    for(i = 0; i < argc; ++i)
        printf("%s\n", argv[i]);
    return 0;
}
```

程式 9-32 很簡單，只是利用一個 for 迴圈將 argv 所指向的 argc 個字串以 printf 輸出。若此程式經過編譯與連結後，其執行檔路徑為 E:\workspace\prog.exe。以微軟的 Windows 為例，請開啟**命令提示字元視窗** (Command Prompt, cmd) 並鍵入下列命令來執行此程式：

```
C:\> E:\workspace\prog.exe abcd 1.234 xyz !@#
```

其中前面的 C:\>是提示您現在的工作目錄在哪裡，後面粗體字部份是使用者所鍵入的執行命令，鍵入完成後再按下 enter 鍵就會執行此命令，您將會看如下的執行結果：

```
E:\workspace\prog.exe
abcd
1.234
xyz
!@#
```

這個執行命令包含了程式執行檔路徑本身一共有五個字串，所以 argc 會是 5，argv 也會指向五個字串，依序為執行命令以空白字元分隔的五個部分。

我們可以利用 argc 與 argv 來設計程式的執行引數，讓使用者可以透過執行命令來控制與選擇程式的執行功能。程式 9-32 可以改成這樣：

程式 9-33

```c
#include <stdio.h>
int main(int argc, char *argv[]){
    int i;
    for(i = 1; i < argc; ++i){
        if(strcmp(argv[i], "-h") == 0){
            puts("Help\n");
            /* 顯示操作說明 */
        }
        else if(strcmp(argv[i], "-v") == 0){
            puts("Version 1.0\n");
            /* 顯示版本資訊 */
```

```
        }
        else{
            puts("Wrong argument\n");
            break;
            /* 輸入了不正確的引數，迴圈停止 */
        }
    } /* 執行引數的迴圈 */
    return 0;
}
```

請注意程式 9-33 的 for 迴圈，因為 argv[0]必定為程式執行擋的路徑，所以讓 i 從 1 開始以跳過 argv[0]。迴圈內則是一連串的字串判斷，讓程式可根據所輸入的執行引數來決定要進行什麼樣的功能。若使用者輸入了不正確的引數，則顯示錯誤訊息並結束迴圈。

這就是 argc 與 argv 的功用，將程式的執行令命以字串形式傳入到 main 函式。另外，argv 所指向的字串都並非唯讀，每個字元皆可更改。但請勿更改每個字串的結尾空字元，否則會有不可預期的錯誤發生。

最後，來看看 main 函式的回傳值。我們知道當程式正常結束時需回傳 0，若您想讓作業系統或程式的執行者知道執行過程有發生特殊的狀況，您可以回傳其它數字來傳達某些訊息。我們把程式 9-33 加上一個名為 err 的 int 變數做為 main 的回傳值：

程式 9-34

```c
#include <stdio.h>
int main(int argc, char *argv[]){
    int i;
    int err = argc > 1 ? 0 : 1;
    for(i = 1; i < argc; ++i){
        if(strcmp(argv[i], "-h") == 0){
```

```
        puts("Help\n");              /* 顯示操作說明 */
    }
    else if(strcmp(argv[i], "-v") == 0){
        puts("Version 1.0\n");   /* 顯示版本資訊 */
    }
    else{
        puts("Wrong argument\n");
        err = 2;
        break;
        /* 輸入了不正確的引數，迴圈停止 */
    }
} /* 執行引數的迴圈 */
return err;
}
```

若執行程式 9-34 時不帶有任何執行引數的話，則 main 函式的回傳值會是 1；若有執行引數不是 "-h" 或 "-v"，則 main 函式的回傳值會是 2；其它情況 main 函式的回傳值會是 0。現在有個問題，我該如何取得程式執行後的回傳值？這得看您是在哪個作業系統執行，若在微軟的 Windows 或 DOS 系列，您可以透過系統變數 ERRORLEVEL 來得知，例如：

```
C:/> E:\workspace\prog.exe
C:/> if %ERRORLEVEL% EQU 0 echo OK

C:/> if %ERRORLEVEL% EQU 1 echo no argument
no argument
C:/> if %ERRORLEVEL% EQU 2 echo wrong argument
```

程式執行完畢後，再以 if %ERRORLEVEL% EQU 的命令來判斷程式的回傳值是否等於某個數字，然後再根據回傳值來進行後續的動作。

至於在 UNIX 的系統下，您可以透過 $? 搭配系統所提供 if-then-elif-else-fi 的命令[53]來判斷程式的回傳值。如下範例，假設程式的名稱為 prog.a：

```
$ ./prog.a -!#@
$ if [ $? == 1 ] ; then echo "no argument" ; elif [ $? == 2 ] ;
    then echo "wrong argument" ; else  echo OK; fi
$ wrong argument
```

另外，每個作業系統都有特定的錯誤代碼，如在 Windows 中，3 代表檔案路徑不存在，12 代表非法存取。但在 UNIX 中，3 代表程序不存在，12 代表記憶空間耗盡。請先查明各作業系統有提供哪些錯誤代碼，然後再讓您的程式根據錯誤種類來回傳適合的代碼。

總結

1. 任何一次函式呼叫，即使函式只會進行很簡單的運算，都會建立一個專屬的呼叫堆疊用來存放執行函式必要的資料，包含返回位址、引數值、區域變數以及回傳值。

2. 呼叫一個函式所花費的成本有：跳躍進入函式的程式碼、建立呼叫堆疊以及返回呼叫點。這些花費是不可忽視的，尤其當函式會被大量的呼叫，或是呼叫的層次過多，都會造成系統運作上的負擔。

3. 巨集是利用編譯的前置處理指令#define 來定義一個名詞以代表一串程式碼，

[53.] 這是 UNIX 家族的系統命令，詳細的使用方法請參考 UNIX 作業系統的操作手冊。

可以用來將常用的程式碼以一個名詞來代表。但巨集並不是一個函式，只是一種編譯前的文字代換技巧，編譯器不會為巨集檢查語法與引數型態的錯誤；且巨集基本上是沒有回傳值的功能。

4. C99 可設計行內函式，編譯器會將行內函式之定義內嵌在呼叫的程式碼中，就好像巨集般地不需任何呼叫成本。更重要的是，行內函式能夠被檢查出編譯階段的錯誤。設計行內函式有一個很重要的要求，一定要很明確地讓行內函式的呼叫端知道函式的定義在哪裡。有兩種方法可以達成這個要求：行內靜態函式與行內外部函式。

5. 任何行內函式的宣告與定義必須存在於同一個編譯單元；行內靜態函式在不同的編譯單元可以有不同的定義；行內外部函式的定義不可存在於兩個以上的編譯單元內。

6. 當行內函式的內容只含有為數不多的運算式時，才會被內嵌成功。若行內函式的內容包含了迴圈，或者呼叫其它非行內函式，編譯器將有可能不會進行內嵌動作，而是視為一般的函式來看待。

7. 如果函式不需任何參數，請填上 void。若小括號是空的，則代表參數的個數與型態由呼叫給予的引數來決定，且參數型態只能是 int 或 double。若在函式的定義部分也沒指定參數的型態，那麼預型態會是 int。

8. 透過 va_list 與它的四個操作巨集，可以讓我們設計出函式具有不定數量的引數。

9. 我們可以宣告一個指標來指向某個函式，這種指標稱為函式指標。函式指標可以實現回呼函式，也就是將函式以指標形式傳遞給另一個函式或其它程式來呼叫。如標準函式庫的 qsort 與 bsearch 中，任兩筆資料的比較函式就是回呼函式。

10. time 會回傳從西元 1970 年 1 月 1 日 0 時 0 分 0 秒至今有多少秒；而 clock 會回傳目前系統時脈是多少數值，且需要 CLOCKS_PER_SEC 這個常數來告訴我們一秒鐘會有多少系統時脈，才能計算出正確的時間。

11. rand 會會根據亂數種子計算出一個介於 0 到 RAND_MAX 之間的亂數(0 與 RAND_MAX 皆有包含)，每次呼叫都會得到不同的數字。亂數種子可以透過 srand 這個函式來更改。rand 是假亂數產生器，一樣的亂數種子會產生一樣的亂數序列。

12. main 函式有兩種型式，無任何參數與兩個參數。兩個參數分別為字串數量與字串指標(字串陣列)，用來接收執行程式的命令。

13. main 函式的回傳值可用來傳遞執行狀態給作業系統。

練習題

1. **黃金比例**(Golden ratio)可由此公式求得：$G(n) = 1 + 1 / G(n - 1)$，其中 n 為整數，且 $G(0)$ 為 1。請設計一個名為 GoldenRatio 的函式，並以遞迴方式來實作這個公式。GoldenRatio 只有一個參數 n，回傳值即為 $G(n)$，也就是經過 n 回合計算的黃金比例。

2. 請設計一個程式可輸入 n 個英文字母，並輸出這 n 個字母的所有排列組合。請按照它們的 ASCII 碼由小至大、由左至右依序輸出。例如：'A'、'B'與'C' 個輸出結果為：

    ABC

    ACB

    BAC

    BCA

    CAB

    CBA

3. 請說明什麼樣子的函式適合為行內函式？行內函式可以帶來哪些好處，以及哪些缺點？

4. 下列程式碼中，在 main 函式內的哪些呼叫會引起未定義的行為：

```c
#include <stdio.h>
void F1();
void F2();
void F3();
int main(void){
    F1();
    F1(999);
    F1(1.234);
    F2(5, 7.8);
    F2(5.6, 7.8);
    F2(5, 7);
    F3();
    F3(1, 2, 3);
    F3(0.0, 0.0);
    return 0;
}
void F1(){ puts("Hello\n"); }
void F2(int x, double y){ printf("%d %f\n", x, y); }
void F3(x, y){ printf("%d %d\n", x, y); }
```

5. 請設計一個名為 findMaxScore 的函式，它至少有一個 size_t 的參數，n。當 n 大於零時，代表呼叫此函式還輸入了 n 筆學生的資料，每筆學生資料的輸入順序為一個 int、一個字串以及一個 double，分別代表學號、姓名以及成績。請從這 n 位學生中找出成績最大者與最小者，並顯示這兩位學生的學號、姓名與成績。

6. 請設計一個程式可輸入一段英文的文章，並統計出現了哪些英文單字 (不包含標點符號、數字與空白字元) 以及在文章的出現次數。並將這些單字以 qsort 進行以 ASCII 碼由小至大的排序。並利用 bsearch 讓使用者查詢某個英文單字是否出現此文章中，並顯示其出現次數 (若無出現為零)。

7. 承上題，將字串排序改成以泡沫排序法，類似程式 9-23 的做法。請以 time 或 clock 來測量 qsort 執行速度是否比較快，並分析快了多少時間。

8. 2A1B 猜數字遊戲的規則如下：兩位玩家各自在心中想好一個四位數整數，比如 0982 與 1340。兩位玩家輪流猜測對方的數字為何，若其中 n 位數猜對且位置正確，對方必須說出 nA；若其中 m 位數猜對但位置不正確，對方必須說出 mB。比如正確答案是 0928，但猜測的數字為 0821，那麼答案的主人要喊出 2A1B。請設計一個程式來實作這個遊戲，讓使用者可以您的程式進行猜數字遊戲。程式為其中一位玩家，每次執行可以隨機地決定答案，每回合也可以隨機地且能儘量地在最短時間內猜測到使用者心中的數字。

9. 請將 main 函式設計成遞迴結構，統計所輸入的引數中，有多少命令字串是可以轉換成數字 (十進位整數或十進位浮點數)，並回傳之。

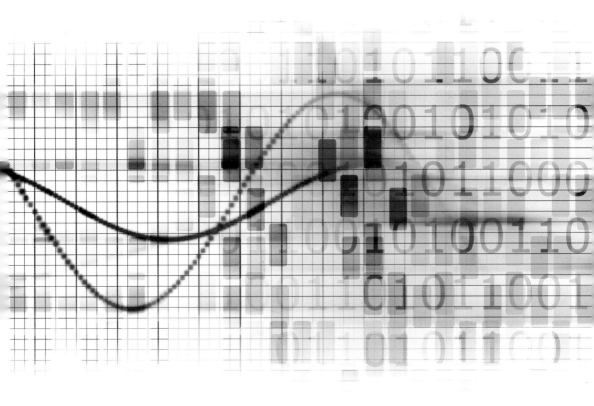

第 10 章

自訂型態

　　C 語言雖然提供了許多基本資料型態以面對大部分的數值運算，但有些情況卻讓人稍嫌不足。比如，是否有一種型態可以來描述電腦遊戲的三種難易度：簡單、中等與困難模式？是否有一種型態可以描述一個員工的基本資料？總括地歸納這些需求，我們究竟可不可以自己設計一個資料型態來面對某種特定的問題？有鑑於此，C 語言允許使用者利用現有的資料型態加以組合與包裝，來定義另一個專屬的**自訂型態**(user-defined type 或 custom data type)。本章將會依序介紹 C 語言的三種自訂型態方式：**列舉型態**(enum)、**結構體**(struct)與**共用體**(union)。

10.1　型態別名：typedef

　　在介紹自訂型態之前，我們來仔細地看看 typedef 的使用方法。typedef 指令是用來將一個已知的型態另外地再定義它的別名，其語法如下：

typedef 型態原有名稱 型態別名；

例如：

程式 10-1

```
typedef double real;
typedef unsigned int uint;
typedef unsigned int ui;

real r;        /* r 的型態為 double */
uint x;        /* x 的型態為 unsigned int */
ui y;          /* y 的型態為 unsigned int */
```

請小心不要定義了重複的別名，如下所示：

```
typedef unsigned int ui;
typedef unsigned short ui;    /* 編譯錯誤！ui 已定義過了 */
```

　　陣列指標與函式指標分別在第 7.3 節與第 9.7 節介紹過，在此再複習一下。
對於陣列指標，typedef 語法如下：

typedef 元素型態 (*型態別名)[維度 K 的大小][維度 K-1 的大小]...;

如下面這個例子，ArrayP 為一種 4 × 3 × 2 的陣列指標型態：

程式 10-2

```
#include <stdio.h>
int main(void){
    typedef int (*ArrayP)[4][3][2];
    int A[4][3][2] = {0};
    ArrayP ap = &A;                       /* ap 指向 A */
    A[3][2][1] = 999;
    printf("%d\n", (*ap)[3][2][1]);    /* 999 */
    return 0;
}
```

對於函式指標，typedef 的語法如下：

typedef 回傳型態 (*型態別名)(參數型態 1, 參數型態 2, ...);

　　請看下面這個例子，利用陣列指標與函式指標以兩種方式來輸出一個 3 × 2
的 int 陣列：

程式 10-3

```
#include <stdio.h>
#define ROWS 3
#define COLUMNS 2
typedef int (*ArrayP)[ROWS][COLUMNS];
typedef void (*OutputArrayP)(const ArrayP);
```

```
/* 以列為主的輸出 */

void outputArrayRowMajor(const ArrayP ap){
    size_t i, j;
    for(i = 0; i < ROWS; ++i){
        for(j = 0; j < COLUMNS; ++j)
            printf("%d ", (*ap)[i][j]);
        puts("\n");
    }
}

/* 以行為主的輸出 */

void outputArrayColumnMajor(const ArrayP ap){
    size_t i, j;
    for(i = 0; i < COLUMNS; ++i){
        for(j = 0; j < ROWS; ++j)
            printf("%d ", (*ap)[j][i]);
        puts("\n");
    }
}

/* 輸出陣列 */

void outputArray(ArrayP ap, OutputArrayP fp){
    fp(ap);
}

/* main 函式 */

int main(void){
    int A[ROWS][COLUMNS] = {0, 1, 2, 3, 4, 5};
    outputArray(&A, outputArrayRowMajor);
    puts("\n");
    outputArray(&A, outputArrayColumnMajor);
```

```
    return 0;
}
```

程式 10-3 定義了一陣列指標型態 ArrayP 來指向一個 3 × 2 的 int 陣列，也定義了一個函式指標型態 OutputArrayP 來指向輸出陣列的函式。此例設計了兩個輸出陣列的函式，分別為 **outputArrayRowMajor** 與 **outputArrayColumnMajor**。前者是列為主的方式來輸出陣列，也就是逐列地輸出每個元素。後者是行為主的輸出方式，也就逐行地輸出每個元素。至於函式 outputArray 則是陣列輸出函式的主要呼叫介面，在 main 只要呼叫 outputArray 並給予陣列位址與輸出函式名稱即可選擇輸出方式來輸出一個 3 × 2 的 int 陣列。此例的結果如下：

```
0 1
2 3
4 5


0 2 4
1 3 5
```

typedef 也可以用在自訂型態上，且會帶不少便利性，請看接下來各章節的介紹。

10.2 列舉型態：enum

首先要介紹的自訂型態方式是 **enum**，它是**列舉** (enumeration) 的簡寫，可用來把一群賦予名稱的整數常數定義為一個型態。語法如下：

enum **型態名稱**{成員列};

其中，成員列為一組以逗號隔開的常數宣告，每個常數稱為 enum 的**成員** (member)。struc 與 union 也都會有成員，但未必是常數，我們稍後會介紹。 enum 的成員皆可給予初始值，但是初始值必須是由一個可產生整數的常數運算式 所計算之結果；若不給予初始值，編譯器會自動給予一個獨立的整數。例如，定義 一個名為 ColorRGB 的 enum 型態，且包含了三個常數：RED、GREEN 與 BLUE， 分別代表光的三原色：紅、綠與藍。如下所示：

```
enum ColorRGB{RED, GREEN = 1, BLUE};
```

如此，您在之後的程式碼中就可以直接使用 RED、GREEN 與 BLUE 這三個常數。 其中，GREEN 會明確地代表整數 1；RED 與 BLUE 所代表的整數則由編譯器來決定 個別互不相同的整數，而且也不會與 GREEN 相同。我們也可以讓 enum 的數個成員 都代表同一個整數，例如，定義一個名為 ConstInt 的 enum 來代表各種會到零與 壹的場合。如下所示：

```
enum ConstInt{ZERO = 0,
              NULL_PTR = 0,
              ONE = 1,
              IDENTITY = 1};
```

其中，ZERO 就代表算數上的零，NULL_PTR 用來代表指標的初始值，ONE 代 表算數上的壹，IDENTITY 則代表乘法的單位元素[54]。

我們可將定義好的自訂型態來建立一個佔有記憶空間的**物件**(object)[55]以記 錄資料。這個動作我們稱為自訂型態的**物件實體化**(object instantiation)，

---

[54]. 乘法的單位元素意思是：任何數字乘上單位元素皆不變，仍等於數字本身。

[55]. 實體(instance)是根據某個型態的特性所建立的記憶空間，比如： int x; 那麼 x 就是 int 的一個實體。有些書籍以變數來稱任何型態的實體，有些書籍會以物件來稱 之。變數與物件的不同處是一個具有爭議性的話題，目前尚無結論。本書的規則為：內建 型態的實體稱為變數，自訂型態的實體稱為物件。

其語法如下：

自訂型態方式 型態名稱 物件名稱１，物件名稱２，...;

或

完整的自訂型態定義 物件名稱１，物件名稱２，...;

其中，自訂型態方式為 enum、struct 或 union 其中之一。 我們來看看如何
實體化 enum 的物件與使用 enum 的成員，請看下面這個例子：

程式 10-4

```c
#include <stdio.h>
/* 完整的自訂型態定義來實體化物件 */
enum ColorRGB{
    RED = 0,
    GREEN = 1,
    BLUE = 2
} g_R = RED, g_G = GREEN, g_B = BLUE;
/* main 函式 */
int main(void){
    /* 用已宣告的自訂型態來實體化物件，不要忘記加上 enum */
    enum ColorRGB rgb1 = g_R, rgb2 = g_G, rgb3 = g_B;
    printf("%d %d %d\n", rgb1, rgb2, rgb3); /* 0 1 2 */

    rgb1 = BLUE, rgb2 = GREEN, rgb3 = RED;
    printf("%d %d %d\n", rgb1, rgb2, rgb3); /* 2 1 0 */
    /* 可改成不屬於 ColorRGB 的成員，但不建議！ */
    rgb1 = rgb2 = rgb3 = 123;
    printf("%d %d %d\n", rgb1, rgb2, rgb3);
```

```
                                          /* 123 123 123 */
    return 0;
}
```

在程式 10-4 中，g_R、g_G 與 g_B 皆是以完整的自訂型態定義所宣告的全域物件，它們的初始值分別 RED、GREEN 與 BLUE；而 rgb1、rgb2 與 rgb3 則是以已定義好自訂型態所宣告的區域物件，它們的初始值分別 g_R、g_G 與 g_B。而這些物件本質上都是整數 (一般情況是 int 或 unsigned int)，因此您可以透過 printf 搭配 %d 來輸出它們的內容。我們也可以在事後修改這些物件的內容，只要是整數型態的數值都可填入 enum 的物件。但本書並不建議把某個 enum 型態的物件之內容修改成不屬於該型態的成員。另外，**enum 的每個成員皆是編譯時期可決定的常數**，您可以把它們當作一般的常數直接使用。

一般情況我們會把利用 typedef 將自訂型態另外取一個別名，再以這個別名來建立物件。請看下面這個例子：

程式 10-5

```
#include <stdio.h>
/* 定義 enum ColorRGB 並建立它的別名為 ColorRGB 或 Color */
typedef enum ColorRGB{
    RED = 0,
    GREEN = 1,
    BLUE = 2
} ColorRGB, Color;


/* 定義 enum Level 並建立它的別名為 Level */
enum Level{EASY = 10, MID = 20, HARD = 30};
typedef enum Level Level;
/* main 函式 */
int main(void){
```

```
    ColorRGB rgb = RED;
                    /* 等同 enum ColorRGB rgb = RED; */
    Color color = GREEN;
                    /* 等同 enum ColorRGB color = GREEN; */
    Level lv = HARD;
                    /* 等同 enum Level lv = HARD; */
    printf("%d %d %d\n", rgb, color, lv);   /* 0 1 30 */
    return 0;
}
```

請注意，我們可用 typedef 為一個完整的自訂型態定義取多個別名，如程式 10-5 的 enum ColorRGB 的別名為 ColorRGB 與 Color；但若以 typedef 來為一個現有的型態名稱取別名時，每句 typedef 敘述就只能取一個別名，如程式 10-5 的 enum Level 的別名為 Level。您會發現利用了 typedef 可以讓物件實體化時不用指定自訂型態的方式。在此例中，建立 rgb、color 與 lv 這些物件時，都可以不用加上 enum 這個字，十分方便。

同一個 enum 型態所衍生的任兩個物件可以進行比較，但是不建議對由不同的 enum 型態所衍生的物件進行比較。請看此例：

程式 10-6

```
#include <stdio.h>
enum ColorRGB{
    RED = -1,
    GREEN = 0,
    BLUE = 1
};
enum ColorCMYK{
    CRAN = 0,
    MAGENTA = 1,
```

```
        YELLOW = 2,
        KEY = 3
    };
    /* main 函式 */
    int main(void){
        enum ColorRGB rgb1 = RED, rgb2 = BLUE;
        enum ColorCMYK cmyk1 = CRAN;
        if(rgb1 < rgb2)
            printf("%d < %d\n", rgb1, rgb2);/* 此訊息會顯示 */
        if(rgb1 < cmyk1)              /* 會有型態不一致的警告訊息 */
            printf("%d < %d\n", rgb1, cmyk1);    /* 此訊息會顯示 */
        return 0;
    }
```

　　雖然編譯器允許兩個不同 enum 型態的物件進行比較，但這可是很容易得到因為隱性轉型所造成的錯誤。如程式 10-6 的 ColorRGB 與 ColoCMYK 比較，rgb1 存放著代表-1 的 RED，cmyk1 存放著代表 0 的 CRAN。理論上，rgb1 應該小於 cmyk1，但事實並非如此。假設編譯器會將任何 enum 的成員以 unsigned int 來看待，且執行環境是以二的補數來表示負整數，那麼 rgb1 就會被轉型為 unsigned int，-1 將會變成 unsigned int 的最大數。因此，rgb1 < cmyk1 不成立。這種不同型態的列舉成員之間的運算，大部分的編譯器都會給予警告訊息，建議您不要做如此的運算。

　　請注意，在同一個區域下，您不可以宣告與 enum 成員同名的函式或變數，也不可以宣告任兩個 enum 的成員為同樣名稱，否則會有重複宣告的編譯錯誤。請看下面這個例子：

程式 10-7

```
    enum ColorRGB{RED, GREEN, BLUE};
    enum WarmColor{RED, YELLOW};           /* 編譯錯誤！RED 重複定義 */
```

```
void RED(void){}                          /* 編譯錯誤！RED 重複定義 */
int main(void){
    int RED = 0;                          /* 編譯錯誤！RED 重複定義 */
    return 0;
}
```

但是您可以定義與 enum 成員同名的自訂型態，只是一般並不建議這麼做。請看下面這個例子：

程式 10-8

```
#include <stdio.h>
enum ColorRGB{RED, GREEN, BLUE = 2};
enum BLUE{SKY, OCEAN = 999};   /* OK，可定義同名的自訂型態 */
int main(void){
    enum ColorRGB rgb = BLUE;   /* 此 BLUE 是 ColorRGB 的成員 */
    enum BLUE blue = OCEAN;      /* 這個 BLUE 是自訂型態的名稱 */
    printf("%d %d\n", rgb, blue);   /* 2 999 */
    return 0;
}
```

另外，enum 與函式一樣，宣告跟定義可以分開，enum 的宣告語法如下：

enum 型態名稱;

上述幾個 enum 的例子就可以改成這樣：

```
/* enum 的宣告式 */
enum ColorRGB;
enum ConstInt;
/* enum 的定義 */
enum ColorRGB{RED, GREEN = 1, BLUE};
```

```
enum ConstInt{ZERO = 0,
              NULL_PTR = 0,
              ONE = 1,
              IDENTITY = 1};
```

之後會介紹的 struct 與 union 也都可讓宣告與定義分開，但請注意，自訂型態的定義必須在使用前先定義好，否則會有編譯的問題。下面這個例子在 main 建立 ColorRGB 的物件與使用 ColorRGB 的成員皆會發生編譯錯誤：

程式 10-9

```
enum ColorRGB;                  /* ColorRGB 的宣告式 */
int main(void){
    enum ColorRGB rgb;          /* 編譯錯誤！ColorRGB 未定義 */
    rgb = RED;                  /* 編譯錯誤！RED 未定義 */
    return 0;
}
enum ColorRGB{RED, GREEN, BLUE};    /* ColorRGB 的定義 */
```

此例中，即使 ColorRGB 的定義放在與 main 函式同一編譯單元也會造成編譯錯誤。因為編譯器不知該如何建立 rgb 的記憶空間，也不知 RED 為何物。

自訂型態的物件也具有記憶空間的位址，因此我們可以宣告一個指標來指向任一個物件。來看一個應用實例。一台只有一個按鍵的電風扇會有四種狀態：停止、低速、中速與高速，使用者每按下一次按鍵，風扇就會根據現在的狀態來決定按下後的狀態為何。整個動作流程可以用圖 10-1 所示的**有限狀態機**(finite-state machine)來表示，其中，每個圓圈代表風扇的狀態，箭頭線段代表發生按鍵動作。假設風扇一開始在停止狀態(Stop)，那麼經過一次按鍵後，風扇就會進行低速轉動(Low)；再按下一次，風扇就會進行中速轉動(Medium)；再按下一次，風扇就會進行高速轉動(High)；再按下一次，風扇就會回到停止狀態，重複上述步驟。

我們可以用 enum 來描述這些狀態，請看下面這段程式：

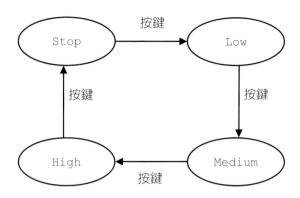

圖 10-1 單鍵風扇的有限狀態機

程式 10-10

```
#include <stdio.h>
/* 定義電風扇的四種狀態 */
enum FanState{STOP, LOW, MEDIUM, HIGH};
typedef enum FanState FanState;
/* 按下按鍵後所引發的事件，引數為 FanState 物件的位址 */
void pushButton(FanState * pState){
/* 由於 enum 的成員本質上是整數，所以可以用 switch 來進行條件分枝 */
    switch(*pState){
    case STOP:          /* 停止狀態 */
        puts("STOP -> LOW\n");
        state = LOW;
        break;
    case LOW:           /* 低速狀態 */
        puts("LOW -> MEDIUM\n");
        *pState = MEDIUM;
```

```
        break;
    case MEDIUM:          /* 中速狀態 */
        puts("MEDIUM -> HIGH\n");
        *pState = HIGH;
        break;
    case HIGH:            /* 高速狀態 */
        puts("HIGH -> STOP\n");
        *pState = STOP;
        break;
    } /* swtich(*pState) */
} /* pushButton */
/* main 函式 */
int main(void){
    FanState state = STOP;      /* 電風扇初始狀態為 STOP */
    char c = 0;
    while((c = getchar()) != EOF){      /* 輸入一個按鍵 */
        if(c == '\n')                   /* 按下 ENTER 繼續 */
            pushButton(&state);
        else if(c == 'q' || c == 'Q')   /* 按下 q 或 Q 離開 */
            break;
    } /* 輸入按鍵的迴圈 */
    return 0;
}
```

由於 pushButton 會根據電風扇的目前狀態來改變成下一個狀態，因此我們以 FanState 的指標來傳遞 FanState 的物件。接著，在 main 裡建立了一個 FanState 的物件 State 來代表電風扇的狀態，一開始為停止狀態，然後以一個迴圈讓使用者不斷地輸入按鍵，若使用者輸入了換行鍵，則呼叫 pushButton 並傳入 State 的位址以進入下一個狀態；當無任何輸入或者使用者按下 q 或 Q 鍵時，迴圈停止，程式也隨著結束。

10.3　結構體：struct

struct 是**結構體**(structure)的縮寫，它在 C 語言中是個很重要的自訂型態方式，可以用來把一些已定義好的型態包裝組合成另一個新的型態。接下來的幾個子小節將詳細地介紹 struct 的基本使用與注意事項。

10.3.1　基本使用

定義一個 struct 的語法如下：

struct 型態名稱 {成員列表};

其中成員列表為下列敘述的組合：

成員型態　成員名稱 1, 成員名稱 2, ... ;

我們來看一個簡單的 struct：

程式 10-11

```
#include <stdio.h>
struct Point2D{
    double x, y;
} P0;      /* 宣告一個 Point2D 的結構體並實體化一個物件：P0 */
int main(void){
    struct Point2D P1;      /* P1 為 Point2D 的區域物件 */
    struct Point2D * pP = &P1;          /* pP 指向 P1 */
    P0.x = 0.1;                    /* 存取物件的成員 */
    P0.y = 0.2;
    pP->x = P0.x * 3.0;         /* 物件指標存取成員須透過-> */
```

```
    pP->y = P0.y * 3.0;
    printf("%g, %g\n", P0.x, P0.y);     /* 0.1, 0.2 */
    printf("%g, %g\n", P1.x, P1.y);     /* 0.3, 0.6 */
    return 0;
}
```

結構體最主要功能是可以幫我們建立一個多資料的聚合體，我們稱這些包含的資料為**成員**，每個成員的型態可不同。如此，結構體的物件就可用來記錄一筆具有多項資料的事物。如程式 10-11 就定義了一個表示平面座標的結構體，用來記錄某個點在 x 軸與 y 軸的位置。結構體定義後必須實體化才能使用，實體化的語法與先前所介紹的列舉型態相同(第 10.2 節)。要使用結構體的成員，必須透過物件搭配**成員選擇運算子**(.)來存取，語法如下：

物件名稱.成員名稱

也可透過物件的指標來存取成員，但要透過**成員指定運算子**(->)符號：

物件位址->成員名稱

成員選擇運算子與成員指定運算子皆會構成左值運算式，它們的運算結果會是所指定的成員之記憶空間。

我們也可以定義一個結構體來包含許多不同型態的成員。例如，記錄一個學生的年齡、性別、身高與體重。其中，年齡的資料型態為 int；性別以字元'M'與'F'分別代表男生與女生；以兩個 float 來分別記錄學生的身高是多少公分與體重為多少公斤。此結構體命名為 Student，如程式 10-12 所示：

程式 10-12

```
struct Student{
    int age;                /* 年齡 */
    char gender;            /* 性別，'M'為男生，'F'為女生 */
```

```
    float height, weight;   /* 身高與體重，單位分別為公分與公斤 */
};
typedef struct Student  Student;
                        /* 將 struct Student 取別名為 Student */
int main(void){
    Student James; /* 建立 Student 的物件，名為 James */
    James.age = 24;     /* 設定 James 的所有成員 */
    James.gender = 'M';
    James.height = 180.0f;
    James.weight = 72.5f;
    return 0;
}
```

接下來的幾個小節，我們就以 Point2D 與 Student 這兩個結構體來學習 struct 的各項使用規則。

10.3.2 位元複製

在 C 語言中，某個自訂型態的任兩個物件在進行複製動作時會引發**位元複製** (bitwise copy)。位元複製的動作原理很簡單，就是把兩個同型態的物件所擁有的記憶空間進行每個位元的複製，而 struct 可以利用位元複製來達成十分便利的一次性複製。例如，我們只要透一個 = 即可將某個 Point2D 的物件所包含的全部成員複製到另一個 Point2D 的物件：

程式 10-13

```
#include <stdio.h>
struct Point2D{ double x, y; }; /* struct Point2D 的定義 */
typedef struct Point2D Point2D;     /* 定義別名為 Point2D */
int main(void){
    Point2D P0, P1, P2;                 /* 實體化 Point2D */
```

```
    P0.x = 0.1;
    P0.y = 0.2;
    P1 = P0;                        /* 將 P0 複製到 P1 */
    P2 = P1;                        /* 將 P1 複製到 P2 */
    printf("%g, %g\n", P2.x, P2.y); /* 0.1, 0.2 */
    return 0;
}
```

面對多成員的物件複製，如 Student 的物件，位元複製帶來的便利性也就越顯著。如下面這個例子：

程式 10-14

```
#include <stdio.h>
struct Student{
    int age;                /* 年齡 */
    char gender;            /* 性別，'M'為男生，'F'為女生 */
    float height, weight;   /* 身高與體重，單位分別為公分與公斤 */
};
typedef struct Student  Student;
/* main 函式 */
int main(void){
    Student Judy, Mary, Lin;     /* 實體化三個 Student 的物件 */
    Judy.age = 18;               /* 先設定 Judy 的資料 */
    Judy.gender = 'F';
    Judy.height = 160.0f;
    Judy.weight = 50.0f;
    Mary = Judy;                 /* 將 Judy 複製到 Mary */
    Lin = Mary;                  /* 將 Mary 複製到 Lin */
    printf("Age: %d\n", Lin.age);        /* Age: 18 */
    printf("Gender: %c\n", Lin.gender); /* Gender: F */
```

```
printf("Height: %g\n", Lin.height);
                                /* Height: 160.0 */
printf("Weight: %g\n", Lin.weight);
                                /* Weight: 50.0 */
return 0;
}
```

位元複製的確可以為自訂型態帶來許多便利性，但前提是每個成員的記憶空間必須為非動態配置。假若成員為指標型態，您必須考慮記憶空間配置與回收的問題，我們在第 10.3.8 節會有深入的探討。

10.3.3 初始值設定

任何區域變數或物件若未給予初始值，那麼它的內容將會是不可預期的。因此，我們所宣告的 Point2D 與 Student 這兩個結構體，它們的區域物件在未給予初始值的情況下其成員都會具有不可預期的內容，請看下面這個程式。

程式 10-15

```
#include <stdio.h>
/* Point2D 的定義 */
struct Point2D{ double x, y; };
typedef struct Point2D Point2D;
/* Student 的定義 */
struct Student{
    int age;                /* 年齡 */
    char gender;            /* 性別，'M'為男生，'F'為女生 */
    float height, weight;   /* 身高與體重，單位分別為公分與公斤 */
};
typedef struct Student  Student;
Point2D g_P;        /* 全域物件，各成員的初始值為零 */
```

```
    Student g_S;        /* 全域物件，各成員的初始值為零 */
/* main 函式 */
int main(void){
    Point2D P;              /* 區域物件，各成員的初始值不可預期 */
    Student James;          /* 區域物件，各成員的初始值不可預期 */
    printf("%g, %g\n", g_P.x, g_P.y);   /* 0.0, 0.0 */
    printf("%g, %g\n", P.x, P.y);       /* 不可預期的內容 */
    printf("Age: %d\n", g_S.age);          /* Age: 0 */
    printf("Gender: %c\n", g_S.gender); /* Gender: */
    printf("Height: %g\n", g_S.height); /* Height: 0.0 */
    printf("Weight: %g\n", g_S.weight); /* Weight: 0.0 */
    printf("Age: %d\n", James.age);  /* 輸出不可預期的內容 */
    printf("Gender: %c\n", James.gender);
    printf("Height: %g\n", James.height);
    printf("Weight: %g\n", James.weight);
    return 0;
}
```

　　設定結構體物件的初始值之方法有兩種。第一種方法，我們可將某個已建立好的物件作為初始值的參考來源，然後再以位元複製方式設定給其它同型態的物件。例如，我們可以將程式 10-15 的 g_P 與 g_S 這兩個全域物件分別做為 P 與 James 之初始值：

程式 10-16

```
#include <stdio.h>
/* Point2D 的定義 */
struct Point2D{ double x, y; };
typedef struct Point2D Point2D;
/* Student 的定義 */
```

```
struct Student{
    int age;                    /* 年齡 */
    char gender;                /* 性別，'M'為男生，'F'為女生 */
    float height, weight;   /* 身高與體重，單位分別為公分與公斤 */
};
typedef struct Student  Student;
Point2D g_P;        /* 全域物件，各成員的初始值為零 */
Student g_S;        /* 全域物件，各成員的初始值為零 */
/* main 函式 */
int main(void){
    Point2D P = g_P;            /* 以全域物件來初始化區域物件 */
    Student James = g_S;
    printf("%g, %g\n", P.x, P.y);           /* 0.0, 0.0 */
    printf("Age: %d\n", James.age);         /* Age: 0 */
    printf("Gender: %c\n", James.gender);   /* Gender: */
    printf("Height: %g\n", James.height);
                                            /* Height: 0.0 */
    printf("Weight: %g\n", James.weight);
                                            /* Weight: 0.0 */
    return 0;
}
```

　　第二種初始化方法：以陣列的初始化方式。其實結構體也是一種陣列，只不過它的每個元素之型態不一定相同，我們稱為**異質陣列**(heterogeneous array)。一般陣列的每個元素必須屬於同型態，稱為**同質陣列**(homogeneous array)。不論異質還是同質陣列，這種資料型態都是把許多資料元素緊密地排列在一塊記憶空間中，這種資料型態被稱為**聚合型態**(aggregate type)。我們可以利用陣列的方式來初始化一個聚合型態的物件，也就是以大括號來包含各成員的初始值。但須注意一點，大括號內所有初始值的順序與型態都必須與成員們在型態定義中的順序與型態一致。請看下面這個程式：

程式 10-17

```c
#include <stdio.h>
/* Point2D 的定義 */
struct Point2D{ double x, y; };
typedef struct Point2D Point2D;
/* Student 的定義 */
struct Student{
    int age;                /* 年齡 */
    char gender;            /* 性別，'M'為男生，'F'為女生 */
    float height, weight;   /* 身高與體重，單位分別為公分與公斤 */
};
typedef struct Student  Student;
int main(void){
    /* 請注意大括號內各初始值的順序與型態 */
    Point2D P1 = {1.2, 3.4}, P2 = {0.0};
    Student James = {25, 'M', 180.5f, 80.5f};
    Student Mary = {18, 'F'};
    printf("%g, %g\n", P1.x, P1.y); /* 1.2, 3,4 */
    printf("%g, %g\n", P2.x, P2.y); /* 0.0, 0.0 */
    printf("Age: %d\n", James.age); /* Age: 25 */
    printf("Gender: %c\n", James.gender);    /* Gender: M */
    printf("Height: %g\n", James.height);
                                /* Height: 180.5 */
    printf("Weight: %g\n", James.weight);
                                /* Weight: 80.5 */
    printf("Age: %d\n", Mary.age);           /* Age: 18 */
```

```
    printf("Gender: %c\n", Mary.gender);      /* Gender: F */
    printf("Height: %g\n", Mary.height);
                                        /* Height: 0.0 */
    printf("Weight: %g\n", Mary.weight);
                                        /* Weight: 0.0 */
    return 0;
}
```

跟一般陣列的初始化方法相同，大括號內沒有指定到的成員預設值會自動設定為零。但請勿以空的大括號來初始化，因為有些編譯器會發出編譯錯誤的訊息。

另外，初始值在 C99 中可以是變數，但有些早期的 C89 的編譯器並不允許初始值為變數，強制要求初始值必須是編譯時期可決定的常數。請使用 C89 的讀者要小心這點。

10.3.4　參數傳遞與回傳

結構體的物件可傳遞給函式，也可從函式回傳，請看程式 10-18 所定義的函式們，並注意它們的參數傳遞與回傳型式：

程式 10-18

```
#include <stdio.h>
/* Point2D 的定義 */
struct Point2D{ double x, y; };
typedef struct Point2D Point2D;
/* Student 的定義 */
struct Student{
    int age;                /* 年齡 */
    char gender;            /* 性別，'M'為男生，'F'為女生 */
    float height, weight;   /* 身高與體重，單位分別為公分與公斤 */
};
```

```
typedef struct Student   Student;
```

/* 輸出一個 Point2D 物件的所有成員。請注意，參數是 Point2D 的物件 */

```
void outputPoint2D(Point2D P){
    printf("%g, %g\n", P.x, P.y);
}
```

/* 輸入一個 Point2D 物件的所有成員。請注意，參數是 Point2D 的指標 */

```
void inputPoint2D(Point2D * pP){
    scanf("%lf%lf", &pP->x, &pP->y);
}
```

/* 將兩個 Point2D 物件相加，並將結果回傳。
   請注意，參數是兩個唯讀指標 */

```
Point2D addPoint2D(const Point2D * pP1,
                   const Point2D * pP2)
{
    Point2D P;
    P.x = pP1->x + pP2->x;
    P.y = pP1->y + pP2->y;
    return  P;
}
```

/* 輸出一個 Student 物件的所有成員。
   請注意，參數是 Student 的唯讀指標 */

```
void outputStudent(const Student * pS){
    printf("Age: %d\n", pS->age);
    printf("Gender: %c\n", pS->gender);
    printf("Height: %g\n", pS->height);
    printf("Weight: %g\n", pS->weight);
}
```

/* 輸入一個 Student 物件的所有成員。請注意，參數是以指標傳遞 */

```c
void inputStudent(Student * pS){
    scanf("%d %c", &pS->age, &pS->gender);
    scanf("%f%f", &pS->height, &pS->weight);
}
/* main 函式 */
int main(void){
    Student James;
    Point2D P1, P2, P3;
    inputPoint2D(&P1);               /* 輸入 P1 的資料 */
    inputPoint2D(&P2);               /* 輸入 P2 的資料 */
    P3 = addPoint2D(&P1, &P2);       /* P3 = P1 + P2 */
    outputPoint2D(P3);               /* 輸出 P3 的資料 */
    inputStudent(&James);            /* 請輸入 18 M 180 90 */
    outputStudent(&James);           /* 輸出 James 的資料 */
    return 0;
}
```

　　傳遞結構體的物件到一個函式，您必須先考慮一件事情：該物件是個龐然大物嗎？若是，我們通常會以指標的方式傳遞它，否則直接傳遞整個物件勢必會產生資料複製兩倍的成本。但如果該物件不會過於龐大也不會透過函式來修改其內容，那麼傳遞整個物件就比較不會造成太大的傳遞成本，如程式 10-18 的 outputPoint2D 直接複製一個 Point2D 物件到函式進行標準輸出。不過，一般建議還是以結構體的指標來傳遞，若函式不會修改物件的內容，請以唯讀指標傳遞，如 outputStudent 與 addPoint2D 這兩個函式；反之，若物件會透過函式修改其內容，就得以非唯讀指標來傳遞了。如 inputStudent 與 inputPoint2D 這兩個用來輸入資料的函式。結構體的物件也可以做為回傳值，如 addPoint2D 將 pP1 與 pP2 分別所指向的 Point2D 物件相加的結果放在另一個 Point2D 物件 P，然後再將 P 回傳。但請注意，若物件所佔的記憶空間過大，一般建議不要直接回傳此物件，請改以傳遞指標的方式來間接修改物件。addPoint2D 或許可以改成這樣：

```
void addPoint2D(Point2D * pPO,
                const Point2D * pP1,
                const Point2D * pP2)
{
    pPO->x = pP1->x + pP2->x;
    pPO->y = pP1->y + pP2->y};
}
```

其中，pPO 指向存放相加結果的物件。呼叫端也得跟著修改，如下所示：

```
int main(void){
    Point2D P1, P2, P3;
    inputPoint2D(&P1);          /* 輸入 P1 的資料 */
    inputPoint2D(&P2);          /* 輸入 P2 的資料 */
    addPoint2D(&P3, &P1, &P2);  /* P3 = P1 + P2 */
    return 0;
}
```

10.3.5　唯讀成員

成員可以加上 volatile 與 const 來修飾，這跟一般變數的用法一樣(請看第 5.3.5 節與第 5.3.6 節)。但請特別注意，任何成員都不可以有預設值，包括 const 成員。下面這個例子是把 Student 加上一個唯讀成員 ID 來代表學號：

程式 10-19

```c
#include <stdio.h>
/* Student 的定義 */
struct Student{
    const int ID;              /* 學號，唯讀性質，但不可有預設值 */
    int age;                   /* 年齡 */
    char gender;               /* 性別，'M'為男生，'F'為女生 */
    float height, weight;      /* 身高與體重，單位分別為公分與公斤 */
};
typedef struct Student   Student;
int main(void){
    Student Mary = {123, 18, 'F', 160.0f, 50.0f};
    printf("ID: %d\n", Mary.ID);     /* ID: 123 */
    Mary.ID = 567;          /* 編譯錯誤，唯讀成員不可被修改 */
    return 0;
}
```

我們可以在物件建立的時候設定唯讀成員的初始值，但卻不能在事後修改物件的唯讀成員，否則會有編譯錯誤。但如果透過指標的方式就可以修改唯讀成員的內容，編譯器會強迫以非唯讀指標來指向唯讀成員。請看下面這個例子：

程式 10-20

```c
#include <stdio.h>
/* Student 的定義 */
struct Student{
    const int ID;              /* 學號，唯讀性質，但不可有預設值 */
    int age;                   /* 年齡 */
    char gender;               /* 性別，'M'為男生，'F'為女生 */
    float height, weight;      /* 身高與體重，單位分別為公分與公斤 */
};
```

```
typedef struct Student   Student;
/* 輸出一個 Student 物件的所有成員。

   請注意，參數是 Student 的唯讀指標 */
void outputStudent(const Student * pS){
    printf("ID: %d\n", pS->ID);
    printf("Age: %d\n", pS->age);
    printf("Gender: %c\n", pS->gender);
    printf("Height: %g\n", pS->height);
    printf("Weight: %g\n", pS->weight);
}
/* 輸入一個 Student 物件的所有成員。請注意，參數是以指標傳遞 */
void inputStudent(Student * pS){
    scanf("%d", (int *)&pS->ID);              /* 請先轉型 */
    scanf("%d %c", &pS->age, &pS->gender);
    scanf("%f%f", &pS->height, &pS->weight);
}
int main(void){
    Student Mary = {123, 18, 'F', 160.0f, 50.0f};
    int pi = &Mary.ID; /* 非唯讀指標指向唯讀空間，
                          會有警告訊息 */
    *pi = 567;                        /* 可以透過指標來修改 */
    printf("ID: %d\n", Mary.ID);    /* ID: 567 */
    inputStudent(&Mary);    /* 請輸入 890 18 F 162.0 51.0 */
    outputStudent(&Mary);
    return 0;
}
```

這種以非唯讀指標指向唯讀空間的情形，編譯器都會發出警告訊息。若您確定這麼做是您想要的，那麼請加上轉型動作，如程式 10-20 的 inputStudent，在對 ID 進行輸入前先將 ID 的位址轉型成可讓非唯讀指標記錄，這樣編譯器就不會發出警告訊息。

10.3.6 陣列成員

　　資料成員可以是一個固定大小的陣列。以 Student 為例，我們加上兩個陣列型態的資料成員，name 與 scores，分別用來記錄學生的名稱與三次考試的成績。如程式 10-21 所示，並注意 Student 的物件在建立時如何進行初始化，以及 outputStudent 與 inputStudent 這兩個函式做了哪些修改：

程式 10-21

```
#include <stdio.h>
/* Student 的定義 */
struct Student{
    const int ID;           /* 學號 */
    char name[100];         /* 姓名 */
    int age;                /* 年齡 */
    char gender;            /* 性別，'M'為男生，'F'為女生 */
    float height, weight;   /* 身高與體重，單位分別為公分與公斤 */
    double scores[3];       /* 三次考試的成績 */
};
typedef struct Student  Student;
/* 輸出一個 Student 物件的所有成員 */
void outputStudent(const Student * pS){
    printf("ID: %d\n", pS->ID);
    printf("Name: %s\n", pS->name);/* 輸出姓名 */
    printf("Age: %d\n", pS->age);
    printf("Gender: %c\n", pS->gender);
    printf("Height: %g\n", pS->height);
```

```c
    printf("Weight: %g\n", pS->weight);
    /* 輸出成績 */
    printf("Scores: %g, %g, %g\n",
            pS->scores[0], pS->scores[1], pS->scores[2]);
}
/* 輸入一個 Student 物件的所有成員 */
void inputStudent(Student * pS){
    scanf("%d", (int *)&pS->ID);
    scanf("%s", pS->name);              /* 輸入姓名 */
    scanf("%d %c", &pS->age, &pS->gender);
    scanf("%f%f", &pS->height, &pS->weight);
    /* 輸入成績 */
    scanf("%lf%lf%lf",
            &pS->scores[0], &pS->scores[1], &pS->scores[2]);
}
/* main 函式 */
int main(void){
    Student Mary = {123,                /* ID */
                    "Mary",             /* 名稱 */
                    16, 'F',            /* 年齡與性別 */
                    158.5f, 48.5f,      /* 身高與體重*/
                    80.0, 90.0, 95.0};  /* 三次成績 */
    Student James = {456,               /* ID */
                    "James",            /* 名稱 */
                    16, 'F',            /* 年齡與性別*/
                    158.5f, 48.5f,      /* 身高與體重*/
                    {60.0, 70.0, 65.0}}; /* 三次成績 */
    outputStudent(&Mary);
```

```
    outputStudent(&James);

    inputStudent(&Mary);

    /* 請輸入 101 Tina 17 F 160.0 50.0 90.0 98.0 100.0 */

    outputStudent(&Mary);

    return 0;

}
```

當資料成員為陣列的情況時，我們可以用大括號的方式來為該結構體的物件進行初始化，只要每個成員的初始值之順序跟在結構體定義的成員列表一致即可，如程式 10-21 中，建立 Mary 時的初始化。也可以再加上一對大括號給陣列成員的初始值，如 James 的三次成績之初始值。請注意，陣列成員必須明確地給予在編譯時期能決定的大小，請勿宣告一個不知大小的陣列成員，否則會有編譯錯誤。請看這個例子：

程式 10-22

```
/* Student 的定義 */
struct Student{
    const int ID;            /* 學號 */
    char name[];             /* 編譯錯誤！不可是不定大小的陣列 */
    int age;                 /* 年齡 */
    char gender;             /* 性別，'M'為男生，'F'為女生 */
    float height, weight;    /* 身高與體重，單位分別為公分與公斤 */
    double scores[] = {0.0, 0.0, 0.0};  /* 編譯錯誤！*/
                                        /* 成員不可有預設值 */
};
typedef struct Student  Student;
```

由於結構體的每個成員必須能在編譯階段知道所佔空間為多少，而且也都不能設定預設值，因此我們必須明確地指定陣列成員的元素個數。

10.3.7　成員的儲存等級

您不能為任一成員指示它的儲存等級。下列各成員宣告都會造成編譯錯誤：

```
struct Student{
    static int ID;          /* 編譯錯誤！成員不可是靜態！ */
    extern int age;         /* 編譯錯誤！成員不可是外部！ */
    register char gender;
                        /* 編譯錯誤！成員不可是暫存器！ */
    auto float height, weight;
                        /* 編譯錯誤！不可指示成員的儲存等級！ */
};
```

但是我們可以指示物件的儲存等級，使用方式與注意事項皆與一般變數一樣，請看第 5.3.8 節、第 5.3.9 節與第 5.3.10 節的說明。

10.3.8　指標成員

成員若是指標型態，您必須小心動態記憶空間的配置與管理問題。並切記一點，物件之間的複製動作是位元複製，指標成員只會被複製所儲存的記憶空間位址，該位址所指向的記憶空間內容並不會被複製。以 Student 為例，我們把 name 改成字元指標，成為一個不限字元長度的字串，並加上幾個因為多了指標成員而設計的函式。請看程式 10-23：

程式 10-23

```
#include <stdio.h>
#include <stdlib.h>        /* malloc 與 free */
#include <string.h>        /* 字串處理函式庫 */
struct Student{
```

```c
    int ID;                     /* 學號 */
    char* name;                 /* 名稱，預設值為空指標 */
    int age;                    /* 年齡 */
    char gender;                /* 性別，'M'為男生，'F'為女生 */
    float height;               /* 身高，單位為公分 */
    float weight;               /* 體重，單位為公斤 */
    double scores[3];           /* 三次考試的成績 */
};
typedef struct Student  Student;
/* 學生物件的建立函式 */
Student newStudent(){
        Student S = {0};        /* 包含 name 也設定為 NULL */
    return S;
}
/* 釋放學生物件的函式 */
void releaseStudent(Student *pS){
        free(pS->name);         /* 釋放 name 所指向的空間 */
    pS->name = NULL;            /* 初始化為空指標 */
}


/* 設定學生姓名 */
void setName(Student * pS, const char* sName){
    if(pS->name != NULL)
        free(pS->name);         /* 釋放先前配置的記憶空間 */
    pS->name = (char *)malloc(strlen(sName) + 1);
                                /* 配置足夠的字元數量 */
    if(pS->name != NULL)        /* 檢查是否配置成功 */
        strcpy(pS->name, sName);            /* 字串複製 */
```

```
    }
/* 複製學生 */
void copyStudent(Student * pTarget, const Student * pSource){
    setName(pTarget, pSource ->name);
    pTarget->ID = pSource->ID;
    pTarget->age = pSource->age;
    pTarget->gender = pSource->gender;
    pTarget->height = pSource->height;
    pTarget->weight = pSource->weight;
    pTarget->scores[0] = pSource->scores[0];
    pTarget->scores[1] = pSource->scores[1];
    pTarget->scores[2] = pSource->scores[2];
}
/* main 函式 */
int main(void){
    Student S1 = newStudent(), S2 = newStudent();
    setName(&S1, "Billy");              /* 設定名稱 */
    printf("%s\n", S1.name);            /* Billy */
    S2 = S1;                            /* 複製 S1 到 S2 */
    printf("%s\n", S1.name);            /* Billy */
    printf("%s\n", S2.name);            /* Billy，似乎沒問題 */
    S1.name[4] = 0;                     /* 修改 S1 的 name */
    printf("%s\n", S1.name);            /* Bill */
    printf("%s\n", S2.name);    /* Bill，S2 的 name 也跟著修改？ */
    setName(&S1, "James");        /* S1 改名稱為 James */
    printf("%s\n", S1.name);       /* James */
    printf("%s\n", S2.name);  /* 不可預期的結果，甚至被中斷執行 */
    releaseStudent(&S1);           /* 最後要記得釋放記憶空間 */
```

```
    releaseStudent(&S2);          /* 糟糕！S2.name 已釋放過了！ */
    return 0;

}
```

　　程式 10-23 的 newStudent 為建立新的學生物件。請注意，指標成員的初始
值最好是空指標(NULL，本質上為零)。因此，newStudent 會把新的學生物件的
所有成員都初始化為零。若有必要，您也可以為每個成員設定個別的初始值。指標
成員的初始值若為空指標可避免許多記憶空間非法存取的行為，也可方便接下來的
記憶空間操作。如 setName 函式，我們就可以檢查 name 是否為空指標來判斷記
憶空間有無配置過。若是，則釋放其記憶空間，即可再重新建立另一個記憶空間以
存放新的字串。在程式 10-23 中，S1 的 name 先以 setName 設定為"Billy"，
然後把 S1 的所有成員以複製到 S2。但 s2 的 name 只是複製了 S1.name 的指標內
容，換句話說，S2 的 name 與 S1 的 name 指向同一塊記憶空間了。若您不去修改
這塊記憶空間之內容，只進行讀取，那麼一切動作正常。但如果該記憶空間不論透
過 S1 或 S2 進行 name 的任何修改，S1 與 S2 的 name 都會間接地得到修改後的結
果。然而，對 S1 或 S2 進行 setName 會帶來更嚴重的後果，因為另一方的 name
所指向的將是一塊已釋放的記憶空間，對它進行任何存取都會帶來不可預期的結果，
嚴重者會被作業系統中斷執行。最後我們以 releaseStudent 來釋放 S1 與 S2 所
配置的動態記憶空間。釋放 S1 的 name 是沒有問題的，因為它指向一塊合法存取
的記憶空間；但釋放 S2 的 name 就有嚴重的問題了，因為 S2 的 name 指向的記憶
空間已經被釋放了(在釋放 S1.name 的時候)。因此，去釋放一塊已釋放的記憶空
間也是一種非法存取的動作，作業系統有權利中斷此程式的執行。這一切問題都出
在我們直接將 S2 = S1，這只是物件的位元複製，指標成員所指向的記憶空間並不
會被複製一份。程式 10-23 中的 copyStudent 就是用來解決這個問題，這函式
會將 pSource 所指向的學生物件複製到 pTarget 所指向的學生物件。非指標的成
員會直接複製，但 name 則是會過 setName 來複製。請把程式 10-23 的 S2 = S1;
改成這樣：

```
copyStudent(&S2, &S1);
```

您會發現程式可以執行出正確的結果，而且不會有記憶空間非法存取的問題。

請小心使用指標成員，當結構體有一個以上的指標成員時，您應該至少要設計四個函式來管理該結構體的物件：**建立物件**、**釋放指標成員所指向的記憶空間**、**設定指標成員的資料**與**物件複製**。這四個函式分別對應程式 10-23 的 newStudent、releaseStudent、setName 與 copyStudent，一切都透過函式來管理指標成員的記憶空間，請儘量不要在其它地方去變動到指標成員所指向的記憶空間，否則很容易發生記憶空間非法存取的錯誤。

10.3.9 不定數量的成員

我們可以利用指標成員來設計一個具有不定數量成員的結構體，請看下面這個 Student：

程式 10-24

```c
#include <stdio.h>
#include <stdlib.h>          /* malloc 與 free */
struct Student{
    int ID;                  /* 學號 */
    int age;                 /* 年齡 */
    char gender;             /* 性別，'M'為男生，'F'為女生 */
    float height;            /* 身高，單位為公分 */
    float weight;            /* 體重，單位為公斤 */
    size_t nscores;          /* 成績的數量 */
    double * scores;         /* 成績 */
};
typedef struct Student  Student;
/* 學生物件的建立函式 */
```

```
Student newStudent(){
    Student S = {0};          /* 包含 name 也設定為 NULL */
    return S;
}
/* 釋放學生物件的函式 */
void releaseStudent(Student *pS){
    free(pS->scores);         /* 釋放成績所指向的空間 */
    pS->scores = NULL;        /* 初始化為空指標 */
}
/* 設定學生姓名 */
void setScores(Student * pS,
               size_t n,
               const double *pScores)
{
    size_t nBytes = sizeof(double) * n;
    pS->nscores = 0;
    if(pS->scores != NULL)
        free(pS->scores);         /* 釋放先前配置的記憶空間 */
    pS->scores = (double *)malloc(nBytes);
                                  /* 配置足夠的字元數量 */
    if(pS->scores != NULL){    /* 檢查是否配置成功 */
        pS->nscores = n;
        memcpy(pS->scores, pScores, nBytes); /* 資料複製 */
    }
} /* setScores */
/* 複製學生 */
void copyStudent(Student * pTarget,
                 const Student * pSource)
```

```
{
    setScores(pTarget, pSource->nscores, pSource->scores);

    pTarget->ID = pSource->ID;

    pTarget->age = pSource->age;

    pTarget->gender = pSource->gender;

    pTarget->height = pSource->height;

    pTarget->weight = pSource->weight;
}
/* 輸出學生的所有成績 */
void outputScores(const Student * pS){
    size_t i = 0;
    for(i = 0; i < pS->nscores; ++i)
        printf("%f ", pS->scores[i]);
    puts("\n");
}
/* main 函式 */
int main(void){
    size_t i = 0;
    double A[3] = {90.0, 85.0, 95.0};
    Student S1 = newStudent(), S2 = newStudent();
    setScores(&S1, 3, A);              /* 設定成績 */
    outputScores(&S1);                 /* 90.0, 85.0, 95.0 */
    copyStudent(&S2, &S1);             /* 複製 S1 到 S2 */
    for(i = 0; i < S2.nscores; ++i)
        ++S2.scores[i];
    outputScores(&S1);                 /* 90.0, 85.0, 95.0 */
    outputScores(&S2);                 /* 91.0, 86.0, 96.0 */
    releaseStudent(&S1);
```

```
    releaseStudent(&S2);              /* 必須釋放成績資料 */
    return 0;
}
```

此例將 Student 的 scores 成員所包含的成績個數改成不定數量，並以 nscores 這個成員來指示 scores 包含了多少成績。如此，我們可以透過 setScores 隨時將一個 Student 的物件設定成績的個數與內容。請注意，當進行 Student 物件之間的複製，也必須設計一個 copy 函式來複製這些不定數量的成員，如程式 10-24 的 copyStudent。請注意，最後一定要呼叫 releaseStudent 來釋放所有動態配置的學生成績資料。

另外，C99 允許我們宣告零長度的陣列可用來設計不定數量的成員，但必須注意這樣的結構體必須以動態方式建立，並在建立同時也配置不定數量成員的記憶空間。程式 10-24 可以改成這樣：

程式 10-25

```
#include <stdio.h>
#include <stdlib.h>         /* malloc 與 free */
struct Student{
    int ID;                 /* 學號 */
    int age;                /* 年齡 */
    char gender;            /* 性別，'M'為男生，'F'為女生 */
    float height;           /* 身高，單位為公分 */
    weight;                 /* 體重，單位為公斤 */
    size_t nscores;         /* 成績的數量 */
    double  scores[0];      /* 成績 */
};
typedef struct Student  Student;
/* 學生物件的建立函式 */
Student * newStudent(size_t n){
```

```c
    size_t nBytes = sizeof(Student) + sizeof(double) * n;
    Student * pS = (Student *)malloc(nBytes);
    if(pS != NULL){
        pS->nscores = n;
        memset(pS, 0, nBytes);
    }
    return pS;
}
/* 設定學生姓名 */
void setScores(Student * pS, size_t n, double *pScores){
    size_t nBytes = sizeof(double) * n;
    pS->nscores = 0;
    if(pS->scores != NULL){      /* 檢查是否配置成功 */
        pS->nscores = n;
        memcpy(pS->scores, pScores, nBytes); /* 資料複製 */
    }
} /* setScores */
/* 複製學生 */
void copyStudent(Student * pTarget,
                 const Student * pSource)
{
    setScores(pTarget, pSource->nscores, pSource->scores);
    pTarget->ID = pSource->ID;
    pTarget->age = pSource->age;
    pTarget->gender = pSource->gender;
    pTarget->height = pSource->height;
    pTarget->weight = pSource->weight;
}
```

```
/* 輸出學生的所有成績 */

void outputScores(const Student * pS){
    size_t i = 0;
    for(i = 0; i < pS->nscores; ++i)
        printf("%f ", pS->scores[i]);
    puts("\n");
}

/* main 函式 */

int main(void){
    size_t i = 0;
    double A[4] = {70.5, 90.0, 85.0, 95.0};
    size_t n = 4;
    Student * pS1 = newStudent(n);
    Student * pS2 = newStudent(n);
    if(pS1 != NULL & pS2 != NULL){
        setScores(pS1, n, A);      /* 設定成績 */
        outputScores(pS1);         /* 70.5, 90.0, 85.0, 95.0 */
        copyStudent(pS2, pS1);   /* 複製 S1 到 S2 */
        for(i = 0; i < pS2->nscores; ++i)
            ++pS2->scores[i];
        outputScores(pS1);         /* 70.5, 90.0, 85.0, 95.0 */
        outputScores(pS2);         /* 71.5, 91.0, 86.0, 96.0 */
        free(pS1);
        free(pS2);                    /* 只要釋放學生物件即可 */
    } /* pS1 與 pS2 建立成功的區域 */
    return 0;
}
```

程式 10-25 的 newStudent 是根據參數 n 來動態地建立一個具有 n 筆成績資

料的學生物件，並將回傳它的記憶空間位址。在建立學生物件的同時也一併建立了成績資料。請注意，在 newStudent 中，一個學生物件的大小為 nBytes，是由 Studnet 本身的大小加上成績資料的大小而得。因此，當我們以 free 釋放學生物件時也會一併釋放成績資料，這樣我們就不需要額外地設計 releaseStudent 來釋放學生物件裡的動態配置空間。

不論是以指標或是零長度陣列來設計不定數量的成員，您都得注意在物件的建立、複製與消失的時機，必須要小心且正確地做好動態記憶空間的管理。否則，一不小心是很容易發生記憶空間漏失與懸空指標的問題。

10.3.10　位元欄位

位元欄位 (bit field) 是一種很特殊的資料成員宣告方式，它可讓我們指定成員所佔用的空間只會有數個位元。宣告語法如下：

整數型態　成員名稱 1：位元數量 1，成員名稱 2：位元數量 2 ... ；

其中，位元數量是一個可在編譯時期決定的常數，您可直接填入一個常數，或是由常數運算式所計算的結果。若您希望成員所佔的空間低於一個 byte，那麼位元欄位可以滿足您的需求。只是，它有很多限制。我們先來看一個例子，如程式 10-26，結構體 Nibble 有兩個成員，low 與 high 分別各佔一個 int 中的四個位元：

程式 10-26

```
#include <stdio.h>
struct Nibble{
    signed int low: 4,  high: 4; /* low 與 high，各佔 4 bit */
};
typedef struct Nibble Nibble;
```

```
int main(void){
    Nibble x = {2, 1};
    printf("%d, %d\n", x.low, x.high);        /* 2, 1 */
    x.low = -1, x.high = 2;
    printf("%d, %d\n", x.low, x.high);        /* -1, 2 */
    x.low = -1, x.high = 8;
    printf("%d, %d\n", x.low, x.high);        /* -1, -8 */
    x.low = -9, x.high = 1;
    printf("%d, %d\n", x.low, x.high);        /* 7, 1 */
    return 0;
}
```

在解說這例子之前，我們先來看看位元欄位的使用規則：

1. 位元欄位的型態必須是整數型態。

2. 位元欄位不可為指標或陣列型態。

3. 所指定的位元數不可超過型態的總位元數 (有些編譯器允許，但可能會改為最大位元數)。

4. 型態建議加上 sign 或 unsigned 來指示有號與無號整數。否則各家編譯器會有不一樣的行為。如 int，若不加上 sign，有可能會被視為無號整數。

5. 請注意溢位問題，那會引發未定義的現象。

6. 通常情況下，多個位元欄位的位元數總和若不超過該型態的最大位元數，編譯器會儘量讓它們壓縮在同一個型態的空間內，但不一定。

前兩項規則就不多作解釋，純粹就是宣告上的限制。第三項規則，位元欄位的所佔位元數請勿超該整數型態的總位元數，舉例來說，若有一個名為的 OverSize 的結構體，如下所示：

```
struct OverSize{
    int bits: sizeof(int) * 8 + 1;
```

```
                    /*  過大的位元數，未定義之行為  */
    };
```

其成員 bits 的宣告有會有問題，因為 bits 所佔位元數為 int 的總位元數加 1，這是未定義的行為。各家編譯器面對此現象有不同作法。有些編譯器會發出編譯錯誤；有些會允許，但會做一些適當的處理，比如忽略超過的位元數。

請特別注意第四項規則，當型態未標明 signed 或 unsigned 時，有些編譯器會以 signed 來看待其位元欄位，但有些編譯器會以 unsigned 看待。因此，一般建議所有的位元欄位成員請詳細地標明是有號整數還是無號整數。如程式 10-26 的 Nibble。

最七項規定，其實就跟一般有號整數一樣(請看第 3.2 節)，給予過大或過小的值都會發生溢位情況，會有什麼結果得看執行環境。不過，一般情況，是會根據以二的補數表示法來推算出溢位結果。如程式 10-26 的 main 中，前兩次對 low 與 high 的數值設定，皆在正常範圍內(四位元有號整數，以二的補數表示法為-8 到 7)，並不造成溢位；第三次對 high 設定 8，發生溢位，因此顯示出-8 的結果，low 未受影響；第四次對 low 設定-9，發生溢位，因此顯示出 7 的結果，high 則未受影響。

最後一項，應該是大家使用位元欄位的最大目的之一：節省空間。正常情況下，程式 10-26 的 Nibble 所佔空間會是一個 int 的空間，您可以透過 sizeof(Nibble) 驗證。可是，C 語言並沒有強制規定編譯器要讓所有位元欄位的成員壓縮在該整數型態的一個單位空間內。一切由編譯器是編譯環境與執行環境來決定是否做這件事。只不過，大部分的情況都會如您所願地將位元欄位的空間壓縮在一起。

您若希望某個位元欄位的成員在另一個新的單位空間從頭開始佔用，可以在該成員前安插一個零位元數且無名稱的成員，用來當作新空間的區隔。像這樣：

程式 10-27

```
struct FlagSet{
    /* flag1 到 flag4 會佔用一個 unsigned char */
    unsigned char flag1: 1;
    unsigned char flag2: 1;
    unsigned char flag3: 1;
    unsigned char flag4: 1;
    unsigned char: 0;                  /* 區隔用成員 */
    /* flag5 到 flag8 會佔用另一個 unsigned char */
    unsigned char flag5: 1;
    unsigned char flag6: 1;
    unsigned char flag7: 1;
    unsigned char flag8: 1;
};
```

如此，一般情況下，FlagSet 的物件將會佔用兩個 unsigned char 的空間。
您可以自行將那個零位元的成員刪除，看看 FlagSet 是否只佔用一個 unsigned
char 的空間。

10.3.11　組成關係

組成 (comosition) 是物件導向程式設計中一個很重要的名詞，它的意思是這
樣：若有兩個自訂型態 A 與 B，且 B 的某些成員之型態為 A，那麼我們可以說 B 是
由 A 組成。以 Point2D 為例，我們再設計兩個結構體 Circle 與 Ring，分別用
來描述平面上的圓形與環形，如下所示：

程式 10-28

```
struct Point2D{
    double x, y;
};
```

```
    typedef struct Point2D Point2D;
    struct Circle{
        Point2D center;     /* 中心點 */
        double radius; /* 半徑 */
    };
    typedef struct Circle Circle;
    struct Ring{
        Circle outer;        /* 外圓 */
        Circle inner;        /* 內圓 */
    };
    typedef struct Ring Ring;
```

如此，我們可說，Circle 是由 Point2D 組成，而 Ring 是由 Circle 組成。由於組成關係具有**遞移性**(transitivity) [56]，所以我們也可說，Ring 是由 Point2D 組成。

當型態具有組成關係，我們要先考量初始化的問題，請注意大括號內各初始值的順序必須要符合各成員在結構體定義中的順序。請看下面這個程式：

程式 10-29

```
    #include <stdio.h>
    struct Point2D{
        double x, y;
    };
    typedef struct Point2D Point2D;
    struct Circle{
        Point2D center;     /* 中心點 */
        double radius;       /* 半徑 */
    };
```

---

[56]. 組成關係的遞移性：若 A 由 B 組成且 B 由 C 組成，那麼 A 就是由 C 組成。

```
typedef struct Circle Circle;
struct Ring{
    Circle outer;        /* 外圓 */
    Circle inner;        /* 內圓 */
};
typedef struct Ring Ring;
/* 輸出 Point2D */
void outputPoint2D(const Point2D * pP){
    printf("(%g, %g)", pP->x, pP->y);
}
/* 輸出 Circle */
void outputCircle(const Circle * pC){
    outputPoint2D(&pC->center);
    printf(":%g", pC->radius);
}
/* 輸出 Ring */
void outputRing(const Ring * pR){
    outputCircle(&pR->outer);
    puts(" & ");
    outputCircle(&pR->inner);
}
/* main 函式 */
int main(void){
    Circle cir1 = {{0.5, 0.5}, 6.0}; /* {{圓心位置}, 半徑} */
    Circle cir2 = {{0.4, 0.4}, 1.0}; /* {{圓心位置}, 半徑} */
    Ring r1 = {cir1 , cir2};    /* {外圓, 內圓} C99 的初始方式 */
    Ring r2 = {{{1.5, 2.5}, 7.0},
               {{3.5, 4.5}, 8.0} }; /* C89 的初始方式 */
```

```
    outputRing(&r1);   /* (0.5, 0.5):6.0 & (0.4, 0.4): 1.0 */
    puts("\n");
    outputRing(&r2);   /* (1.5, 2.5):7.0 & (3.5, 4.5): 8.0 */
    puts("\n");
    return 0;
}
```

此例中，因為 Circle 是由一個 Point2D 與一個 double 所組成，而 Point2D 又是由兩個 double 所組成。所以在初始化 Circle 的物件時，可以在大括號內放入三個 double 數值，依序分別給 Point2D 的 x 與 y 以及 Circle 的 radius。為了方便區隔，我們也可以把前兩個初始值再以一對大括號包住，以表示這是給 Point2D 的初始值。至於 Ring 的初始化也是一樣，不過 Ring 是由兩個 Circle 所組成，我們可以用兩個 Circle 的物件作為 Ring 的初始值。如此例中 r 的初始值為 cir1 與 cir2 分別給 outer 與 inner 這兩個成員，但請注意，**初始值為自訂型態的物件是 C99 的用法**，C89 的編譯器不一定能接受。在 C89 的編譯器中，請明確地為每個基本型態的成員設定初始值。

結構體的組成成員也都可個別傳遞至另一個函式，如程式 10-29 中，將 Ring 的物件 r 傳遞給 outputRing 輸出；然後在 outputRing 中，又把 pR 的 outer 與 inner 這兩個成員分別傳遞給 outputCircle 輸出；最後 outputCircle 又傳遞 pC 的 center 給 outputPoin2D 輸出。如此層層呼叫之後，即可把 r 的資料完整地輸出。

10.3.12 子結構體與匿名結構體

結構體內可以再定義一個結構體，用來把成員分門別類。下面這個例子，是把 Student 的成員再細分成三個子結構體：

程式 10-30

```
#include <stdio.h>
```

```
/* Student 的定義 */
struct Student{
    /* C11 支援匿名子結構， */
    struct {
        int ID;                    /* 學號 */
        char name[100];            /* 名稱 */
        int age;                   /* 年齡 */
        char gender;               /* 性別，'M'為男生，'F'為女生 */
    };
    /* 身材資訊的子結構 */
    struct Stature{
        float height;              /* 身高，單位為公分 */
float weight;                      /* 體重，單位為公斤 */
    } stature;                     /* stature 為 Student 的成員 */
    /* 成績的子結構 */
    struct Scores{
        double mid;                /* 期中考成績 */
        double final;              /* 期末考成績 */
        double homework;           /* 作業成績 */
    };
    struct Scores scores;          /* scores 為 Student 的成員 */
};
typedef struct Student Student;
/* typedef 不可放在 struct 定義裡 */
typedef struct Stature Stature;
typedef struct Scores Scores;
/* main 函式 */
int main(void){
```

```
   Student Mary = {{123, "Mary", 18, 'F'}, /* 基本資料 */
                  {160.f, 50.f},           /* 身材資訊 */
                  {90., 95., 85.}};        /* 成績 */
   Student James = {{567, "James", 18, 'M'},
                   {180.f, 78.f},
                   {0.0}};
   James.scores = Mary.scores            /* 成績與 Mary 相同 */
   printf("%s\n", James.name);           /* James */
   printf("%g\n", James.scores.mid);       /* 90 */
   printf("%g\n", James.scores.final);     /* 95 */
   printf("%g\n", James.scores.homework);  /* 85 */
   Stature normal = {168.f, 55.f}; /* 建立子結構的物件 */
   Mary.stature = normal;
   printf("%g\n", Mary.stature.height);    /* 168 */
   printf("%g\n", Mary.stature.weight);    /* 55 */
   return 0
}
```

　　將成員以子結構體包裝有許多好處，除了可將成員分類之外，也可讓同類的成員做一次性的複製。如程式 10-30 中，我們可以把 Mary 的所有成績一次複製給 James，不必個別地複製那三個成績。子結構體並沒有太多特別的地方，用法就跟一般結構體一樣，我們也可以母結構體外的地方建立子結構體的物件。但請注意，typedef 不可寫在任何結構體的定義中，若要以 typedef 定義子結構體的型態別名，請放在結構體定義之外。

　　在 C11 中，子結構體可以不用給予型態名稱，稱為**匿名子結構體**，如 Student 裡的資本資料。匿名子結構可以允許宣告為匿名成員 (亦可宣告為有名稱的成員)。如此，可以透過母結構的物件，直接使用匿名子結構的成員。如程式 10-30 中的 main 中，只要透過 James.name 即可讀取 James 的姓名，而 name 是屬匿名子結構的成員。另外，C99 以前的編譯器未必支援匿名子結構體，使用前請先查明您所使用的編譯器是否支援。

10.3.13　記憶空間對齊

　　一個結構體的實體物件會佔用多少記憶空間？這問題似乎很簡單，不就是成員所佔空間量之總和嗎？答案可能並非如此，請看下面此例，假設 char 所佔空間為 1 byte，int 與 float 皆為 4 bytes ：

程式 10-31

```c
#include <stdio.h>
/* Student 的定義 */
struct Student{
    int ID;                    /* int，4 bytes */
    char gender;               /* char，1 byte */
    float height, weight;      /* 兩個 float，共 8 bytes */
};
typedef struct Student Student;
/* main 函式 */
int main(void){
    printf("%lu\n", sizeof(Student));
                        /* 一般情況下，會是 16，非 13 */
    return 0;
};
```

　　一個結構體會佔多少記憶空間，得看編譯環境來決定。上例的 Student 理論上來說會佔有 13 bytes，可是在 32 位元以上的環境編譯後，卻會得到 16 bytes 的結果。為何會如此？這是因為要有效率地存取記憶空間，所以編譯器會讓結構體的空間分佈中填補一些空位元組，這動作稱為**記憶空間對齊**(memory alignment)。

如圖 10-2 所示，灰色小格子為成員所佔的位元組空間，白色小格子為對齊用的空位元組。

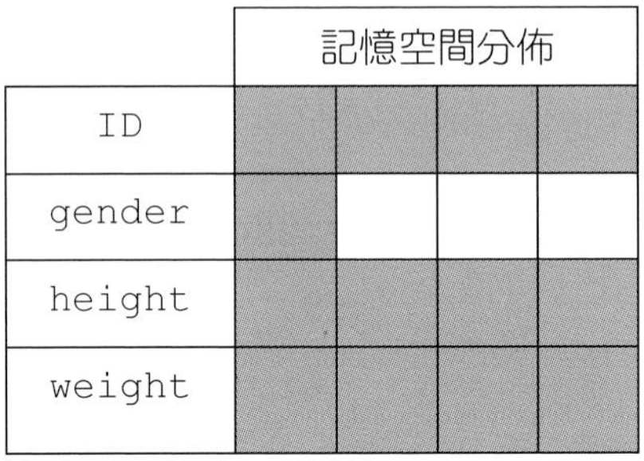

	記憶空間分佈			
ID				
gender				
height				
weight				

圖 10-2　Student 的記憶空間分佈

為何要做記憶空間對齊？在一般 32 位元以上的環境，記憶空間的存取單位至少為 4 byte。請從圖 10-2 的表格來想像這件事，如果不做記憶空間對齊，height 勢必有三個 byte 被放置在 gender 之後，weight 也會跟著被拆開在不同列中。假設，表格上的每一列為記憶空間的存取單位。那麼，存取 height 或 weight 皆各會花費兩次的記憶空間存取單位時間，十分沒有效率！

至於編譯器如何對齊結構體？或許應該這麼問，若想把結構體規劃成如圖 10-2 的表格，那麼每列會有幾個 byte？您可以透過 C11 新增的運算子 **_Alignof** 得知，請看下面這個程式：

程式 10-32

```c
#include <stdio.h>
/* Student 的定義 */
struct Student{
    int ID;                  /* int，4 bytes */
    char gender;             /* char，1 byte */
    float height, weight;    /* 兩個 float，共 8 bytes */
```

```
    };
    typedef struct Student Student;
    /* Student2 的定義 */
    struct Student2{
        int ID;                     /* int，4 bytes */
        char gender;                /* char，1 byte */
        double height, weight;      /* 兩個 double，共 8 bytes */
    };
    typedef struct Student2 Student2;
    /* main 函式 */
    int main(void){
        printf("%lu\n", sizeof(Student));
                            /*32 位元環境以上為 16，非 13 */
        printf("%lu\n", sizeof(Student2));
                            /*32 位元環境以上為 24，非 21 */
        printf("%lu\n", _Alignof(Student));
                            /*32 位元環境以上會是 4 */
        printf("%lu\n", _Alignof(Student2));
                            /* 32 位元環境會是 4，
                               64 位元環境會是 8 */
        return 0;
    };
```

在程式 10-32 的 Student 中，每個成員的所佔空間皆不超過 4 bytes，所以在 32 位元以上的環境下執行，_Alignof(Student)都會得到 4 bytes。但 Student2 的 height 與 weight 的型態為 double，這在不同的編譯環境下執行就會有不同的結果。假設 double 所佔空間為 8 bytes，那麼 _Alignof(Student2)在 32 位元環境會是 4 bytes，但在 64 位元環境就會是 8 bytes。

如果您不希望編譯器進行記憶空間對齊，您可以透過前置處理指令 **#pragma**

pack 來指示編譯器每列的 byte 數，如下所示：

程式 10-33

```
#include <stdio.h>
#pragma pack(push, 1)        /* 儲存目前的對齊數，
                                並改以 1 byte 來對齊 */
/* Student 的定義 */
struct Student{
    int ID;                     /* int，4 bytes */
    char gender;                /* char，1 byte */
    float height, weight;       /* 兩個 float，共 8 bytes */
};
typedef struct Student Student;
#pragma pack(pop)            /* 取出先前儲存的對齊數 */
/* Student2 的定義 */
struct Student2{
    int ID;                     /* int，4 bytes */
    char gender;                /* char，1 byte */
    double height, weight;  /* 兩個 double，共 8 bytes */
};
/* main 函式 */
int main(void){
    printf("%lu\n", sizeof(Student));       /* 13 */
    printf("%lu\n", sizeof(Student2));      /* 24 */
    printf("%lu\n", _Alignof(Student));     /* 1 */
    printf("%lu\n", _Alignof(Student2));
                                /* 32 位元環境會是 4，
                                   64 位元環境會是 8 */
```

```
        return 0;
    };
```

程式 10-33 的 Student 以#pragma pack 改為 1 byte 的記憶空間對齊。
不過，在改變之前，push 參數會將修改前的對齊數記錄起來。待 Student 定義結
束後，再透過#pragma pack(pop)將恢復原先的對齊數。如此，Student 的所
佔空間就會是 13，_Alignof 的結果即是 1；Student2 並未變動，結果與程式
10-32 相同。

10.4 共用空間：union

另一種自訂多成員型態的方式是**共用空間**(union)。它與結構體很像，但其最
大不同處在於：**所有成員會共同使用一塊記憶空間**。因為這個不同處，您得比結構
體更小心地去定義一個共用空間。

10.4.1 基本使用

定義一個共用空間的語法如下：

union　型態名稱　{成員列表};

我們把 Point2D 改成以共用空間來定義，並加上一個含有兩個 double 的陣
列成員 data。如下所示：

程式 10-34
```c
#include <stdio.h>
/* UPoint2D 的定義 */
union UPoint2D{
    double data[2];
    double x, y;          /* data[0]、x 與 y 共用一個 double 的空間 */
```

```
    };
    typedef union UPoint2D UPoint2D;
    /* main 函式 */
    int main(void){
        UPoint2D uP;
        printf("%lu\n", sizeof(uP));     /* 大小為兩個 double */
        uP.data[0] = 0.1;
        uP.data[1] = 0.2;
        printf("%g, %g\n", uP.x, uP.y);/* 0.1, 0.1 */
        uP.x *= 10.0;
        uP.y *= 20.0;
        printf("%g, %g\n", uP.data[0], uP.data[1]);
                                        /* 20.0, 0.2 */
        return 0;
    }
```

　　請注意，共用空間會先找出佔最大空間的成員，並配置與此成員同樣大小的記憶空間，讓所有成員共同使用。此 UPoint2D 為例，佔最大空間的成員是 data，因為它佔了兩個 double 的空間。x 與 y 並非最大，因為它們都各佔一個 double 的空間。於是，編譯器會為 UPoint2D 配置兩個 double 空間，讓 data、x 與 y 一起共用。其中 x、y 會與 data[0]使用同樣的空間。如此，存取 data[0]等同存取 x 與 y；對 data[1]存取並不會影響 x 與 y。同樣地，存取 x 等同存取 data[0] 與 y；存取 y 等同存取 data[0]與 x。

　　程式 10-34 的 UPoint2D 實在讓人有些困擾，您或許會希望 x 與 data[0] 共用空間，而 y 是與 data[1]共用空間，下一個子小節將會介紹如何修正 UPoint2D。但在那之前，我們先來看看共用空間的物件要如何初始化。與結構體相同，您也可以為共用空間的物件以大括號來初始化，只是您得注意**初始值的個數是由成員列表中的第一個成員**來決定，若第一個成員為單一變數，那麼初始值最多只能有一個；若為一個多成員的物件或陣列，那麼初始值最多為物件的成員個數或陣列的元素個數。初始值數量不正確是會發生編譯錯誤的。請看下面這個例子：

程式 10-35

```
#include <stdio.h>
union IntPair1{
    long long n;    /* n 為單一變數，初始值最多只能有一個 */
    int i1, i2;
};
typedef union IntPair1 IntPair1;
union IntPair2{
    int i1, i2;    /* i1 為單一變數，初始值最多只能有一個 */
    long long n;
};
typedef union IntPair2 IntPair2;
union IntPair3{
    int A[2];      /* A 為兩個 int 的陣列，初始值最多可有兩個 int */
    long long n;
};
typedef union IntPair3 IntPair3;
union IntPair4{
    long long n;    /* n 為單一變數，初始值最多只能有一個 */
    int A[2];
};
typedef union IntPair4 IntPair4;
typedef struct Int2{ int x, y;} Int2;
union IntPair5{
    Int2 i;         /* i 有兩個 int 成員，初始值最多能有兩個 int */
    long long n;
```

```
    };
    typedef union IntPair5 IntPair5;
    /* main 函式 */
    int main(void){
        IntPair1 iP1 = {1};         /* OK! */
        IntPair2 iP2 = {1};         /* OK! */
        IntPair3 iP3 = {1, 2};      /* OK! */
        IntPair4 iP4 = {1};         /* OK! */
        IntPair5 iP5 = {1, 2};      /* OK! */
        IntPair1 iP11 = {1, 2};     /* 編譯錯誤！初始值過多 */
        IntPair2 iP22 = {1, 2};     /* 編譯錯誤！初始值過多 */
        IntPair2 iP44 = {1, 2};     /* 編譯錯誤！初始值過多 */
        return 0;
    }
```

此例中，IntPair1、IntPair2 與 IntPair4 的第一個成員都是單一變數，所以它們的物件在初始化時只能給予一個初始值。若給予過多的初始值，有些編譯器會發出編譯錯誤，有些會發出警告訊息。IntPair3 的第一個成員是一個含有兩個 int 的陣列，所以初始值最多可以給兩個；IntPair5 的第一個成員則是一個含有兩個成員的結構體，所以初始值最多也可以給兩個。

10.4.2 共用空間與結構體

共用空間內也可以定義子結構體，而在 C11 允許我們定義匿名子結構 (C99 以下的編譯器未必支援)。編譯器會以一個子結構體物件的所佔空間來判斷是否為最大成員。程式 10-34 的 UPoint2D 可以改成這樣：

程式 10-36

```
    #include <stdio.h>
    /* UPoint2D 的定義 */
```

```
union UPoint2D{
    /* C11 可定義匿名子結構體 */
    struct{double data[2];};    /* x 與 data[0] 共用空間 */
    struct{double x, y;};       /* y 與 data[1] 共用空間 */
};
typedef union UPoint2D UPoint2D;
/* main 函式 */
int main(void){
    UPoint2D uP;
    printf("%lu\n", sizeof(uP));    /* 大小為兩個 double */
    uP.data[0] = 0.1;
    uP.data[1] = 0.2;
    printf("%g, %g\n", uP.x, uP.y);/* 0.1, 0.2 */
    uP.x *= 10.0;
    uP.y *= 20.0;
    printf("%g, %g\n", uP.data[0], uP.data[1]); /* 1, 4 */
    return 0;
}
```

您會發現執行結果跟程式 10-34 不一樣且合理多了,這是因為編譯器會將 UPoint2D 視為含有兩個成員,分別屬於兩個子結構,且每個子結構都佔有兩個 double 的空間。如此,x 會與 data[0] 共用記憶空間,y 則與 data[1] 共用。匿名子結構體雖然是 C11 的特色,但其實許多 C99 以下的編譯器都有支援(gcc 與 Visual C++ 皆支援),不過仍然請讀者查明後再使用。

10.4.3　匿名共用空間

跟匿名子結構體一樣,在 C11 也提供了匿名子共用空間。定義一個子共用空間也可以不用給予型態名稱,讓我們可以直接使用它的每個成員。下例是將一個

float 變數的所有 byte 以 16 進位方式輸出,如此可查看 float 的內部編碼:

程式 10-37

```
#include <stdio.h>
/* FloatByte 的定義 */
struct FloatByte{
    /* 匿名 union */
    union {
        float x;
        unsigned char code[sizeof(float)];
                        /* x 與 code 共用空間 */
    };
};
typedef struct FloatByte FloatByte;
/* main 函式 */
int main(void){
    FloatByte fb = {-0.125f};
    for(int i = 0; i < sizeof(float); ++i)
        printf("%02X ", fb.code[i]);    /* 00 00 00 BE */
    puts("\n");
    return 0;
}
```

若 float 是以 32 位元的 IEEE-754 編碼且執行環境為 little endian,
那麼程式 10-37 執行結果會是 00 00 00 BE。

匿名子共用空間常用來做為結構體的成員。請看下面這個例子:

程式 10-38

```
#include <stdio.h>
/* UPoint2D 的定義 */
```

```c
union UPoint2D{
    /* C11 可定義匿名子結構體 */
    struct{double data[2];};     /* x 與 data[0] 共用空間 */
    struct{double x, y;};        /* y 與 data[1] 共用空間 */
};
typedef union UPoint2D UPoint2D;
/* Rect 的定義 */
struct Rect{
    union{
        UPoint2D P1;
        struct{double left, top;};
    };
    union{
        UPoint2D P2;
        struct{double right, bottom;};
    };
};
/* main 函式 */
int main(void){
    Rect rc = {{-5.0, 5.0}, {3.0, -3.0}};    /* 左上，右下 */
    printf("%lu\n", sizeof(Rect));  /* 大小為四個 double */
    printf("%g, %g\n", rc.left, rc.top);        /* -5, 5 */
    printf("%g, %g\n", rc.right, rc.bottom);     /* -5, 5 */
    return 0;
}
```

Rect 的是用來描述一個平面上的矩形，它有兩個 UPoint2D，P1 與 P2，分別為矩形的左上與右下。可是 UPoint2D 的成員名稱不是 x 與 y 就是 data[0] 與 data[1]，無法充分表達左上與右下的意思。因此，我們透過 union 再在 P1 與

P2 包裝一下，讓 P1 的 x 與 y 分別和 left 與 top 共用空間；P2 的 x 與 y 分別和 right 與 bottom 共用空間。如此，即可透過 left、top、right 與 bottom 來直接存取矩形的左、上、右與下。

共用空間是一種很有效率地利用記憶空間的結構體，支援這種自訂型態的只有像 C、C++以及 COBOL[57]這些較接近低階的程式語言。許多高階語言並沒有像共用空間這種自訂型態方式。請適當地利用列舉型態、結構體與共用空間，發揮出 C 語言最大的特色，開發一個在時間與空間上皆有超高效率的軟體。

總結

1. C 語言有三種自訂型態方式，分別列舉型態(enum)、結構體(struct)與共用體(union)。

2. typedef 指令是用來將一個已知的型態另外地再定義它的別名。

3. 列舉型態可用來把一群賦予名稱的整數常數定義為一個型態，列舉型態的物件本質上都是整數(一般情況是 int 或 unsigned int)，基本上可以進行所有與整數相關的運算，但不建議將兩個不同列舉型態的物件進行運算。

4. 結構體最主要功能是可以幫我們建立一個多資料的聚合型態，我們稱這些包含的資料為成員，每個成員的型態可不同，可以是基本型態、陣列、指標、甚至是其它自訂型態，但不可指定成員的儲存等級。如此，結構體的物件就可用來記錄一筆具有多項資料的事物。要使用結構體的成員，必須透過物件搭配成員選擇運算子(.)來存取；也可透過物件的指標來存取成員，但要透過成員指定運算子(->)。

5. 任兩個物件在進行複製動作時會引發位元複製，也就是把兩個同型態的物件所

---

[57] COBOL 是一個歷史悠久的程式語言 (西元 1957 年至今)，它適用在商業財務計算上。目前許多金融機構的內部管理系統仍在使用 COBOL。

擁有的記憶空間進行每個位元的複製。但成員若是指標型態，您必須小心動態記憶空間的配置與管理問題。並切記一點，位元複製只會複製指標成員所儲存的記憶空間位址，該位址所指向的記憶空間內容並不會被複製。

6. 設定結構體物件的初始值之方法有兩種。第一種方法，我們可將某個已建立好的物件作為初始值的參考來源，然後再以位元複製方式設定給其它同型態的物件。第二種方法是以陣列的初始化方式，就是以大括號來包含各成員的初始值。但初始值的順序與型態都必須與成員們在型態定義中的順序與型態一致。

7. 我們通常會以指標的方式傳遞結構體的物件。若函式不會修改物件的內容，請以唯讀指標傳遞；反之，若物件會透過函式修改其內容，就得以非唯讀指標來傳遞。

8. 當結構體有一個以上的指標成員時，您應該至少要設計四個函式來管理該結構體的物件：建立物件、釋放指標成員所指向的記憶空間、設定指標成員的資料與物件複製。一切都透過函式來管理指標成員的記憶空間，勿在其它地方去變動到指標成員所指向的記憶空間，否則很容易發生記憶空間非法存取的錯誤。

9. C99 允許我們宣告零長度的陣列可用來設計不定數量的成員，但必須注意這樣的結構體必須以動態方式建立，並在建立同時也配置不定數量成員的記憶空間。

10. 位元欄位可讓我們指定成員所佔用的空間只會有數個位元。

11. 當結構體的成員之型態是另一結構體稱為組成。當型態具有組成關係，我們要先考量初始化的問題，請注意大括號內各初始值的順序必須要符合各成員在結構體定義中的順序。

12. 結構體內可以再定義一個結構體，且 C11 允許我們宣告一個匿名的子結構體。

13. 一個結構體會佔多少記憶空間，得看編譯環境來決定。因為要有效率地存取記憶空間，所以編譯器會讓結構體的空間分佈中填補一些空位元組，這動作稱為記憶空間對齊。

14. 共用空間與結構體很像，但其最大不同處在於所有成員會共同使用一塊記憶空間：它會先找出佔最大空間的成員，並配置與此成員同樣大小的記憶空間，讓所有成員共同使用。

15. 共用空間的物件可以用大括號來初始化，只是您得注意初始值的個數是由成員列表中的第一個成員來決定，若第一個成員為單一變數，那麼初始值最多只能有一個；若為一個多成員的物件或陣列，那麼初始值最多為物件的成員個數或陣列的元素個數。

16. 共用空間內也可以定義子結構體，而在 C11 允許我們定義匿名子結構與匿名子共用空間。

    編譯器會以一個子結構體物件的所佔空間來判斷是否為最大成員。

練習題

1. 旺來電腦公司設計了一個數位多媒體播放器，稱為 Pineapple TV，它的遙控器只有一個按鍵，根據按鍵的按法與順序可以控制 Pineapple TV 的播放方式，如下圖所示：

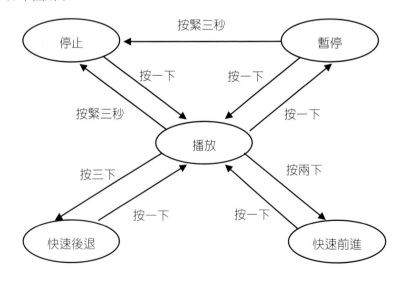

假設一開始是在停止狀態，請以列舉型態表示圖中的五種狀態，並設計適當的函式來實作 Pineapple TV 的操作流程，並在每個按鍵事件中顯示兩個訊息：何種按鍵事件發生，以及由何種狀態轉換至何種狀態。

2. 請設計一個結構體用來表示旺來電腦公司的員工資料，每位員工應能記錄員工編號、姓名、年齡、生日、年資、聯絡地址與電話，並設計員工資料的輸入與輸出介面。

3. 承上題，請設計一個結構體以管理旺來電腦公司的所有員工資料。您必須為這個結構體設計存取、新增與刪除員工資料的功能。

4. 請設計一個結構體，名稱為 StringSet，它可動態地存放數個不定長度的字串。請設計下列四個函式來操作一個 StringSet 的物件。它們的宣告式如下：

```
void init(StringSet *pSS);
void addString(StringSet *pSS, const char *s);
void delString(StringSet *pSS, size_t i);
void clear(StringSet *pSS);
```

init 可將 pSS 所指向的 StringSet 物件初始化；addString 可將一個字串 s 加入到 pSS 所指向的 StringSet 物件；delString 則可以從 pSS 所指向的 StringSet 物件中移除第 i 個加入的字串；clear 則是將 pSS 所指向的 StringSet 物件所存放的字串全部清除，包含記憶空間的釋放。

5. 請利用共用空間、結構體與位元欄位的特性設計一個結構體，名稱為 CharBin，它既可直接存放一個八位元的字元常數，亦可以操作每個位元，使得我們可以很容易地輸出它的二進位碼。

6. 佇列(queue)是一種存放資料的方式，它只有兩個地方可進行資料存取：前端與後端。每一筆資料欲加入佇列中，必須從佇列的後端加入；佇列的前端則是資料的取出點。佇列具有先進先出(First-in-first-out)的特性。請以結

構體設計一個佇列結構,此佇列的所存放資料皆為如下的結構體:

```
struct Item{ int x; };
```

且存放的數量是有限的,只有在佇列尚未存滿狀態下才能新增資料;佇列若無存放任何資料也不能進行資料取出。請再設計兩個函式:push 與 pop,分別可進行佇列的資料加入與資料取出。

第 11 章

檔案處理

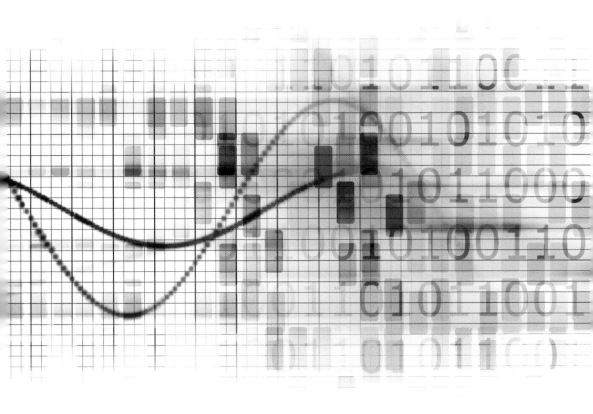

　　若想把資料長期地保存下來，希望永遠不會消失，那麼請把資料以檔案的型式
存放在一個安全的儲存裝置吧！我們也希望可以把程式執行的結果輸出到檔案中，
或是從檔案讀出資料來進行運算。這些動作都是屬於檔案處理，是很重要也很基本
的電腦控制程序。目前幾乎所有程式語言都可進行檔案處理，當然 C 語言也不例外。
本章就來看看 C 語言的標準函式庫提供了哪些函式可以操作檔案。

11.1　輸出輸入重導向

　　其實我們可以利用 printf 與 scanf 進行檔案的輸出與輸入，只要您的執行
環境有提供**輸出輸入重導向**(I/O redirection)的系統命令。UNIX 系列與微軟
的作業系統都有提供三個輸出輸入重導向的系統命令，用法與簡介如下：

1. **執行程式命令 > 檔案路徑**
   將程式的執行結果輸出到檔案，該檔案會先清空。

2. **執行程式命令 >> 檔案路徑**
   將程式的執行結果以增加的方式輸出到檔案，該檔案的原先內容會保留。

3. **執行程式命令 < 檔案路徑**
   將檔案的內容作為程式執行過程中的輸入資料。

　　我們用程式 11-1 來說明這三個系統命令：

程式 11-1

```
#include <stdio.h>
int main(void){
    size_t n = 0;
    double x = 0.0, sum = 0.0;
    while(scanf("%lf", &x) != EOF){
        sum += x;
        ++n;
```

```
    }
    if(n > 0)
        printf("average of %lu numbers = %f\n", n, sum / n);
    return 0;
}
```

假設此程式編譯後並連結成一個名為 iotest.exe 的執行檔。然後在與 iotest.exe 同一個目錄下建立一個名為 input.txt 的純文字檔案，內容如下：

10.0

12.0

15.0

接著以下列命令來執行 iotest.exe：

iotest.exe **<** input.txt **>** output.txt

如此，您可以在與 iotest.exe 的同一目錄看到多出了一個名為 output.txt 檔案，其內容會是：

average of 3 numbers = 12.333333

您會發現輸出輸入重導向的系統命令讓程式的所有標準輸出輸入都轉移到檔案上了，也就是把本來由鍵盤敲入的輸入資料改成透過某個檔案來輸入，而程式的標準輸出結果也可存放至另一檔案。請注意，當輸入檔案沒有資料可輸入時，scanf 或其它標準輸入函式都回傳 **EOF** 這個常數，代表已到達檔案最底端 (end-of-file)。如此我們就可以設計一個輸入迴圈不斷地從檔案輸入資料，直到接收了 EOF 的信號為止。

請注意，存放輸入資料的檔案必須存在，否則系統將不會執行您所給予的執行命令。但是存放輸出資料的檔案可以不存在，系統會根據您所指定的檔案路徑與名稱來建立一個新的檔案以存放輸出結果。若輸出資料的檔案已存在，系統會將它清除再存放輸出結果。如果不希望輸出檔案被清除，您可以利用 >> 命令以增加資料的存放程式執行的輸出。我們再執行一次 iotest.exe，且上次執行所產生的 output.txt 仍然保留著。請以下列命令來執行 iotest.exe：

```
iotest.exe < input.txt >> output.txt
```

如此，output.txt 的內容會多了一行，如下所示：

```
average of 3 numbers = 12.333333
average of 3 numbers = 12.333333
```

有時候我們會希望有些輸出訊息不要被重導向到檔案中，比如一些錯誤或警告的訊息。這時可以使用 perror 這個函式將訊息輸出到 stderr[58] 中，而不會輸出到 stdout。perror 的引入檔也是 stdio.h，其宣告式如下：

```
void perror(const char * s);
```

perror 會把字串 s 輸出到 stderr 之中。請看下面這個例子：

程式 11-2

```
#include <stdio.h>    /* perror 的標頭檔 */
int main(void){
    size_t n = 0;
    double x = 0.0, sum = 0.0;
    while(scanf("%lf", &x) != EOF){
        sum += x;
        ++n;
```

---

[58]. 標準輸出資料串流有兩個：stdout 與 stderr。stdout 用於一般的輸出，stderr 用於錯誤訊息的輸出。

```
    }
    if(n > 0)
        printf("average of %lu numbers = %f\n", n, sum / n);
    else
        perror("n cannont be zero!\n");
    return 0;
}
```

如此當我們執行此程式並把輸出重導向到檔案，n 若輸入為零，那麼檔案內將不會有任何訊息，但在螢幕上卻看到"n cannot be zero"這個訊息。關於 stderr 與 stdout 的更進一步應用請看第 11.6 節。

重導向的系統命令雖然方便好用，但仍有一些缺點。首先，檔案路徑皆在執行前就決定好，無法在程式執行過程中改變，較無彈性。再來，我們只能輸出與輸入文字資料，輸出或輸入二進位碼的檔案不易進行。而且，並無簡單的方法可以任意地從檔案的任何地方輸出或輸入資料[59]。如果想要更進一步的在程式中使用檔案，請利用接下來各小節所介紹的標準檔案處理函式。

11.2　檔案開啟與關閉：fopen 與 fclose

標準函式庫 stdio.h 提供了許多所有檔案處理的函式，我們先來看看 fopen 這個函式，它可用來開啟或建立一個檔案。fopen 的宣告式如下：

```
FILE * fopen(const char * restrict sFilename,
             const char * restrict sMode)
```

其中，sFilename 與 sMode 為兩個記憶空間不互相重疊的字串，其意義分別為檔案路徑與開啟模式。檔案路徑有長度限制，其字數必須在（含）

---

[59]. 其實可以，但要利用標準檔案處理函式直接操作 stdin 與 stdout 這兩個資料串流。

FILENAME_MAX[60]以下。sMode 這個參數非常重要，它決定了以什麼樣的方式來開啟 sFilename 所指定的檔案。sMode 的設定如表 11-1 所示。**所有模式加上"b"則代表以二進位模式來存取檔案**，如："rb"、"wb"、"ab"、"r+b"、"w+b"與"a+b"；**而在 C11 中，若不想讓寫入模式清空已存在的檔案可加上"x"**，如："wx"、"w+x"、"wbx"與"w+bx"，那麼當以寫入模式開啟已存在檔案時，fopen 會得到開啟失敗的結果。關於寫入與新增模式("w"、"w+"、"a"與"a+")要特別注意一件事：若檔案不存在時，**且您的程式並無權限在此檔案路徑下建立檔案**，fopen 也會得到開啟失敗的結果。

表 11-1 fopen 的開啟模式

開啟模式	簡介
"r"	唯讀模式；檔案必須存在。
"w"	寫入模式；檔案若不存在則建立新檔，否則內容會被清空。
"a"	新增模式；檔案若不存在則建立新檔；僅能新增資料於檔案內容的最後位置。
"r+"	讀寫模式；檔案必須存在。
"w+"	讀寫模式；檔案若不存在則建立新檔，否則內容會被清空。
"a+"	新增與讀取模式；檔案若不存在則建立新檔；寫入資料僅能新增於檔案內容的最後位置，但可讀取檔案的任何內容。

　　若檔案開啟不成功，**fopen 的回傳值會是一個空指標(NULL)**；若檔案開啟成功，則回傳一個指標指向 **FILE** 的物件。其中，FILE 是標準函式庫定義的結構體(定義在 stdio.h 裡)，用來表示一個已開啟的檔案或資料串流 。至於 FILE 如何定義則由各編譯器自行決定，所以請勿直接操作 FILE 的物件。在標準函式庫的規定中，您只能以 FILE 的指標並透過標準檔案處理函式來處理任何一個已開啟的檔案

---

[60]. FILENAME_MAX 是定義在 stdio.h 裡的整數常數，通常會大於 256。

或資料串流，千萬不要直接存取 FILE 物件的任一成員，否則會有可能發生許多不可預期的錯誤。還有一點也要注意，標準函式庫有限制同時最多開啟檔案的數目，請勿同時開啟超過 **FOPEN_MAX**[61]個檔案，若超過則有可能發生開啟失敗。因此，當一個檔案不再使用時，請以 fclose 函式來關閉它，其宣告式如下。

```
int fclose(FILE * pFile);
```

其中，pFile 指向一個 FILE 的物件，代表著某個處於已開啟狀態的檔案或資料串流。若關閉成功，則回傳為零；反之，則回傳 EOF。

以上是 fopen 與 fclose 的使用說明與規則，我們來看看一個開啟與關閉檔案的例子，假設您的執行位置不存在 test.txt 這個檔案：

程式 11-3

```
#include <stdio.h>     /* 檔案處理函式的標頭檔 */
int main(void){
    FILE *pF = NULL;
    const char * sFilename = "test.txt";
    pF = fopen(sFilename, "rb");    /* 以二進位讀取模式開啟 */
    if(pF != NULL){
        puts("A file is opened as read-only.\n");
        fclose(pF);
    }
    else puts("File not exist!\n");
    pF = fopen(sFilename, "wb");    /* 以二進位寫入模式開啟 */
    if(pF != NULL){
        puts("A new file is created.\n");
        fclose(pF);
    }
```

---

[61]. FOPEN_MAX 是定義在 stdio.h 裡的整數常數，通常會大於 16。

```
        else puts("File not exist!\n");
    pF = fopen(sFilename, "r+b");
                            /* 以二進位讀取與寫入模式開啟 */
    if(pF != NULL){
        puts("A file is opened for reading and writing.\n");
        fclose(pF);
    }
    else puts("File not exist!\n");
    return 0;
}
```

　　程式 11-3 的執行結果會是這樣：由於檔案不存在，第一次以"rb"模式來開啟 test.txt 會得到空指標的結果，因此會輸出"File not exist"的訊息；第二次以"wb"模式開啟同一個檔案路徑，則 fopen 會建立新的檔案並回傳一個 FILE 指標指向代表此檔案的 FILE 物件。因此第二行輸出訊息為"A new file is created."；最後，第三次以"r+b"模式來開啟同一個檔案路徑，由於檔案已存在，所以開啟此檔案會成功，您可以看到第三行的輸出訊息為"A file is opened for reading and writing"。

　　至於各開啟模式會在檔案處理過程中造成哪些影響，請看接下來各小節介紹。

11.3　資料串流與檔案位置

　　在 C 語言中，開啟後的檔案將會被視為一種**資料串流**(data stream)，意思是資料的每個元素是以**序列**(sequence)方式來安排。再用更白話一點方式來說明，就是資料的每個元素的排列方式是一個接著一個。至於以什麼方式來連接任兩個相鄰的元素，得看各作業系統如何安排，不一定像陣列一樣地緊密相鄰。因此，您不能像陣列一樣地可任意存取資料串流中的每個元素，必須透過專屬的函式來指定資料串流的存取位置，才能夠存取該位置的元素。資料串流還有一個特性，任何存取

動作完成後，那麼下一次的存取動作將會存取下一筆元素。也就是每次的存取動作
完成後，資料串流的存取點會移動到下一筆元素。

　　當一個檔案以 fopen 開啟後，就會以一個 FILE 的物件來代表檔案的資料串流。
FILE 物件除了包含檔案輸出與輸入的緩衝區，還記錄了資料輸出與輸入的存取點，
稱為**檔案位置**(file position)。請注意，用來代表輸出與輸入資料的檔案位置
未必相同，不同的執行環境會有不同的設計方式，在有些執行環境下，輸出與輸入
資料的檔案位置會一致，有些不會。設定好檔案位置後，我們就可以利用標準函式
所提供資料輸出與輸入函式來存取檔案的內容，下一節我們將會介紹這些函式。但
您必須先知道一點，這些檔案輸出與輸入函式在完成後會將檔案位置移動到下一筆
資料的存取點。經過一連串的檔案輸出與輸入，檔案位置就會不斷地被往後移動。
直到檔案內容的最尾端，也就是 EOF，檔案位置才不會再被移動。

11.4　資料寫入與讀取

　　成功地開啟一個檔案後，最重要的兩件事情就是如何將資料寫入到檔案以及從
檔案讀出資料。標準函式庫當然也提供用在檔案的資料輸出與輸入函式，請看接下
來四個子小節的介紹。

11.4.1　fprintf、fscanf 與 fflush

　　printf 與 scanf 也有用在檔案的版本，分別為 fprintf 與 fscanf，它們
的宣告式如下：

```
int fprintf(FILE * pFile,
            const char * retrict format,
            ... );
```

```
int fscanf(FILE * pFile,

           const char * retrict format,

           ... );
```

這兩函式除了第一個參數為 FILE 物件的指標之外，大部分用法都與 printf 與 scanf 相同。但請注意，若發生檔案讀寫失敗，您可透過 ferror 得到錯誤代碼(第 11.5.6 節)。請看下面這個例子並注意 fopen 的開啟模式：

程式 11-4

```
#include <stdio.h>      /* 檔案處理函式的標頭檔 */
int main(void){
    FILE *pF = NULL;
    const char * sFilename = "test.txt";
    char sData[100] = {'\0'};
    int i1 = 0, i2 = 0, i3 = 0;
    double d1 = 0.0, d2 = 0.0, d3 = 0.0;
    pF = fopen(sFilename, "wb");    /* 以二進位寫入模式開啟 */
    if(pF != NULL){
        const char * s = "Hello!";
        int i = 15;
        double d = 0.12345678;
        fprintf(pF, "%s\n", s);
        fprintf(pF, "%d %02X %03o\n", i, i, i);
        fprintf(pF, "%.4f %.6e %.6g\n", d, d, d);
        fclose(pF);
    }
    pF = fopen(sFilename, "rb");    /* 以二進位讀取模式開啟 */
    if(pF != NULL){
        fscanf(pF, "%s", sData);
```

```
        fscanf(pF, "%d%x%o", &i1, &i2, &i3);
        fscanf(pF, "%lf%lf%lf", &d1, &d2, &d3);
        fclose(pF);
    }
    pF = fopen(sFilename, "ab");    /* 以二進位新增模式開啟 */
    if(pF != NULL){
        fprintf(pF, "%s world!\n", sData);
        fprintf(pF, "%d + %d + %d = %d\n",
                    i1, i2, i3, i1 + i2 + i3);
        fprintf(pF, "%f + %f + %f = %f\n",
                    d1, d2, d3, d1 + d2 + d3);
        fclose(pF);
    }
    pF = fopen(sFilename, "rb");    /* 以二進位讀取模式開啟 */
    if(pF != NULL){
        char c = '\0';
        /* 將檔案內容每個字元逐一輸出 */
        while(fscanf(pF, "%c", &c) != EOF)
            printf("%c", c);
        fclose(pF);
    }
    return 0;
}
```

程式 11-4 先在與執行程式同一個目錄下建立一個名為 test.txt 的檔案,並透過 fprintf 寫入一些資料,包含字串、各種整數與浮點數數值。寫完關閉後,再以讀取模式開啟同一個檔案並透過 fscanf 讀出先前寫入的數值,然後再以新增模式開啟 test.txt,並將先前所讀出之數值加以運算且將結果寫入到檔案的後面。於是,程式 11-4 最後以讀取模式開啟並將檔案內容的每一個字元逐一輸出,即可得下列結果：

```
Hello!
15 0F 017
0.1235 1.234568e-01 0.123457
Hello! world!
15 + 15 + 15 = 45
0.123500 + 0.123457 + 0.123457 = 0.370414
```

請注意，請儘量不要對一個檔案同時開啟兩次，尤其當其中一個檔案是以寫入或新增模式來開啟，否則有可能發生資料沒有同步更新的情況。如程式 11-4 中，若把第二次以"r+b"模式所開啟的檔案，在寫入資料完畢後的 fclose(pF) 移除掉，接著以"r"模式開啟時就會與前一次的"r+b"模式檔案開啟發生衝突。您所看到的結果可能會只有原先的資料，新增的資料您可能看不到。這是因為要寫出去的資料不一定會立即地輸出到檔案之中，而是會先放在一個緩衝區。待緩衝區滿了或檔案關閉的時候，才會把資料真正地寫到檔案裡。如果我們想立即地把資料寫到檔案裡，請於呼叫任何檔案輸出函式後接著呼叫 fflush 函式，它可幫您將緩衝區的所有資料輸出到檔案。fflush 的宣告式如下：

```
int fflush(FILE * pFile);
```

其中，pFile 必須指向一個以寫入或新增模式開啟的檔案，若是以讀取模式開啟的檔案則會引發未定義的行為；若 pFile 為 NULL，那麼 fflush 會把所有以寫入或新增模式開啟的檔案(包括 stdout 與 stderr)進行立即輸出的動作。當 fflush 可以成功地將緩衝區資料寫出檔案後，會回傳一個為零的整數；反之，回傳值為 EOF。我們把程式 11-4 修改一下，如下所示：

程式 11-5

```
#include <stdio.h>      /* 檔案處理函式的標頭檔 */
int main(void){
    FILE *pF1 = NULL, *pF2 = NULL, *pF3 = NULL, *pF4 = NULL;
    const char * sFilename = "test.txt";
    char sData[100] = {'\0'};
    int i1 = 0, i2 = 0, i3 = 0;
    double d1 = 0.0, d2 = 0.0, d3 = 0.0;
    pF1 = fopen(sFilename, "wb");   /* 以二進位寫入模式開啟 */
    pF2 = fopen(sFilename, "rb");   /* 以二進位讀取模式開啟 */
    pF3 = fopen(sFilename, "ab");   /* 以二進位新增模式開啟 */
    pF4 = fopen(sFilename, "rb");   /* 以二進位讀取模式開啟 */
    if(pF1 != NULL){
        const char * s = "Hello!";
        int i = 15;
        double d = 0.12345678;
        fprintf(pF1, "%s\n", s);
        fprintf(pF1, "%d %02X %03o\n", i, i, i);
        fprintf(pF1, "%.4f %.6e %.6g\n", d, d, d);
        fflush(pF1);            /* 立即輸出資料至檔案 */
    }
    if(pF2 != NULL){
        fscanf(pF2, "%s", sData);
        fscanf(pF2, "%d%x%o", &i1, &i2, &i3);
        fscanf(pF2, "%lf%lf%lf", &d1, &d2, &d3);
        /* 讀取資料可不需 fflush */
    }
    if(pF3 != NULL){
```

```
        fprintf(pF3, "%s world!\n", sData);
        fprintf(pF3, "%d + %d + %d = %d\n",
                       i1, i2, i3, i1 + i2 + i3);
        fprintf(pF3, "%f + %f + %f = %f\n",
                       d1, d2, d3, d1 + d2 + d3);
        /* 沒有 fclose 也沒有 fflush */
    }
    if(pF4 != NULL){
        char c = '\0';
        fflush(NULL);    /* 讀取前先 fflush，
                            以保證讀到修改後的資料 */
        while(fscanf(pF4, "%c", &c) != EOF)
            printf("%c", c);
    }
    fclose(pF1);
    fclose(pF2);
    fclose(pF3);
    fclose(pF4);
    return 0;
}
```

　　程式 11-5 一開始先對 test.txt 開啟四次，接著分別進行檔案建立與寫入資料、讀出資料、新增資料，然後再將檔案內容的所有字元逐一輸出。在一開始的寫入資料之後，因為我們有呼叫 fflush 所以後續的讀取動作可以從檔案得到正確的數值；但在新增資料之後，並沒有呼叫 fflush 或 fclose，這會使得後面的讀取動作讀不到新增的資料，這是很容易疏忽的情況。所以我們把呼叫 fflush 加在讀取資料之前，以保證讀取前的寫入資料都能放進檔案之中。

　　另外，在微軟的作業系統中，若不以二進位模式來開啟檔案則代表**文字模式**

(text mode)，那麼在任何寫入資料中若是含有換行符號(ASCII 碼為 10)時，則會在所有換行符號前加上歸位符號(ASCII 碼為 13)；若從檔案讀取的資料內含有連續兩個字元的 ASCII 碼分別為 13 與 10，那麼 ASCII 碼為 13 的字元將會被移除。我們把程式 11-4 修改如下，並在微軟的作業系統下執行：

程式 11-6

```c
#include <stdio.h>      /* 檔案處理函式的標頭檔 */
int main(void){
    FILE *pF = NULL;
    const char * sFilename = "test.txt";
    char sData[100] = {'\0'};
    int i1 = 0, i2 = 0, i3 = 0;
    double d1 = 0.0, d2 = 0.0, d3 = 0.0;
    pF = fopen(sFilename, "w");/* 以文字寫入模式開啟 */
    if(pF != NULL){
        const char * s = "Hello!";
        int i = 15;
        double d = 0.12345678;
        fprintf(pF, "%s\n", s);
        fprintf(pF, "%d %02X %03o\n", i, i, i);
        fprintf(pF, "%.4f %.6e %.6g\n", d, d, d);
        fclose(pF);
    }
    pF = fopen(sFilename, "r");/* 以文字讀取模式開啟 */
    if(pF != NULL){
        fscanf(pF, "%s", sData);
        fscanf(pF, "%d%x%o", &i1, &i2, &i3);
        fscanf(pF, "%lf%lf%lf", &d1, &d2, &d3);
```

```c
        fclose(pF);
}
pF = fopen(sFilename, "ab");    /* 以二進位新增模式開啟 */
if(pF != NULL){
    fprintf(pF, "%s world!\n", sData);
    fprintf(pF, "%d + %d + %d = %d\n",
                 i1, i2, i3, i1 + i2 + i3);
    fprintf(pF, "%f + %f + %f = %f\n",
                 d1, d2, d3, d1 + d2 + d3);
    fclose(pF);
}
pF = fopen(sFilename, "rb");    /* 以二進位讀取模式開啟 */
if(pF != NULL){
    char c = '\0';
    /* 將檔案內容每個字元逐一輸出 */
    while(fscanf(pF, "%c", &c) != EOF)
        printf("%02hhX ", c);
    fclose(pF);
}
pF = fopen(sFilename, "r");/* 以文字讀取模式開啟 */
if(pF != NULL){
    char c = '\0';
    /* 將檔案內容每個字元逐一輸出 */
    while(fscanf(pF, "%c", &c) != EOF)
        printf("%02hhX ", c);
    fclose(pF);
}
return 0;
```

```
    }
```

程式沒有太多修改：在第一次的檔案建立與資料寫入還有接下來的數值讀取是以文字模式完成，以及最後的檔案輸出分成二進位模式與文字模式對檔案的每個字元以十六進位方式逐一輸出。請比較這兩種模式的輸出結果，您會發現在二進位模式的輸出結果中，文字模式的寫入資料在 0A 前面都會有個 0D；但以二進位模式所寫入的資料中，0A 前面皆沒有 0D。而在以文字模式的輸出結果中，所有 0A 前的 0D 都被移除了，但若 0A 前不是 0D 則無影響。

請小心在微軟的作業系統下會有這種現象，若您不希望作業系統對檔案讀寫有過多的干涉，請以二進位模式來開啟檔案。

fprintf 與 fscanf 也有 wchar_t 的版本，分別為 fwprintf 與 fwscanf。它們皆宣告在 wchar.h 裡，用法與 fprintf 與 fscanf 一樣，故不再舉例說明。

11.4.2　fputc 與 fgetc

我們也可以從檔案只存取單一字元，請使用這兩個函式：fgetc 與 fputc，它們宣告式如下：

```
int fputc(int ch, FILE * pFile);
int fgetc(FILE * pFile);
```

其中，pFile 指向一個 FIlE 物件代表著一個已開啟的檔案。fputc 會將 ch 所代表的字元輸出至目前的檔案位置(只會修改一個字元的大小)；fgetc 會從目前的檔案位置讀出一個字元並回傳。但請注意，fputc 要求檔案必須以寫入或新增模式來開啟，fgetc 則要求檔案必須以讀取模式來開啟，否則會造成存取失敗並回傳 EOF 以及透過 ferror 得到錯誤代碼(請看第 11.5.6 節)。

在下面的例子中，我們設計了一個名為 fileCopy 的函式以進行檔案複製：

程式 11-7

```
#include <stdio.h>      /* 檔案處理函式的標頭檔 */
```

```c
/* 檔案複製，回傳值為檔案大小(單位是 byte) */
size_t fileCopy(const char * restrict sTargetFile,
                const char * restrict sSourceFile)
{
    size_t nFileSize = 0;
    /* 複製目標以二進位寫入模式開啟 */
    FILE * pFileT = fopen(sTargetFile, "wb");
    /* 複製來源以二進位讀取模式開啟 */
    FILE * pFileS = fopen(sSourceFile, "rb");
    if(pFileT != NULL && pFileS != NULL){
        int ch = 0;
        while((ch = fgetc(pFileS)) != EOF){
            fputc(ch, pFileT);
            ++nFileSize;
        }
        fclose(pFileT);
        fclose(pFileS);
    }
    return nFileSize;
} /* fileCopy */
/* main 函式 */
int main(void){
    char sTargetFile[FILENAME_MAX] = {'\0'};
    char sSourceFile[FILENAME_MAX] = {'\0'};
    size_t nFileSize = 0;
    /* 輸入目標與來源的檔案路徑 */
    puts("Target filename: ");
    scanf("%s", sTargetFile);
```

```
    puts("Source filename: ");
    scanf("%s", sSourceFile);
    /* 檔案複製，並輸出有多少個 bytes 被複製成功 */
    nFileSize = fileCopy(sTargetFile, sSourceFile);
    printf("%lu bytes copied.\n", nFileSize);
    return 0;
}
```

程式 11-7 的 fileCopy 需要兩個記憶空間不重疊的唯讀字串參數，分別代表目標檔案與來源檔案的路徑。由於我們要把來源檔案的每個 byte 複製到目標檔案，所以目標檔案會以二進位的寫入模式開啟，來源檔案則是會以二進位的讀取模式開啟。接下來即以一個迴圈將來源檔案的每個字元複製到目標檔案，並統計有多少字元被複製。回傳值為總共複製的字元數。而在 main 函式中，來源檔案與目標檔案的路徑可由使用者來指定，因此我們為這兩個路徑配置足夠大的字元空間（**FILENAME_MAX**）來記錄之。使用者指定好路徑後，即可呼叫 fileCopy 來進行檔案複製。請注意，使用者必須確保這來源檔案必須存在，而且有權限讀取來源檔案以及建立與寫入目標檔案，以免檔案複製發生失敗。

fputc 與 fgetc 也有 wchar_t 的版本，分別為 fputwc 與 fgetwc。它們皆宣告在 wchar.h 裡，用法與 fputc 與 fgetc 一樣，故不再舉例說明。

11.4.3　fputs 與 fgets

檔案的字串寫入與讀取，可以使用這兩個函式：fputs 與 fgets，它們的宣告式如下：

```
int fputs(const char * restrict s, FILE * restrict pFile);
int fgets(char * restrict s,
          int n,
          FILE * restrict pFile);
```

其中，pFile 指向一個 FIlE 物件代表著一個已開啟的檔案。fputs 會將字串 s 的所有字元 (不包含最後的空字元) 依序輸出至目前的檔案位置，但**不會在最後加上換行符號**，這一點與 puts 不一樣 (第 8.6 節)。fputs 若可成功地輸出則回傳一個正數，否則回傳 EOF 且透過 ferror 可得到錯誤代碼 (請看第 11.5.6 節)。

fgets 會從目前的檔案位置讀入一個以換行符號或是 EOF 為結尾的字串，且字元數不超過 n，超過的部分將不讀取。然後再將讀出的字串除了 EOF 之外的其它字元 (包含換行符號) 複製到 s 所指向的字元空間，並加上空字元做為結尾。請注意，n 不可小於 1，否則會引發未定義的行為。若 fgets 可以成功地讀取字串，回傳值即為 s，否則回傳 NULL。

我們把程式 11-7 的 fileCopy 改成以 fputs 與 fgets 來完成，請看程式 11-8：

程式 11-8

```c
#include <stdio.h>      /* 檔案處理函式的標頭檔 */
#include <string.h>     /* strlen 的標頭檔 */
/* 檔案複製，回傳值為檔案大小 (單位是 byte) */
size_t fileCopy(const char * restrict sTargetFile,
                const char * restrict sSourceFile)
{
    size_t nFileSize = 0;
    /* 複製目標以二進位寫入模式開啟 */
    FILE * pFileT = fopen(sTargetFile, "wb");
    /* 複製來源以二進位讀取模式開啟 */
    FILE * pFileS = fopen(sSourceFile, "rb");
    if(pFileT != NULL && pFileS != NULL){
        char buf[256] = {'\0'};
        int nBufSize = sizeof(buf);
        while(fgets(buf, nBufSize, pFileS) != NULL){
```

```c
        fputs(buf, pFileT);
        nFileSize += strlen(buf);
    }
    fclose(pFileT);
    fclose(pFileS);
}
    return nFileSize;
} /* fileCopy */
/* main 函式 */
int main(void){
    char sTargetFile[FILENAME_MAX] = {'\0'};
    char sSourceFile[FILENAME_MAX] = {'\0'};
    size_t nFileSize = 0;
    /* 輸入目標與來源的檔案路徑 */
    puts("Target filename: ");
    scanf("%s", sTargetFile);
    puts("Source filename: ");
    scanf("%s", sSourceFile);
    /* 檔案複製，並輸出有多少個 bytes 被複製成功 */
    nFileSize = fileCopy(sTargetFile, sSourceFile);
    printf("%lu bytes copied.\n", nFileSize);
    return 0;
}
```

　　請注意 fileCopy 的 while 迴圈，我們先從來源檔案讀出一行字數不超過 256 的字串，若讀取成功就將此字串寫出到目標檔案。請與程式 11-7 比較，一次操作 256 個字元的字串會來得比一次只操作一個字元有效率多了。

　　另外，由於 fgets 可透過第二個參數 n 來限制輸入字串的字元數，我們常以 fgets 來代替 scanf 與 gets 來進行字串輸入，可有效地阻擋惡意的緩衝區溢位攻擊。您可以對 fgets 的第三個參數給予 stdin。如程式 11-9：

程式 11-9

```
#include <stdio.h>        /* 檔案處理函式的標頭檔 */
#define BUF_SIZE 8
int main(void){
    char sBuf[BUF_SIZE] = {'\0'};
    fgets(sBuf, BUF_SIZE, stdin);   /* 從標準輸入裝置輸入字串 */
    fputs(sBuf, stdout);               /* 輸入字串至標準輸出裝置 */
    return 0;
}
```

同樣地，您也可以將 fputs 的第二個參數給予 stdout，即可將字串輸出到標準出裝置。

fputs 與 fgets 也有 wchar_t 的版本，分別為 fputws 與 fgetws。它們皆宣告在 wchar.h 裡，用法與 fputs 與 fgets 一樣，故不再舉例說明。

11.4.4　fwrite 與 fread

前幾個子小節所介紹的檔案寫入與讀取函式都是專門面對字串的資料，若是想寫入或讀取資料的二進位碼則必須透過這兩個函式：fwrite 與 fread，它們的宣告式如下：

```
size_t fwrite(const void * restrict buffer,
              size_t nItemBytes,
              size_t nItems,
              FILE * restrict pFile);

size_t fread(void * restrict buffer,
```

```
        size_t nItemsBytes,

        size_t nItems,

        FILE * restrict pFile);
```

其中，buffer 所指向的記憶空間為存放著寫入或讀取的資料陣列；nItemBytes 為每個元素所佔的記憶空間為多少 byte；nItems 為元素個數；pFile 則是指向一個 FIlE 物件代表著一個已開啟的檔案。

fwrite 會將 buffer 所指向的資料陣列中輸出 nItems × nItemBytes 個 bytes 到目前的檔案位置；fread 則是會從目前的檔案位置讀入 nItems × nItemBytes 個 bytes 到 buffer 所指向的資料陣列中，但是若遇到 EOF 就停止讀取。

fwrite 的回傳值為實際輸出的元素個數，若輸出過程發生錯誤，回傳值可能會小於 nItems；fread 的回傳值為實際讀取的元素個數，若讀取過程發生錯誤或者遇到 EOF，回傳值可能會小於 nItems。不論是 fwrite 還是 fread，當發生錯誤時都可透過 ferror 得到錯誤代碼 (請看第 11.5.6 節)。

我們來看一簡單的範例：

程式 11-10

```
#include <stdio.h>      /* 檔案處理函式的標頭檔 */
int main(void){
    unsigned int nStudents = 0, i = 0;
    size_t nScoreSize = sizeof(double);
    const char * sFilename = "scores.dat";
    FILE *pFile = fopen(sFilename, "wb");
                        /* 須以二進位模式開啟 */
    if(pFile != NULL){
        puts("Input the number of students: ");
        scanf("%u", &nStudents);               /* 輸入學生人數 */
```

```
    if(nStudents > 0 && nStudents <= 100){
        double Scores[100] = {0.0};
                      /* 注意！Scores 是區域陣列 */
        for(i = 0; i < nStudents; ++i){
            printf("Input %uth student's score: ", i);
            scanf("%lf", &Scores[i]);
                      /* 輸入第 i 個學生的成績 */
        }
        /* 將所有學生成績的二進位碼輸出到檔案 */
        fwrite(Scores, nScoreSize, nStudents, pFile);
    } /* nStudent 大於 0 且在 100 之內 */
    fclose(pFile);
} /* 開啟檔案成功 */
pFile = fopen(sFilename, "rb");
                              /* 以二進位讀取模式開啟 */
if(pFile != NULL){
    unsigned int n = 0;
    double score = 0.0, sum = 0.0, avg = 0.0;
    while(fread(&score, nScoreSize, 1, pFile) >= 1){
        sum += score;
        ++n;
    }
    if(n > 0)
        avg = sum / n;              /* 計算平均成績 */
    /* 輸出結果 */
    printf("The average score of %u students is %f\n",
            n, avg);
    fclose(pFile);
```

```
    }  /* 開啟檔案成功 */
    return 0;
}
```

　　程式 11-10 可讓使用者最多輸入 100 個學生的成績，並將成績資料以二進位碼型式儲存於檔案中，接著再從檔案讀出所有學生的成績資料，並計算平均成績。請注意，不論是使用 fwrite 還是 fread，請都以二進位模式來開啟檔案，以避免作業系統做了許多文字處理動作。

　　我們也可以把程式 11-7 的 fileCopy 改成以 fwrite 與 fread 來完成，請看程式 11-11：

程式 11-11

```
#include <stdio.h>      /* 檔案處理函式的標頭檔 */
/* 檔案複製，回傳值為檔案大小(單位是 byte) */
size_t fileCopy(const char * restrict sTargetFile,
                const char * restrict sSourceFile)
{
    size_t nFileSize = 0;
    /* 複製目標以二進位寫入模式開啟 */
    FILE * pFileT = fopen(sTargetFile, "wb");
    /* 複製來源以二進位讀取模式開啟 */
    FILE * pFileS = fopen(sSourceFile, "rb");
    if(pFileT != NULL && pFileS != NULL){
        char buf[256] = {'\0'};
        size_t nItemBytes = sizeof(buf[0]);
        size_t nItems = sizeof(buf) / sizeof(buf[0]);
        size_t nRead = 0, nWrite = 0;
        while((nRead =
                fread(buf, nItemBytes, nItems, pFileS))> 0)
```

```
        {
            nWrite = fwrite(buf, nItemBytes , nRead, pFileT);
            nFileSize += nWrite;
        }
        fclose(pFileT);
        fclose(pFileS);
    }
    return nFileSize;
} /* fileCopy */
/* main 函式 */
int main(void){
    char sTargetFile[FILENAME_MAX] = {'\0'};
    char sSourceFile[FILENAME_MAX] = {'\0'};
    size_t nFileSize = 0;
    /* 輸入目標與來源的檔案路徑 */
    puts("Target filename: ");
    scanf("%s", sTargetFile);
    puts("Source filename: ");
    scanf("%s", sSourceFile);
    /* 檔案複製，並輸出有多少個 bytes 被複製成功 */
    nFileSize = fileCopy(sTargetFile, sSourceFile);
    printf("%lu bytes copied.\n", nFileSize);
    return 0;
}
```

請注意 fileCopy 的 while 迴圈，我們先嘗試著從來源檔案的目前檔案位置
讀出 256 個 bytes 的資料到 buf 中，並以 nRead 這個變數來記錄 fread 的實
際讀入資料量。若 nRead 大於零，則輸出 buf 前面 nRead 個 bytes 到目標檔案
的目前檔案位置。

fwrite 與 fread 也可以用在文字檔案上，而且因為不會有結尾空字元的額外處理，所以在效能上會優於 fputs 與 fgets，更不用說單一字元處理的 fputc 與 fgetc。請適當地調整 nItemBytes 與 nItems 的大小，將可提高檔案輸出與輸入的效能。

11.5　檔案位置的控制

我們知道所有的檔案寫入與讀取動作都會從目前的檔案位置開始進行，那麼如果可以任意地移動檔案位置，就可以將資料輸出到檔案中的任一個地方，也可以任意地讀取檔案中的任何一筆資料。接下來的幾個子小節將會介紹有哪些標準函式可以操作檔案位置。

11.5.1　ftell

若有一個已開啟的檔案，我們可能想要先知道它的目前檔案位置是指向檔案的哪個地方。這可以透過 stdio.h 的 ftell 來得知，它的宣告式如下：

```
long ftell(FILE * pFile);
```

當 pFile 代表著一個**以二進位模式開啟的檔案**時，那麼 ftell 會回傳此檔案的目前檔案位置。請注意，檔案位置是以 long 型態呈現，這是因為在一般情況下，檔案位置是指向檔案內容的某個 byte，為了能夠表示大型檔案的檔案位置，所以才會採用一個夠大的整數型態來表示[62]。請注意，ftell 的回傳值在文字模式下的意義是未定義的，只能用於 fseek (第 11.5.3 節) 來移動檔案位置。

我們來看一個例子，如下面的程式 11-12，若以各種檔案開啟模式來開啟同一個檔案，那麼它們一開始的檔案位置會在哪？

---

[62] 一般情況下，long 在 32 位元的環境會佔有 4 bytes 的空間；在 64 位元的環境會佔有 8 bytes 的空間。

程式 11-12

```c
#include <stdio.h> /* 檔案處理的標頭檔 */
int main(void){
    FILE *pFile = NULL;
    const char * sFilename = "test.txt";
    pFile = fopen(sFilename, "wb");      /* 寫入模式 */
    if(pFile != NULL){
        printf("FP(wb): %ld\n", ftell(pFile));    /* 0 */
        fprintf(pFile, "ABCDEFGHIJ");    /* 寫入十個字元 */
        fclose(pFile);
    }
    pFile = fopen(sFilename, "rb");      /* 讀取模式 */
    if(pFile != NULL){
        printf("FP(rb): %ld\n", ftell(pFile));    /* 0 */
        fclose(pFile);
    }
    pFile = fopen(sFilename, "ab");      /* 新增模式 */
    if(pFile != NULL){
        printf("FP(ab): %ld\n", ftell(pFile));    /* 10 或 0 */
        fprintf(pFile, "1234567890");    /* 新增十個字元 */
        printf("FP(ab): %ld\n", ftell(pFile));    /* 20 */
        fclose(pFile);
    }
    pFile = fopen(sFilename, "r+b");      /* 讀取+寫入模式 */
    if(pFile != NULL){
        printf("FP(r+b): %ld\n", ftell(pFile));   /* 0 */
        fclose(pFile);
    }
```

```
    pFile = fopen(sFilename, "a+b");      /* 新增+讀取模式 */
    if(pFile != NULL){
        printf("FP(a+b): %ld\n", ftell(pFile));  /* 20 或 0 */
        fprintf(pFile, "1234567890");    /* 再新增十個字元 */
        printf("FP(a+b): %ld\n", ftell(pFile));  /* 30 */
        fclose(pFile);
    }
    pFile = fopen(sFilename, "w+b");      /* 寫入+讀取模式 */
    if(pFile != NULL){
        printf("FP(w+b): %ld\n", ftell(pFile));  /* 0 */
        fclose(pFile);
    }
    return 0;
}
```

您會發現，以讀取或者寫入模式所開啟的檔案，一開始的檔案位置皆會是零，也就是檔案的低個 byte 處，但以新增模式所開啟的檔案就不一定了，若在 UNIX 的系統執行，新增模式的檔案位置一開始會是檔案的 EOF 處；若在微軟的系統執行，卻會得到零。不論如何，只要在新增模式進行新增資料後，檔案位置永遠都用指向 EOF。

另外，若以新增+讀取模式 (a+b) 所開啟的檔案，請勿直接進行讀取。如下面這個例子將會得未定義的結果：

程式 11-13

```
#include <stdio.h>                       /* 檔案處理的標頭檔 */
int main(void){
    FILE *pFile = NULL;
    const char * sFilename = "test.txt";
    pFile = fopen(sFilename, "wb");       /* 寫入模式 */
```

```
    if(pFile != NULL){
        fprintf(pFile, "ABCDEFGHIJ");      /* 寫入十個字元 */
        fclose(pFile);
    }
    pFile = fopen(sFilename, "a+b");        /* 新增+讀取模式 */
    if(pFile != NULL){
        int ch = fgetc(pFile);             /* 可能會讀取失敗 */
        if(ch != EOF)
            printf("%c\n", ch);
        fclose(pFile);
    }
    return 0;
}
```

此例中，我們先建立一個檔案，寫入十個阿拉伯數字的字元，然後再以 a+b 模式來開啟，並以 fgetc 來嘗試讀取檔案中的第一個字元。您會發現在微軟的系統執行可以讀取到'A'這個字元；可是在 UNIX 的系統執行卻會發生讀取失敗，fgetc會得到 EOF 的結果。這是因為新增模式所開啟的檔案，其一開始的檔案位置在不同的作業系統會有不同的結果，有可能是在檔案的 EOF，也有可能是在檔案的第一個byte。因此，若以 a+這類的模式來開啟一個檔案，請在進行讀取前先設定好檔案位置。至於要如何設定，請看下接下來兩個子小節的介紹。

11.5.2 rewind

不論以哪種模式開啟一個檔案，您最好利用 rewind 函式將檔案位置設定在資料串流的開始處。rewind 也是宣告在 stdio.h，它的宣告式如下：

void **rewind**(FILE * **pFile**);

rewind 使用方法很簡單，請看下面這個例子：

程式 11-14

```
#include <stdio.h>                        /* 檔案處理的標頭檔 */
int main(void){
    FILE *pFile = NULL;
    const char * sFilename = "test.txt";
    pFile = fopen(sFilename, "wb");       /* 寫入模式 */
    if(pFile != NULL){
        fprintf(pFile, "ABCDEFGHIJ");     /* 寫入十個字元 */
        fclose(pFile);
    }
    pFile = fopen(sFilename, "a+b");      /* 新增+讀取模式 */
    if(pFile != NULL){
        int ch = 0;
        rewind(pFile);                    /* 將檔案位置設定在資料開始處 */
        ch = fgetc(pFile);
        if(ch != EOF)
            printf("%c\n", ch);           /* A */
        fclose(pFile);
    }
    return 0;
}
```

如此，不論是在哪個作業系統下執行，以 a+b 模式所開啟的檔案都能在一開始讀到第一筆資料。

請注意，r+、w+與 a+模式這些讀取與寫入混合的模式，在經過任何檔案內容寫入的動作後，因為寫入的資料有可能還在緩衝區中，所以請勿直接進行讀取，否則會造成未定義的現象。請看下面這個例子：

程式 11-15

```c
#include <stdio.h>                          /* 檔案處理的標頭檔 */
int main(void){
    FILE *pFile = NULL;
    const char * sFilename = "test.txt";
    pFile = fopen(sFilename, "wb");      /* 寫入模式 */
    if(pFile != NULL){
        fprintf(pFile, "ABCDEFGHIJ");    /* 寫入十個字元 */
        fclose(pFile);
    }
    pFile = fopen(sFilename, "a+b");     /* 新增+讀取模式 */
    if(pFile != NULL){
        int ch = 0;
        rewind(pFile);               /* 將檔案位置設定在資料開始處 */
        ch = fgetc(pFile);
        if(ch != EOF)
            printf("%c\n", ch);          /* A */
        /* 新增十個字元後，檔案位置會在 EOF */
        fprintf(pFile, "1234567890");
        ch = fgetc(pFile);  /* 新增後立即讀取資料，未定義的行為！*/
        if(ch != EOF)                /* 可能無法正確地判斷 */
            printf("%c\n", ch);          /* 可能顯示一個未知的字元 */
        fclose(pFile);
    }
    return 0;
}
```

　　請小心 r+、w+ 與 a+ 這類寫入與讀取的混合模式，常常會因為資料輸出與輸入所造成的檔案位置移動，使得後續的檔案處理動作發生錯誤。下一個子小節我們會再探討這個問題。

11.5.3　fseek

除了 rewind 我們可以利用 fseek 函式來任意地設定檔案位置，它的宣告式如下：

```
int fseek(FILE * pFile, long offset, int origin);
```

其中，pFile 必須代表著一個**以二進位模式開啟的檔案**；offset 為一個 long 數值，代表檔案位置要移動多少單位，offset 可以是負值；origin 代表移動的原點，只能為下列這三個常數：

1. **SEEK_CUR**　目前位置
2. **SEEK_SET**　檔案內容的第一個位置
3. **SEEK_END**　理論上為檔案內容的最尾端，也就是 EOF；
　　　　　　　　　但由各編譯器根據編譯環境來決定其作用。

而檔案位置實際上會被設定在原點加上 offset 的地方。若檔案位置可以被設定成功，那麼 fseek 的回傳值為零，否則回傳一個非零的數值。請注意，**因為 C 語言並未明確規定 SEEK_END 在二進位模式會發生什麼結果**，所以我們不建議讀者將 origin 設定為 SEEK_END。

請注意！r+、w+與 a+這些模式在進行任何資料寫入動作後，若要進行讀取資料，請務必先以 fflush 更新檔案的內容，或者以 rewind、fseek 或 fsetpos(請看第 11.5.4 節)來設定要讀取的位置。同樣地，若經過任何讀取動作後，也務必先設定檔案位置才能進行寫入動作。請看下面這個例子：

程式 11-16
```
#include <stdio.h>                    /* 檔案處理的標頭檔 */
```

```c
int main(void){
    FILE *pFile = NULL;
    const char * sFilename = "test.txt";
    int ch = 0;
    pFile = fopen(sFilename, "w+b");      /* 寫入+讀取模式 */
    if(pFile != NULL){
        fprintf(pFile, "ABCDEFGHIJ");     /* 寫入十個字元 */
        fseek(pFile, 0, SEEK_SET);        /* 等同 rewind */
        ch = fgetc(pFile);
        if(ch != EOF) printf("%c\n", ch);     /* A */
        fclose(pFile);
    }
    pFile = fopen(sFilename, "r+b");      /* 讀取+寫入模式 */
    if(pFile != NULL){
        fseek(pFile, 5, SEEK_SET);        /* 移至'F' */
        fputc('X', pFile);        /* 'F'改為'X'，移至下一個字元 */
        fflush(pFile);                    /* 更新檔案資料 */
        ch = fgetc(pFile);                /* 移至下一個字元 */
        if(ch != EOF) printf("%c\n", ch);     /* G */
        fseek(pFile, 1, SEEK_CUR);    /* 再往前移動一個字元 */
        fputc('Y', pFile);            /* 'I'被改為'Y' */
        fseek(pFile, 0, SEEK_SET);    /* 移動至第零個字元 */
        while((ch = fgetc(pFile)) != EOF)
            printf("%c", ch);         /* ABCDEXGHYJ */
        puts("\n");
        fclose(pFile);
    }
    pFile = fopen(sFilename, "a+b");      /* 新增+讀取模式 */
```

```
    if(pFile != NULL){
        fputc('@', pFile);                  /* 新增一個字元 */
        fseek(pFile, 5, SEEK_SET);          /* 移至'F' */
        while((ch = fgetc(pFile)) != EOF)
            printf("%c", ch);               /* XGHYJ@ */
        puts("\n");
        fputc('!', pFile);                  /* 新增一個字元 */
        rewind(pFile);                      /* 移至第零個字元 */
        while((ch = fgetc(pFile)) != EOF)
            printf("%c", ch);               /* ABCDEXGHYJ@! */
        puts("\n");
        fclose(pFile);
    }
    return 0;
}
```

　　程式 11-16 以三種混合模式來開啟檔案，依序分別為 w+b、r+b 與 a+b。我們先以 w+b 建立一個名為 test.txt 的檔案，並寫入十個字元。請注意，因為 w 模式保證檔案一開啟時的檔案位置會在資料的一開始處，所以一開始的寫入可不需設定檔案位置，但在後續的讀取就必須要先以 fseek 設定檔案位置，否則會有不可預期的現象發生，可能會讀取到錯誤資料，甚至檔案內容被破壞。接下來，我們再以 r+b 模式來開啟同一個檔案。一開始，先以 fseek 將檔案位置移至'F'，並將它取代成'X'，此時檔案位置會移至下一個字元'G'。如果要讀取'G'這個字，必須先以 fflush 更新檔案內容才能正確地讀取。讀取資料後，若要進行資料寫入動作，也都必須先以 fseek 設定檔案位置才能將資料寫入到您想要的位置。但 a+b 會有點不同，不論檔案位置設定在何處，寫入的資料都會從 EOF 處新增。因此，您可不必在 a+b 模式下的寫入動作之前設定檔案位置 。

　　另外，您可能會有這麼一個想法：以 fseek 設定檔案位置到 EOF 處，再以 ftell

得知目前的檔案位置即可得知檔案的大小。如下所示：

程式 11-17

```
#include <stdio.h>                    /* 檔案處理的標頭檔 */
int main(void){
    const char * sFilename = "test.txt";
    FILE * pFile = fopen(sFilename, "rb");
                                       /* 以二進位讀取模式 */
    if(pFile != NULL){
        fseek(pFile, 0, SEEK_END);        /* 未定義的行為！ */
        printf("%ld\n", ftell(pFile));  /* 檔案大小？ */
        fclose(pFile);
    }
    return 0;
}
```

但這不並是一個很完美的方法。因為 SEEK_END 在二進位模式下是未定義的行為，所以在某些作業系統您可能會得到錯誤的結果 (雖然在大部分的作業系統您都能得到正確結果) [63]。若您的程式想要在各種環境下都能得到相同的結果，那麼請勿使用 SEEK_END 這個常數。那我們該如何得到正確的檔案大小呢？您當然可以先將檔案內容瀏覽一遍，即可取得檔案大小，只不過這是個很費時的方法。若想快速地得到檔案大小，因為每個作業系統的檔案管理系統皆不一樣，您得透過作業系統所提供的系統函式才能正確地得到檔案的屬性。

[63.] 在一些不支援 POSIX(Portable Operating System Interface of UNIX)的作業系統，SEEK_END 可能不是移到檔案的最後一個 byte 處。POSIX 意思是可移植的作業系統介面，由 IEEE 所制定一系列的系統函式，讓程式可在不同的作業系統上呼叫，並得到同樣的執行結果。

11.5.4 fgetpos 與 fsetpos

　　您可能會有這樣的困擾：經過一連串的檔案處理後，檔案位置已經不知跑向何處。若您想存取某個固定位置的資料，得先以 ftell 記錄此位置，之後經過一連串資料寫入或讀取後，再以 fseek 移動至所記錄的檔案位置。但在文字模式下會有一個問題，ftell 與 fseek 並不支援文字模式！

　　要解決此問題，我們可以用 stdio.h 的兩個函式：fgetpos 與 fsetpos，分別來讀取目前的檔案位置與設定檔案位置。它們的宣告式如下：

```
int fgetpos(FILE * restrict pFile,
            fpos_t * restrict pos);
int fsetpos(FILE * pFile,
            const fpos_t * pos);
```

　　其中，pFile 指向一個 FIlE 物件代表著一個已開啟的檔案；pos 為一個 fpos_t 的指標；fpos_t 為標準函式庫所定義的結構體，是用來記錄檔案位置的詳細資料。您不可以直接存取 fpos_t 的任何一個成員，只能透過 fgetpos 與 fsetpos 來操作 fpos_t 的指標。

　　fgetpos 若能成功地讀到目前的檔案位置，則會把相關資訊存放至 pos 所指向的記憶空間並回傳零；反之，則回傳一個非零的數值。fsetpos 若能成功地設定 pos 所指向的檔案位置資訊，則回傳零；反之，則回傳一個非零的數值。請注意！fsetpos 只能設定經由 fgetpost 所取得的檔案位置資訊，否則會發生錯誤的檔案位置設定。

　　以一個簡單的範例來看看如何使用這兩個函式：

程式 11-18

```
#include <stdio.h>                    /* 檔案處理的標頭檔 */
int main(void){
    const char * sFilename = "test.txt";
```

```c
FILE * pFile = fopen(sFilename, "w+");
                                    /* 寫入+讀取模式 */
fpos_t fp;                          /* 宣告檔案位置的物件 */
int ch = 0;
if(pFile != NULL){
    fprintf(pFile, "ABCDE");        /* 寫入五個字元 */
    fgetpos(pFile, &fp);            /* 讀取檔案位置 */
    fprintf(pFile, "01234");        /* 再寫入五個字元 */
    if(fsetpos(pFile, &fp) == 0){   /* 設定檔案位置 */
        fprintf(pFile, "XYZ");      /* 將"012"改成"XYZ" */
    }
    rewind(pFile);

    /* 讀出所有檔案內容 */
    while((ch = fgetc(pFile)) != EOF)
        printf("%c", ch);           /* ABCDEXYZ34 */
    puts("\n");
    fclose(pFile);
}
return 0;
}
```

此例以 w+ 模式來建立一個文字檔案。檔案建立後,先寫入五個英文字母,並以 fgetpos 取得目前檔案位置,也就是'E'的下一個字元的位置。然後再寫入五個阿拉伯數字,此時檔案位置會在'4'的下一個字元。以 fsetpos 設定剛才以 fgetpos 所取得的檔案位置,即可把檔案位置移至'0'這個字元。如此,所寫入"XYZ"會把原有的"012"取代掉,整個檔案內容會是"ABCDEXYZ34"。

請注意,fsetpos 也有 fflush 的作用,因此當檔案是以 r+、w+ 與 a+ 這些混合模式所開啟，您可以在寫入與讀取動作之間呼叫 fsetpos，以確保讀取的正確性。

11.5.5　feof

當檔案位置到達 EOF 時，您不應該再繼續讀取任何資料。我們可以在讀取前先以 feof 這個函式來得知檔案位置是否抵達 EOF，它的宣告式如下：

```
int feof(FILE * pFile);
```

其中，pFile 指向一個已開啟的檔案。若檔案位置抵達 EOF 且曾發生過讀取或寫入的動作，則回傳一個非零的數值；否則，回傳值為零。

我們先看一個簡單的範例：

程式 11-19

```
#include <stdio.h>                      /* 檔案處理的標頭檔 */
int main(void){
    const char * sFilename = "test.txt";
    FILE * pFile = fopen(sFilename, "wb");  /* 寫入模式 */
    if(pFile != NULL){
        fprintf(pFile, "AB");               /* 寫入兩個字元 */
        printf("EOF: %d\n", feof(pFile));   /* EOF: 0 */
        fputc('C', pFile);                  /* 寫入一個字元 */
        printf("EOF: %d\n", feof(pFile));   /* EOF: 0 */
        fclose(pFile);
    }
    pFile = fopen(sFilename, "rb");         /* 讀取模式 */
    if(pFile != NULL){
        printf("CH: %d\n", fgetc(pFile));   /* CH: 65 */
        printf("EOF: %d\n", feof(pFile));   /* EOF: 0 */
```

```
            printf("CH: %d\n", fgetc(pFile));      /* CH: 66 */
            printf("EOF: %d\n", feof(pFile));       /* EOF: 0 */
            printf("CH: %d\n", fgetc(pFile));       /* CH: 67 */
            printf("EOF: %d\n", feof(pFile));       /* EOF: 0 */
            printf("CH: %d\n", fgetc(pFile));       /* CH: EOF */
            printf("EOF: %d\n", feof(pFile));
                                                    /* EOF: 非零的數字 */
            fclose(pFile);
        }
        return 0;
    }
```

以 w 模式所開啟的檔案，feof 的回傳值永遠都是零。這是因為檔案不可能發生讀取的行為，您不用擔心檔案位置是否到達 EOF 而無法讀取資料。但只要檔案是能讀取的情況，feof 就有可能回傳非零。但請注意，並不是檔案位置抵達 EOF，feof 就會回傳非零，**而是必須對 EOF 位置進行存取，feof 才會回傳非零。**

11.5.6 ferror

您不能只靠 feof 來察覺檔案在操作過程中發生錯誤，還必須靠 ferror 這個函式來得知，它也是宣告在 stdio.h，其宣告式如下：

```
int ferror(FILE * pFile);
```

當 pFile 所指向的檔案沒有發生任何操作上的錯誤，ferror 的回傳值為零；反之，則會回傳一個非零的數值，並且必須以 clearerr 這個函式來清除前一次的錯誤狀態，否則之後的存取動作無論是否發生錯誤，ferror 皆有可能回傳非零的數值。clearerr 的宣告式如下：

```
void clearerr(FILE * pFile);
```

我們來看一個範例：

程式 11-20

```c
#include <stdio.h>                          /* 檔案處理的標頭檔 */
int main(void){
    const char * sFilename = "test.txt";
    FILE * pFile = fopen(sFilename, "wb");  /* 寫入模式 */
    if(pFile != NULL){
        puts("Open a file in \"wb\" mode\n");
        printf("ERR: %d\n", ferror(pFile));  /* 0 */
        fgetc(pFile);                        /* 讀入一個字元 */
        printf("ERR: %d\n", ferror(pFile));/* 非零，不可讀取 */
        clearerr(pFile);                     /* 清除錯誤狀態 */
        fprintf(pFile, "ABC");               /* 寫入三個字元 */
        printf("ERR: %d\n", ferror(pFile));  /* ERR: 0 */
        fclose(pFile);
    }
    pFile = fopen(sFilename, "rb");/* 以讀取模式開啟 */
    if(pFile != NULL){
        puts("Open a file in \"rb\" mode\n");
        fputc('X', pFile);                   /* 寫入一個字元 */
        printf("ERR: %d\n", ferror(pFile));  /* ERR: 非零 */
        clearerr(pFile);                     /* 清除錯誤狀態 */
        printf("ERR: %d\n", ferror(pFile));  /* ERR: 0 */
        printf("CH: %d\n", fgetc(pFile));    /* CH: 65 */
        printf("EOF: %d\n", feof(pFile));    /* EOF: 0 */
        printf("ERR: %d\n", ferror(pFile));  /* ERR: 0 */
        fputc('X', pFile);                   /* 寫入一個字元 */
        printf("ERR: %d\n", ferror(pFile));
```

```
                              /* ERR: 非零, 請注意在微軟的環境會是零 */
        clearerr(pFile);                      /* 清除錯誤狀態 */
        printf("CH: %d\n", fgetc(pFile));    /* CH: 66 */
           printf("EOF: %d\n", feof(pFile));    /* EOF: 0 */
        printf("ERR: %d\n", ferror(pFile));  /* ERR: 0 */
        printf("CH: %d\n", fgetc(pFile));    /* CH: 67 */
        printf("EOF: %d\n", feof(pFile));    /* EOF: 0 */
        printf("ERR: %d\n", ferror(pFile));  /* ERR: 0 */
        printf("CH: %d\n", fgetc(pFile));    /* CH: EOF */
        printf("EOF: %d\n", feof(pFile));    /* EOF: 非零 */
        printf("ERR: %d\n", ferror(pFile));  /* ERR: 0 */
        fclose(pFile);
    }
    return 0;
}
```

此例，在任一個檔案操作後，以 ferror 來看看是否有發生錯誤。由此可以發現，當檔案是以寫入模式開啟，若進行讀取即會發生錯誤；當檔案以讀取模式開啟，若一開始即進行資料寫入動作也會發生錯誤。請注意，在微軟的環境下執行，當寫入行為發生在第一個檔案位置之外的地方，ferror 會回傳零。另外，檔案位置在 EOF 時的存取動作也不會讓 ferror 回傳非零的結果，請利用 feof 來偵測是否存取到 EOF 的位置。

11.6　stdin、stdout 與 stderr

stdin、stdout 與 stderr 其實是標準函式庫建立的三個資料串流，它們的型態皆是 FILE 的指標，所以您可以將它們用在所有的檔案處理函式。但請注意，stdin 為讀取模式，因此不可對 stdin 進行任何資料寫入；而 stdout 與 stderr

為寫入模式，則可不對 stdout 與 stderr 進行任何資料讀取。請看下面這個例子：

程式 11-21

```c
#include <stdio.h>                          /* 檔案處理的標頭檔 */
int main(void){
    int x = 0;
    fprintf(stdout, "Test stdout\n");
        /* 輸出"Test stdout"，等同 printf("Test stdout\n"); */
    printf("ERR: %d\n", ferror(stdout));    /* ERR: 0 */
    fgetc(stdout);                 /* 從 stdout 讀取字元 */
    printf("ERR: %d\n", ferror(stdout));    /* ERR: 非零 */
    clearerr(stdout);
    fprintf(stderr, " Test stderr\n");
        /* 輸出"Test stderr"，等同 perror("Test stderr\n"); */
    printf("ERR: %d\n", ferror(stderr));    /* ERR: 0 */
    fgetc(stderr);                 /* 從 stderr 讀取字元 */
    printf("ERR: %d\n", ferror(stderr));    /* ERR: 非零 */
    clearerr(stderr);
    fscanf(stdin, "%d", &x);
        /* 輸出一個整數，等同 scanf("%d", &x); */
    printf("ERR: %d\n", ferror(stdin)); /* ERR: 0 */
    fprintf(stdin, "%d\n", x);             /* 輸出資料到 stdin */
    printf("ERR: %d\n", ferror(stdin)); /* ERR: 非零 */
    clearerr(stdin);
    return 0;
}
```

　　從這個例子發現，stdout 與 stderr 都可以進行檔案的資料寫入，但不能進行資料讀取，且 ferror 會回傳非零的數值；stdin 則只能進行檔案的資料讀取，不能進行任何檔案的資料寫入函式，否則 ferror 也會回傳非零的數值。而把 stdout 用在 fprintf 等同呼叫 printf；把 stderr 用在 fprintf 等同呼叫 perror；把 stdin 用在 fscanf 等同呼叫 scanf。

　　由於 stdout 與 stderr 是連繫著某個輸出裝置，只要呼叫 fflush 或任何設定檔案位置（rewind、fseek 與 fsetpos）的函式都會讓緩衝區內的所有資料寫入到該輸出裝置，並清空緩衝區。因此，您不可以透過移動檔案位置去修改已輸出的訊息。請看下面這個例子：

程式 11-22

```c
#include <stdio.h>                    /* 檔案處理的標頭檔 */
int main(void){
    int x = 0;
    fprintf(stdout, "Test stdout\n");
                        /* 輸出"Test stdout" */
    rewind(stdout);
    fprintf(stdout, "ABC");
                        /* 輸出"ABC"，上一次的輸出不會被修改 */
    fprintf(stderr, "Test stderr\n");
                        /* 輸出"Test stderr" */
    fseek(stderr, 5, SEEK_SET);
    fprintf(stdout, "XYZ");
                        /* 輸出"XYZ"，上一次的輸出不會被修改 */
    return 0;
}
```

　　移動 stdin 的檔案位置也是無意義的，fscanf 仍然會從 stdin 第一個字元開始讀取資料。另外，也請勿對這 stdout、stderr 與 stdin 這三個資料串流執行 fclose，否則將會無法進行標準輸出與輸入的動作。

11.7　setvbuf 與 setbuf

　　當程式與某個外部裝置進行資料傳輸時，我們會建立一個緩衝區做來暫時存放傳送或接收的資料，以避免因為任一方忙碌而無法順利接收或送出資料。我們也可以為任一個資料串流設定緩衝區，請用這兩個宣告於 `stdio.h` 的函式：`setvbuf`與 `setbuf`，它們的宣告式如下：

```
int setvbuf(FILE * restrict pFile,
            char * restrict buffer,
            int mode,
            size_t n);


void setbuf(FILE * restrict pFile,
            char * restrict buffer);
```

　　其中，`pFile` 指向一個已開啟的資料串流；`buffer` 指向一塊用來作為緩衝區的記憶空間，其大小至少有 n 個 bytes；`buffer` 可以為 NULL，那麼 `setvbuf`將會自動配置一塊具有 n bytes 大小的記憶空間；至於 `mode` 為緩衝模式，它必須指定為下列三種常數之一：

1. **_IOFBF**

   全緩衝模式；對於輸出緩衝區，只有當資料裝滿、執行 `fflush` 或任何設定檔案位置時，才會將資料輸出；對於輸入緩衝區，只有當執行輸入函式時緩衝區才會填入資料，並在輸入完成後將緩衝區清空。

2. **_IOLBF**

   行緩衝模式；對於輸出緩衝區，只有資料裝滿、執行 `fflush`、任何設定檔案位置或遇到換行符號時，才會將資料輸出；對於輸入緩衝區，只有執行

輸入函式時緩衝區才會填入一行資料 (以換行符號結尾)，並在輸入完成後
將緩衝區清空。

3. **_IONBF**

無緩衝模式；所有輸出與輸入資料都將儘可能地立即傳輸。buffer 與 n
這兩個參數在此模式無意義，將被忽略。

setbuf 則為 setvbuf 的簡化版，若 buffer 不為 NULL，那麼它如同以
setvbuf 且 mode 為_IOFBF (全緩衝模式)，緩衝區大小為 **BUFSIZ** (此常數定義
在 stdio.h)。因此，buffer 所指向的記憶空間其大小至少具有 BUFSIZE 個
bytes；若 buffer 為 NULL，那麼它如同以 setvbuf 且 mode 為_IONBF (無緩
衝模式)，緩衝區大小為 0。setbuf 與 setvbuf 若能成功地建立緩衝區則回傳一
個零的整數；否則，回傳一個非零的整數。

設定緩衝區很簡單，您只要在進行任何輸出與輸入動作之前呼叫 setvbuf 或
setbuf 即可，請看下面這個例子：

程式 11-23

```
#include <stdio.h>
#define LARGE_BUFSIZ 4096
int main(void){
    int x = 0;
    char bufO[LARGE_BUFSIZ];    /* 4K bytes */
    char bufI[BUFSIZ];    /* BUFSIZ 定義在 stdio.h */
    /* 設定 stdout 的緩衝區，大小為 4K bytes，行緩衝模式 */
    if(setvbuf(stdout, bufO, LARGE_BUFSIZ, _IOLBF) != 0)
        perror("Set output buffer failed!\n");/* 建立失敗 */
    /* 設定 stdin 的緩衝區，大小為 BUDSIZ，全緩衝模式 */
    if(setbuf(stdin, bufI) != 0)
        perror("Set input buffer failed!\n"); /* 建立失敗 */
```

```
    /* ... 進行輸出與輸入動作 ... */
    return 0;
}
```

　　請注意，所有資料串流在開啟後，預設的緩衝模式皆由各編譯器來決定。如果您想確保所開啟的資料串流能夠使緩衝區來進行資料的輸出與輸入，那麼請務必呼叫 setvbuf 或 setbuf。

總結

1.　輸出入重導向的系統命令可以將程式中的標準輸出與輸入轉移到檔案中。

2.　fopen 是標準函式庫提供的開啟檔案的函式。選擇適當的開啟模式開啟檔案後，即可進行一連串的資料存取。當檔案不再使用時，請以 fclose 關閉。

3.　開啟後的檔案將會被視為一種資料串流，您不能像陣列一樣地可任意存取資料串流中的每個元素，必須透過專屬的函式來指定資料串流的存取位置，才能夠存取該位置的元素。每次的存取動作完成後，資料串流的存取點會移動動到下一筆元素。檔案的存取點我們稱為檔案位置。

4.　所有資料串流皆以 FILE 檔案結構來表示，其內部的緩衝區大小可以透過 setvbuf 與 setbuf 來設定。

5.　我們可以透過 fprintf、fputc、fputs 與 fwrite 進行檔案的資料寫入。

6.　我們可以透過 fscanf、fgetc、fgets 與 fread 進行檔案的資料讀取。

7.　檔案位置可透過 ftell 或 fgetpos 得知，並利用 rewind、fseek 或 fsetpos 設定。

8.　feof 是用來判斷是否曾發生對最末端的檔案位置進行存取。

9.　ferror 是用來判斷是否發生過檔案操作失敗，若發生失敗須以 clearerr 清除失敗狀態，以正確地得知下一次的檔案操作是否發生失敗。

10. 對一個檔案同時開啟兩次，且分別以寫入或新增模式來開啟，須注意資料未同步更新的情況。因為寫出去的資料可能會先放在一個緩衝區中，待緩衝區滿了或檔案關閉的時候再把資料真正地寫到檔案裡。如果我們想立即地把資料寫到檔案裡，請於呼叫任何檔案輸出函式後接著呼叫 fflush 函式，它可幫您將緩衝區的所有資料輸出到檔案。

11. stdin、stdout 與 stderr 皆為標準函式庫建立的三個資料串流，也皆可用在所有的檔案處理函式。其中，stdin 為讀取模式，而 stdout 與 stderr 為寫入模式。

練習題

1. 請幫旺來超市設計一個結構體來記錄一件商品的資訊，名稱為 Product，它有下列這些成員：貨號、商品名稱、售價、製造日期、保存日期以及數量。設計一個程式可將倉庫內所有商品的資訊以二進位碼的方式儲存至檔案，並可以從檔案匯入所有商品的資訊。

2. 承上題，請將所有商品的資訊以文字模式輸出檔案，每個商品輸出成 一列，商品的每個成員以 tab 字元隔開。設計一個程式可以匯入存有商品資訊的文字檔。

3. 請從任一個網站下載一個網頁，從這個網頁內容中找尋是否存在 gmail 電子郵件位址的文字資訊，並將這些郵件位址收集起來存在另一個檔案之中。其中，一個 gmail 電子郵件位址的格式應該是："帳號@gmail.com"。

4. 請比較兩個文字檔的內容是否一樣，並列出所有不同處的位置。

5. 位元包裝(PackBits)是由 Apple 所提出的一種簡單的資料壓縮方法。它的解壓縮方法如下：

i = 0，x 為一個可存一個 byte 的變數，F 為一個具有 n 個 byte 的檔案。

```
while( i < n ){
```

將 F 的第 i 個 byte 讀入到一個 8 位元的有號整數 x。

```
    if (0 ≤ x ≤ 127){
```

讀取 F 接下來的 x + 1 個 byte。

```
        i = i + x + 2;
    }
    else if (-127 ≤ x ≤ -1){
```

將 F 下一個 byte 複製 -x + 1 次。

```
        i = i + 2
    }
}
```

例如：若經過 PackBits 壓縮的檔案包含了這些資料 (每個 byte 以十六進位表示，由第一個 byte 依序由左至右)：

FF 0F 03 80 00 01 2A FD BC 02 80 00 2A FE BB

那麼解壓縮之後會是：

0F 0F 80 00 01 2A BC BC BC BC 80 00 2A BB BB BB

請設計兩個函式 packBits 與 unpackBis 實作這個方法，分別進行檔案壓縮與解壓縮。

6. 承上題，請以 setvbuf 變更資料串流的緩衝區，比較看看當設定為無緩衝以及不同大小的緩衝區時，檔案處理的時間是否也不同？

附　錄

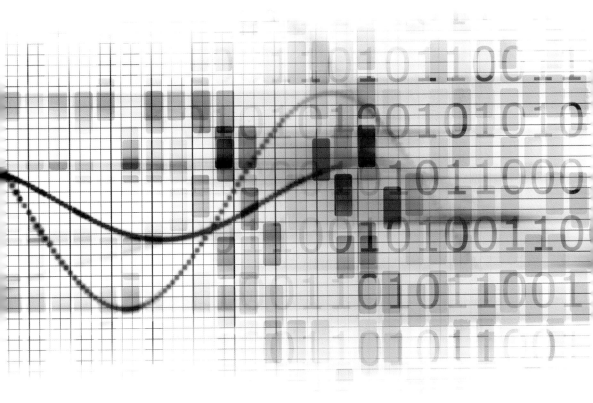

A.　標準函式庫簡介

下表為標準函式庫的所有標頭檔 (以英文字母由小至大排序) 與簡介：

標頭檔	適用版本	簡介
assert.h	C89	標準偵錯巨集。
complex.h	C99	包含與複數 (complex number) 相關的型態宣告與函式。
ctype.h	C89	檢查字元的種類。
errno.h	C89	錯誤代碼相關巨集。
fenv.h	C99	有關浮點數在編譯環境上的詳細資訊。
float.h	C89	有關浮點數型態本身的詳細資訊。
inttypes.h	C99	用於限定容量整數型態的相關函式與巨集。
iso646.h	C95	定義 ISO 646 指令集。如：&& 定義為 and、|| 定義為 or、&= 定義為 and_eq 等。
limits.h	C89	各整數型態的極限值。
locale.h	C89	設定所在地區的函式。
math.h	C89	數學相關函式。
setjmp.h	C89	設置跳越點與進行跳越的函式。
signal.h	C89	程序間的信號發起與接收。
stdalign.h	C11	結構體的記憶空間對齊相關函式。
stdarg.h	C89	不定數量的引數相關函式。
stdatomic.h	C11	在多執行緒中，處理單一操作 (不能被中斷的一組程序) 的相關函式。
stdbool.h	C99	布林型態的定義。
stddef.h	C89	其它常用型態的定義。
stdint.h	C99	限定容量整數型態的定義。

標頭檔	適用版本	簡介
stdio.h	C89	標準輸出與輸入函式。
stdlib.h	C89	常用的標準函式：數值間的轉換、亂數產生、動態記憶空間管理與程序管理。
string.h	C89	字串處理函式。
stdnoreturn.h	C11	用於宣告無回傳值的函式。
tgmath.h	C99	通用型態的數學函式聚集。把 math.h 的所有函式定義為各種基本數值型態的巨集
threads.h	C11	與多執行緒相關的函式。
time.h	C89	與時間相關的函式。
uchar.h	C11	與萬用字元(unicode)相關的函式。
wchar.h	C95	與寬字元相關的函式。
wctype.h	C95	ctype.h 的寬字元版本。

● 　關於各函式庫的詳細內容，您可以參考下列這兩個網站的說明：

```
http://www.cplusplus.com/reference/clibrary/
http://en.cppreference.com/w/c
```

B. ASCII

十進位碼	十六進位碼	字元	十進位碼	十六進位碼	字元
0	0	空字元	24	18	取消
1	1	標題開始	25	19	停止傳輸媒介
2	2	本文開始	26	1A	替換
3	3	本文結束	27	1B	退出
4	4	傳送結束	28	1C	檔案分隔符號
5	5	查詢	29	1D	群組分隔符號
6	6	回應	30	1E	記錄分隔符號
7	7	鈴聲	31	1F	單元分隔符號
8	8	倒退	32	20	空格
9	9	水平定位	33	21	!
10	A	換行	34	22	"
11	B	垂直定位	35	23	#
12	C	換頁	36	24	$
13	D	歸位、輸入	37	25	%
14	E	取消變換	38	26	&
15	F	啟用變換	39	27	'
16	10	離開資料連結	40	28	(
17	11	裝置控制 1	41	29	)
18	12	裝置控制 2	42	2A	*
19	13	裝置控制 3	43	2B	+
20	14	裝置控制 4	44	2C	,
21	15	失敗回應	45	2D	–
22	16	同步暫停	46	2E	.
23	17	區塊傳輸結束	47	2F	/

十進位碼	十六進位碼	字元	十進位碼	十六進位碼	字元
48	30	0	72	48	H
49	31	1	73	49	I
50	32	2	74	4A	J
51	33	3	75	4B	K
52	34	4	76	4C	L
53	35	5	77	4D	M
54	36	6	78	4E	N
55	37	7	79	4F	O
56	38	8	80	50	P
57	39	9	81	51	Q
58	3A	:	82	52	R
59	3B	;	83	53	S
60	3C	<	84	54	T
61	3D	=	85	55	U
62	3E	>	86	56	V
63	3F	?	87	57	W
64	40	@	88	58	X
65	41	A	89	59	Y
66	42	B	90	5A	Z
67	43	C	91	5B	[
68	44	D	92	5C	\
69	45	E	93	5D	]
70	46	F	94	5E	^
71	47	G	95	5F	_

十進位碼	十六進位碼	字元	十進位碼	十六進位碼	字元
96	60	`	112	70	p
97	61	a	113	71	q
98	62	b	114	72	r
99	63	c	115	73	s
100	64	d	116	74	t
101	65	e	117	75	u
102	66	f	118	76	v
103	67	g	119	77	w
104	68	h	120	78	x
105	69	i	121	79	y
106	6A	j	122	7A	z
107	6B	k	123	7B	{
108	6C	l	124	7C	|
109	6D	m	125	7D	}
110	6E	n	126	7E	~
111	6F	o	127	7F	刪除 (delete)

● 十進位碼 0 到 31 以及 127 的字元皆代表控制字元，其它皆是可顯示的字元。

參考資料

[1] 演算法導論(Introduction to Algorithms, 3rd edition)，Thomas H. Cormen, Charles E. Leiserson, Ronald L. Rivest, Clifford Stein 等著，The MIT Press 出版，2009。

[2] 計算機組織與設計(Computer Organization and Design, 5th edition)，David A. Patterson, John L. Hennessy 等著，Morgan Kaufmann 出版，2014。

[3] 作業系統概念(Operating System Concepts, 9th edition)，Abraham Silberschatz, Greg Gagne, Peter Baer Galvin 等著，Wiley 出版，2012。

[4] 計算理論(Introduction to the Theory of Computation, 3rd edition)，Michael Sipser 著，Cengage Learning 出版，2012。

[5] 計算複雜度(Computational Complexity)，Christos H. Papadimitriou 著，Addison Wesley 出版，1993。

[6] C 程式語言(The C Programming Language, 2nd edition)，Brian W. Kernighan，Dennis M. Ritchie 等著，Prentice Hall 出版，1988。

[7] ISO/IEC 9899:2011, Information Technology - Programming languages - C.

[8] 連結器與載入器(Linkers and Loaders)，John R. Levine 著，Morgan Kaufmann 出版，1999。

[9] 資料結構(Fundamentals of Data Structures in C, 2nd Edition)，Ellis Horowitz, Sartaj Sahni, Susan Anderson-Freed 等著，Silicon Press 出版，2007。

[10] C++程式設計(The C++ Programming Language, 4th Edition)，Bjarne Stroustrup 著，Addison-Wesley 出版，2013。

國家圖書館出版品預行編目 (CIP) 資料

C 語言入門與進階教學：
跨平臺程式設計及最新 C11 語法介紹 /
鄭昌杰著 . -- 初版 . -- 新竹市：交大出版社，民 106.04
　面；　公分
ISBN 978-986-6301-98-8(平裝)

1.C(電腦程式語言)

312.32C　　　　　　　　　　　　　　　　106002843

C 語言入門與進階教學
跨平台程式設計及最新 C11 語法介紹

作　　　者：鄭昌杰
出 版 者：國立交通大學出版社
發 行 人：張懋中
社　　　長：盧鴻興
執 行 長：李佩雯
執行主編：程惠芳
封面設計：BAND・變設計— ADA
製版印刷：華剛數位印刷有限公司
地　　　址：新竹市大學路 1001 號
讀者服務：03-5736308、03-5131542（週一至週五上午 8:30 至下午 5:00）
傳　　　真：03-5728302
網　　　址：http://press.nctu.edu.tw
e - m a i l：press@nctu.edu.tw
出版日期：2017 年 4 月初版一刷
定　　　價：620 元
I S B N：9789866301988
G P N：1010600370

展售門市查詢：
交通大學出版社 http://press.nctu.edu.tw
全華圖書股份有限公司（新北市土城區忠義路 21 號）
網址：www.opentech.com.tw　　　電話：02-22625666
或洽政府出版品集中展售門市：
國家書店（臺北市松江路 209 號 1 樓）
網址：http://www.govbooks.com.tw　　　電話：02-25180207
五南文化廣場臺中總店（臺中市中山路 6 號）
網址：http://www.wunanbooks.com.tw　　　電話：04-22260330